홍콩 느낌

노호에서 만난 어여쁜 편집숍

할리우드 로드는 산책을 즐기기 가장 좋은 장소

길을 걷다 보면 만날 수 있는 예스러운 느낌의 사원

PHOTO GALLERY 2

패션 피플을 유혹하는 쇼핑의 메카, 홍콩

홍콩에선 쉽게 만날 수 있는 명품 숍들

한국 여행자들이 많이 찾는 레페토는
홍콩에선 저렴한 가격에 구입할 수 있다.

LOUIS VUITTON

홍콩의 명품숍들은 다양한 브랜드와
콜래보레이션을 많이 진행한다.

독특한 디자인의 선글라스

다양한 메이크업 브랜드도 입점해 있다.

홍콩이 패션 피플에게 사랑받는 진짜 이유는
디자이너들의 편집숍 때문!

유럽 느낌이 물씬 풍기는 마카오 거리

PHOTO GALLERY 3

아시아 속 유럽, 마카오 풍경

성 바울 성당의 유적은 마카오를 대표하는 관광지이자 상징이다.

마카오의 골목골목을 돌며 빈티지한 풍경도 만나보자.

마카오하면 빼놓을 수 없는 최고의 간식, 에그타르트!

마치 이탈리아의 베네치아에 온 듯한
느낌을 주는 베네시안 리조트

BEST MALLING
홍콩 여행의 기본 공식, 몰링

ifc 몰 ifc Mall
하버시티와 더불어 한국인 여행자들에게 가장 인기 있는 쇼핑몰이다. 스타 페리, MTR과 연결된 것은 물론이고 공항까지 바로 가는 홍콩역과도 연결되어 여행의 마지막 날 AEL에서 얼리 체크인을 하고 쇼핑과 다이닝을 즐기기 최적이다. 한국인들이 좋아하는 마주Maje, 산드로Sandro, 나인 웨스트Nine West, 망고Mango, 자라Zara는 물론이고 하이엔드 럭셔리 브랜드와 희귀 브랜드를 모두 만날 수 있는 레인 크로퍼드까지 입점해 있어 원스톱 쇼핑이 가능하다. 프랜차이즈부터 미슐랭 스타를 받은 식당도 만족도를 높이는 이유가 된다.

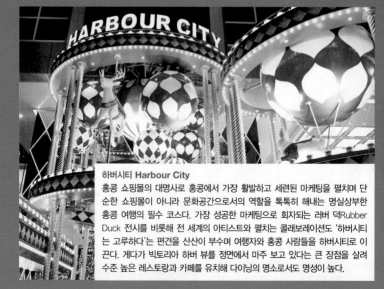

하버시티 Harbour City
홍콩 쇼핑몰의 대명사로 홍콩에서 가장 활발하고 세련된 마케팅을 펼치며 단순한 쇼핑몰이 아니라 문화공간으로서의 역할을 톡톡히 해내는 명실상부한 홍콩 여행의 필수 코스다. 가장 성공한 마케팅으로 회자되는 러버 덕Rubber Duck 전시를 비롯해 전 세계의 아티스트와 펼치는 콜래보레이션도 '하버시티는 고루하다'는 편견을 산산이 부수며 여행자와 홍콩 사람들을 하버시티로 이끈다. 게다가 빅토리아 하버 뷰를 정면에서 마주 보고 있다는 큰 장점을 살려 수준 높은 레스토랑과 카페를 유치해 다이닝의 명소로서도 명성이 높다.

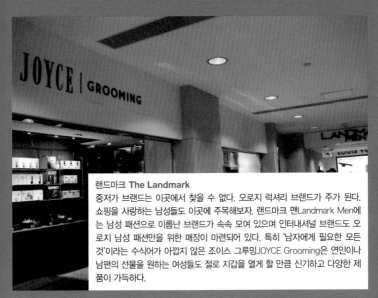

랜드마크 The Landmark

중저가 브랜드는 이곳에서 찾을 수 없다. 오로지 럭셔리 브랜드가 주가 된다. 쇼핑을 사랑하는 남성들도 이곳에 주목해보자. 랜드마크 맨Landmark Men에는 남성 패션으로 이름난 브랜드가 속속 모여 있으며 인터내셔널 브랜드도 오로지 남성 패션만을 위한 매장이 마련되어 있다. 특히 '남자에게 필요한 모든 것'이라는 수식어가 아깝지 않은 조이스 그루밍JOYCE Grooming은 연인이나 남편의 선물을 원하는 여성들도 절로 지갑을 열게 할 만큼 신기하고 다양한 제품이 가득하다.

타임스 스퀘어 Times Square

홍콩 대형 쇼핑몰의 1세대로서 전통 있는 쇼핑몰로 위상이 높은 곳이다. 하버시티와 마찬가지로 남녀노소, 국적을 불문하고 만족할 만한 대다수의 브랜드가 모두 모여 있다. 타임스 스퀘어에만 레인 크로퍼드, 시티슈퍼, 막스 & 스펜서 등의 규모 있는 숍과 백화점이 다수. 따라서 침사추이에서 하버시티를 공략했다면 굳이 이곳까지 섭렵할 필요는 없다. 동선에 맞춰 하버시티 혹은 타임스 스퀘어 중에 한 곳만 선택하는 것이 현명하다.

홍콩 디즈니랜드에서 **동화 같은 하룻밤**

어린 시절 '뽀뽀뽀'보다 미키와 미니, 푸우와 백설공주, 신데렐라, 인어공주에 열광하며 자란 사람들에게 디즈니랜드는 어른이 된 후에도 막연한 동심과 나의 캐릭터들에 대한 그리움을 자극하는 매개체다. 어른이 된 후에도 우리의 한없는 어리광과 추억을 모두 받아들이는 곳으로 테마파크만 한 곳이 또 있을까. 내 유년기 가장 친한 친구가 되어 주었던 디즈니 캐릭터들과 함께하는 1박 2일. 그 시간이 하나도 아깝지 않다.

1

2

단순히 디즈니랜드만을 즐기는 것보다 디즈니 호텔에서의 하룻밤을 추천하는 이유는 숙박만큼 디즈니랜드의 라이프스타일, 디즈니 캐릭터들과의 완전한 놀이를 오롯이 즐기는 방법은 전혀 없기 때문이다. 홍콩 디즈니랜드에는 2개의 호텔이 있다. 바로 홍콩 디즈니랜드 호텔Hong Kong Disneyland Hotel과 디즈니 할리우드 호텔Disney's Hollywood Hotel. 두 곳 중 홍콩 디즈니랜드 호텔은 '디즈니에 대한 향수'를 훌륭하게 달래 준다. 호텔 전체를 빅토리아 양식으로 꾸미고 디즈니 캐릭터를 적재적소에 녹여내 테마파크 호텔이라기보다는 고풍스러운 부티크 호텔 같다.

전체적인 분위기는 '유치하다'는 생각이 들지 않도록 어른스럽게 가져가되, 백설공주와 일곱 난쟁이가 그려진 욕실 용품, 4인 가족용으로 준비된 미키 슬리퍼, 모든 채널이 디즈니 만화와 방송으로 가득한 TV 등 소품과 콘텐츠에는 디즈니랜드 스타일을 세련되게 반영했다. 호텔 곳곳에 익살스럽게 숨겨져 있는 미키마우스의 흔적을 찾는 것도 재미있다.

스파, 실내와 야외 수영장, 쇼핑센터, 레스토랑과 카페도 잘 갖춰져 있어 도심 호텔이 부럽지 않다. 디즈니 캐릭터와 함께 즐기는 아침식사, 디즈니 만화 속 여러 공주가 등장하는 로비, 라이브 밴드의 연주를 들으며 고풍스러운 애프터눈티 타임 등 특별한 액티비티도 즐기면 더 각별한 추억을 챙겨 갈 수 있다.

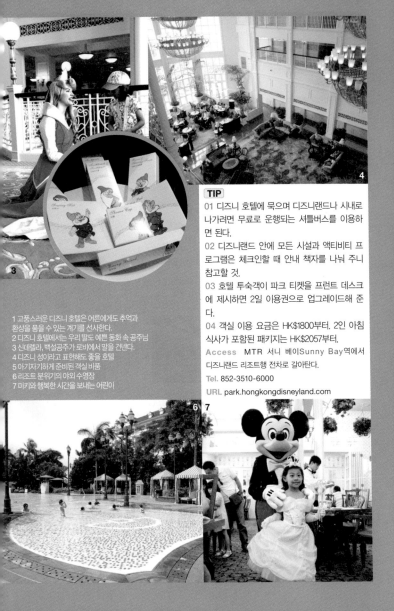

1 고풍스러운 디즈니 호텔은 어른에게도 추억과
환상을 품을 수 있는 계기를 선사한다.
2 디즈니 호텔에서는 우리 딸도 예쁜 동화 속 공주님
3 신데렐라, 백설공주가 로비에서 말을 건넨다.
4 디즈니 성이라고 표현해도 좋은 호텔
5 아기자기하게 준비된 객실비품
6 리조트 분위기의 야외수영장
7 미키와 행복한 시간을 보내는 어린이

TIP

01 디즈니 호텔에 묵으며 디즈니랜드나 시내로
나가려면 무료로 운행되는 셔틀버스를 이용하
면 된다.
02 디즈니랜드 안에 모든 시설과 액티비티 프
로그램은 체크인할 때 안내 책자를 나눠 주니
참고할 것.
03 호텔 투숙객이 파크 티켓을 프런트 데스크
에 제시하면 2일 이용권으로 업그레이드해 준
다.
04 객실 이용 요금은 HK$1800부터. 2인 아침
식사가 포함된 패키지는 HK$2057부터.
Access MTR 서니 베이Sunny Bay역에서
디즈니랜드 리조트행 전차로 갈아탄다.
Tel. 852-3510-6000
URL park.hongkongdisneyland.com

COURSE
1

처음 만나는 홍콩 여행 3박 4일

첫 여행부터 홍콩의 모든 것을 보겠다는 욕심을 낼 필요는 없다. 대표적인 홍콩 여행의 즐거움만
쏙쏙 골라 즐기는 스폿을 위주로 일정과 동선을 합리적으로 구성하는 것이 좋다.

첫째 날
1DAY

로열 다이닝 (⇒P.73)
첫 식사로는 각양각색의
딤섬으로 홍콩을 만나자

도보 10분

소호 SOHO (⇒P.48)
센트럴 최고의 포토 스폿인
소호의 정취를 즐기며
산책하기

도보 10분

ifc 몰 (⇒별면 P.8)
쇼핑 동선이 합리적인
ifc 몰에서 즐기는 쇼핑

도보 3분

젠다오 (⇒P.70)
부담 없는 가격으로 맛 좋은
홍콩 요리 즐기기

도보 10분

란콰이퐁 (⇒P.96)
홍콩 나이트라이프의
중심인 란콰이퐁에서 만나는
화려한 밤

둘째 날
2DAY

스타의 거리 (⇒P.214)
추억의 홍콩영화 스타들의
핸드 프린팅을 찾아보자

도보 10분

하버시티 (⇒별면 P.8)
홍콩 최대의 쇼핑몰에서
만나는 쇼핑천국 홍콩

도보 3분

M&C. 덕 (⇒P.232)
오리를 테마로 한 홍콩에서
가장 인기 있는 식당에서
즐기는 근사한 점심

도보 5분 →

1881 헤리티지 (⇒P.284)
& 펄러 (⇒P.256)
1881 헤리티지 앞에서
기념사진을 찍고 펄러에서
애프터눈티 세트를 즐겨보자

도보 10분 →

레이디스 마켓 (⇒P.328)
몽콕의 유명 야시장인 레이디스
마켓에서 기념품 쇼핑하기

↓

22 쉽스 (⇒P.150)
영국인 셰프가 만들어주는
스패니시 타파스로 점심을
든든하게 먹어두자

← 도보 10분

빅토리아 피크 (⇒P.124)
사람들이 북적이기 전에 상쾌한
아침 산책을 즐기자

←

셋째 날
3DAY

MTR 15분 ↓

코즈웨이 베이 (⇒P.166)
타임스 스퀘어, 하이산
플레이스, 패션워크 등 홍콩
젊은이들이 쇼핑하는 거리 탐험

도보 15분 →

히키 (⇒P.146)
히키의 비퐁당 게를
저녁식사로 하루를 마무리

→

넷째 날
4DAY

↓

라우푸키 (⇒P.62)
간단히 먹을 수 있는 죽으로
홍콩 사람들처럼 아침을 먹자

COURSE 2

십식일반 홍콩 먹방 여행 3박 4일

'홍콩에서의 1일 10식은 일반적이다'라는 걸 체험하려면 조금 바쁘게 움직여야 한다.
화려한 미슐랭 스타 레스토랑에서부터 거리에 숨은 로컬 맛집까지 전부 섭렵하고 나면, 홍콩만큼 미식
문화가 다채롭고도 흥미로운 곳이 없다는 것을 깨닫게 될 것이다.

**첫째 날
1DAY** →

치키 (⇒P.258)
완탕면과 계죽으로 유명한
치키에서 든든하게 속을
채우자

→ 도보 5분

하버시티 (⇒별면 P.8)
쇼핑 아이템이 풍부한
하버시티에서 쇼핑으로
소화시키기

↓ 도보 7분

**둘째 날
2DAY** ←

오존 (⇒P.318)
세계에서 가장 높은 바에서
즐기는 칵테일과 아시안
타파스

← 택시 10분

알 몰로 (⇒P.228)
100만 불짜리 야경과 함께
즐기는 이탈리안 요리

↓

라우푸키 (⇒P.62)
센트럴에 위치한 오래된
죽집에서 맛있는 죽으로
아침을 시작하자

→ 도보 6분

노호 (⇒P.47)
쑨원이 활동했던 역사적인 거리로
현재는 디자이너들의 부티크가
자리잡은 노호를 거닐기

→ 도보 5분

르 포트 파퓸 (⇒P.60)
오픈하자마자 홍콩의
미식가들에게 극찬을 받는 프랑스
가정 요리로 점심식사 완료!

↑ 도보 10분

15

소호 (⇒P.48)
홍콩만의 유니크한 정취가
있는 소호 곳곳을 누비자

택시 20분

카페 그레이 딜럭스
(⇒P.137)
최근 가장 핫한 호텔인 어퍼
하우스의 레스토랑에서 누리는
애프터눈티의 여유

택시 5분

앰버 (⇒P.68)
미슐랭 2스타 셰프인 리처드
이카부스 요리의 정수를 맛보자

셋째 날
3DAY

제이미스 이탤리언
(⇒P.179)
홍콩에 상륙한 제레미
올리버의 식당! 가격 대비 훌륭한
질을 느낄 수 있다.

도보 10분

패션워크 (⇒P.204)
세계 패션 트렌드가 가장
먼저 유입되는 거리에서
쇼핑 즐기기

도보 5분

매치박스 (⇒P.182)
홍콩의 옛날 디저트 가게인 빙셋을
테마로 하는 흥미로운 식당에서
즐기는 티 타임

MTR 30분

부다오웽 핫폿 (⇒P.234)
빅토리아 하버 뷰를 바라보며
홍콩의 전통요리인 핫폿 맛보기

넷째 날
4DAY

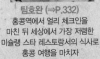
팀호완 (⇒P.332)
홍콩역에서 얼리 체크인을
마친 뒤 세상에서 가장 저렴한
미슐랭 스타 레스토랑서의 식사로
홍콩 여행을 마치자

COURSE
3

쇼핑 천국 홍콩 200% 만끽하기 3박 4일

홍콩이 쇼핑 천국인 진짜 이유는 다양한 상품을 만날 수 있기 때문이다. 다채로워서, 다른 나라에서는
찾기 어려워서, 우리나라보다 저렴해서 재미난 홍콩에서의 쇼핑을 만끽하자.

첫째 날 1DAY

하버시티 (⇒별면 P.8)
쇼핑을 위한 최적의
장소에서 점심식사까지
해결하기

도보 5분

캔턴 로드 (⇒P.34)
홍콩의 플래그십 스토어가
모두 모여있는 세계 제일의
명품 거리

도보 7분

둘째 날 2DAY

**탐자이 완난 누들
(⇒P.244)**
쇼핑을 만끽한 후 매운 맛
국수로 저녁식사로 하루를
마무리

택시 10분

그랜빌 로드 (⇒P.280)
보세 쇼핑, 스트리트 쇼핑을
원한다면 이 거리로 향하자

ifc 몰(⇒별면 P.8)
한국 사람들이 좋아하는
브랜드가 몰려 있는
쇼핑몰에서 마음껏 쇼핑하기

도보 6분

레인 크로퍼드 (⇒P.122)
ifc 몰 안의 레인 크로퍼드
지점이 가장 규모가 크다

도보 5분

글래스 하우스 (⇒P.52)
퓨전 요리의 천국, 트러플
소스를 바른 와규 버거를 맛보자

도보
10분

랜드마크 (⇒별면 P.9)
남성을 위한 럭셔리 쇼핑을
원하는 사람들이라면 반드시
주목해야 하는 쇼핑몰

택시 20분 →

소호 (⇒P.48)
개성만점의 부티크 천국인
이 거리에서 유니크한 쇼핑을
즐겨보자

택시 5분 →

란콰이퐁 (⇒P.96)
쇼핑을 하러 홍콩에 왔어도
홍콩에서의 신나는 밤을
놓친다면 너무나도 아쉽다

↓

타임스 스퀘어 (⇒별면 P.9)
막스 & 스펜서 및 시티슈퍼에서
다채로운 식료품 쇼핑까지도
꼼꼼히 즐기자

← 도보 10분

만파이 (⇒P.173)
개운하고 담백한 치우저우
국수로 속을 뜨끈하게 하자

←

셋째 날
3DAY

↓ 도보 5분

**하이산 플레이스
(⇒P.194) &
스마일 요거트 (⇒P.188)**
쇼핑과 더불어 스마일
요거트도 맛보도록 하자

MTR 30분 →

패션워크 (⇒P.204)
홍콩 멋쟁이들의 쇼핑 플레이스로
브랜드와 가격대를 넘나드는
다양한 쇼핑의 최강 스폿!

→

**토트스 앤드 루프 테라스
(⇒P.180)**
샴페인을 마시며 홍콩에서의
낭만적인 밤 만끽하기

COURSE
4

홍콩에서 가장 핫한 스폿 골라가기 3박 4일

홍콩은 마니아들이 몰리는 도시다. 새로운 호텔이 문을 열었을 때,
〈미슐랭 가이드〉가 새로운 스타 레스토랑을 발표했을 때, 요즘 가장 핫한 식당이나 바의 소식을
들었을 때 그들의 엉덩이는 벌써부터 들썩인다.

첫째 날 1DAY

하버시티 (⇒별면 P.8)
다양한 전시와 새로운
매장으로 늘 변신을
시도하는 하버시티 만나기

도보 5분

레인 크로퍼드 (⇒P.122)
갈 때마다 새로운 브랜드가
생겨나는 레인 크로퍼드에서
가볍게 쇼핑 즐기기

도보 5분

세라비 (⇒P.265)
보네이 곡슨의 진보적인
베이커리에서 차와 케이크를
맛보자

도보 10분

K11 (⇒P.277)
세계 최초의 아트 몰 K11도
신선한 전시를 매 시즌
교체하니 빼놓지 말자

도보 5분

교순 (⇒P.242)
홍콩의 스타 카리나가 만든
교토 식당에서 근사한 뷰와
함께 저녁식사

도보 3분

할란스 (⇒P.275)
시원한 바람이 불어오는
테라스에 앉아 샴페인과 함께
첫날의 여흥을 만끽하자

둘째 날 2DAY

랜드마크 (⇒별면 P.9)
항상 새롭게 변신하는 쇼핑몰에서
세일 아이템만 쏙쏙 골라
쇼핑하기

도보 20분

소호 (⇒P.48)
홍콩의 변화를 상징하는 공간인 소호에서 요즘 가장 핫하다는 스폿 순례

도보 5분

리틀 바오 (⇒P.80)
중국의 빵을 근사한 버거로 만든 작고 귀여운 공간!

도보 2분

PMQ (⇒P.106)
디자이너의 근사한 작업 공간에서 특별한 쇼핑을 즐기자

도보 5분

퀴너리 (⇒P.102)
분자 칵테일과 함께 즐기는 신나는 홍콩의 밤

도보 5분

야드버드 (⇒P.64)
홍콩의 트렌드세터와 푸디들이 몰려든다는 야드버드에서 사케와 꼬치 즐기기

셋째 날 3DAY

스타의 거리 (⇒P.214)
완차이에서 가장 힙Hip하고 가장 잇!한 곳

MTR 30분

비프 & 리버티 (⇒P.136)
상하이에서 온 최신 맛집! 바르게 키운 소로 만든 맛있는 햄버거로 점심식사

버스 25분

커피 아카데믹스 (⇒P.190)
트램이 오가는 풍경을 바라보며 즐기는 티 타임

버스 20분

22 십스 (⇒P.150)
식당 사업가 옌 웡과 스타 셰프 제이선 애더튼의 합작품! 22 십스에서 세련된 타파스와 함께 홍콩 친구를 만들어 보자

COURSE
4

트렌디 홍콩 & 로맨틱 마카오의 콜래보레이션 3박 4일

실제 홍콩과 마카오를 알게 된다면 3박 4일 간의 홍콩과 마카오를 동시에 둘러보는 여행은
그리 추천하지 않는다. 마카오만 여행하기에도 3박 4일이 부족할 정도이니 말이다.
그래도 홍콩과 마카오를 동시에 즐기고 싶다면 이렇게 여행해보자.

첫째 날
1DAY

하버시티 (⇒별면 P.8)
홍콩 최대의 쇼핑몰에서
만나는 쇼핑천국 홍콩

도보 2분

M&C. 덕 (⇒P.232)
오리를 테마로 한 식당에서
즐기는 점심

도보 5분

1881 헤리티지 (⇒P.284)
아름답고 우아한 자태를
자랑하는 1881 헤리티지 앞에서
기념 사진 촬영은 필수!

도보 6분

인터컨티넨탈 호텔
(⇒p.451)
바다 위에서 즐기는 로맨틱한
저녁식사

도보 8분

심포니 오브 라이트
(⇒p.216)
홍콩의 빌딩 숲들의
장기자랑인 심포니 오브
라이트 감상하기

MTR
25분

레이디스 마켓 (⇒p.328)
각양각색의 상품을
판매하는 야시장인 레이디스
마켓에서 지인에게 선물할
기념품을 구매하자

둘째 날
2DAY

스타의 거리 (⇒p.214)
홍콩 스타들의 발자취를
좇으며 산책을 즐겨 보자

택시 5분

제이미스 이탤리언
(⇒P.179)
홍콩에서의 마지막 밤 식사는
영국의 스타 셰프 제이미
올리버의 식당에서 즐겨보자

도보 8분

코즈웨이 베이 (⇒P.166)
홍콩의 가장 핫한
쇼핑몰들이 몰려 있는
코즈웨이 베이에서 즐기는
거리 탐험

MTR 40분

스타벅스 (⇒P.92)
스타의 거리에 자리잡은
스타벅스에서 빙셧과
디저트를 맛보자

셋째 날
3DAY

→

마카오 (⇒P.362)
이동 후 호텔 체크인

도보 10분

세나도 광장 (⇒P.366)
마카오 여행의 시작점!
다양한 세계문화유산 구경

도보 1분

웡치케이 (⇒P.404)
마카오에서 가장 유명한
완탕면집에서 간단히
점심식사를 해결하자

도보 5분

출구의류 (⇒P.414)
수입의류 중 하자가 있는
제품을 파격적인 가격에
판매하는 숍에서 즐기는
초특가 쇼핑

도보 5분

항우 (⇒P.383)
일명 마카오의 아저씨
어묵가게에서 어묵과 채소를
사서 거리에서 맛보기

도보 10분

그랜드 리스보아
(⇒P.380)
홍콩 최고의 부호 스탠리
호의 수집품 감상하기

셔틀버스
35분

윈도우 레스토랑
(⇒P.410)
포시즌 마카오 호텔 안에
있는 레스토랑에서 맛보는
포르투갈식 애프터눈티 타임

도보 10분

하우스 오브 댄싱 워터
(⇒P.378)
마카오의 가장 유명한 쇼인 하우스
오브 댄싱 워터를 꼭 감상하자

도보 3분

제이드 드래곤 (⇒P.394)
프렌치 같은 광동요리로
저녁식사 맛보기

넷째 날
4DAY

←

마카오 숙소
(⇒P.456)
숙소에서 조식을 즐긴 후
다시 홍콩으로 이동

마카오 최초의 성당인 펜하 성당은
마카오 관광의 필수 코스!

달콤한 밀크티 한 잔과 여유로운
시간을 가져보는 건 어떨까?

베네시안 리조트에서는 18세기 베니스로 돌아간 것
같은 복장의 공연자들을 만날 수 있다.

SECRET
HONG KONG
MACAU
2015

시크릿
HONG KONG

시크릿
HONG KONG

로컬이 사랑하는 홍콩·마카오의 비밀 명소

신중숙 지음

시공사

contents

Before
Traveling
to
Hong Kong
Macau

Hong Kong Macau by Area

Basic Information

Travel
Map

Secret Hong Kong Manual 시크릿 홍콩 사용설명서

스폿 정보는 이렇게 봅니다.

로열 다이닝 : 한글 발음

Loyal Dining 來佬餐館 : 원어 표기

로열 다이닝 Loyal Dining 來佬餐館

❶ Add. 66 Wellington St, Central
❷ Tel. 852-3125-3000
❸ Open 일~목요일 11:00~02:00, 금 · 토요일 · 공휴일 전날 11:00~04:00
❹ Access MTR 센트럴역 D1 출구
❺ URL www.loyaldining.com.hk

073
Map
P.466-A

2015 New Spot

MAP P.466-A :
이 책의 466쪽에 있는 지도의
A 구역에서 찾을 수 있습니다.

아이콘 :
소개된 장소의 성격을 나타냅니다.

❶ 66 Wellington St, Central : 주소

❷ 852-3125-3000 : 전화번호. 현지에서 로밍 휴대전화를 이용할
경우 852(국가번호)를 뺀 번호를 누르면 됩니다. 한국에서는 국
제전화 접속번호+해당 전화번호를 누르세요.

❸ 일~목요일 11:00~02:00, 금 · 토요일 · 공휴일 전날 11:00~04:00
: 영업시간과 휴무일

❹ MTR 센트럴역 D1 출구 : 가까운 지하철역과 출구

❺ www.loyaldining.com.hk : 자체 홈페이지나 해당 숍이 소개된
웹페이지

🎡 관광지
*관광지는 선호도에 따라 1~5개의 별점을 넣었습니다.

🍴 레스토랑

☕ 카페

🍸 야간 명소

🛒 쇼핑 스폿

✨ 저자가 특별히 추천하는 스폿

2015 New Spot
2015년 개정판에 새롭게 추가된 스폿

지도는 이렇게 보세요.

H	호텔	🚻	공중 화장실	卍	절
R	카페와 레스토랑	❎	지하철 출구	☪	이슬람교 사원
S	쇼핑 스폿	➕	병원	------	지하철
N	야간 명소	📍	학교		
🚌	버스 정류장	⛪	그리스도교 교회		

Why HONG KONG? -작가의 말

● 　　　초등학교 6학년 때 중학생 언니들 틈바구니 속에서 우연히 보게 된 홍콩 영화는 '어린 것'들이나 보던 만화나 〈영구〉 시리즈와는 확연히 달랐다. 숙녀 흉내를 내고 싶던 내게 처음 찾아온 홍콩 누아르는 사춘기 소녀에게 야릇한 환상을 심어 주기에 충분했다. 장국영의 멀건 얼굴을 보며 이상형을 정립했고, 주성치의 하이 개그를 보며 유머와 위트란 무엇인가를 알아 갔으며, 왕조현, 임청하, 장만옥 같은 홍콩 미녀를 닮고 싶어 했던 때가 있었다.

허세가 하늘을 찌르던 고등학교 시절 〈아비정전〉, 〈중경삼림〉, 〈동사서독〉 같은 홍콩 영화 속 사랑, 이별, 혼돈, 환상 같은 어지러운 개념이 그때의 나에게는 거부할 수 없는 매혹으로 다가왔다. 그러다 어느샌가 홍콩이 사라졌다. 홍콩 누아르가 세상의 관심 밖으로 밀려나던 어느 날부터 홍콩은 더 이상 영화 속에서 보던 조금은 몽롱하고, 몽환적이고, 말장난 같고, 우울한 도시가 아니었다.

여행 기자가 되어 취재 차 찾게 된 홍콩, 그리고 미디어에 비치는 홍콩은 너무나도 트렌디하고 스타일리시했다. 또 이곳의 시간은 너무 빨랐다. 그때만 해도 홍콩은 내가 다녀온 수많은 여행지 중 하나일 뿐이었다. 다시 가면 좋고 또 안 가도 그만인.

여행 작가로서 홍콩에 온 나를 도시의 구석구석으로 이끌었던 건 여러 차례 취재로 알
게 된 홍콩 친구들이었다. 그들과 함께 커다란 쇼핑몰이 아닌 완차이의 후미진 골목 안
작은 숍에서 쇼핑하고, 소호의 부티크에서 로컬 디자이너를 만나고, 지저분한 다이파
이동에 앉아 진하디진한 라이차(밀크티), 똥랭차(아이스 레몬티)를 나눠 마시며 오래된
나의 홍콩을 다시 찾게 됐다. 어느덧 나는 시끄럽고 빠른 광둥어 속에서도 시간은 천천
히 흐른다는 사실과 화려한 네온사인 그 너머에서 세월의 더께가 쌓인 빈티지의 매력을
발견하게 됐다. 지금 내게 홍콩은 보고 또 보고 싶은, 오고 또 오고 싶은 도시의 1순위
가 되었다.

세상의 그 어떤 칭찬, 그 어떤 미사여구보다도 포토그래퍼가 붙여준 '콩신(홍콩의 신)'
이라는 다소 유치한 별명을 가장 좋아한다. 적어도 국내에서 '홍콩을 가장 잘 아는 사
람'이라는 타이틀을 놓치지 않기 위해 한 달에 한번 이상 홍콩행 비행기에 몸을 싣고 홍
콩 친구들의 인스타그램, 페이스북, 〈U매거진〉, 〈HK〉, 〈타임아웃 홍콩〉 등의 잡지를
열독하며 늘 홍콩을 주시한다. 그렇기에 더욱 욕심을 버릴 것인가, 욕을 덜먹을 것인가
의 기로에서 잠시 고민했다. 하지만 내가 홍콩을 사랑하는 이유는 바로 다이내믹한 모
습 때문이다. 설령 어떤 매장은 문을 닫고, 또 어떤 매장은 급작스럽게 이전을 해서 책
과 정보가 다소 다르더라도 부디 이 책 안에서, 혹은 홍콩 사람들로부터 더 좋은 대안
을 갖게 되길 바란다. 아주 오래된 것들과 더불어 세상에서 둘도 없는 새롭고 유니크한
장소들을 찾아내는 묘미야말로 저마다의 '시크릿 홍콩'을 누리는 방법이니 말이다.

10여 년 전 기자였을 때부터, 여행 마케터가 된 지금까지 홍콩은 늘 나를 먹여 살렸다.
사랑한다는 말보다 더 절절한 수식어가 있으면 좋을 것 같은 그런 존재감이다. 나는 홍
콩에 있는 지금도 홍콩이 그립다.

도움 주신 분들
이 책을 만든 건 8할이 많은 사람들의 도움 덕이었다. 주성치보다 더 유머러스하고 유덕화보다 더 멋진 홍콩관광청 권용집 지사장님, 천사
같은 미셸 언니, 나의 홍콩 베프 이소민, 지도까지 그려 주며 홍콩의 핫 플레이스를 자세히도 소개해 준 보니Bonnie Kwok, 로사카Rocica
Wong, 아그네스Agnes Cheng, 샬럿Charlotte Fung에게는 말로 다 표현할 수 없을 정도로 큰 감사를 전하고 싶다. 언제나 밝고 힘찬
기운으로 함께 작업하는 것만으로도 좋은 추억이 되는 포토그래퍼 김아람과 박진희가 없었다면 때깔 좋은 〈시크릿 홍콩〉은 상상도 할 수
없다. 지난 7월, 태양이 작열하던 홍콩에서 값진 땀을 흘려 사진 작업을 도와준 그녀들에게 '사랑'을 가득 담은 고마움을 보낸다.
* 책에 실린 정보는 2014년 10월 기준입니다. 홍콩은 높은 임대비로 이전과 폐업이 잦으니 이 점 양해 부탁드립니다.
* 사진제공 마카오 관광청

BEFORE
TRAVELING
TO
HONG KONG
MACAU

Intro

01

Souvenir Parade

기념품 퍼레이드
'주변 사람들에게 무엇을
선물할까'로 머릿속이
가득 찼다면 아래 추천
기념품 리스트를 참고할 것.

01

02

Hong Kong
Macau

02

03

04

05

1. 홍콩의 대표적인 교통수단인 2층 버스 80M 버스 모델 HK$30부터 2. 스타페리, 트램 모양의 냉장고 자석 빅토리아 피크 기념품 숍 각각 HK$20 3. 실물 크기의 홍콩 거리 표지판 레이디스 마켓 HK$15 4. 홍콩 섬의 스카이 라인이 음각 처리된 커다란 머그컵 홍콩 디즈니랜드 HK$68 5. 스테인레스로 만든 독특한 주사위 디자인 스토어 MOP45

Souvenir
Parade

6. 지오디에서 디자인한 홍콩의 예스러운 우체통 자석 캐세이퍼시픽항공 기내 HK$100 7. 깜찍한 크기의 홍콩 우편 배달차 홍콩 중앙우체국 HK$30 8. 초콜릿 레인의 파티나가 그려진 엽서와 필통 세트 메트로 북스 HK$58 9. 보이차와 호두 쿠키 기와 베이커리 HK$38/HK$12 10. 한정판으로 제작된 고급스러운 옥토퍼스 카드 열쇠고리 세븐일레븐 HK$80 11. 홍콩을 비롯해 중국 곳곳을 그림으로 담은 일러스트북 페이지 원 HK$225 12. 포르투갈을 상징하는 갈로 장식 타이파 일요시장 MOP15부터 13. 포르투갈 스타일의 타일 장식 세나도 광장 앞 기념품가게 타일 소재의 마그네틱 MOP20부터

Intro

02

Oh! My Shopping Bag

시크릿 쇼핑백

홍콩과 마카오만 다녀오면
방 안이 온통 전리품(?)으로
가득 차 행복한 비명을 지르는
저자의 쇼핑백 대공개.

01

02

03

Shopping Bag

04

05

06

1. 거리 시장에서 횡재 가격에 구입한 원피스 파윤 스트리트 마켓 HK$39 2. 주류세가 없는 홍콩에서 저렴하게 구입할 수 있는 샴페인 뵈브 클리코 시티슈퍼 HK$349 3. 독특한 문양의 반지 코스 HK$120 4. 동화적인 분위기의 토트백 레이디스 마켓 HK$100 5. 다양한 색과 장식의 독특한 핸드폰 케이스 상하이 탕 HK$350 6. 8월 세일 기간에 50% 할인받아 산 초록색 숄더백 산드로 HK$1050

07

08

09

Hong Kong
Macau

10

11

12

13

14

7. 독특한 캘리그라피가 적혀 있는 보온병 제이미스 이탈리언 HK$145 8. 독특하지만 깔끔해 데일리로 사용하기 좋은 귀걸이 아녜스 베 HK$560부터 9. 홍콩에 가면 늘 여행 책을 구입한다. 페이지원 HK$100부터 10. 데일리백으로 사용하기 좋은 무난한 도트백 아녜스 베 HK$2500 11. 홍콩·마카오에 가면 꼭 구매하는 마이 뷰티 다이어리 흑진주팩 왓슨즈 MOP68 12. 시크함을 뽐낼 수 있는 블랙 가죽자켓 마카오 베네시안 리조트 안 a+ab MOP2400 13. 마카오 느낌을 물씬 느낄 수 있는 장식용 철판 올드 타이파 빌리지 MOP28 14. 초대박 가격에 구입할 수 있는 아동 의류. 알고 보면 브랜드의 샘플 제품! 마카오 출구 의류숍 MOP20〜50

Intro

03

Supermarket Shopping

슈퍼마켓 쇼핑의 달인

홍콩과 마카오의 슈퍼마켓
아이템은 정말 다양하다.
세계의 식재료가 모인 이곳에
한번 발을 들이면 헤어 나올
수가 없을 정도로. 여행
중 틈틈이 들러 줘야 하는
슈퍼마켓에서는 무엇을 살까.

01

02

03

04

05

06

07

1. 작은 꽃게를 그대로 튀겨 만든 과자는 술안주로 좋다. 웰컴 HK$18 2. 장어구이 맛이 나는 칼비의 과자 웰컴 HK$15 3. 전 세계 어디에서보다 싸게 즐기는 세계 맥주 모든 슈퍼마켓 HK$7~28 4. 향이 좋기로 유명한 다비도프 인스턴트 커피 테이스트 HK$68 5. 스시 코너에서 산 즉석 스시, 오후 7시 이후에는 20~30% 할인 판매도 한다. 웰컴 HK$80 6. 홋카이도에서 온 밀크 푸딩 소고 프레시 마트 HK$25 7. 갖가지 홍콩의 인스턴트 라면 테이스트 HK$4.90

08

09

10

11

12

13

14

15

16

8. 고소한 맛이 나는 우유 시티슈퍼 HK$8.50 9. 50% 할인하던 생과일 주스 파크엔숍 HK$5.90 10. 다소 밍밍한 맛의 홍콩식 두유 시티슈퍼 HK$12 11. 물을 부어 전자레인지에 돌려 먹는 즉석 완탕 수프 세븐일레븐 HK$15 12. 달콤한 멜론 맛 우유 세븐일레븐 HK$4.50 13. 우리나라의 뻥튀기 같은 새우 과자 웰컴 HK$6 14. 우리나라와는 다른 독특한 맛의 마카오 비어 혹은 포르투갈 맥주 마카오 슈퍼 MOP6 15. 포르투갈에서 온 음료인 수몰, 탄산이 강하지 않아 먹기에 부담이 없다. 산미우 슈퍼마켓 MOP8 16. 다양한 맛과 예쁜 틴케이스를 자랑하는 워커의 민트 마카오 슈퍼 MOP12

Intro

04

Best Street Food

길에서 찾은 홍콩·마카오의 맛

현지 사람들이 길게 줄을 서서 기다리는 길거리 간식 가게는 언제나 여행자의 호기심을 자극한다. 시도해 볼까? 말까? 고민하게 되는 모양새일지라도 용기를 내자. 이 사소한 간식 때문에 홍콩과 마카오를 다시 찾고 싶을 때가 있으리라.

Hong Kong

01

02

03

Macau

04

05

06

07

08
09
10
11

Best
Street Food

12
13
14

1. 볼록볼록 튀어나온 귀여운 모양을 한 홍콩의 국민 간식 달걀 과자 2. 보기보다 쫄깃한 식감이 끝내주는 다양한 꼬치 3. 홍콩 사람들이 즐겨 마시는 쓰지만 몸에 좋은 각종 허브티 4. 여러 종류의 어묵을 매운 카레 소스에 담가 먹는 매운 어묵 5. 거리마다 펼쳐지는 달콤한 맛의 버블티 6. 홍콩의 마지막 총독도 그리워했다는 맛! 타이청 베이커리의 에그타르트 7. 홍콩 디저트계의 슈퍼스타! 허류산 망고 주스 8. 바삭하고 도톰한 감자 튀김 위를 덮은 치즈와 생크림! 아일랜드 포테이토 9. 신선한 망고와 과일을 듬뿍 넣어 만든 허류산의 망고 디저트! 10. 중독성이 강한 고소한 맛의 코코넛 주스 11. 홍콩보다 맛있는 마카오 길거리 간식의 대표주자 어묵 꼬치 12. 마카오 사람들이 즐겨먹는 길거리 음식 바나나 빵 13. 짭쪼름한 맛이 일품인 마카오의 대만식 후추고기 빵 14. 돼지갈비가 통째로 들어간 인기만점의 일명 돈가스 빵

Intro

05

Drug Store Finder

드러그 스토어 쇼핑 팁

홍콩과 마카오의 드러그 스토어에는 약, 화장품, 식품 등 생활 전반에 필요한 것이 다 있다. 한국에 돌아와서도 쏠쏠하게 사용할 아이템을 잘 골라보자.

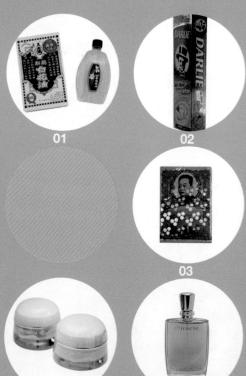

01

02

03

04

05

06

1. 두통과 벌레 물린 데 특효! 백화유 왓슨스 HK$15 2. 일명 '아저씨 치약'이라 불리는 달리 치약 왓슨스 HK$17 3. 체했을 때 먹으면 좋다. 홍콩 사람들이 '만병통치약'이라 부르는 보제환 매닝스 HK$21.90 4. 심한 감기에 걸렸을 때 먹는 종합 감기약 콜타린 매닝스 HK$49.90 5. 바르는 순간 촉촉함이 느껴지는 비오템 수분 크림 사사 HK$168 6. 상큼한 프리지아 향이 좋은 랑콤 미라클 향수 사사 HK$288

06

Interior Shops

홍콩에서 살림 장만하기

홍콩에는 인테리어 숍이 차고 넘친다. 덩치가 큰 물건들은 배송이 부담스럽지만 인테리어 숍에서 건진 디자인 용품은 한국에 돌아와서도 요긴하게 쓸 수 있다.

01
02
03
04
05
06

1. 실리콘 아이스 메이커. 여기에 얼리면 뭉크의 〈절규〉 속 주인공을 빼닮은 재미난 얼음이 나온다. LCX HK$60 2. 기쁠 희(喜) 문양의 다기 지오디 한 세트에 HK$380 3. 붉은색 젓가락. 기쁠 희(喜)가 두 개 겹쳐져 결혼을 의미한다. 지오디 HK$25 4. 귀여운 달걀 분리기 프랑프랑 HK$30 5. 앙증맞은 컵 덮개 LCX HK$45 6. 고양이 모양의 판에 흰 분필로 그림을 그린 시계 에이조나 a02 HK$250

Intro

07

It's Free!

무료로 즐기는
홍콩 여행

아는 만큼 즐긴다.
홍콩에서 무료로 건질 수 있는
것들을 알면 홍콩 여행이 더
즐겁다!

01
02
03
04
05
06

1. 타블로이드판 무료 잡지의 최강자, 매주 발간되는 흥미로운 비주얼과 내용이 기다려지는 〈HK〉 2. 여행자들이 홍콩에서 하면 좋은 것들을 정리한 영자 매거진 〈리스트〉 3. 홍콩의 유명하거나 새로운 식당, 홍콩의 식문화를 집중적으로 다루는 〈푸디 Foodie〉 4. 홍콩관광청을 적극 활용한다. 무료 체험 가이드북, 현지에서 신청하면 무료로 제공받을 수 있는 타이치 클래스 5. 매일매일 만나는 홍콩의 백만 불짜리 야경 6. AEL역과 호텔을 잇는 무료 셔틀버스

1. 쇼핑하기 좋은 시기

홍콩에선 시기를 잘 맞춰야 보다 만족스러운 쇼핑 천국을 누릴 수 있다. 대표적인 것이 여름에 진행되는 쇼핑 축제(대개 7~8월)와 겨울 음력 설(춘제) 전후에 벌어지는 겨울 정기 세일 기간이다. 이때는 세일 천국 홍콩에서도 80~90%에 육박하는 할인율로 경쟁이라도 하는 듯 쇼핑몰과 상점들이 더 빨리, 더 많이 물건 팔기에 열을 올린다.

스페셜 이벤트 기간을 활용해도 좋다. 홍콩의 주요 공휴일, 기념일에는 특별한 할인 행사가 있다. 대표적인 날이 어머니의 날Mother's Day, 노동절 Labor Day, 밸런타인데이, 크리스마스다. 이때는 여름과 겨울 세일만큼은 아니더라도 비교적 높은 할인을 받아 알뜰 쇼핑을 즐길 수 있다.

2. 홍콩의 특색 있는 거리를 알자

홍콩 쇼핑은 재미나게도 지역에 따라 아이템이나 특징, 모이는 연령대 등이 뚜렷하게 나뉜다. 따라서 지역의 특징이나 최근 떠오르는 거리, 새롭게 조성된 거리를 알면 홍콩 쇼핑이 더 재미나다.

침사추이 대형 쇼핑몰이 자리 잡고 있는 침사추이는 모든 이의 취향을 만족시킬 만한 지역이다. 따라서 의무적인 쇼핑을 해야 하는 경우나 시간이 촉박한 경우에는 주저 없이 침사추이를 쇼핑 장소로 선택하면 된다. 특히 젊은이들이 모여드는 그랜빌 로드Granville Rd는 보세 상점과 수출용 의류를 저렴하게 판매하는 거리이므로 집중 공략해 보자.

Intro

08

Hong Kong Shopping ABC
홍콩 쇼핑의 비법

'쇼핑 천국'이라는 수식어가 홍콩만큼 잘 어울리는 도시가 또 있을까. 세계의 허브, 트렌드의 메카인 홍콩에는 전 세계의 내로라하는 핫 브랜드와 혜성처럼 떠오르는 디자이너의 레이블이 빛의 속도로 밀려 들어온다. 유통뿐 아니라 제조업에까지 힘을 뻗치는 이곳이 쇼핑에 있어서는 세계 그 어느 여행지도 따라오지 못할 막강한 파워를 갖췄음은 두말하기에 입만 아프다.

불리는, 태그를 없앤 값싼 의류와 액세서리들을 주로 판매하는 거리다. 시장 쇼핑을 원할 때에는 몽콕의 파운 스트리트 마켓Fa Yuen St Market만 한 곳이 없다. 시장 구경의 묘미는 물론 현지인들이 일상적으로 구입하는 매우 저렴한 상품들을 구입하며 쾌재를 부르게 될지도 모른다.

3. 홍콩에서 구입하면 좋은 아이템 BEST
의류 의류는 중국, 마카오, 홍콩에서 직접 제작하는 제품이 많아 다른 여행지에서 사는 것보다 더 저렴하고 질도 좋은 편이다. 신발 역시 다채롭다. 하이엔드 브랜드에서부터 거리의 허름한 리어카에서 판매하는 값싼 신발까지 모두 추천 아이템이다.

화장품 홍콩에서 특별히 저렴한 제품 중 하나는 화장품이다. 특히 수입 화장품이나 자체 제작 제품을 저렴하게 판매하는 사사SaSa와 봉주르Bonjour 등의 화장품 멀티 아웃렛 상점들은 누가누가 싸게 파는지를 뽐내는 듯 치열하게 가격 경쟁을 벌인다.

센트럴 센트럴은 세계에서 가장 빠르게 유행 아이템이 유입되는 곳이다. ifc 몰의 레인 크로퍼드를 비롯해 조이스와 랜드마크 쇼핑몰 등에는 우리가 평소에는 듣지도 보지도 못했던 초고가 패션 브랜드가 세계의 패셔니스타들에게 집중 조명을 받으며 그 자태를 뽐내고 있다. 특히 관심을 가질 곳은 란콰이퐁 인근의 작은 골목인 온란 스트리트On Lan St. 홍콩의 대표적인 패션 브랜드 수입 업체인 i.t와 D몹D-mop이 운영하는 메종 마르탱 마르지엘라, 앤드뮐미스터, 아이스크림, 크리스티앙 루부탱 등의 단독 매장이 밀집되어 있다. 홍콩 젊은이들이 사랑하는 코즈웨이 베이도 예외는 아니다. 특히 패션워크Fashion Walk라 불리는 지역에는 현재 가장 인기를 끄는 신진 디자이너의 브랜드 플래그십 스토어가 늘어서 있다.

로컬 쇼핑 스폿 로컬들의 쇼핑 거리도 알아 두면 알뜰 쇼핑을 즐기기에 좋다. 로컬 문화가 극명하게 발달된 완차이의 존스턴 로드Johnston Rd가 대표적이다. 일명 샘플 아웃렛이라고

인테리어 제품 하나같이 좁고 답답한 아파트에 사는 홍콩 사람들은 특히 인테리어에 관심이 많다. 따라서 인테리어 제품이 저렴하고 다양한 것은 당연한 일이다. 홍콩산 인테리어 브랜드인 지오디, 프라이스라이트, 알루미늄 등을

비롯해 프랑프랑, 이케아 등 수입 브랜드도 저렴한 편이다. 인테리어 제품들이 한곳에 몰려 있는 완차이의 퀸즈 로드 이스트Queen's Rd East나 코즈웨이 베이를 주목할 것.

주얼리 홍콩은 세계적인 주얼리 거래 시장이기도 하다. 매년 이곳에서는 세계 굴지의 주얼리 쇼, 컨벤션, 마트가 열리며 조태복Chow Tai Fook, 조상상Chow Sang Sang 등의 홍콩 최대 주얼리 브랜드에서는 세계의 진귀한 보석이나 값비싼 매뉴팩처 시계들을 판매하고 있다.

의약품 건강에 지대한 관심을 갖고 있는 특유의 국민성 덕에 의약품과 차의 품질도 훌륭하다. 일반 드러그 스토어에서 구입하는 의약품과 건강 제품도 살 만하고, 성완의 약재 거리인 버넘 스트랜드Bonham Strand에서 각종 허브와 약재를 구하기에도 좋다는 걸 기억해 두자. 차 역시 다양한 곳에서 구입할 수 있다. 슈퍼마켓에서 구입하는 유기농 티도 만족스럽고 기와 베이 커리나 윙와 빵집에서 파는 차도 질이 나쁘지 않다.

4. 쇼핑몰은 한 곳만 골라서
쇼핑몰의 거대한 숲이라고 일컬어도 좋은 이곳에는 각양각색의 쇼핑몰이 있지만 모든 쇼핑몰을 돌아보려는 건 허무맹랑한 욕심일 뿐이다. 대부분 브랜드는 대동소이하므로 대형 쇼핑몰 한 곳만 공략

하는 것이 현명하다. 논스톱 쇼핑 추천 스폿은 하버시티(침사추이), ifc 몰(센트럴), 퍼시픽 플레이스(애드미럴티), 엘리먼츠(웨스트 침사추이), 랭함 플레이스(몽콕), 타임스 스퀘어(코즈웨이 베이) 등이다.

5. 프로모션을 100배 활용할 것
홍콩은 소비자의 마음을 사로잡으려는 판매자들이 치열한 경쟁을 펼치는 도시다. 그들의 치명적인 유혹을 예로 들면 하나를 사면 하나를 더 주는 1+1, 2개를 사면 20% 할인, 3개를 사면 30% 할인, 금액별 할인 이벤트, 사은 선물 이벤트 등이 있다. 따라서 동행과 함께 계산해서 프로모션의 혜택을 얻는 등 머리를 잘 쓰면 알뜰 쇼핑이 따라온다! 또 지오다노, 레인 크로퍼드 등 자동으로 할인 카드나 적립 카드를 발급해 주는 상점도 많으니 기억해 두자. 심지어는 보세 숍도 마일리지나 할인 카드를 발급해 준다.

6. Made in Hong Kong을 집중 공략
쇼핑하러 가면서 샤넬이나 루이뷔통, 크리스찬 디오르만 떠올린다면 굳이 홍콩에 갈 필요가 있을까. 세계 최고 수준은 아니더라도 홍콩에는 반짝반짝 빛이 나는 질 좋은 로컬 브랜드 제품이 많다. 독특한 로컬 문화를 반영하는 디자인, 합리적인 가격으로 사랑받는 로컬 브랜드는 홍콩 쇼핑을 더욱 의미 있게 만들어 준다.
홍콩에서 지오다노를 보고 '우리나라에도 있어'라며 지나치면 훗날 후회하게 될지도 모른다. 특히 지오다노 콘셉츠Giordano Concepts나 지오다노

지갑이 훌륭하다.

특히 다양한 것은 홍콩의 스트리트 룩을 책임지는 로컬 브랜드들이다. 그런 브랜드는 침사추이의 그랜빌 로드, 코즈웨이 베이의 소고 백화점 뒤편, 침사추이의 실버코드나 몽콕의 랭함 플레이스 쇼핑몰을 집중적으로 공략하면 의미 없는 발걸음을 할 수고를 덜 수 있다. 홍콩에서 리바이스보다 인기가 많은 바우하우스Bauhaus나 샐러드Salad는 10대 후반~20대 후반의 젊은 층이 입기에 좋은 디자인으로 구성돼 있다. b+ab나 브레드 엔 버터bread n butter, 2%, 더블 닷Double Dott도 캐주얼 시크를 기본으로 여성에게 인기 있는 홍콩 브랜드다. 남자 친구에게 선물할 아이템을 고르거나 패션에 관심이 많은 남성은 5센티미터5cm, 터프 진스미스Tough Jeansmith를 발견하면 들러 보자. 스타일리시한 남성 의류와 액세서리가 한곳에 모여 있다.

레이디스의 디자인과 질은 생각보다 무척이나 좋다. 정장 의류를 구입하려면 여성이라면 여러 스타일을 갖추고 있는 지오다노 레이디스를 놓치지 말 것. 남성 정장은 G2000이 괜찮다. 넥타이, 와이셔츠, 슈트와 일반 캐주얼 남성복, 구두 등에 이르기까지 남성 용품의 모든 것을 만날 수 있다.

신발은 홍콩 로컬 브랜드 스타카토Staccato가 독보적이다. 심플하면서도 포인트가 되는 디자인과 질 좋은 가죽으로 인기를 끌고 있다. 한국에서는 무척이나 비싸게 팔리는 가죽 가방 전문 브랜드인 라비앙코Rabeanco도 홍콩에서 구입하기 좋은 액세서리다. 보들보들 질감이 좋은 색색의 가방과

7. 아웃렛을 찾아라!

홍콩 쇼핑이 특별한 이유 가운데 하나는 시내와 외곽 지역에 무수하게 퍼져 있는 아웃렛이다. 재고를 허락하지 않는 이 나라는 한시라도 빨리 물건들을 팔아 없애기 위해 수많은 할인과 프로모션을 하고, 단시간 안에 아웃렛으로 넘겨 버린다. 그래서 홍콩 외곽의 팩토리 아웃렛에서는 시즌이 그리 지나지 않은 제품들을 70~90%까지 저렴하게 구입할 수 있다.

또 샘플 아웃렛도 간과해서는 안 되는 홍콩 쇼핑의 매력 중 하나다. 수입용 브랜드 제품의 주문자 상표 부착 생산OEM을 맡고 있는

홍콩에서 제품의 제작이 완성되면 본국에서와 마찬가지로 상품 심사를 철저하게 거쳐야 한다. 이 심사 과정에서 탈락한 제품들은 다시 홍콩으로 돌아와 완차이의 존스턴 로드, 코즈웨이 베이의 리가든 로드, 침사추이의 그랜빌 로드, 몽콕의 파윤 스트리트 마켓 등지에서 파격적인 가격에 팔리게 된다. 규칙상 브랜드의 태그는 제거하지만 품질과 디자인 만족도는 높다.

에스프리 아웃렛 Esprit Outlet
에스프리와 세컨드 브랜드인 edc 상품을 90%까지 할인해 판매한다. 기본 아이템인 셔츠나 티셔츠, 재킷 같은 아이템이 추천 품목. 시내에 위치해 있어 접근성도 좋다.
Add. GF, China Hong Kong City, 33 Canton Rd, Tsim Sha Tsui Tel. 852-3119-0288 Open 10:00~22:00 Access MTR 침사추이역 A1 출구

시티 게이트 아웃렛 City Gate Outlet
공항 근처에 위치한 백화점형 아웃렛이다. 세븐진Seven7, 비비엔 탐Vivienne Tam, 코치, 샘소나이트, 발리, 지오다노, 나이키, 아디다스, 각종 아동 브랜드와 영어 서점인 다이목스의 아웃렛도 있다. 슈퍼마켓과 다이닝 시설도 훌륭하다.
Add. 20 Tat Tung Rd, Tung Chung
Tel. 852-2109-2933 Open 10:00~22:00
Access MTR 통청Tung Chung역 C 출구

호라이즌 플라자 Horizon Plaza
커다란 건물에 팩토리 아웃렛이 밀집한 곳으로 조이스 백화점, 레인 크로퍼드, it 등의 웨어하우스가 입점해 있고 아동 용품, 인테리어 용품도 다채롭다.
Add. 2 Lee Wing St, Ap Lei Chau
Open. 월~토요일 10:00~19:00, 일요일·공휴일 11:00~19:00
Access 센트럴 익스체인지 스퀘어에서 90B, 95B, 171을 타고 사우스 호라이즌스South Horizons에 내린 후 택시 이용(기본요금)

스페이스 SPACE
프라다, 미우미우, 헬무트 랭 전문 아웃렛. 이 세 브랜드의 아이템을 60~70% 할인된 가격에 구입할 수 있다.
Add. 2F, Marina Square East Commercial Block South Horizons, Ap Lei Chau Tel. 852-2814-9576 Open. 월~토요일 10:00~18:00, 일요일·공휴일 12:00~19:00 Access 센트럴 익스체인지 스퀘어에서 90B, 95B, 171을 타고 사우스 호라이즌스South Horizons에 내린다.

Intro

09

Foodie's Heaven
미식가의 천국

집 밥보다는 외식을 더 좋아하는 홍콩 문화 덕에 고급 레스토랑부터 평범한 로컬 레스토랑까지 여행자가 선택할 수 있는 스펙트럼이 무척 넓다. 이 매혹적인 식문화에 빠져들면 어느 순간부터는 단돈 HK$10의 진하고 달콤한 밀크티 한 모금이 짜릿한 키스처럼 느껴지고, 한국에 돌아와서도 오후 두세 시가 되면 딤섬이 절로 떠오를 것이다.

1. 홍콩식 레스토랑 분류법

홍콩에는 참 다양한 종류의 레스토랑이 있다. 대부분 우리나라와도 크게 다르지 않은 형태지만 그 종류를 자세히 들여다보면 흥미로운 홍콩의 식문화를 보다 깊이 있게 이해할 수 있다.

차찬텡과 다이파이동을 제외하고 인기 있다는 레스토랑의 예약은 필수다. 전화를 걸어 이름과 도착 시간, 인원을 얘기해 주면 된다. 차찬텡은 하루 종일 운영되지만 대개의 레스토랑은 점심 12:00~14:30, 저녁 18:00~20:00 정도로 나뉘어 영업하며 그 사이에는 준비와 더불어 쉬는 시간을 갖는다. 따라서 레스토랑을 이용할 때는 운영 시간을 잘 알아보고 방문해야 헛걸음을 방지할 수 있다.

차찬텡 茶餐庭

대표적인 홍콩 스타일의 식당이다. 일반적으로 차찬텡은 이른 아침부터 밤 늦게까지 홍콩 사람들의 식사를 책임지는 가장 일반적인 외식 형태다. 이곳은 흡사 우리나라의 분식집처럼 무수히 많은 메뉴의 가짓수를 자랑한다. 보통 HK$30~40 정도 예산을 잡으면 충분하다.

다이파이동 大牌檔

한국의 포장마차 같은 곳이라고 생각하면 된다. 최근에는 쾌적한 환경의 레스토랑과 위생을 중시하는 시대 분위기에 맞춰 대부분 다이파이동이 사라지는 추세다. 홍콩 정부로부터 라이선스를 받아 정식으로 운영되는 다이파이동은 홍콩 전역에 오직 28개만 남았다. 이곳에서는 HK$20~30 정도로 저렴한 한 끼를 맛볼 수 있다.

비퐁당 避風塘

다이파이동과 마찬가지로 역사의 뒤안길로 사라져 가는 식당 형태 중 하나다. 예로부터 홍콩의 어부들이 삼판 배를 띄워 거주하던 애버딘Aberdeen이나 코즈웨이 베이의 비퐁당에서 홍콩 사람들은 갓 잡은 해산물 요리를 맛보며 흥을 즐겼다. 하지만 위생 문제가 대두되며 비퐁당 레스토랑은 하나둘 사라졌다. 최근 들어 비퐁당 형태의 레스토랑이 홍콩 시내 곳곳에서 운영되며 옛날 맛을 그

리워하는 사람들의 향수를 달래 준다. 해산물 요리가 대부분이기 때문에 1인당 HK$250~300 정도로 예산을 잡는다.

호텔 레스토랑 홍콩 사람들은 호텔 레스토랑을 일상적으로 드나든다. 호텔마다 경제적인 런치 메뉴와 질 좋은 뷔페를 잘 갖추고 있기 때문이다. 특히 광둥요리의 경우는 사람이 많이 모일수록 다양한 메뉴를 저렴하게 즐길 수 있어 동반 인원이 많다면 훌륭한 호텔 정찬을 이용해 보는 것도 좋은 방법이다.

2. 광둥요리의 기본, 茶 마시기

중국 사람들에게 차는 곧 생활이다. 아침부터 저녁까지 중국 사람들은 물보다는 차를 마시며 갈증을 달래고 차의 약효로 몸의 기를 보한다. 식사를 할 때도 마찬가지다. 차를 마시며 기름진 중국 요리를 더 맛있게 즐긴다. 중국 차와 다도법을 간단히 익혀 두면 여행 중에 큰 도움이 된다.

철관음차 鐵觀音茶 향이 좋고 맛이 달아 가장 일반적으로 마시는 중국 차 중 하나다.

보이차 普洱茶 발효차인 보이차는 알칼리도가 높고 숙취 제거와 소화를 돕는다. 짙은 색으로 그 맛 또한 깊다. 체내의 기름기를 제거해 느끼한 중국 음식과 궁합이 잘 맞는다.

말리화차 茉莉花茶 말리화는 우리가 재스민이라 부르는 꽃이다. 향이 좋고 쓰지 않아 누구나 부담 없이 마실 수 있다. 꽃이 섞여 있는 것보다 꽃이 들어 있지 않은 차가 고급이다.

TIP 홍콩에서 차 마시는 법
● 홍콩 대부분의 음식점에서는 주문하지 않아도 차가 나온다. 하지만 공짜가 아닌 경우도 있다. 가게마다, 차의 종류에 따라 값도 다르다. 가격은 보통 HK$4~10 정도.
● 차가 나올 때는 주전자가 두 개 나온다. 하나는 차가 들었고 나머지 하나는 뜨거운 물이 담겼다. 찻물이 떨어졌을 때 주전자 뚜껑을 반쯤 걸쳐 놓으면 물을 부어 준다.
● 중국인들에게 물은 곧 돈이다. 따라서 잔이 어느 정도 비면 종업원이 차를 따라 준다. 함께 식사하는 사람의 찻잔이 비지 않게 살피는 것도 식사 예의다.
● 찻잔에 차를 채워 주면 '고맙다'는 의미로 손가락으로 테이블을 가볍게 두드린다. 옛날에 황제가 민가에 나가면 수행원들이 황제의 찻잔을 받고 예의를 차리기 위해 세 손가락을 이용하며 무릎 꿇는 자세를 형상화해 가볍게 테이블을 두드린 데서 유래한 예법이다. 가운데 손가락은 머리, 양 두 손가락은 꿇은 무릎을 상징한다. 요즘에는 두 손가락으로 테이블을 가볍게 톡톡 두드려도 고맙다는 의미가 전달된다.

3. 올 어바웃 딤섬

광동요리의 상징인 딤섬. 점심과 저녁 사이의 출출함을 달래고 차와 가벼운 간식, 그리고 이야기를 즐기는 특별한 문화다. 가장 맛있는 딤섬을 알아 둬 주문할 때 쏠쏠하게 써먹어 보자.

한국에서 맛볼 수 있는 딤섬은 샤오롱바오 등 몇 종류로 한정되어 있지만, 홍콩에서라면 수십 가지를 놓고 맛있는 고민에 빠져든다.

나이웡바오 奶皇包 Naiwong Bau 달콤한 달걀 노른자 소가 가득 든 디저트 딤섬. 달걀 노른자와 함께 제비집을 넣는 경우도 있다.

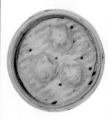

샤오롱바오 小龍包 Shaolong Bau 두툼한 만두피를 터뜨리면 돼지고기의 육즙이 터져 나온다. 뜨거울 때 먹어야 제맛이지만 입천장이 델 수 있으니 조심해야 한다.

춘권 春卷 Chun Goon 바삭하게 튀긴 스프링롤. 바삭바삭한 껍질과 부드러운 소가 어우러진 맛이 일품이다.

자완탕 炸雲呑 Jar Won Ton 바짝 튀겨 낸 완탕으로 겉은 바삭바삭하고 안은 새우 살이 탱탱하게 씹힌다.

찜통만 봐도 군침이 도는 딤섬의 세계

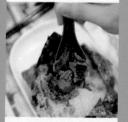

로마이까이 糯米雞 Lor Mai Kai 닭고기 연잎 밥. 말린 새우, 돼지고기 등 가게마다 개성 있는 재료를 넣는다.

슈마이 燒賣 Siu Mai 탱탱한 새우와 돼지고기를 넣어 찐 딤섬. 보자기로 싼 듯한 모양새가 트레이드마크다.

고우초이가우 韭菜餃 Gow Choy Gau 부추와 새우가 든 야채 만두. 부추 향과 통통한 새우살의 식감이 일품이다.

하가우 蝦餃 Ha Gau 쫀득하고 투명한 찹쌀 피 안에 새우가 통째로 들어갔다. 새우의 씹는 맛과 부드러운 만두피가 절묘하게 어우러진다.

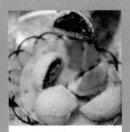

차슈바오 叉燒包 Cha Siu Bau 디저트로 좋은 달콤한 바비큐 돼지고기 딤섬. 일종의 찐빵이라고 생각하면 되는데 매우 부드럽다.

함쏘이꼭 咸水角 Ham Soy Gock 쫀득한 찹쌀 도넛 안에 달콤한 돼지고기 바비큐가 들었다.

장펀 腸粉 Chang Fun 얇고 투명한 '피'를 겹쳐 만들었다. 안에 새우나 쇠고기, 관자 등 다양한 재료를 넣는다.

군통가우 灌湯餃 Goon Tong Gau 큰 만두가 든 수프다. 만두 안에는 샥스핀, 관자, 새우, 돼지고기 등이 들어 있다.

유초이 油菜 Yu Choy 청경채, 모닝글로리 등 다양한 야채를 곁들여 먹어 느끼함을 없애고 영양을 맞춘다.

4. 미슐랭이 사랑한 홍콩

홍콩이란 도시는 세계적인 셰프들의 주 무대이자
인터내셔널 파인 다이닝 브랜드가 그 어떤 도시
못지않게 큰 인기를 끈다. 그뿐만 아니라 이곳은
매일같이 미식가의 DNA를 뼛속 깊이 품고 있는
사람들이 특급 호텔부터 쇼핑몰, 골목골목 숨은
로컬 레스토랑에 이르기까지 수많은 식업장과
진검승부를 벌이는 곳이기도 하다. 〈미슐랭
가이드 홍콩—마카오〉가 상륙했던 첫해에는 특급
호텔만의 잔치, 그리고 웨스턴 요리는 그렇다
하더라도 로컬 푸드에 대한 이해가 낮았다는
비판에서 자유롭지 못했다. 하지만 최근판인
2015년 버전에서는 2010년에 비해 부쩍 로컬
레스토랑과 광둥요리는 물론이고 다채로운
아시안 음식을 소개하여 그 지평을 늘리며 비로소
까다로운 홍콩 푸디들로부터 인정을 받고 있다.

미슐랭 3스타 레스토랑 ★★★
룽킹힌 Lung King Heen (P.66)
8 1/2 오또에 메조 봄바나 8 1/2 Otto e Mezzo
- Bombana (P.75)
보 이노베이션 Bo Innovation
라틀리에 드 조엘 로부숑 L'Atelier de Joël
Robuchon
스시 시콘 Sushi Shikon

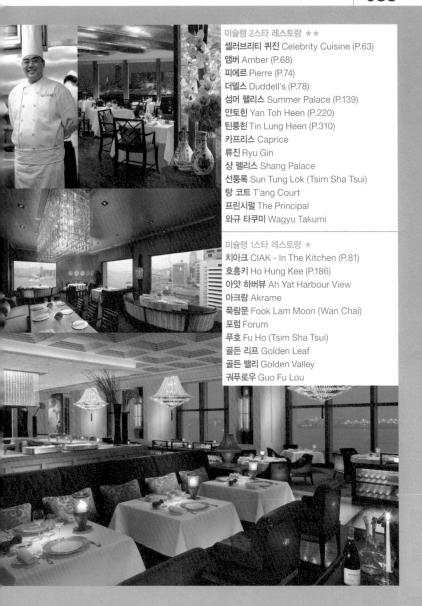

Intro

10

Walking Note

홍콩의 걷고 싶은 거리

대중교통을 이용하며
타박타박 걸어 다니는
여행을 하기에 홍콩만큼
좋은 도시도 없다.
건물 숲과 진짜 숲이 묘하게
조화를 이루고, 옛것과
새것이 잘 어우러진 골목
풍경이 호기심 가득한
여행자의 발걸음을 이끈다.

침사추이는 빠른 속도로 변화를 거듭하는 지역이다. 그렇지만 모든 변화의 기본 콘셉트는 조화로움이다. 그것이 이 다이내믹한 거리를 걷는 게 즐거운 이유일 것이다. 특히 플래그십 스토어가 즐비한 캔턴 로드는 영화 〈첨밀밀〉에서 여명과 장만옥이 다정하게 자전거를 타고 달리던 거리다. 예스러운 영화 속 분위기를 떠올리며 호화로운 플래그십 스토어 숲을 거닐어 보자. 바다를 끼고 즐기는 산책도 매력적이다. 맑은 날 오전에는 스타의 거리에서부터 연인의 거리까지 'One Fine Day'를 마음껏 누려 볼 것!

침사추이 Tsim Sha Tsui 조화와 변화의 앙상블

STREET 1.
캔턴 로드 Canton Road
Location
침사추이 페리 터미널에서부터 차이나 홍콩
시티까지 이어진 캔턴 로드
Access
MTR 침사추이역 J6 출구

STREET 2.
스타의 거리 Avenue of Stars
Location
이스트 침사추이 방향 스타의 거리에서부터
스타페리 터미널 앞 연인의 거리까지
Access
MTR 침사추이역 J2 출구

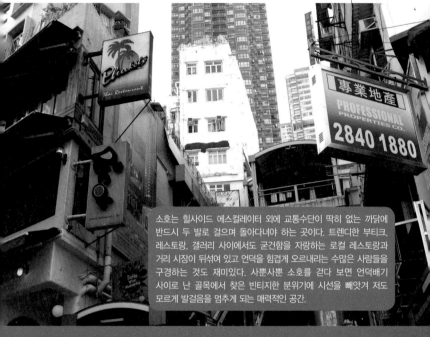

소호는 힐사이드 에스컬레이터 외에 교통수단이 딱히 없는 까닭에 반드시 두 발로 걸으며 돌아다녀야 하는 곳이다. 트렌디한 부티크, 레스토랑, 갤러리 사이에서도 굳건함을 자랑하는 로컬 레스토랑과 거리 시장이 뒤섞여 있고 언덕을 힘겹게 오르내리는 수많은 사람들을 구경하는 것도 재미다. 사뿐사뿐 소호를 걷다 보면 언덕배기 사이로 난 골목에서 찾은 빈티지한 분위기에 시선을 빼앗겨 저도 모르게 발걸음을 멈추게 되는 매력적인 공간.

소호 SOHO 트렌드세터가 빈티지 감성을 만났을 때

STREET 1.
엘긴 스트리트
Elgin Street
Location
부티크, 레스토랑이 한없이 이어진 소호에서 가장 번화한 거리
Access
힐사이드 에스컬레이터를 타고 올라가 엘긴 스트리트에서 내려 걷는다.

STREET 2.
스타운턴 스트리트
Staunton Street
Location
홍콩에 거주하는 외국인과 여행자가 즐겨 찾는 소호의 유흥가. 언덕을 오르면 엘긴 스트리트로 갈 수 있다.
Access
엘긴 스트리트에서 필 스트리트Peel St나 셸리 스트리트 Shelly St를 이용해 내려갈 수 있다.

STREET 3.
할리우드 로드
Hollywood Road
Location
소호와 노호 지역을 구분 짓는 긴 거리. 성완부터 센트럴까지 이어진다.
Access
힐사이드 에스컬레이터를 타고 올라가 할리우드 로드에서 내린다.

모두 세 개의 빌딩으로 이뤄진 퍼시픽 플레이스의 스리 퍼시픽 플레이스를 포함해 스타 스트리트를 중심으로 '완차이 스타 스트리트' 연합 상권이 형성돼 있다. 홍콩에서 가장 트렌디하고 감각적인 부티크와 레스토랑, 카페가 밀집된 이곳에서는 무엇보다 골목 탐험의 묘미를 느낄 수 있다. 스타 스트리트, 문 스트리트, 선 스트리트라고 이름 붙인 낭만적인 거리의 정취를 구경하며 넉넉한 시간을 보내기에 좋은 동네다.

홍콩에서 꼭 가 봐야 하는 명소 중 하나인 빅토리아 피크는 야경만 보기에는 아까운 좋은 장소가 많다. 이곳은 홍콩 최고의 부자들이 모여 사는 지역인 만큼 공원이나 숲길이 잘 조성돼 있어 산책이나 조깅을 하기에도 좋고 피크 야경을 감상하기에도 그만이다.

완차이 Wan Chai 별과 달과 해의 거리
도시에서 가장 가까운 숲길 피크 Peak

STREET 1.
스타 스트리트 Star Street
Location
스리 퍼시픽 플레이스에서 바로 이어진 윙풍 스트리트Wing Fung St를 오르면 스타 스트리트Star St가 나온다.
Access
MTR 애드미럴티역 F 출구

STREET 2.
루가드 로드 Lugard Road
Location
피크 타워에서 오른쪽으로 돌면 걷기에 좋은 명소를 나타내는 홍콩 트레일Hong Kong Trail 표지판이 나온다. 이것을 따라 천천히 30분 정도 걸어가면 전망대가 보인다.
Access
피크 트램을 타고 올라간다. 트램은 편도 HK$22, 왕복은 HK$33다.

일단 경고를 하자면 사람이 많은 곳을 즐기지 않는다면 몽콕은 걷기 여행 코스에서 제외하는 게 낫다. 몽콕이란 이름부터가 '붐비는 거리'를 뜻할 정도로 이곳은 수많은 사람들로 가득하다. 퉁초이 스트리트의 레이디스 마켓에서 시작해 금붕어 시장까지 걷고 다시 파윤 스트리트로 넘어가 스니커즈 마켓까지 내려가는 데는 반나절이 소요된다.

몽콕 Mong Kok 사람들 사이를 걷다

STREET 1.
파윤 스트리트 Fa Yuen Street

Location
몽콕역 레이디스 마켓에서부터 프린스 에드워드 역 금붕어 시장까지 이어진다.

Access
MTR 몽콕역 E2 출구

STREET 2.
퉁초이 스트리트 Tung Choi Street

Location
몽콕역 스니커즈 마켓에서부터 프린스 에드워드 역 파윤 스트리트 마켓까지 이어진다.

Access
MTR 몽콕역 E2 출구

HONG
KONG
MACAU
BY
AREA

Area 1
CENTRAL &
SHEUNG WAN

센트럴 & 성완
中環 & 上環

● 　　　　홍콩의 중심가이자 세계 경제와 금융, 패션과 상업의 중심인 센트럴 지역은 세련되고, 고급스러운 홍콩 여행의 핵심이다. 초특급 호텔과 매머드급 쇼핑몰은 수준 높고 편리한 쇼핑과 다이닝을 책임져 준다. 동시에 빛의 속도로 진행되는 변화 속에서도 소호의 골목길, 퀸즈 로드 센트럴 대로변에서 여전히 홍콩 사람들의 사랑을 독차지하며 꿋꿋하게 역사를 지키는 예스러운 상점들을 무심히 지나쳐서는 안될 일이다. 허름한 로컬 레스토랑과 수제 구두나 치파오 상점처럼 홍콩 영화의 아련한 향수를 불러일으키는 흥미로운 스폿들은 홍콩을 사랑하는 여행자에게 또 다른 매력으로 다가온다.

성완 지역은 센트럴과 인접해 있지만 분위기는 완전히 딴판이다. 1900년대 초반의 서양식 건물인 웨스턴 마켓, 홍콩 사람들이 매일 소원을 빌러 가는 만모 사원, 수많은 골동품 상점과 갤러리가 가득한 할리우드 로드, 쑨원이 활동했던 노호 지역에 들어선 소규모 부티크와 인테리어 디자인 숍까지. 로컬 문화와 홍콩의 역사를 오롯이 느낄 수 있는 성완 지역은 한 발 한 발 발걸음을 내딛을 때마다 '홍콩 사랑'을 더욱 뜨겁게 만드는 매혹적인 모습이다.

Access
가는 방법

MTR 성완 Sheung Wan역
방향 잡기 B 출구로 나가 2~3분만 걸으면 웨스턴 마켓이 나온다. 이곳에서 여행을 시작해 할리우드 로드 쪽으로 걸어 올라가며 노호를 산책하는 코스가 좋다.

MTR 센트럴 Central역
방향 잡기 센트럴역은 출구가 여러 개지만 출구마다 여행 스폿에 대한 설명이 잘 되어 있으므로 출구 안내를 반드시 보고 나올 것. 란콰이퐁으로 가기 위해서는 D1이나 D2 출구로, 퀸즈 로드 센트럴에서 다양한 플래그십 스토어를 구경하려면 랜드마크 쪽 G 출구나 알렉산드라 하우스 쪽 H 출구로 나오면 된다.

주의 ifc 몰이나 포시즌스 호텔을 가려면, 혹은 소호의 에스컬레이터를 맨 아래에서부터 타려면 MTR 홍콩역에서 하차해 A1 출구로 나오는 것이 좋다. 또한 침사추이에서 센트럴로 들어오는 스타페리도 있으니 활용할 것.

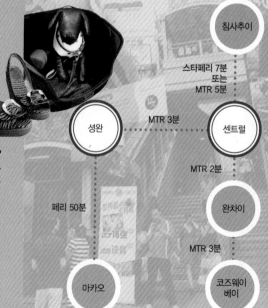

침사추이

스타페리 7분
또는
MTR 5분

성완 ··· MTR 3분 ··· 센트럴

MTR 2분

완차이

페리 50분

MTR 3분

마카오

코즈웨이
베이

Check Point

● 이 지역의 볼거리는 크게 소호와 란콰이퐁, 퀸즈 로드 센트럴, 노호로 나눌 수 있다. 길들이 힐사이드 에스컬레이터, 스카이워크 브리지 등으로 연결되어 있어 비가 와도 끄떡없이 여행할 수 있다. 각각의 길, 건물로 가는 안내판을 자세히 보지 않으면 엉뚱한 곳에서 길을 잃을 수 있으니 주의할 것.

Plan
추천 루트

센트럴에서
좀 더 특별한 시간을
보내려면 이렇게!

10:00 | 빅토리아 피크 Victoria Peak.
도보 3분 | 홍콩의 100만불 경치를 맛보려면 피크로
향할 것. 시간과 체력이 허락한다면
피크에서의 가벼운 하이킹도 추천

부타오 Butao | **11:30**
언제나 길게 줄을 선 라멘집에서 | 도보 5분
홍콩 속 일본을 느껴보자.

센트럴 Central & 소호 SOHO | **12:30**
다양한 편집숍이 가득한 센트럴과 | 도보 5분
소호 곳곳에서 쇼핑 즐기기

로열 다이닝 Loyal Dining | **15:00**
쓰촨식 마라 딤섬부터 비둘기를 | 도보 5분
통째로 구워낸 요리, 그리고 달걀빵
와플까지! 흥미로운 딤섬의 세계를
여기에서 맛보자!

쿵리 Kung Lee | **17:00**
홍콩 사람들도 즐겨 마시는 | 도보 10분
건강 차 한 잔

17:30 | 할리우드 로드
도보 5분 | Hollywood Road
할리우드 로드를
따라 노호NOHO를
거닐며 거리 구경과
작은 부티크 구경.

르 포트 파퓸 Le Port Parfume | **18:00**
소박하고 맛있는 프랑스 | 도보 5분
해산물 요리로 저녁식사 즐기기

퀴너리 Quinery | **20:00**
분자 칵테일과 함께
홍콩의 신나는 밤 만끽하기

만모 사원에는 글을 쓰거나 공부하는 사람들의 성공을 기원하는 사람들이 많다.

할리우드 로드 **Hollywood Road**

Add. Hollywood Rd, Central & Sheung Wan
Open 레스토랑 11:30~14:30 · 15:30~23:00, 숍 12:00~20:00(가게마다 다름)
Access MTR 센트럴역 혹은 MTR 성완역

★★★★

게으른 여행자의 산책 즐겨 찾기 No.1

홍콩 할리우드 로드에 대해 들었을 때 미국 할리우드와 연관성을 찾으려 했다면 시간 낭비다. 영국군이 홍콩을 점령했을 때 지금의 할리우드 로드는 호랑가시나무Holly Shrubs가 가득한 가로수 길이었다나. 그런 무척이나 심플한 이유로 거리 이름이 할리 우드 로드Holly Wood Rd로 불리다 현재에는 할리우드 로드Hollywood Rd라 명명된 것.

심플한 작명법과는 달리 이 거리는 센트럴에서 꽤 묵직한 존재감을 갖는다. 성완과 센트럴에 걸쳐 길게 자리하고 있는 할리우드 로드는 힐사이드 에스컬레이터와 더불어 센트럴의 소호SOHO(South of Hollywood Rd의 줄임말)와 노호NOHO(North of Hollywood Rd의 줄임말)를 구분 짓는 중요한 거리다.

천천히 흐르는 시간을 탐닉하는 것이 할리우드 로드를 즐기는 최고의 방법이다. 만모 사원, 고미술품이나 골동품을 판매하는 상점과 크고 작은 갤러리, 외국인들이 점령한 카페가 뒤섞인 이곳에서는 홍콩의 다른 곳과는 달리 느릿한 발걸음으로 마냥 게으른 여행을 즐기기에 좋다.

Hollywood Road
1-155 荷李活道 15

1 천장에 빼곡히 있는 향에는 많은 사람들의 소망이 가득 담겨 있다.
2, 3 음력 설 전후에는 가족의 안녕과 부를 기원하는 사람들로 문전성시를 이룬다.

캣 스트리트 Cat Street

Add. Upper Lascar Row, Sheung Wan
Open 11:30~19:00(가게마다 다름)
Access MTR 성완역 A2 출구

Map
P.464-C

★★

홍콩 스타일의 벼룩시장

캣 스트리트는 장물아비들이 모여 몰래 장사를 하던 골목이었다. 예로부터 중국 사람들은 장물아비를 은어로 '고양이'라고 불렀다. 그래서 이 거리의 이름이 캣 스트리트가 된 것.

지금도 출처를 알 수 없는 물건들이 캣 스트리트의 작은 상점에, 좌판에 어지럽게 늘어서서 여행자들의 호기심을 자극한다. 물건의 종류가 오리엔탈이어서 그렇지 시장 분위기는 딱 유럽의 벼룩시장을 연상시킨다. 중국인들이 사랑하는 마오쩌둥의 시계나 초상화, 옥으로 만든 액세서리, 중국 느낌을 물씬 풍기는 향수병이나 장신구는 최첨단, 최신 유행에 골몰하는 홍콩을 잠시나마 잊게 하는 재미난 물건들이다.

1 좁은 골목 안을 가득 채우고 있는 골동품 노점상 **2** 이곳에서는 중국색이 강한 기념품을 구입하기 좋다. 단, 가격은 흥정하기 나름 **3** 음력 설 전후에는 빨간 종이에 글씨를 써주는 부적상이 등장한다.

047

Map
P.464-D

노호 NOHO

Add. North of Hollywood Rd, Sheung Wan
Open 레스토랑 11:30~14:30·15:30~22:00, 숍 12:00~20:00(가게마다 다름)
Access MTR 성완역 A2 출구

★★★

역사와 최신 유행의 조심스러운 만남

홍콩을 자주 방문하는 사람들조차 노호 지역의 진가를 다 알지는 못한다. 그동안 여행자들은 개성 넘치는 소규모 부티크, 전 세계 요리를 망라하는 수많은 레스토랑, 영화 속에도 등장한 힐사이드 에스컬레이터, 홍콩 사람들보다는 외국인들이 수놓은 거리 풍경이 이국적인 소호에 푹 빠져 있었기 때문이다. 일명 노라라 불리는 할리우드 로드의 북쪽 지역에는 외국인보다는 홍콩 사람들이 주도적으로 거리의 문화를 만들고 있다. 이곳의 크고 작은 거리에는 소호와는 다른 분위기의 부티크, 갤러리, 레스토랑이 오밀조밀 모여 있다. 게다가 이곳은 혁명가 쑨원Sun Yat Sen(孫文)이 활동했던 역사적인 곳이기도 하다. 조심스러운 변화를 통해 전통을 지키려는 홍콩 사람들과 홍콩만의 개성 넘치는 문화를 즐기고 싶어 하는 여행자들의 욕심을 동시에 어루만져 준다.

1, 2 노호 지역에 새롭게 오픈한 부티크도 다양하다. **3** 소호와는 확실히 다른 분위기의 상점 **4** 복고풍 인테리어가 눈에 띄는 노호의 부티크

소호 SOHO

Add. South of Hollywood Rd, Central
Open 레스토랑 11:30~14:30·15:30~23:00, 숍 12:00~21:00(가게마다 다름)
Access MTR 센트럴역 C 출구 혹은 D1 출구
URL www.ilovesoho.hk

★★★★

가장 홍콩다운 곳에서 특별한 시간을!

홍콩 뉴이어 퍼레이드를 성공적으로 마쳤던 〈우리 결혼
했어요〉의 조권과 가인 커플이 꿀 같은 자유 여행을 미
션 수행 상품으로 받았을 때 그들이 향했던 곳이 바로 소
호다. 지극히 홍콩다우면서도 이국적인 느낌의 거리, 소
호에 몰려드는 여행자들의 자유로운 분위기가 넘실대는
거리, 쇼핑부터 미식 여행까지 이 좁은 공간에서 모두 해
결할 수 있다. 수많은 레스토랑과 카페, 부티크 속에서
갈팡질팡한다면 노랑머리의 외국인이 가득한 곳을 콕
집어 시도하면 실패할 확률이 낮다.

이 지역에서 가장 인기 있는 부티크는 뛰어난 감각과 제
품 구성 능력을 갖춘 주인장의 멀티 컬렉 숍이지만, 침사
추이나 코즈웨이 베이에 있는 유사한 숍들에 비하면 가
격이 비싼 편이다. 대신 힐사이드 에스컬레이터가 지나
가는 좁은 골목에 은밀히 숨어 있는 파격 할인 매장은 외
관은 허름하지만 상상도 못할 저렴한 가격에 의류를 판
매한다. 소호의 식당 구성도 초국가적이다. 멕시코와 이
탈리아, 프랑스, 일본, 중국뿐만 아니라 최근에는 퓨전
에 퓨전을 더해 다양한 프라이빗 키친과 레바논 등 중동
요리 전문점도 들어서 있어 골라 즐기는 재미가 가득하
다.

1 레스토랑, 부티크, 이곳에 모인 사람들 하나하나가 소호의 개성 있는 모습을 만들어 낸다. **2** 명품 못지않은 품질과 디자인을 자랑하
는 아이템을 구비한 편집 매장이 즐비하다. **3** 자유롭고 낭만적인 소호의 분위기

파운드 레인 Pound Lane

Add. Pound Lane, Sheung Wan
Open 아침 산책을 하거나 오후 티 타임에 맞춰 방문하는 것이 좋다.
Access MTR 성완역 A2 출구

★★★★

소호보다 안락하고, 노호보다 새로운

성완보다는 센트럴을, 노호보다는 소호나 란콰이퐁을
선호하는 한국 여행자에게는 다소 생소한 파운드 레인
은 노호의 서남쪽에 위치해 있다. 원래 이곳은 1800년대
후반부터 정부에서 소, 양 등의 떠돌이 동물이나 유기 동
물을 보호하는 울타리가 있던 장소였다.

시대가 흘러, 중심부와 멀지 않으면서 땅값이 비교적 저
렴해 홍콩 주재원의 거주지로 각광받으면서 홍콩 특유
의 정취와 세계 곳곳의 다채로운 문화가 뒤섞이는 흥미
로운 지역으로 탈바꿈했다. 한때 홍콩 의회에서 앞으로
트렌디한 지역으로 떠오를 파운드 레인에 에스컬레이터
를 설치해 새로운 관광 명소로 개발하려는 움직임이 있
었지만 특유의 분위기를 해친다는 지역 주민들의 반대
의견과 첨예하게 맞서 무산됐다.

앤티크한 할리우드 로드, 키 큰 나무 사이로 햇살이 반짝
이는 계단 길, 빈티지한 풍경이 멋스러운 포얀 스트리트
Po Yan St와 어퍼 스테이션 스트리트Upper Station St 곳곳
을 걸으며 거리 정취에 흠뻑 빠져 보자. 거리 곳곳에 자리
한 조용한 카페나 레스토랑에서 한가로운 시간을 보내
는 것도 좋겠다.

> TIP 중화권에서는 홍콩의 드라마, 영화 촬영지이자 예스러운 분위기
> 를 간직한 파운드 레인과 쑨원이 활동했던 노호 지역을 엮어 '홍콩의
> 숨은 보물Hidden Treasure 코스라 부르기도 한다. 홍콩 여행이 초행
> 길이 아니라면 파운드 레인에 들러 작은 갤러리, 카페, 프라이빗 레스
> 토랑, 예술가들의 작업실 등을 구경하며 색다른 홍콩을 즐겨 보자.

1 파운드 레인을 둘러싼 길에 위치한 인테리어 & 디자인 숍도 이 작은 거리 탐험의 소소한 재미 **2** 카페에 들어 사색을 즐기는 것도 좋다.
사진은 비엔나커피로 유명한 카페 로이슬 Cafe Loisl **3** 갤러리와 작은 상점 외에도 지극히 '중국풍의 거리'도 곳곳에 남아 있다.

힐사이드 에스컬레이터 Hillside Escalator

Map P.465-C

Add. Hillside Escalator, Central
Open 하행 06:00~10:00, 상행 10:20~24:00
Access MTR 센트럴역 C 출구 혹은 D1 출구

★★★★

세계에서 가장 길고 유명한 에스컬레이터

장장 800m의 거리를 잇는 소호의 명물 힐사이드 에스컬레이터. 고급 주택가의 이름을 따서 미드레벨 에스컬레이터Mid-Levels Escalator라고도 불리는 이 독특한 교통수단은 영화 〈중경삼림〉을 비롯해 수많은 홍콩 영화와 TV 프로그램, 뮤직비디오 등에서 보아 온 홍콩의 대표적인 풍경 중 하나다.

홍콩의 핵심만을 봐야 한다면 에스컬레이터를 타고 소호 최고의 번화가인 스타운턴 스트리트Staunton St나 엘긴 스트리트Elgin St에 내려 거리 분위기를 만끽하는 것이 좋다. 소호를 깊숙하게 들여다보고 싶다면 에스컬레이터 맨 꼭대기에서 천천히 내려오며 소호 구석구석을 구경하는 것도 재미있다.

1 소호를 오르내리는 가장 좋은 방법, 힐사이드 에스컬레이터 **2** 에스컬레이터 끝까지 올라가 천천히 내려오며 여행을 즐기는 것도 한 방법이다. **3** 시간이 부족하다면 마음에 드는 곳을 발견했을 때 에스컬레이터에서 내려 골목 여행을 만끽하자.

포틴저 스트리트 Pottinger Street

Add. Pottinger St, Central
Open 시장 상인들이 모두 나온 월~토요일 오후 시간이 좋다. 일요일에는 인파가 많은 데다가 시장의 일부 가게는 문을 닫는다.
Access MTR 센트럴역 B 혹은 C 출구

★★

비탈길에 늘어선 앙증맞은 초록 노점들

홍콩 최초의 총독인 헨리 포틴저Henry Pottinger의 이름을 딴 포틴저 스트리트를 실제 홍콩 사람들은 석판가石板街라고 부른다. 홍콩에서 화강암으로 만든 계단이 아주 드물기 때문이다. 이 길은 원래 퀸즈 로드 센트럴과 할리우드 로드 사이의 비탈길이었는데 수차례 개발을 통해 할리우드 로드부터 코넛 로드 센트럴Connaught Rd Central까지 확장됐다. 지난 10년 동안 포틴저 스트리트에 거리시장이 들어서자 정부는 거리 상인들에게 판매 허가증을 주고 작은 노점을 초록색으로 칠하도록 해 센트럴의 색다른 풍경을 완성했다. 몽콕 시장에 비해서는 가격 경쟁력이 떨어지지만 기념품과 핸드메이드 중국 덧신 등은 종류가 다양하고 질도 나쁘지 않다. 세계에서 가장 번화하고 비싼 땅덩이인 센트럴에 들어선 거리시장의 이색적인 풍경과 이 길에 녹아든 역사를 알고 나면 단 5분일지라도 기억에 오래 남는 여정이 될 것이다.

1 포틴저 스트리트에 늘어선 노점상 **2** 골목 사이로 숨은 감각적인 벽화 **3** 오래된 화강암 바닥은 분위기를 더욱 특별하게 만드는 일등공신 **4** 밤이 되면 포틴저 스트리트에 둥지를 튼 힙한 바가 속속 문을 연다.

글래스 하우스 Glass House

Map
P.464-C

Add. Glasshouse Shop 4009, 4F, ifc Mall, 8 Finance St, Central
Tel. 852-2383-4008
Open 11:00~23:00
Access 카오룬에서 갈 때는 스타페리 이용. 홍콩 섬에서 갈 때는 MTR 센트럴역 A 출구
URL www.glasshousehongkong.com

2015 New Spot

시크릿 가든에서 즐기는 로맨틱 다이닝

ifc 몰 4층에 루프탑 가든이 있다는 것은 홍콩을 자주 방문하는 사람에게도 새롭게 들릴지 모른다. 홍콩 다이닝 신Dining Scene에서 빼놓을 수 없는 가이아 그룹Gaia Group은 이 도심 속 오아시스에 최근 가장 핫한 퓨전 레스토랑 글래스 하우스를 운영하고 있다. 그 이름 그대로 대부분의 장식을 유리로 꾸며 실내와 실외에서 모두 아름다운 하버 뷰를 조망할 수 있다. 이곳을 더욱 특별하게 만드는 것은 글래스 하우스가 위치한 루프탑 가든과 어울리는 정원 분위기의 인테리어다. 오픈 키친 위로 줄 맞춰 있는 수많은 화분과 식당 내부를 장식하는 커다란 소나무는 도시적이면서도 자연친화적이다.

웨스턴과 아시안 요리의 만남을 넘어 음식 자체에 분자요리 기법을 접목시켰다. 이곳은 굴 하나도 그냥 내지 않는다. 멕시칸 치폴레Chipotle고추와 폰주Ponzu소스를 캐비어처럼 만들어 싱싱한 굴 위에 올린다. 미국에서 잡은 작은 생선튀김Lime Tempura Smelt Fish with Kimchi Mayonnaise은 맥주를 부르는 안주다. 오징어 먹물로 반죽한 검은 면발의 팟타이Black Ink Pad Thai with Free Range Egg는 국수가 뜨거울 때 반숙 달걀을 잘 섞어 만드므로 기존의 팟타이와는 다르다. 글래스 하우스 최고의 인기 메뉴 크림 브륄레Moscovado Sugar Banana Creme Brulee는 특별한 쇼잉까지 더해져 진정한 미식 체험의 화룡점정을 찍는다. 1인당 HK$350~500 정도.

1 루프탑 가든에서 야경을 바라보며 저녁식사를 즐기자. **2** 와규와 트러플로 요리한 햄버거는 누구나 좋아할 만한 요리다. **3** 부드러운 달걀 커스터드 위에 바나나와 술을 넣고 테이블에서 불을 붙여 표면을 순간적으로 굳힌다.

와규 가이세키 덴 Wagyu Kaiseki Den

Add. Upper GF, Central Park Hotel, 263 Hollywood Rd, Sheung Wan
Tel. 852-2851-2820
Open 월~토요일 18:30~23:00
Close 일요일
Access MTR 성완역 A2 출구, 센트럴 파크 호텔 G층

secret

장인 정신이 깃든 가이세키

런던과 파리 노부NOBU에 몸담았던 셰프 사오토메 히로유키Saotome Hiroyuki가 선사하는 환상적인 가이세키 요리를 홍콩에서 맛볼 수 있다. 제철 요리와 가장 신선하고 최상 품질의 재료를 고집하는 셰프 사오토메의 장인 정신에 가까운 노력 덕분에 이곳은 오픈한 이래 예약이 끊이지 않는 인기 레스토랑으로 등극했고, 2010년에는 단숨에 〈미슐랭 가이드〉로부터 별 하나를 받으며 내공을 증명해 보였다.

조용한 성완에 위치해 있는 데다 입구에서 벨을 눌러야 문이 열리고, 세련된 바를 지나 위층으로 올라가야 레스토랑이 나온다. 이처럼 프라이빗 키친에 초대받은 듯한 느낌까지도 홍콩 사람들의 마음을 움직였다.

메뉴는 오직 한 가지. 9코스의 가이세키 세트(HK$1980)는 전통 일본식을 고수하되 노부에서의 경험을 살려 프랑스식 스타일을 가미했다. 대부분 식재료는 일본에서 공수되어 매일 오후 5시에 주방으로 들어온다.

1 주방을 무대처럼 꾸며 손님들이 음식을 기다리는 동안 셰프들의 움직임을 관찰할 수 있도록 만들었다. **2** 섬세한 가이세키를 내는 셰프 사오토메 히로유키 **3** 절제된 디자인이 더욱 멋스러운 와규 가이세키 덴 입구 **4** 눈으로 먼저 맛보는 가이세키

싱흥유엔 Sing Heung Yuen

Map
P.464-C

Add. 2 Mee Lun St, Central
Tel. 852-2544-8368
Open 월~토요일 08:00~17:30
Close 일요일
Access MTR 성완역 A2 출구

Eat like a Hongkonger!

홍콩식 포장마차인 다이파이동Dai Pai Dong(大牌檔)은 불과 25년 전만 하더라도 홍콩에서 가장 일반적인 식당 형태였다. 하지만 현대화가 가속되고 식당의 청결을 중시하는 시대 흐름에 발맞춰 라이선스를 얻어 정식으로 운영되는 다이파이동이 홍콩 전역에 28개만 남았다.

싱흥유엔은 1957년 정부로부터 인가를 얻은 이래 홍콩에서 가장 인기 있는 다이파이동으로 이름을 날리는 곳이다. 지극히 홍콩식인 메뉴들은 비위가 약하거나 홍콩에 익숙지 않은 이들에게는 고역일 수 있다. 하지만 소담하면서 와자지껄한 특유의 분위기는 놓치면 아까울 명물임이 틀림없다.

싱흥유엔의 인기 메뉴는 토마토소스로 요리한 국수番茄蛋湯麵, 돼지고기를 끼워 먹는 바삭한 빵豬扒脆脆, 땅콩버터나 연유를 바른 토스트花生醬多士 등. 음료를 포함해 1인당 HK$35 정도.

1 허름한 외관과는 달리 홍콩의 명소로 언제나 인산인해를 이루는 싱흥유엔 2 토스트와 커피에 넣는 연유 3 이것이 바로 홍콩식 애프터눈티 세트 4 마카로니를 넣은 토마토 치킨 수프

카우키 | Kau Kee 九記牛腩

Add. 21 Gough St, Central
Tel. 852-2815-0123
Open 월~토요일 12:30~22:30
Close 일요일
Access MTR 성완역 A2 출구

홍콩 사람들이 최고로 꼽는 면 요리

쑨원이 활동했던 시기부터 노호 지역에서 가장 유명한 로컬 식당으로 맹위를 떨쳤던 카우키. 인기 맛집답게 여러 메뉴로 승부하지 않는다. 쇠고기의 양지 부위를 한약재에 푹 고아 익힌 부들부들하고 두툼한 쇠고기를 얹은 국수를 비롯한 카레 국수가 이 집의 간판 메뉴다. 찾기도 쉽다. 싱흥유엔 맞은편에 있으며 오픈 시간 내내 줄이 길게 늘어서 있고 진한 카레와 약재가 끓는 향은 절로 카우키를 알아채게 한다.

고기의 종류와 면, 수프의 종류를 고르면 된다. 한국어 메뉴판도 준비되어 있다. 쇠고기 양지 Beef Brisket나 쇠심 Beef Tendon을 선택하고 간수면 E-Fu Noodle과 쌀국수 중 선택할 수 있다. 담백하고 진한 국물 맛을 음미하려면 일반 수프 국물을 사용한 국수도 좋지만 좀 더 자극적이고 독특한 맛을 원한다면 진한 카레를 섞은 것을 주문해 볼 것. 국수류는 HK$32부터.

1 항상 많은 대기인원으로 긴 줄이 늘어서 있는 카우키 **2, 4** 100년 가까이 카우키의 역사와 함께한 사람들 **3** 특유의 향이 꺼려진다면 노란색의 간수면보다는 쌀국수와 진한 맛의 쇠고기 국물을 선택해 볼 것

멋진 인테리어만큼
근사한 요리

베이스먼트 **Basement**

Add. BF, 29 Gough St, Central
Tel. 852-2854-0010
Open 월~토요일 11:30~15:00 · 18:30~23:00(토요일 11:30~16:30에는 브런치도 판매)
Access MTR 성완역 A2 출구
URL www.basement.hk

이토록 스타일리시한 다이닝 체험!

고프 스트리트에 플래그십 스토어를 둔 인테리어 브랜드 홈리스Homeless의 지하Basement에 살포시 숨어 있는 베이스먼트. 일반 식당으로는 보이지 않는 외관과 스타일리시한 인테리어도 근사한 다이닝 체험을 선사하지만, 수준 높은 메뉴야말로 손님들의 만족도를 높이는 일등 공신이다.

와인 창고인 카브Cave를 연상시키는 식당 안은 홈리스 디자인 갤러리에서 판매, 전시하는 다채로운 인테리어 아이템으로 멋지게 꾸며져 있다. 각 테이블이나 장소의 분위기에 맞춰 다른 콘셉트로 장식한 조명, 단 하나도 같은 모양이 없는 의자, 독특한 커틀러리와 테이블 웨어는 음식을 기다리는 동안 지루할 틈이 없을 정도로 구경하는 재미가 있다.

베이스먼트의 메인 요리는 이탈리아 요리를 기본으로 만든 퓨전 유러피언. 토마토 안을 연어로 채운 샐러드Irish Organic Smoked Salmon Salad, 미소 소스를 발라 구운 흑대구 요리Pan-Roasted Saikyo Miso Black Cod는 음식의 화려한 프레젠테이션에 감탄이 절로 나온다. 질 좋은 쇠고기를 사용하는 스테이크도 추천 메뉴. 자연산 앵거스 비프를 사용한 스테이크Grilled USA 'Meyer' Natural Angus Beef는 가격 대비 만족도가 높다. 점심에는 1인당 HK$150, 저녁에는 HK$250 정도로 잡으면 된다.

1 와인 창고처럼 만든 베이스먼트 내부 **2** 독특한 인테리어와 창의적인 데커레이션 소품을 구경하는 것도 재밌다.

공차이키 Kong Chai Kee 江仔記

Map
P.464-D

Add. 2-4 Kau U Fong, Central
Tel. 852-2815-5281
Open 11:00~22:00
Access MTR 성완역 A2 출구

쫀득쫀득한 어묵 국수의 일인자

홍콩 사람들의 편애를 한몸에 받는 국숫집 공차이키는 긴 줄을 서서 기다리는 것과 합석이 불가피한 맛집이다. 고작 20석 내외에 테이블이 5개만 있음에도 불구하고 직장인들의 점심시간과 퇴근 시간에는 '인산인해'를 이룬다는 표현이 맞을 정도로 엄청난 사람들이 공차이키 앞에 줄을 선다.

공차이키가 유명한 까닭은 고소하고 쫄깃한 어묵이 들어간 국수Fish Ball Noodle 덕택이다. 어묵은 모양과 종류에 따라 네 가지가 있다. 티 타임에 이곳을 들렀다면 네 가지 종류의 홍콩 스타일 토스트와 밀크티를 즐겨 볼 것. 땅콩버터와 바나나를 얹은 토스트와 아이스 밀크티는 특급 호텔의 애프터눈티 세트가 부럽지 않다. 어묵국수 한 그릇은 HK$24부터, 토스트 종류는 HK$12부터.

1 여러 가지 어묵이 올라간 쌀국수 2 가게 안은 20명이 들어가기 힘들 정도로 좁다. 3 노호의 분위기를 즐기며 식사할 수 있는 조촐한 테라스석도 마련되어 있다.

마살라 Masala

Add. GF, 10 Mercer St, Sheung Wan
Tel. 852-2581-9777
Open 11:30~03:00
Access MTR 성완역 A2 출구

secret

저렴하고 캐주얼한 인도 요리집

우리나라와는 달리 홍콩은 태국이나 베트남, 싱가포르, 말레이시아, 인도네시아 등 동남아시아 요리 가격이 매우 저렴한 편이다. 우리 돈으로 5000원 정도면 음료를 포함해 한 끼 배불리 먹을 수 있다. 하지만 인도 요리의 경우 5000원으로는 어림없다. 그래서 저렴한 런치 메뉴를 내놓는 마살라는 발견의 기쁨을 안겨 주는 인도 식당이다. 단품 메뉴는 HK$58 이상이지만 런치 세트를 이용하면 마살라의 대표 메뉴와 음료를 보다 저렴하게 맛볼 수 있다. 보기만 해도 식욕을 돋우는 주황색 외관과 인테리어, 캐주얼한 분위기, 다른 인도 식당에 비해 저렴한 가격도 매력적이지만 제대로 맛을 내는 요리야말로 이곳을 추천하는 이유다.

대부분의 카레와 마살라, 빈달루 등은 양, 소, 닭고기 가운데 선택할 수 있는데 마살라 중에서는 치킨 티카 마살라Chicken Tikka Masala가 무난하다. 인도식 볶음밥인 브리야니Briyani도 누구나 무리 없이 먹기에 좋다. 단품 요리를 주문할 경우 1인당 HK$100 정도.

1 머서 스트리트에 작은 둥지를 튼 인도 요리 전문점 2 난과 함께 먹으면 그 맛이 그만인 치킨 티카 마살라 3 가장 무난한 메뉴로 브리야니를 추천 4 맛, 분위기, 가격 모두 만족스럽다.

연일 예약이 꽉 차 있는 가득한 노호의 핫 플레이스!

Map
P.464-D

르 포트 파퓸 Le Port Parfumé

Add. Shop C, 6-10 Kau U Fong, Central
Tel. 852-2824-3018
Open 점심 12:00~15:00, 저녁 18:00~24:00
Access MTR 셩완역 A2 출구
URL www.port-parfume.com

secret

2015 New Spot

홍콩, 향기로운 항구

향기 나는 항구라는 뜻의 홍콩香港을 불어로 번역하면 르 포트 파퓸Le Port Parfumé이다. 세계 음식 문화의 허브인 홍콩에서 프랑스 음식을 다양한 옵션으로 맛볼 수 있는 건 두말하면 잔소리. 하지만 이곳이 유독 빛나는 까닭은 조용한 노호 지역에서 프랑스 시골 마을의 음식 혹은 프랑스 가정식과 같은 소박한 요리를 맛볼 수 있기 때문이다.
이름과 잘 어울리는 콘셉트도 흥미롭다. 인테리어와 데커레이션, 거기에 메뉴까지 이 식당은 '항구'라는 주제에 딱 맞췄다. 프랑스 현지에서 공수한 포스터와 신문, 빈티지한 아이템으로 꾸며 스타일리시한 다이닝 체험을 제공한다는 것도 홍콩의 푸디들이 이곳을 주목하는 이유.

매일 공수한 재료로 만드는 프랑스 해산물 요리가 주가 된다. 양식된 해산물이 아니라 어부가 그날 잡은 재료로 만드는 걸 원칙으로 한다. 해산물 요리가 대표 메뉴지만 정통 프렌치 방식으로 요리한 고기 요리도 괜찮다. 로컬 레스토랑이라는 사실을 불식할 만큼 다양한 버건디 빈티지 와인과 루아르Loire, 남 프로방스, 론Rhone, 랑그독 루시옹Languedoc Roussillon 지방의 질 좋은 와인을 폭넓게 보유하고 있다. '매일 공수한 재료'라는 테마에 맞게 메뉴도 없다. 그날의 재료에 따라 제철 해산물로 만드는 즉석 메뉴판만이 존재할 뿐. 테이블에 앉으면 웨이터가 분필로 매일 바꿔 쓰는 칠판을 가져와 주문을 받는다. 따라서 가장 좋은 방법은 담당 서버의 추천을 받는 것. 1인당 HK$500~600 정도를 예산으로 잡으면 된다.

1

2

3

1 항구라는 콘셉트로 일관성 있게 꾸며진 인테리어 **2** 정통 방식으로 만드는 프랑스 요리가 일품이다. **3** 음식을 고르기 어렵다면 서버의 추천을 받도록 하자.

라우푸키 Lau Fu Kee 羅富記粥麵專家

Map
P.464-D

Add. GF, 144 Queen's Rd Central, Central
Tel. 852-2543-4641
Open 07:00~23:00
Access MTR 성완역 E1 출구

삭힌 오리알 피단을 넣은 죽 Congee with Lean Meat & Century Egg과 함께 밀가루 튀김 야우테이를 죽에 찍어 맛보자. 고소하고 담백한 그 맛에 빠지게 될지도 모른다. 면을 뺀 완탕 수프Wonton Soup도 맛있다. 음료 포함 1인당 HK$40 정도.

광둥 스타일 '죽'의 달인

홍콩 사람들은 아침으로 소화가 잘되고 위에 부담이 없는 간수면의 국수나 죽을 먹는다. 라우푸키는 20년이라는 짧지 않은 시간 동안 노란 면발의 간수면, 새우가 통째로 씹히는 완탕면과 다양한 종류의 죽으로 사랑받아온 죽면전가粥麵專家다. 로컬 레스토랑치고는 깔끔한 분위기를 갖춰 여행자가 시도해 보기에도 무리가 없다. 우리나라에서는 흰쌀로 만드는 죽이 일반적이지만 광둥 스타일의 죽은 은행과 멥쌀을 이용해 보다 차지고 고소한 맛이 나는 게 특징이다. 또 그 안에는 죽심과 옥수수를 비롯해 채소, 생선, 돼지고기, 쇠고기, 다양한 종류의 내장을 넣어 미묘한 맛과 씹는 질감을 살린다.

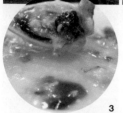

1 전형적인 로컬 레스토랑 라우푸키 **2** 간판은 한문으로만 써 있어 자칫하면 못 찾을 수도 있다. **3** 피단이 들어간 고소한 광둥 스타일의 죽 **4** 탱탱한 새우가 가득 들어 있는 완탕 튀김

4

셀러브리티 퀴진 Celebrity Cuisine

Add. 1F, Lan Kwai Fong Hotel, 3 Kau U Fong, Central
Tel. 852-3650-0066
Open 점심 12:00~14:30, 저녁 18:00~23:00
Access MTR 성완역 A2 출구, 란콰이퐁 호텔 1층

secret

광둥요리의 신세계를 연 시크릿 셰프

센트럴에 위치한 란콰이퐁에는 일명 '시크릿 셰프Secret Chef'라고 불리는 쳉캄푸Cheng Kam Fu가 있다. 그는 40년 요리 인생 중 무려 20년 동안 홍콩의 유명 방송국 오너의 홈 셰프로 일했다. 그가 만났던 유명 인사는 온갖 산해진미를 맛본 미식가들. 셰프 쳉은 그들의 까다로운 입맛과 취향을 만족시키기 위해 '맞춤 요리'를 제공했다. 그의 끊임없는 노력은 셀러브리티를 감동시키기에 이르렀고 작은 부티크 호텔 안에 둥지를 튼 이후에도 유명 인사의 발걸음이 끊이지 않는다.

셰프 쳉은 '요리가 병을 고친다'는 믿음으로 MSG나 건강에 좋지 않은 재료는 애초에 사용하지 않는다. 이런 그의 노력 덕에 시내가 아닌 노호 지역에 꼭꼭 숨은 맛집을 〈미슐랭 가이드〉가 찾아와 별 하나를 선사한 것이 아닐까. 그것도 주메뉴가 아닌 일반 메뉴를 맛보고 말이다.

대표 메뉴는 닭 날개에 제비집을 넣은 구이Bird's Nest in Chicken Wing, 버섯과 해산물전Baked Mixed Seafood with Chinese Mushroom, 돼지고기 위 볶음Stir-Fried Tripe, 셀러브리티 볶음밥Famous Celebrity Fired Rice 등이다. 딤섬과 함께 점심을 즐기면 HK$300, 광둥요리를 제대로 즐길 수 있는 저녁은 HK$500 정도면 충분하다.

1 시크릿 셰프 쳉캄푸 **2** 모든 메뉴에서 '맛있고 건강에도 좋은 요리'를 고집하는 셰프 쳉의 노력을 알 수 있다. **3** 주먹만 한 크기의 하가우 **4** 수많은 셀러브리티가 맛본 버섯과 해산물전

일본은 물론 한국 음식에도 일가견이 있는 셰프 맷 애버겔

야드버드 **yardbird**

Add. 33 Bridges St, Sheung Wan
Tel. 852-2547-9273
Open 월~토요일 18:00~24:00
Close 일요일
Access MTR 성완역 A2 혹은 E2 출구
URL www.yardbirdrestaurant.com

secret

2015 New Spot

셰프는 아시안 요리를 좋아해!

'홍콩에서 가장 핫한 레스토랑', '멋쟁이들이 모이는 바로 그곳'을 논할 때 빠지지 않고 등장하는 레스토랑 야드버드. 캐나다에서 태어나 뉴욕에서 잔뼈가 굵은 셰프 맷 애버겔Matt Abergel이 홍콩에 야키토리 레스토랑을 연 것은 꽤나 신선한 충격이었다. 그것도 퓨전 방식이 아닌 일본 현지에서 즐기는 그 느낌 그대로 말이다. 이곳만의 정책도 특별하다. 예약 불가, 저녁에만 운영, 모든 메뉴는 한정으로 선착순 제공한다. 로컬 문화가 주가 되는 노호 지역에서 유쾌하고 활기찬 서양인 셰프들과 도란도란 이야기를 나누며 즐기는 야키토리와 하우스 준마이 한 잔. 이보다 더 이색적일 수는 없다.

가게 이름과 '야키토리'라는 종목에서 알 수 있듯 이곳은 닭요리의 모든 것을 느낄 수 있는 일본 캐주얼 이자카야다. 셰프가 뉴욕에서 일할 당시부터 즐겨먹고 좋아했던 일식이 메인 요리지만, 우리에게 반가운 메

뉴도 눈에 띈다. 블러디 김정일Bloody Kim Jongil이라는 이름의 김치소스 맛이 나는 칵테일과 일명 KFC라고 불리는 메뉴. 재밌는 건 KFC의 약자를 풀면 Korean Fried Cauliflower라는 것. 튀김옷을 입혀 튀긴 컬리플라워를 유자와 칠리로 매콤 달콤하게 맛을 낸 양념치킨 소스를 가득 올린 메뉴로 닭요리가 주된 야드버드에서도 허를 찌르는 위트 있는 음식이다. 그외 인기 메뉴로는 여러 부위를 맛볼 수 있는 야키토리(HK$45부터)가 있다.

1, 2 젠스타일로 꾸며져 더욱 스타일리시한 야드버드 **3** 다양한 부위를 즐기는 야키토리가 야드버드 메뉴의 핵심이다. **4** 닭 간을 토스트에 발라 먹는 리버 무스Liver Mousse는 이곳의 시그니처이지만 호불호가 극명하게 갈린다.

카오룬 반도가 보이는
뷰가 일품인 룽킹헌

룽킹힌 Lung King Heen 龍景軒

Add. 4F, Four Seasons Hong Kong Hotel, 8 Finance St, Central
Tel. 852-3196-8880
Open 점심 12:00~14:30, 저녁 18:00~23:00
Access MTR 센트럴역 A 출구, 포시즌스 홍콩 호텔 4층
URL www.fourseasons.com/hongkong/dining/restaurants/lung_king_heen

세계 최초 미슐랭 3스타 광둥 레스토랑

수년 동안 〈미슐랭 가이드〉는 홍콩의 많은 셰프를 울고 웃게 만들었다. 하지만 그 어떤 부침도 없이 꾸준히 3스타를 유지한 포시즌스 호텔Four Seasons Hong Kong Hotel의 고급 광둥요리 전문 레스토랑인 룽킹힌. 처음 홍콩에 〈미슐랭 가이드〉가 소개된 이후부터 중국 요리 최초로 3스타를 받으며 연일 화제에 오르내린 곳이다.

리젠트 호텔Regent Hotel에서 퇴직하고 포시즌스 호텔의 꾸준한 구애 때문에 룽킹힌의 주방을 맡은 챈얀탁Chan Yan Tak 셰프는 일흔 가까이 된 나이에도 불구하고 여전히 요리를 만들고 그를 보러온 손님들을 만나고 이야기를 나눈다. 셰프 택의 재료 선정과 요리법, 미술작품처럼 담아내는 요리 프레젠테이션은 고객을 감동시키는 것은 물론이고 여전히 다른 셰프들에게 영감을 준다.

'용을 바라보는 식당'이라는 룽킹힌의 의미처럼 우아한 곡선미를 뽐내는 카오룬 반도를 한눈에 담으며 식사할 수 있다. 홍콩 섬의 화려한 야경과는 대비되는 차분하고 로맨틱한 분위기와 모던하고 고급스러운 인테리어 때문에 비즈니스 모임이나 연인들의 데이트 장소로도 사랑받는 곳이다.

무엇보다 가장 주목할 만한 것은 챈얀탁 셰프가 내는 미술작품 같은 컨템포러리 캔토니스Contemporary Cantonese. 재료 하나하나의 식감과 맛을 조화롭게 결합시켜 획기적인 프레젠테이션으로 완성하는 그의 예술 감각에 혀를 내두를 정도다. 가격이 부담스럽다면 1인당 HK$400~500 정도로 즐길 수 있는 점심시간의 딤섬 메뉴를 공략할 것.

1, 2 접시 위에 예술작품처럼 풀어낸 셰프 챈의 요리는 다른 광둥요리 셰프들에게도 좋은 본보기가 된다. **3** 광둥요리 셰프로는 최초로 〈미슐랭 가이드〉로부터 3스타를 받은 챈얀탁 셰프

앰버 Amber

Add. 7F, The Landmark Mandarin Oriental, 15 Queen's Rd Central, Central
Tel. 852-2132-0066
Open 점심 12:00~14:30, 저녁 18:00~22:30
Access MTR 센트럴역 G 출구, 랜드마크 만다린 오리엔탈 호텔 7층
URL www.amberhongkong.com

"셰프는 예술가가 아닌 장인이다"

기적의 프레젠테이션과 요리의 섬세한 질감, 독창적인 맛으로 〈미슐랭 가이드〉, 〈베스트 레스토랑〉 등의 미식 가이드와 수많은 매거진으로부터 '세계 최고의 요리사'로 선정된 리처드 에키부스Richard Ekkebus는 홍콩에서 가장 유명한 셰프 중 한 명이다.

자신은 천부적인 재능을 지닌 예술가Artist가 아니라 늘 노력하고 새로운 시도를 해야 하는 장인Craftsman으로 표현하며 혁신적이고도 아름다운 프렌치 메뉴를 선보인다. 거기에 요리는 즐거워야 한다는 신념으로 만든 추파 춥스 모양의 아뮤즈 부쉬Amuse Bouche나 디저트는 음식을 즐기는 사람들을 동심으로 돌아가게 한다. 셰프뿐만 아니라 환상의 팀워크를 자랑하는 직원들의 친절한 서비스와 메뉴 이해도 이곳을 다시 찾게 만드는 이유다.

다섯 가지의 질감과 네 가지의 온도를 모두 느낄 수 있는 던저니스 게 요리 Dungeness Crab 5 Textures and 4 Temperatures 는 섬세한 분자 요리로 그 창의성에 다시 한 번 놀라게 된다. 무엇보다 제대로 셰프의 손맛을 보려면 저녁 시간을 공략해 앰버의 중요한 메뉴만을 모두 모은 데구스타씨옹 Degustation(HK$1680)을 주문하자. 미슐랭 2스타 이상의 레스토랑에만 공급되는 안토니 버나드의 치즈 셀렉션도 만족도를 높인다.

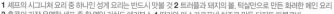

1 셰프의 시그니처 요리 중 하나인 성게 요리는 반드시 맛볼 것 **2** 트러플과 돼지의 볼, 턱살만으로 만든 화려한 메인 요리
3 홍콩의 가장 유명한 셰프 중 한 명인 리처드 에키부스 **4** 딸기와 마스카르포네 치즈로 만든 디저트 파블로바

젱다오 Tasty Congee and Noodle 正斗

Add. Shop 3016-3018, Podium Level 3, ifc Mall, Central
Tel. 852-2295-0101
Open 11:30~22:45
Access MTR 센트럴역 A 출구, ifc 몰 3층

맛있을 때는 "젱다오!"

한국 여배우와 결혼한 홍콩의 사업가가 운영하는 레스토랑으로 알려지면서 여행자들의 방문이 잦아진, 모던하고 럭셔리한 분위기의 죽면전가다. 해피 밸리에 있는 본점의 인기에 힘입어 홍함 지점과 센트럴 ifc 몰 지점도 식사 시간마다 문전성시다. 주문을 받은 뒤에 뽑아내는 면발이나 비밀스러운 요리법으로 만든 개운하고도 시원한 국물, 입안 가득 쫄깃하게 씹히는 완탕은 20년 경력 주방장의 깊은 내공을 엿볼 수 있는 의미 있는 고집이다. 참고로 레스토랑의 이름인 젱다오正斗는 광둥어로 '정말 좋다'는 뜻이다. 기본기가 탄탄한 요리 솜씨와 착한 가격, 고급스러운 인테리어 속에서 즐기는 만족스러운 식사 뒤에 "젱다오!"라는 말이 절로 튀어나온다.

다양한 고명이 들어가는 광둥 스타일의 죽이 맛있으며, 대표 메뉴인 완탕면도 추천 메뉴. 그 외에 곁들여 먹기 좋은 초이삼과 단품 메뉴도 다채롭다. 가격은 1인당 HK$70~100 정도로 크게 부담스럽지 않다.

1, 4 다른 지점과는 달리 화려하고 호화롭게 꾸며진 ifc 몰의 젱다오 **2** 식당 입구도 여느 고급 레스토랑 못지않다. **3** 음식 가격이 저렴한 편이어서 부담스럽지 않다.

파니노 규스토 Panino Giusto

Add. Shop No. 3077, Podium Level 3, ifc Mall, 8 Finance St, Central
Tel. 852-2564-7000
Open 10:00~22:00
Access MTR 센트럴역 A 출구, ifc 몰 3층
URL www.paninogiusto.com.hk

2015 New Spot

밀라노의 전설적 파니니

홍콩이 미식 선진국임을 여실히 느낄수 있는 순간은 파니노 규스토와 같은 작은 식당에서 비롯된다. 1979년 2월 8일 밀라노의 코르소 가리발디 125번지Corso Garibaldi 125에서 소규모 상점으로 시작한 이래 30년 이상 밀라노를 비롯한 이탈리아 전역과 영국의 런던, 일본 곳곳에 체인점을 낸 전형적인 밀래니즈 파니니를 만날 수 있기 때문이다.

'서비스는 친근하고 분위기와 맛은 충분히 정제된'이라는 모토로 최대한 본토의 맛을 살리려고 노력한다. 파니노 규스토의 파니니는 엄격하게 7의 법칙The Rules of 7을 지킨다. 70g의 슬라이스 미트와 70g의 치즈, 채소, 소스, 오일, 이 식당만을 위해 특별히 만들어지는 70g의 프랑스 빵으로 만드는 것.

사실 이곳의 파니니는 다섯 종류가 있지만, 이탈리안 샌드위치 마니아거나 이탈리아 식재료, 이탈리안, 치즈, 햄에 정통하지 않다면 그 차이를 제대로 알아채기가 어렵다. 그럴 땐 현재의 파니노 규스토를 만든 일등공신인 규스토Giusto를 주문하는 게 가장 좋다. 프라가 훈제 햄Praga smoked ham과 토마토, 모짜렐라, 엔초비, 머스터드를 넣어 만든다. 또다른 추천 메뉴인 가리발디노Garbaldino에는 이탈리아 국기를 상징하는 빨간색과 초록색, 하얀색의 재료가 고루 들어간다. 3가지 치즈인 발텔리나, 브레사올라, 모짜렐라와 싱싱한 토마토, 매콤 쌉싸름한 로켓을 조화롭게 사용하여 만든 파니니에서도 예술을 시도하는 이탈리아노의 감각을 느껴보자.

1 이탈리아 밀라노의 전설적인 파니니 가게가 홍콩에도 입점했다. **2** 지금의 파니노 규스토를 있게 해준 규스토는 꼭 맛봐야 할 메뉴 **3** 유머러스한 직원들 덕분에 더욱 맛있는 파니노 규스토의 파니니

208 듀센토 오토 208 Duecento Otto

Map
P.464-C

Add. 208 Hollywood Rd, Sheung Wan
Tel. 852-2549-0208
Open 바 월~토요일 12:00~00:00 · 일요일 10:00~22:00, 레스토랑 월~목요일
12:00~22:30 · 금 · 토요일 12:00~23:00 · 일요일 10:00~16:00
Access MTR 성완역 A2 출구
URL www.208.com.hk

secret

세계 다이닝계 거장들의 유쾌한 합작품!

208 듀센토 오토는 싱가포르 미식업계의 셀러브리티
이자 필립 스탁과 협업으로 홍콩, 상하이의 제이 플러
스 호텔J Plus Hotel을 소유한 옌 웡Yenn Wong이 오픈
한 레스토랑이다. 거기에 이탈리아 나폴리 요리를 전문
으로 하는 〈엔조 카르보네Enzo Carbone〉와 〈월 페이퍼
Wallpaper〉를 비롯해 세계 유수 디자인 매거진이 극찬한
터키 디자이너 아우토반Autoban의 합작이라는 것도 홍
콩 푸디들의 마음을 끌었다.
이 지역에서도 확연히 눈에 띄는 독특한 구조의 2층 나
무 건물은 미국의 고기 저장 창고에서 영감을 받아 디자
인했다. 강철과 어두운 톤의 나무로 골자를 이룬 내부
인테리어는 하얀색 타일에 중국풍 파란색 그림으로 포
인트를 줘 동양과 서양이 스타일리시하게 만나는 할리
우드 로드와 멋지게 어울린다.

화려한 인테리어와 대비되는 소박한 이탈리아
음식도 208 듀센토 오토의 자랑. 나폴리에서
맞춘 화덕이야말로 가장 중요한 요리
비법이다. 캄파나Campana에서 공수해
온 버펄로 모차렐라 치즈가 가득
올라간 시그니처 피자The D.O.C
with Cherry Tomato, Mozzarella
and Basil가 추천 메뉴! 특히
레스토랑의 이름을 따서 매달 새롭게
구성하는 208 프로모션에도 주목하자. 메인
메뉴에 와인 두 잔을 매칭해 HK$208에 판매한다.

1 할리우드 로드 208번지에 위치한 모던 다이닝 레스토랑 208 듀센토 오토 **2** 빈티지한 가구와 하얀 타일, 중국풍의 그림으로 멋지게 꾸민 인테리어 **3** 바 공간. 주류 구색이 훌륭하다. **4** 화덕에 구워 기름기 없고 맛있는 피자는 이곳의 대표 메뉴

로열 다이닝 Loyal Dining 來佬餐館

Add. 66 Wellington St, Central
Tel. 852-3125-3000
Open 일~목요일 11:00~02:00, 금 · 토요일 · 공휴일 전날 11:00~04:00
Access MTR 센트럴역 D1 출구
URL www.loyaldining.com.hk

2015 New Spot

서양식 요리법을 접목한 고급 차찬텡

번화한 웰링턴 스트리트에 자리한 미식 기업 태평관Tai Ping Koon의 야심작인 로열 다이닝. 언뜻 보면 Loyal 이 Royal의 오타라고 생각할 수도 있지만, '서양에서 온 것 來佬'이라는 뜻의 〈로이러〉라는 발음에서 따온 이름으로 Loyal이 맞다. 레트로풍의 벽지와 벽을 장식한 홍콩의 옛날 흑백 사진, 어두운 톤의 나무, 대리석 테이블을 인테리어에 사용해 고급스러운 분위기를 자랑한다. 이곳의 딤섬은 호텔 못지않은 가격임에도 불구하고 늘 인근 직장인의 긴 줄이 만들어질 정도로 인기 있다.

중국 식재료로 서양 음식을 내는 것이 이곳의 특기다. 차슈와 간장소스에 요리한 닭 날개 덮밥에 구운 푸아그라Foie Gras를 더하거나, 홍콩의 대표 간식인 달걀빵을 와플처럼 내놓는 것이 대표적이다. 로열 다이닝의 클래식 메뉴만을 선보이는 클래식 세트Classic Set는 1인 HK$298, 2인에 HK$428. 쉽게 맛보기 어려운 비둘기 요리는 HK$138. 남녀노소 즐겨 먹는 딤섬은 HK$32부터다.

1 네온사인 간판을 단 로열 다이닝은 서양식이 조합된 고급 차찬텡으로 향수를 불러일으키는 인테리어가 돋보인다. **2** 딤섬은 긴 줄을 선 후에야 맛볼 수 있다. **3** 비둘기Pigeon 요리는 로열 다이닝이 자랑하는 메뉴 중 하나지만, 한국 사람들에게는 고역스러울 수 있다.

피에르 Pierre

Add. 25F, Mandarin Oriental Hong Kong, 5 Connaught Rd, Central
Tel. 852-2825-4001
Open 점심 12:00~14:30, 저녁 19:00~22:30
Access MTR 센트럴역 F 출구, 만다린 오리엔탈 홍콩 호텔 25층
URL www.mandarinoriental.com/hongkong

2

1

3

가장 저렴하게 피에르의 정수를 느끼려면 런치 메뉴 Express Lunch(HK$448)가 좋다. 두 가지 메뉴가 포함되어 있으며 코스를 더하고 싶으면 HK$60를 추가하면 된다.

한 폭의 회화 작품 같은 요리

피에르 가니에르Pierre Gagnaire는 세계적인 스타 셰프다. 셰프의 명성에 결정적인 역할을 하는 〈미슐랭 가이드〉는 파리에 있는 피에르 가니에르 레스토랑에 꾸준히 최고의 레스토랑을 상징하는 별 3개를 선사했다. 그의 요리는 예술 작품에 비견될 정도로 그 모양에서부터 눈을 황홀하게 만든다. 분자 요리의 대가인 만큼 요리를 마치 파블로 피카소의 그림처럼 낱낱이 파편화한 면들로 구성하곤 한다. 레스토랑을 오픈하는 지역의 특색과 문화를 깊이 있게 연구하는 그의 태도도 인상적이다.

가니에르가 정기적으로 일 년에 세 차례 방문한다는 만다린 오리엔탈 호텔 25층에 위치한 피에르는 전 세계 피에르 가니에르 레스토랑과 마찬가지로 컨템퍼러리 프렌치 푸드를 제공한다.

1 아찔한 하버 뷰를 자랑하는 만다린 오리엔탈 25층의 피에르 **2** 공간마다 색깔 맞춤 센스가 돋보이는 다양한 상들리에 **3** 〈미슐랭 가이드〉가 인정한 피에르의 요리

8 ½ 오또에 메조 봄바나 8 ½ Ottoe Mezzo BOMBANA

Add. Shop 202, 2F, Alexandra House, 5-17 Des Voeux Rd, Central
Tel. 852-2537-8859
Open 점심 12:00~14:30, 저녁 18:00~22:30
Close 일요일
Access MTR 센트럴역 H 출구
URL www.ottoemezzobombana.com/hong-kong

2015 New Spot

3스타 셰프의 트러플 요리 맛보실래요?

〈미슐랭 가이드〉가 사랑하는 또 다른 요리사는 바로 오프 이탈리안 퀴진을 내는 움베르토 봄바나Umberto Bombana 셰프. 2011년 그의 개인 레스토랑인 8 ½ 오또에 메조 봄바나를 열자마자 3스타 반열에 올랐다. 과거 홍콩의 미식계를 주름잡던 리츠칼튼 호텔Ritz-Carlton Hotel Hong Kong의 이탈리아 레스토랑인 토스카나 Toscana가 2008년 문을 닫은 후 그의 요리를 사랑했던 마니아에게는 반가운 소식이 아닐 수 없었다.
레스토랑의 이름은 셰프가 가장 좋아한다는 펠리니 Federico Fellini의 영화 제목에서 이름을 그대로 따온 것. 모든 요리의 플레이팅과 맛이 훌륭한데 그중에서도 각종 트러플(송로버섯) 요리는 반드시 맛봐야할 메뉴다.

셰프의 별명이 화이트 트러플의 제왕King of White Truffles이라는 것만 봐도 그 명성은 쉽게 짐작할 수 있다. 매년 트러플 시즌만 되면 각종 매스컴에서 앞다퉈 셰프 봄바나와 그가 수집한 트러플을 인터뷰할 정도다. 고로 트러플이 들어간 메뉴는 반드시 선택할 것. 첫 방문이라면 명성이 높은 셰프인만큼 알라카르트만 즐기기보다는 셰프의 대표 메뉴를 모두 맛볼 수 있는 테이스팅 메뉴를 눈여겨보자. 애피타이저에서부터 디저트까지. 미슐랭 3스타 셰프의 손맛이 온전히 느껴질 것이다. 2가지 코스의 런치 세트는 HK$466. 5가지 코스의 테이스팅 메뉴는 HK$1380.

4

1 예약에 실패했다면 13:00~14:00 사이에 찾아가 보도록 하자. **2, 4** 셰프의 깊고 넓은 내공을 느낄 수 있는 이탈리아 요리 **3** 화이트 트러플은 물론, 블랙 트러플도 최상급만 사용한다.

심플리라이프 카페 simplylife CAFÉ

Map
P.466-E

Add. Shop B1F, Basement, Landmark, 15 Queen's Rd Central, Central
Tel. 852-2978-3929
Open 월~토요일 07:30~20:00, 일요일·공휴일 08:30~20:00
Access MTR 센트럴역 G 출구, 랜드마크 지하 1층
URL www.simplylife.com.hk

2015 New Spot

바쁘지만 제대로 먹고 싶은 직장인을 위해

홍콩 최대의 미식 기업인 맥심 그룹이 2007년 문을 연 이후 홍콩과 중국에서 큰 성공을 거둔 심플리라이프 카페는 현재 베이커리 카페와 푸드코트, 레스토랑 등의 다양한 콘셉트로 운영되고 있다. 홍콩 시내에도 많은 심플리라이프 카페가 있지만, 그중에서도 랜드마크 쇼핑몰의 심플리라이프 카페는 체크 리스트에 올려두어도 후회하지 않을 것이다. 바쁜 직장인이 주요 타깃인 만큼 바로 빵을 구입해 갈 수 있는 베이커리 바에는 언제나 많은 샌드위치와 유러피안 빵으로 가득 차있다. 창가 자리에 앉아 랜드마크 쇼핑몰 안을 오가는 사람들을 구경하며 브런치나 티 타임을 즐기기 딱 좋은 장소.

이곳의 샌드위치와 빵은 커피, 하우스 와인, 각종 주스와 함께 즐기는 것도 좋지만, 11:00~14:00에만 한정으로 판매하는 샐러드 바(3종류 HK$58, 5종류 HK$78)와 즐기는 것이 더 좋다. 요거트 아이스크림과 손질한 과일이 가득 든 생과일 컵도 여성들에게 사랑받는 메뉴.

1 점심시간에는 포장 고객도 길게 줄을 선다. **2** 이탈리안 샌드위치와 샐러드가 추천 메뉴 **3** 각종 베이커리와 차, 커피, 와인도 괜찮다.
4 랜드마크 지점은 항상 많은 직장인으로 북적인다.

어번 베이커리 Urban Bakery Works

Add. Shop 322, 3F, The Landmark Atrium, 15 Queen's Rd, Central
Tel. 852-3565-4320
Open 월~금요일 07:30~20:00, 토·일요일 08:30~20:00
Access MTR 센트럴역 G 출구, 랜드마크 아트리움 3층
URL www.urbanbakery.com.hk

2015 New Spot

베이커리는 예술 공간이다

1초에 하나씩, 그렇게 몇백만 개는 팔렸다는 크루아상 덕에 유명세를 치른 맥심 그룹의 어번 베이커리가 일반 빵집으로서 대성공 이후 캐주얼 식당으로 홍콩 미식계에 새 바람을 일으키고 있다. '빵집은 예술이다Bakery is Art'라는 콘셉트로 유명 인테리어 디자이너인 조이 호 Joey Ho와 포르투갈의 그래피티 아티스트이자 설치미술가 빌스VHILS가 협업하며 어번 베이커리의 내부를 세련된 예술 공간으로 만들었다. 오피스가 밀집된 랜드마크에 위치한 만큼 '열심히 일하고 맛있고 건강한 점심을 즐기자'는 모토에 딱 들어맞는 효율적인 시스템도 이 지역 직장인이 부러워지는 이유다. 아침과 점심, 티 타임, 와인과 주류를 무제한으로 마실 수 있는 해피 아워까지 준비되어 있어 어번 베이커리에서는 모든 시간이 즐거운 식사 시간이다.

점심시간인 11:00~14:00에만 즐길 수 있는 샐러드(3종류 HK$58, 5종류 HK$78)와 즉석 치아바타 샌드위치. 핫 디시 중에서도 단연 가장 인기 있는 랑구스틴 카레Langoustine With Curry Emulsion, 가을이면 등장하는 상하이 털게 같은 고급 식재료로 만든 캐주얼 메뉴를 추천. 점심시간에만 마련되는 즉석 코너에서는 셰프인 리코 쳉Rico Cheng이 프랑스 정통 방식으로 8시간 동안 천천히 익힌 오리 콩피를 치아바타에 가득 넣어 샌드위치8-hour Duck Confit Sandwich with Dijon Mustard & Arugula로 만들어 준다. 음료를 포함해 1인당 HK$60~80.

1 랜드마크의 다이닝 지형을 바꾼 어번 베이커리 **2** 샐러드와 핫 디시, 베이커리, 음료, 계산대 등 각각의 카운터를 따로 두어 합리적 **3** 일명 '1초 크로아상'이라고 불리는 크로아상은 꼭 맛보도록 하자. **4** 생맥주나 와인도 준비되어 있다.

오픈 즉시 미슐랭 스타를 받은 핫플레이스

더델스 Duddell's

Map
P.465-A

Add. 3~4F, Shanghai Tang Mansion, 1 Duddell St, Central
Tel. 852-2525-9191
Open 월~목요일 12:00~00:00, 금·토요일 12:00~01:00
Close 일요일
Access MTR 센트럴역 G 출구, 상하이 탕 맨션 3~4층
URL www.duddells.co

2015 New Spot

특별한 사람들이 만드는, 모방할 수 없는 존재감

208 듀센토 오토208 Duecento Otto, 22 십스22 Ships 등의 레스토랑으로 홍콩 다이닝계에서 가장 주목받는 사업가 옌 웡Yenn Wong이 또 일을 벌였다. 이번에는 사업가 파울로 퐁Paulo Pong과 홍콩 디자인 사절Hong Kong Ambassadors of Design의 수장 앨런 로Alan Lo가 합작해 더델스를 완성했다. 미슐랭 스타 셰프인 랭함 호텔의 탕코트T'ang Court를 지휘했던 셰프 시우 힌 치Siu Hin Chi도 합류했다. 도시에서 가장 영향력 있는 3인이 만든 더델스에는 예술계와 재계의 주요 인사들이 모였고, 가장 맛있는 광둥요리를 낸다는 셰프까지 시너지 효과를 냈다. 2013년 문을 열자마자, 〈미슐랭 가이드 홍콩 마카오 2014〉에 1스타를 받으며 그 어느 도시보다 경쟁이 치열한 홍콩 미식계에 화려한 존재감을 드러냈다. 더델스 스트리트의 상하이 탕 맨션 안 3~4층에 자리 잡은 더델스는 핫한 이벤트를 유치하며 사람들의 이목을 집중시킨다. 3~4층 전 공간을 세계의 아티스트들의 아트 갤러리로 사용하며 단순한 식당이 아닌 예술 공간이라는 자존감을 주입한다. 정통이 아닌 것은 취급하지 않는다는 옌 웡의 철학대로 트렌디한 분위기지만 정통 광둥요리를 고수한다. 4층에 마련된 라운지 공간인 살롱Salon마저도 놓치기 아쉬운 공간이다. 보는 순간 사진부터 찍고 싶은 예쁜 행잉 체어Hanging Chair와 싱그러운 꽃과 나무가 가득한 테라스로 자리를 잡아볼 것.

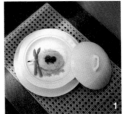

국제대회에서 수상경력이 화려한 믹솔로지스트인 알렉산더 Alexandre Chattéand가 디자인한 창의성이 빛나는 칵테일을 마셔보자. 블러드 매리를 자신만의 스타일로 만든 공비 매리Gong Bi Mary는 굴소스와 간장, XO소스, 쓰촨 칠리 페퍼 등이 가미됐다. 쑨원의 부활Dr. Sun Yat-Sen Reviver과 5가지나 되는 마르게리타Margarita가 이곳의 대표 칵테일이다. 칵테일은 HK$ 118부터. 식사는 1인당 HK$ 500부터.

1 격조 높은 분위기와 요리가 더델스의 자랑 **2** 창의적인 칵테일과 함께 테라스의 낭만을 누려보자.

리틀 바오 Little Bao

Map
P.464-C

Add. 66 Staunton St, Central
Tel. 852-2194-0202
Open 월~토요일 18:00~24:00
Close 일요일
Access MTR 센트럴역 D1 출구
URL www.little-bao.com

secret

2015 New Spot

내 나라, 내 문화를 이해한다는 것

리틀 바오의 시작은 메이 초우May Chow가 쿼리 베이 Quarry Bay에서 벌어지는 아일랜드 이스트 마켓Island East Market의 팝업 스토어에서 중국 빵을 활용한 아시안 버거Asian Burger를 선보이며 주목 받기 시작하면서다. 그렇게 "어른들을 위한 해피 밀Happy Meal이 되기를 바란다"며 시작된 리틀 바오는 오픈과 동시에 홍콩에서 가장 촉망받는 레스토랑으로 연일 푸디들의 입소문을 타고 있다. 인테리어도 흥미롭다. 장난기 가득한 리틀 바오의 마스코트와 하늘색과 핑크색이 조화된 네온사인이 반겨준다. 가게 안을 들어가면 홍콩 전통 식당인 차찬텡 느낌의 타일과 전형적인 다이파이동 스타일을 오픈 키친과 접목시킨 독특한 공간을 마주한다. 거기에 아메리칸 레트로풍의 장식과 80년대 후반의 힙합 음악이 비좁지만 활기찬 공간을 가득 채운다.

미국요리는 물론 홍콩요리에도 사용하지 않는 동남아시아의 피시 소스, 일본산 큐피 마요Kewpie Mayo, 간장, 핫소스, 참깨 페이스트, 미린Mirin味醂 등을 자유자재로 활용한다. 메뉴는 나눠먹는 애피타이저인 쉐어링Sharing과 메인 디시인 바오Baos 두 섹션으로 나뉜다. 특히 아시안 햄버거인 바오는 서빙과 동시에 직원들이 손님들에게 빵을 잘라서 먹지 말라고 당부한다. 칼로 잘라 먹는다면 빵 하나가 온전히 전해주는 맛과 경험을 상실한다는 것이 그 이유다. 채식주의자를 위한 버거인 슬로피 찬Sloppy Chan은 쉐이크 고기와 버섯, 트러플 마요네즈로 맛있게 채웠다. 그린티 아이스크림 리틀 바오LB Ice Cream Sanduich도 빼놓을 수 없다. 튀긴 바오와 녹차 아이스크림, 연유 등이 들어간 맛있는 디저트다. 바오는 HK$78.

1 익살스러운 캐릭터와 핫핑크, 하늘색의 조화가 눈에 확 띄는 리틀 바오 2 홍콩의 차찬텡과 다이파이동을 재현한 내부 3 작은 사이즈의 바오는 정찬이라기보다는 가벼운 식사나 안주로 제격이다.

치아크 CIAK – In The Kitchen

Add. Shop 327-333, 3F, Landmark Atrium, 15 Queen's Rd Central, Central
Tel. 852-2522-8869
Open 11:30~22:30(아페리티보는 17:00~20:00, 토·일요일·공휴일 브런치는 11:30~15:30)
Access MTR 센트럴역 G 출구, 랜드마크 아트리움 3층
URL www.ciakconcept.com

2015 New Spot

놀라운 가격에 만나는 품격

치아크는 홍콩 최초의 트라토리아Trattoria(이탈리아식 캐주얼 식당)를 표방한다. 하지만 이곳을 단순히 캐주얼 식당으로 생각하면 큰 코 다친다. 치아크의 전반적인 퀄리티는 8 ½ 오토 에 메조 봄바나의 미슐랭 3스타 셰프인 움베르토 봄바나Umberto Bombana가 관리하기 때문이다. 주방을 책임지는 사람들이 특별하다는 것도 까다로운 입맛의 미식가가 늘 신뢰를 갖고 이곳을 찾는 이유다. 마스터 베이커 컨설턴트Master Baker Consultant 걸리아노 페디코니Giuliano Pediconi는 36시간 자연 발효한 피자 도우부터 심플한 치아바타Ciabatta 등의 이탈리아 빵을 신선하게 구워 내며 치아크의 튼튼한 기본을 책임진다. 마시모 만치니Massimo Mancini의 파스타는 이미 수많은 매거진으로부터 홍콩 최고라는 수식어를 차지했다.

가장 추천하는 시간은 주말 브런치다. 질 좋은 햄과 치즈, 간단한 애피타이저가 가득한 안티파스티Antipasti 뷔페에 메인 요리 한 가지, 디저트 뷔페, 커피 혹은 차까지 포함된 가격이 HK$398. 여기에 HK$138을 추가하면 와인이나 맥주를 무제한으로 즐길 수 있다. 이른 저녁시간(17:00~20:00)에 가벼운 음식과 가벼운 술로 여흥을 돋우는 아페리티보Aperitivo로 치아크의 솜씨를 가볍게 즐겨 보는 것도 좋은 방법이다. 음료를 주문하면 가볍게 차려진 카나페와 피자 뷔페가 무료다.

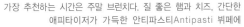

1 문 열자마자 미슐랭 1스타를 획득한 수준 높은 트라토리아 2, 3 주말 브런치, 런치 세트, 아페리티보 등 다양한 이탈리안 식문화를 체험하기 좋다. 4 운이 좋으면 셰프 봄바나와 기념 사진도 찍을 수 있다.

부타오 Butao 豚王

Add. 11-12 Wo On Ln, Central, GF, 69 Wellington St, Central
Tel. 852-2530-0600
Open 월~토요일 점심 11:00~15:00, 저녁 18:00~21:00
Close 일요일
Access MTR 센트럴역 D1 출구

secret

2015 New Spot

항상 긴 줄이 늘어선 라멘집

부타오는 2014년 홍콩에서 가장 오래 기다려야 맛볼 수 있는 인기 라멘집이다. 늘 긴 줄이 늘어서 있고 그 방법도 체계적이다. 서서 기다리다가 길가에 난 의자에 앉으면 우리 차례가 가까워졌다는 신호! 홍콩에서 일식요리로 잔뼈가 굵은 레스토랑 사업가인 미터 챈Meter Chan이 라멘 장인이라고 일컬어지는 이쿠타 사토시Ikuta Satoshi와 손을 잡고 문을 연 이 비좁은 라멘집은 인기에 부응하며 센트럴, 침사추이, 코즈웨이 베이에도 분점을 냈다. 맛의 비결은 셰프 자체이기도 하지만, 매일 35kg의 돼지뼈를 20시간 끓여 만든 우유 빛깔의 진한 육수가 부타오 라멘의 맛의 비밀이다. 오픈 키친 안에서 쉴 새 없이 수타면을 만들면서도 한결같이 유쾌한 주방 직원들도 이곳의 변함없는 맛을 책임진다.

부타오의 라멘은 크게 4가지로 나뉜다. 가장 기본인 부타오 킹Butao King과 육수에 오징어 먹물을 추가한 블랙 킹Black King, 매운 된장을 넣은 레드 킹Red King, 이탈리안 퓨전으로 바질 페스토와 올리브오일을 넣은 그린 킹Green King까지. 육수 타입을 고른 뒤 삶은 달걀과 다진 마늘, 해초류, 미소 페이스트 등의 토핑을 선택한다. 부타오의 면발은 일반적인 하카타 라멘처럼 가늘고 곧지만 익은 정도까지도 정할 수 있다는 게 이색적이다. 라멘은 HK$78부터.

1 대기인파가 엄청난 부타오, 어느덧 홍콩에는 총 4곳의 부타오가 운영되고 있다. 2 다양한 컬러의 육수를 고를 수 있는 부타오의 라멘 3 친근한 직원들의 서비스도 유쾌하다. 4 진한 육수와 안에 들어간 고명까지도 맛있는 부타오의 라멘

엘 타코 로코 el Taco Loco

Add. 9 Lower Staunton St, Central
Tel. 852-2522-0214
Open 11:00~23:00
Access MTR 센트럴역 G 출구, 스타운턴 스트리트 아랫길의 힐사이드 에스컬레이터
바로 옆
URL www.diningconcepts.com.hk

세뇨리타! 멕시코에서 온 타코 어때?

힐사이드 에스컬레이터를 타거나 걸어서 소호를 오가
는 길에 지나치게 되는 엘 타코 로코. 빨간색과 초록색
이 조화를 이루는 벽에 그려진 나팔을 부는 멕시칸은 여
행자들의 눈길을 붙잡는다. 제공되는 메뉴는 간단하지
만 하나같이 멕시코 맛을 살렸다. 소프트 타코, 하드 타
코, 타코 샐러드, 파히타Fajitas, 부리토Burritos, 퀘사디야
Quesadillas, 나초 등이 주메뉴다. 또한 마가리타와 다양
한 셀렉션을 갖춘 멕시코 테킬라, 맥주와 칵테일도 함께
즐기면 금상첨화다. 샌드위치와 햄버거만으로는 여행의
특별한 맛이 다 채워지지 않는다고 느껴질 때 들르면 좋
은 곳.

먼저 고기 종류를 고르고 어떤 스
타일의 요리로 만들지를 선택한다.
만약 닭고기를 좋아한다면 '폴로 아
사도Pollo Asado'를 고르고 소프
트 타코, 하드 타코, 부리토 중 선택
하면 OK! 1인당 HK$70~100 정도
를 예산으로 잡으면 충분하다. 피
클과 할라피뇨, 각종 소스는 셀프
서비스다.

1 선명한 원색의 일러스트가 그려진 엘 타코 로코의 외관 **2** 즉석에서 만들어 주는 멕시칸 칵테일 **3** 매콤한 멕시코 요리. 중독성을 조
심할 것 **4** 민트 잎을 가득 넣은 마가리타

워터마크 **Watermark**

Map
P.466-B

Add. Shop L, Level P, Central Pier 7, Star Ferry, Central
Tel. 852-2167-7251
Open 점심 월~금요일 12:00~14:30 · 토 · 일요일 11:30~15:00, 저녁 월~일요일 18:00~24:00
Access 카오룬에서 갈 때는 스타페리 이용. 홍콩 섬에서 갈 때는 MTR 센트럴역 A 출구
URL www.cafedecogroup.com

2015 New Spot

센트럴 피어 7은 숨은 야경의 명당!

심포니 오브 라이트에서 우리가 간과하기 쉬운 것은 홍콩 섬 쪽의 건물들이 더욱 화려하지만, 카오룬 반도의 건물들 역시 그 화려한 이벤트에 참가한다는 것이다. 홍콩 섬의 건물들이 높은 마천루로 휘황찬란한 스카이 라인을 자랑한다면 카오룬 반도쪽은 연인의 거리에 위치한 유연한 곡선의 우주박물관과 아트 센터 등의 건물들이 더 우아하고 단정한 느낌을 낸다. 워터마크는 센트럴 부두의 맨 위에 위치한 분위기 만점의 레스토랑이다. 카오룬 반도가 한눈에 들어오는 널찍한 창을 통해 홍콩의 엘레강스한 야경이 아름답게 흐른다. 부두에 만들어진 레스토랑이라 마치 커다란 크루즈에 둥실 떠 만찬을 즐기는 느낌이 매우 특별하다.

모던 컨티넨탈 요리로 잔뼈가 굵은 도미닉 사우스Dominic South의 드라이 에이징 스테이크나 각종 해산물 요리도 훌륭하다. 특히 이곳을 예약했다면 랍스터, 게, 조개, 고둥, 새우, 굴, 연어 등이 한가득 나오는 시푸드 플래터Seafood Platter(2인용 HK$628, 4인용 HK$1464)로 홍콩의 바다와 야경을 한껏 즐겨보는 건 어떨까?

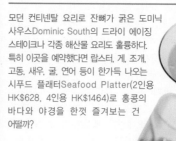

1 홍콩 섬에서 야경이 이보다 더 좋을 수 없는 워터마크 **2** 각종 해산물을 원 없이 즐길 수 있는 해산물 플래터 **3** 우아한 카오룬 반도의 야경을 바라보며 즐기는 로맨틱 다이닝 **4** 다양한 칵테일도 준비되어 있다.

티카 Teakha

Add. Shop B, 18 Tai Ping Shan St, Sheung Wan
Tel. 852-2858-9185
Open 화~일요일 11:00~19:00
Close 월요일
Access MTR 성완역 A2 출구
URL www.teakha.com

세계의 다양한 밀크티가 모인 예쁜 카페

노호에서도 특히 한적한 타이핑샨 스트리트Tai Ping Shan St에 작고 예쁜 공간을 만들 생각을 한 주인장 나나 챈Nana Chan이 옳았다. 현재 티카는 주말과 주중을 가릴 것 없이 항상 손님들로 북적이는 잇 플레이스다. 들고 나는 가게와 식당이 손에 꼽을 수도 없는 홍콩에서 티카가 지금처럼 큰 인기를 얻는 데에는 누가 뭐래도 입소문! 초록색과 회색, 검정색을 잘 조합해 꾸민 내추럴한 인테리어는 원목 가구와 타일, 수많은 꽃, 예쁜 소품을 만나 더 사랑스러워졌다. 깨끗하고 밝은 느낌의 카페 안에는 2개의 대형 테이블이 놓여 있고 카페 밖으로는 2인용 혹은 3인용 좌석이 마련되어 있어 노호의 주민과 예술가, 여행자가 자연스럽게 어울릴 수 있는 분위기가 조성되는 것도 이곳만의 매력. 티카의 차는 물론이고 차에 관련된 다양한 용품들과 핸드메이드 장난감, 옷도 이곳에 잘 어울리는 인테리어 아이템인 동시에 훌륭한 기념품이 된다.

이름에서 드러나듯 이곳의 대표 메뉴는 전 세계에서 들여온 차와 밀크티이다. 그중에서도 짜이Chai, 키뭄Keemun, 호지차 라테Hojicha Lattes, 홍콩 밀크티 등으로 다양한 이름으로 불리는 세계 각국의 개성 넘치는 밀크티는 밀크티 마니아의 호기심을 자극한다. 무역항인 홍콩에서도 흔하지 않은 파나마 게이샤Panama Geisha라는 레이블의 커피도 판매하지만, 일주일에 딱 3번(화·목·토요일)만 판매한다. 매일 신선하게 구워내는, 무화과를 넣은 스콘이나 홈메이드 케이크도 이곳의 인기 메뉴. 차의 가격은 HK$40부터.

1 전세계의 밀크티를 즐길 수 있는 재미난 콘셉트 **2** 내부는 좁지만 아늑한 분위기다. **3** 마니아와 단골을 거느린 인기 카페다.

굿 스프링 컴퍼니 Good Spring Company 春回堂

Map
P.464-D

Add. 8 Cochrane St, Central
Tel. 852-2544-3518
Open 월~토요일 08:45~20:00
Close 일요일
Access MTR 센트럴역 D1 출구, 스탠리 스트리트와 코크레인 스트리트의 교차점

secret

차는 크게 3종류다. 24가지 허브티 Bitter 24 Varieties Herbal Tea, 인삼차American Ginseng Tea, 스위트 플라워 차Sweet Flower Tea. 가격은 HK$7부터.

홍콩 사람들의 매일매일 건강한 습관

1916년부터 유명한 한약방 굿 스프링 컴퍼니는 치료 개념이 아닌 생활 측면에서 쉽게 한약 재료를 이용해 건강을 유지할 수 있는 질 좋은 허브티를 판매한다. 홍콩 사람들은 남녀노소를 가리지 않고 출퇴근길에, 점심 후 디저트로, 몸이 허하다 싶을 때, 목이 마를 때마다 허브티를 마시며 건강을 챙긴다.

약재와 허브마다 효능은 제각각이지만 여행자들도 무리없이 마시며 건강을 관리하기에 좋은 차는 24종의 허브를 우려 만든 쌉싸래한 차. 몸의 열기를 가라앉히고 땀을 많이 흘리는 여름에 기를 보하는 효과가 있다. 억지로 차게 만든 아이스 음료가 아닌 뜨거운 차를 자연스레 식혀 먹는 것도 독특하다.

1 길을 오가며 자연스럽게 허브티 한 잔을 사 먹으며 건강을 챙기는 사람들 **2** 가게 한편에서는 한약재를 계량하는 모습을 쉽게 볼 수 있다. **3** 한약방으로도 유명한 굿 스프링 컴퍼니 **4** 굿 스프링 컴퍼니의 3종류의 차

쿵리 **Kung Lee 公利**

Add. 60 Hollywood Rd, Soho, Central
Tel. 852-2544-3571
Open 10:30~21:30
Access MTR 센트럴역 D1 출구, 할리우드 로드와 필 스트리트의 교차점

secret

더위를 싹 가시게 하는 사탕수수 주스

트렌디한 소호 거리에는 아주 오랜 전통을 자랑하는 내 공 깊은 맛집이 여럿 있다. 신선한 사탕수수 주스와 허브 티, 거북 젤리Turtle Jelly만으로 홍콩 사람들의 건강한 생 활에 든든한 바탕을 마련해 주는 쿵리는 소호에 거주하 는 서양 사람들에게도 인기가 많다. 거북 젤리와 허브티 는 쓴맛 때문에 먹는데 힘이 좀 들지만, 사탕수수 주스 는 반드시 맛봐야 하는 인기 건강 음료!

맛은 달고 성질은 차가운 사탕수수는 더운 지방 사람들 이 물 대신 마시는 대중적인 음료다. 사탕수수의 즙이 열 사를 없애고 체액 분비를 촉진해 여름철 더위를 쫓거나 냉방병에 효험이 있다고 한다. 숙취, 변비, 구토 증상에 도 효과가 있다.

사탕수수 주스는 한 잔에 HK$10, 중국 허브차는 HK$8. 기력 회복 과 피부 미용에 탁월한 거북 젤리 (HK$35)도 인기 메뉴다.

1 사탕수수 주스와 거북 젤리로 유명한 쿵리 **2** 바로 짜낸 즙을 차갑게 만들어 판다. **3** 가게 안에 쌓여 있는 사탕수수

여행자보다는 홍콩의 패션피플에게 더 인기인 모바

모바 MO Bar

Add. GF, The Landmark Mandarin Oriental, 15 Queen's Rd Central, Central
Tel. 852-2132-0077
Open 애프터눈티 월~금요일 15:00~17:30, 토·일요일 15:30~17:30
Access 카오룬에서 갈 때는 스타페리 이용. 홍콩 섬에서 갈 때는 MTR 센트럴역 A
출구, 랜드마크 만다린 오리엔탈 호텔 G층
URL www.mandarinoriental.com/landmark

스타일리시한 하루의 정점!

아침식사부터 스타일리시한 나이트라
이프까지 책임지는 랜드마크 만다린
오리엔탈 호텔의 모바는 다채로운
퓨전 식사 메뉴도 훌륭하지만, 특
히 혁신적인 티 세트로 홍콩 트
렌드세터의 열광적인 지지를 얻
고 있다.

홍콩의 다채로운 디자인 명소가 그렇듯 세계적인 인테
리어 디자이너 애덤 티해니Adam Tihany가 창조해 낸 모
바 역시 '보는 것' 말고도 '보이는 것'까지 중시한 디자인
을 추구했다. 모바 벽면에 꾸며진 빅 오Big O는 삶을 의
미하는 중국적 상징이다. 붉은 조명 역시 행운을 의미한
다. 바에 장식된 컬러풀한 술은 커다란 거울로 반영되게
디자인해 모바의 생동적인 분위기를 이끈다.

이곳의 티 세트는 프레젠테이션부터 혁신적이다. 티 트레이를 테이블
옆에 설치해 티 세트를 즐기는 모습 자체가 모바의 혁신적인 인테리어와
유기적으로 연관된 것만 같은 묘한 느낌을 준다. 티 트레이에 올라온
다채로운 샌드위치, 패스트리, 스콘 외에도 바에 진열되는 예쁜 컵케이크와
쿠키까지 마음껏 맛볼 수 있다. 1인당 월~금요일 HK$248, 토·일요일
HK$2880l다.

> **TIP** 모바는 셀러브리티들의 공연이 다채롭게 열리는 공간이자
> 홍콩 연예인을 비롯해 세계적인 스타들이 나이트라이프를 즐기러
> 찾아오는 명소이기도 하다. 아시아 스타일이 가미된 모티니MOtini,
> 목테일MOcktails을 홀짝이며 이곳만의 고급스럽고 트렌디한
> 분위기에 취해 보는 것도 추천 수~토요일에는 DJ 공연도 있다.

1 제대로 만든 클로티드 크림과 홈메이드 잼, 보드라운 스콘의 환상적인 만남! **2** 색색의 병을 반사시키는 독특한 냉장고도 스타일리
시한 인테리어의 한 부분 **3** 설치미술을 떠올리게 하는 독창적인 티 세트

살롱 드 테 Le Salon De Thé de Joël Robuchon

Add. Shop 315, 3F, The Landmark, 15 Queen's Rd Central, Central
Tel. 852-2166-9088
Open 애프터눈티 15:00~18:00
Access MTR 센트럴역 G 출구, 랜드마크 3층
URL www.robuchon.hk

아름다운 패스트리… 훌륭한 맛까지 감동!

세계적인 스타 셰프로 손꼽히는 프랑스의 전설적인 요리사 조엘 로부숑. 현재 파리와 뉴욕, 도쿄 등 여러 도시에 16개 레스토랑이 운영되고 있다. 홍콩과 마카오에 있는 로부숑의 레스토랑 역시 2010년 〈미슐랭 가이드〉로부터 각각 2개와 3개의 별을 받으며 다시 한 번 세계적인 명성을 광둥 지역 미식가들에게 각인시켰다. 극도로 화려하고 창의적인 로부숑의 음식 세계를 즐기는 것도 좋지만 호불호가 극명하게 갈리는 프랑스 요리 특유의 스타일과 재료, 가격이 부담스럽다면 로부숑의 케이크와 티 숍인 살롱 드 테만이라도 즐겨 보자.

4가지 샌드위치와 2가지 스콘, 4가지 패스트리가 올라간 애프터눈티 세트는 차 혹은 커피 한잔이 포함된 가격이 1인 HK$230. 더 다양한 종류를 즐기려면 2인 세트(HK$430)로 주문하자. 스시처럼 나오는 각각의 패스트리의 예술적이고도 화려한 모양새에 반하게 되고, 신선한 고급 재료와 정통 프렌치 패스트리의 맛에 탄성이 절로 나온다.

1, 2 레스토랑과 분리된 패스트리 부티크와 살롱 드 테 **3** 아름다운 스시를 연상시키는 티 세트 **4** 훌륭한 맛의 패스트리 덕에 오후 3시부터 6시까지 티 세트를 즐기려는 사람들이 줄을 선다.

TWG 티 살롱 & 부티크 TWG Tea Salon & Boutique

Add. Shop 1022-1023, F1 ifc Mall, 1 Harbour View St, Central
Tel. 852-2796-2828
Open 월~금요일 10:00~22:00, 토·일요일·공휴일 10:00~23:00
Access MTR 센트럴역 A 출구, ifc 몰 1층
URL www.twgtea.com

페닌슐라 부럽지 않은 TWG의 티 타임!

래플스 경Sir Stamford Raffles이 싱가포르를 발견한 후 질 좋은 차, 커피, 향신료 등의 교역소로 떠오른 싱가포르. 싱가포르 차의 상징이 된 TWG는 어느덧 세계적인 럭셔리 브랜드로 단단히 자리매김했다. TWG는 티 컬렉터를 매년 세계 각지로 파견해 질 좋은 차를 수집한다. 이름난 차 생산지의 순수한 차와 싱가포르 브렉퍼스트티 같은 TWG 전용 블렌드 티를 포함하면 그 종류만 1000여 개에 달한다. 그래서 차 메뉴를 상세하게 설명해 놓은 이곳의 메뉴판은 사전처럼 두껍다. TWG는 '차' 하나만으로도 가치가 높지만 마니아들은 전용 티 살롱 부티크를 운영하는 점에 아낌없는 찬사를 보낸다. 고급스러운 분위기 속에서 섬세하게 분류된 차와 차를 추출해 만든 패스트리, 초콜릿, 잼 등의 티 푸드를 즐길 수 있어 오픈과 동시에 긴 줄을 서야 한번 맛볼 수 있는 ifc 몰의 명소로 등극했다. TWG 티 살롱은 올해 초 우리나라 청담동에도 문을 열었다.

차만 마시기보다 다양한 차로 맛을 낸 티 푸드와 함께 이용할 것을 적극 추천한다. 15:00~18:00에는 티 타임 메뉴를 선택할 수 있다. 간단한 음식과 함께 차를 즐기는 세트는 HK$228부터. 정통 방식으로 제대로 만든 스콘이나 머핀과 함께하면 HK$1300이다.

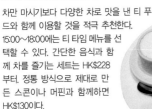

1 TWG의 차로 만든 마카롱과 호사스러운 티 푸드 **2** 우아하고도 럭셔리한 분위기가 돋보이는 TWG의 티 살롱 **3** 1000가지가 넘는 질 좋은 차야말로 이곳의 가장 큰 자랑거리다. **4** 프레시한 클로티드 크림과 달콤 쌉싸래한 얼그레이 잼

옛날 홍콩 스타일의 구닥다리 중고품과 오래된 포스터가 더해진 스타벅스는 여행자뿐만 아니라 홍콩 사람들에게도 흥미롭다.

스타벅스 Starbucks

Add. Shop M2, Mezzanine Floor, Baskerville House, 13 Duddell St, Central
Tel. 852-2523-5685
Open 월~목요일 07:00~21:00, 금요일 07:00~22:00, 토요일 08:00~22:00,
일요일·공휴일 09:00~20:00
Access MTR 센트럴역 G 출구, 퀸즈 로드 센트럴에서 두델 스트리트 안쪽

빈티지풍의 스타벅스를 만나다

홍콩에서 가장 노른자 땅이자 비즈니스 지구, 최신 유행
이 시작되는 센트럴에는 아주 독특한 거리가 있다. 100
년 가까이 된 화강암 계단과 전기 가로등이 아닌 수동으
로 켜고 꺼야 하는 가스 가로등이 아직도 보존되어 있으
며 법정 기념물로도 지정된 두델 스트리트다. 지금도 이
거리는 웨딩 촬영을 하는 예비 부부, 오래된 계단과 가로
등 밑에서 기념 촬영을 하는 여행자로 가득하다.
이 특별한 거리의 고풍스러움에 더해 화제를 모으는 곳
이 있으니 홍콩 전통 카페인 빙셧水室을 재현한 스타벅
스다. 홍콩식 라이프스타일의 모든 것을 판매하는 인테
리어 상점 지오디의 창업주인 더글러스 영Douglas Young
과 세계적인 커피 브랜드 스타벅스의 재미난
복고풍 콜래버레이션을 선보인 것이다. 세
계 어디에서도 표준적인 분위기와 맛을 제공
하는 스타벅스라지만 두델 스트리트의 스타
벅스는 1970년대 홍콩 카페로 시간 여행이라
도 한 느낌이다. 오래된 테이블과 의자, 1970년
대 진행됐던 캠페인 포스터와 촌스러운 광고, 철
제 선풍기, 여기저기 가득 적힌 한자 메뉴는 홍콩
사람들에게는 향수를 불러일으키고 여행자들에게는 홍
콩의 옛 모습을 떠올리게 한다.

특별 메뉴인 빙셧 디저트Bing Sutt Dessert는 주말에는 특히나 빨리
매진되어 버리는 인기 아이템! 커피 타르트, 파인애플 번, 롤케이크와
팥죽 등을 스타벅스 메뉴와 곁들일 수 있다. 디저트류 HK$23부터.

1 홍콩 가정집에서나 볼 수 있을 법한 발이 드리워져 있다. **2** 한적한 두델 스트리트 한쪽에 위치한 스타벅스 **3** 에그타르트와 롤케이
크 등 다른 나라에선 맛볼 수 없는 홍콩 오리지널 메뉴

만다린 케이크 하우스 **Mandarin Cake Shop**

Map
P.466-B

Add. 2F, Mandarin Oriental Hong Kong, 5 Connaught Rd Central, Central
Tel. 852-2825-4008
Open 월~토요일 08:00~20:00, 일요일 08:00~19:00
Access MTR 센트럴역 H 출구, 만다린 오리엔탈 홍콩 호텔 2층
URL www.mandarinoriental.com/hongkong/dining/cake_shop

2015 New Spot

홍콩 여행 기념품 인기 1위!

세계적인 호텔 체인인 만다린 오리엔탈 그룹의 첫 번째 호텔인 만다린 오리엔탈 홍콩이 2014년이면 50주년을 맞는다. 이곳의 모든 식업장이 전설적인이라는 타이틀을 달기 충분한 자격이 있지만, 그중에서도 호텔 안에만 25년 동안 자리한 만다린 케이크 하우스는 빵과 베이커리 작품을 사랑하는 사람들에게 멋진 장소로 사랑받아 왔다. 특히나 조각같은 초콜릿 작품이나 아이싱으로 완성한 웨딩 케이크는 만다린 오리엔탈 홍콩을 방문한 여행자들의 입을 쩍 벌어지게 할 만큼 섬세하고 아름다운 예술작품이다. 특히 밸런타인데이, 부활절, 어머니의 날, 크리스마스, 설날 등의 홍콩의 주요 기념일 전에는 마치 이 작은 공간이 호화로운 갤러리로 변신한다.

케이크와 초콜릿, 수많은 프랑스 빵과 페스트리도 엄지손가락을 치켜들 정도로 맛있지만, 관광객들이 이곳을 찾는 이유는 따로 있다. 같은 층의 로비 라운지나 카페 코셋에서 애프터눈티를 즐긴 뒤 만다린 오리엔탈의 명물인 장미 잼Rose Petal Jam을 사기 위한 것이다. 장미잼은 작은 병 HK$198, 큰병 HK$248. 장미잼 이외에도 만다린 오리엔탈 호텔의 각종 차Legend Tea leaves, 홈메이드 XO 소스XO Sauce와 각종 너트, 쿠키도 홍콩 여행 기념품이나 선물용으로 좋다.

1 만다린 오리엔탈 호텔의 명물인 케이크 하우스 **2** 틴케이스 안에 든 차도 인기 있다. **3** 예술작품 같은 케이크를 시즌과 이벤트에 따라 다르게 전시한다. **4** 만다린 케이크 하우스의 명물인 장미잼

퓨엘 에스프레소 Fuel Espresso

Add. Shop 3023, 3F, ifc Mall, Central
Tel. 852-2295-3815
Open 월~금요일 07:30~19:00, 토·일요일·공휴일 10:00~19:00
Access 카오룬에서 갈 때는 스타페리 이용. 홍콩 섬에서 갈 때는 MTR 센트럴역
A 출구, ifc 몰 3층
URL www.fuelespresso.com

2015 New Spot

카페인 없이 살 수 없는 그대를 위해

때로 전문가들에게는 혹독한 평가를 받지만, 실제로는
일반 소비자에겐 큰 사랑을 받는 식당과 카페를 우리는
자주 발견하게 된다. 퓨엘 에스프레소도 마찬가지. 몇몇
전문가들은 이곳의 에스프레소에 대해 온갖 전문적인
용어를 써가며 불평을 늘어놓더니, 실제 퓨엘 에스프레
소는 영업시간 내내 빈자리를 찾기 힘든 곳일뿐더러, 〈타
임 아웃 홍콩Time Out Hong Kong〉이 선정한 독자들의
선택Reader's Choice에 자주 오르는 곳이다. 그리고 뉴질
랜드에서 온 이 카페의 등장이 도화선이 되어 현재 커피
보다는 차 문화가 더 발달한 홍콩에 호주와 뉴질랜드 스
타일의 카페가 무서운 속도를 인기를 끌고 있다.

퓨엘 에스프레소에서 가장 유명한 메뉴는 퓨엘 라테Fuel Latte.
부드러운 우유와 쌉싸름한 에스프레소를 퓨엘 에스프레소만의
방식으로 조화시켰다. 단, 이곳에서는 아이스 음료보다는 뜨거운 음료를
즐기는 것을 추천. 음료는 HK$38부터.

1, 2 심플한 블랙컬러로 통일성 있게 꾸민 퓨엘 에스프레소의 스타일리시한 내부 **3** 퓨엘 에스프레소에서는 진한 라테가 인기메뉴
4 ifc 몰 인근 직장인과 홍콩의 젊은이에게 두루 사랑받는 퓨엘 에스프레소

1997

Rockabilly

NAKED
WAITRESSES
FLIRT WITH YOU

PURSUE

누구나 오픈 마인
드가 되는 신나는
란콰이퐁!

란콰이퐁 Lan Kwai Fong

Add. Lan Kwai Fong, Central
Open 보통 점심, 저녁, 바로 3번 문을 연다. 가장 붐비는 시간대는 22:00~02:00
Access MTR 센트럴역 D1 혹은 D2 출구
URL www.lankwaifong.com

공간 자체가 거대하고 트렌디한 바

란콰이퐁은 홍콩에서 가장 흥미로운 곳 중 하나로 다길
라 스트리트D'aguilar St와 윈드햄 스트리트Wyndham St
를 아우르는 지역을 말한다. 이곳에는 트렌디한 바와 레
스토랑, 클럽이 가득하다. 특히 밤이 되면 더욱 활기를
띠는 란콰이퐁에는 나이트라이프 마니아가 몰려들어 자
유와 낭만, 그리고 일탈의 공기를 가득 채운다. 세계 각
국의 사람들이 모여 만드는 이국적인 분위기까지 더해
져 거리를 거니는 것만으로도 가슴이 쿵쾅거리며 절로
흥겨운 리듬을 타게 된다. 굳이 괜찮은 바를 찾아 헤맬
필요도 없다. 초행자라면 란콰이퐁을 오가는 사람들을
구경하기에 좋은 바가 최고다. 좀 더 이곳에 익숙해지면
소규모 파티가 한창인 독특한 바와 클럽 찾기에 나서 보
는 것도 즐겁다.

1 인종과 국경을 초월해 독특한 공기 속에 하나가 되는 나이트라이프의 명소 **2** 사람 구경하기에 좋은 노천 바를 선택하자. **3** 밤이 늦
을수록 활기를 더해 가는 공간

세바는 낮과 밤의 분위기가 완전히
다르다. 낮에는 애프터눈티 세트를
즐기러 오는 여성들로 가득하다.

세바 SEVVA

Add. 25F, Prince's Building, 10 Chater Rd, Central
Tel. 852-2537-1464
Open 월~목요일 12:00~00:00, 금·토요일·공휴일 12:00~02:00
Close 일요일
Access MTR 센트럴역 H 출구, 프린스 빌딩 25층
URL www.sevvahk.com

화려하게 펼쳐지는 '뱅크 뷰'의 향연

세바는 홍콩 패션계의 셀러브리티 보네 곡슨Bonniae Gokson이 건축, 일러스트레이션 아티스트와 시크한 콜래버레이션으로 완성한 레스토랑 겸 바이다. 하이티 세트와 다채로운 웨스턴 메뉴를 고루 갖추고 있지만 세바가 세간의 주목을 받는 것은 바로 근사한 바 때문이다. 주변에 온통 화려한 고층 빌딩이 에워싸고 있는 프린스 빌딩 25층에 자리한 덕분에 하버 뷰 이외에 뱅크 뷰Bank View라고 불리는 화려한 야경이 아름답게 펼쳐진다. 널찍한 테라스에는 칵테일 한 잔을 손에 들고 밤에도 불을 끄지 않는 중국은행, 스탠다드차타드은행, HSBC, 시티은행 등의 높은 빌딩들이 만들어 내는 화려한 야경에 파묻혀 황홀한 홍콩의 밤을 만끽해보자.

애프터눈티 세트는 2인 세트가 HK$600~800대로 웬만한 호텔보다도 훨씬 비싸다. 칵테일은 HK$98부터.

1 홍콩의 잇 플레이스로 떠오른 세바 **2** 노을 지는 풍경과 함께 즐기는 세바 테라스 **3** 칵테일마저 스타일리시한 감각으로! **4** 독보적인 세바의 뱅크 뷰

홍콩 브루 하우스 Hong Kong Brew House

Map
P.465-A

Add. 2, LGF, LKF Tower, 33 Wyndham St, Central
Tel. 852-2522-5559
Open 월~목요일 11:00~02:00, 금요일 11:00~04:00, 토요일 12:00~04:00, 일요일 12:00~02:00
Access MTR 센트럴역 D1 출구
URL www.elgrande.com.hk

피자와 곁들여 먹는 홍콩 생맥주 한잔

란콰이퐁의 다길라 스트리트에 있는 모든 바는 언제나 많은 사람으로 북적인다. 그중에서도 다른 곳에서는 맛볼 수 없는 홍콩 비어Hong Kong Beer의 생맥주와 다양한 피자가 맛있기로 유명한 홍콩 브루 하우스는 늘 많은 손님으로 가득하다. 게다가 바닥에 아무렇게나 버려진 통 땅콩 껍데기를 밟고 다니는 재미가 있는 자유로운 공간이기도 하다. 축구 경기나 럭비 경기가 있는 날이면 내부에 설치된 대형 스크린을 통해 경기를 보러 온 사람들로 북새통을 이룬다.

홍콩 비어를 비롯해 투 수 브루Too Soo Brew, 올드리치 베이 페일 에일 Aldrich Bay Pale Ale까지 세 가지나 되는 하우스 비어와 BBQ 치킨 피자가 추천 메뉴. 병맥주 HK$32부터, 생맥주는 HK$38부터, 피자는 HK$118.

1 란콰이퐁의 가장 유명한 바 중 하나인 홍콩 브루 하우스 **2** 무료로 제공되는 통땅콩과 함께 즐기는 하우스 맥주 **3** 맛있는 피자가 간판 메뉴 **4** 테라스에 자리한 연인들은 그 자체로 란콰이퐁의 로맨틱한 그림이 된다.

타페오 Tapeo

Add. 19 Hollywood Rd, Central
Tel. 852-3171-1989
Open 12:00~24:00
Access MTR 센트럴역 D1 출구
URL www.tapeo.hk

깜찍한 스페인 핑거 푸드와 와인 한잔

바가 란콰이퐁에만 몰려 있다고 생각하면 오산이다. 엄밀히 말하자면 센트럴의 소호와 노호에 있는 많은 레스토랑은 바를 겸하고 있다. 타페오는 할리우드 로드에 있는 스패니시 레스토랑 겸 바이다. 스페인의 대표 요리 중 하나인 타파스Tapas를 기본으로 다채로운 스페인과 포르투갈 와인만을 판매한다. 스페인 분위기가 물씬 풍기는 회화와 장식물도 이곳의 뚜렷한 개성을 느끼게 해 준다. 스페인처럼 핑거 푸드를 가득 쌓아 놓고 판매하지는 않지만, 주문을 받은 즉시 요리해 주는 간단한 음식 타파스는 술안주로 부담 없이 즐기기에 좋다.

식사를 원한다면 파에야Paella를 주문하거나 점심시간 메뉴인 타파 타파 타파Tapa Tapa Tapa로 타파스를 즐겨 보자. 월~금요일 12:00~15:00까지고 수프와 2종류의 타파스, 디저트를 포함해 HK$118다. 월~토요일 17:00~19:00에 진행되는 얼리 버드 디너Early Bird Dinner는 타페오 최고 인기 메뉴. 2인부터 주문할 수 있고 1인에 HK$165면 와인과 타파스(하몽 제외)를 무제한으로 마실 수 있다.

1 타파스는 양이 많지 않아 점심과 저녁식사 시간 사이에 잠시 들러서 맛봐도 괜찮은 메뉴다. **2** 감자와 달걀로 만든 타파스 **3** 상큼한 상그리아 **4** 모든 좌석은 바 형태로, 주문한 메뉴는 즉석에서 요리해 준다.

퀴너리 Quinery

Map
P.464-D

Add. GF, 56-58 Hollywood Rd, Central
Tel. 852-2851-3223
Open 월~토요일 17:00~02:00
Close 일요일
Access MTR 성완역 E2 출구 혹은 MTR 센트럴역 D2 출구
URL www.quinary.hk

secret

2015 New Spot

호기심과 미각을 자극하는 분자 칵테일

홍콩 다이닝 씬의 핵심은 어떤 레스토랑 사업가가 어떤 다이닝계 인사와 합작했느냐가 아닐까? 홍콩의 젊은 이들에게 가장 사랑받는 바 중 하나인 퀴너리는 파인즈 Finds에서 일하며 분자 칵테일로 유명세를 얻은 믹솔로지스트 안토니오 라이Antonio Lai가 상징처럼 존재한다. 그리고 그 뒤로는 센트럴의 와인 자판기 열풍을 불러온 테이스팅스 와인바Tastings Wine Bar와 위스키 바인 엔젤스 쉐어Angel's Share를 성공시킨 찰린 다우스Charlene Dawes 가 든든한 버팀목이 되어준다.

처음 퀴너리에 들어서면 안토니오 라이의 칵테일 레시피와 수집용 책자, 각종 칵테일 제조 기구의 콜렉션을 만나고 바텐더의 공간인 기다란 바까지 더해지니 내부가 마치 실험실을 연상케 한다. 그 안을 가득 채운 사람들. '이 집 꽤 하겠군'하는 생각이 저절로 든다.

수많은 주류와 음료가 있지만, 홍콩에서 화제를 불러일으킨 분자 칵테일은 10가지 종류로 압축할 수 있다. 특히 이곳에서는 안토니오가 각종 칵테일 대회에서 상을 휩쓴 얼그레이 캐비어 마티니Earl Grey Caviar Martini 를 반드시 맛보아야 한다. 마티니 안에는 얼그레이 티를 추출해 겉만 젤라틴으로 감싼 캐비어 젤리가 아래에 깔려있고, 얼그레이로 풍성한 거품을 만들어 마티니의 꼭대기를 더욱 글래머러스하게 꾸민 비주얼부터 감탄을 자아낸다. 하우스 보드카와 홈메이드 우롱차를 섞은 우롱티 콜린스 Oolong Tea Collins도 퀴너리의 스페셜 칵테일. 마시멜로와 함께 한 번에 입안으로 털어 넣는 칵테일이나 전통적인 블러드 메리에 와사비를 추가한 와사비 블러드 메리Wasabi Bloody Mary도 흥미롭다. 칵테일은 HK$78 부터.

1 최근 홍콩에서 가장 핫한 바 중 하나인 퀴너리 **2** 비주얼부터 매혹적인 얼그레이 캐비어 마티니 **3** 우롱티 콜린스는 입안에 넣은 뒤 마시멜로를 먹는 게 방법

리버티 익스체인지 | Liberty Exchange

Add. Two Exchange Square, 8 Connaught Place, Central
Tel. 852-2810-8400
Open 12:00~23:00
Access 카오룽에서 갈 때는 스타페리 이용. 홍콩 섬에서 갈 때는 MTR 센트럴역 A 출구
URL www.lex.hk

2015 New Spot

나도 그들과 함께 '멋진 풍경'이 되고 싶어라!

홍콩을 자주 드나드는 사람들은 ifc 몰과 익스체인지 스
퀘어, 스카이 브리지와 MTR이 모두 모여 있는 이 공간
에 리버티 익스체인지 바와 같은 공간이 있다는 것이 얼
마나 영리한 선택인지를 자주 느낀다. 총 2층으로 이뤄
진 큰 규모의 레스토랑이지만 1층에는 바 위주가 되는데
핵심은 가게 밖으로 놓인 스탠딩 테이블. 밤과 낮을 가릴
것 없이 이 스탠딩 테이블에는 도시의 가장 멋쟁이들이
모여 손에는 생맥주나 칵테일을 들고 도란도란 이야기
를 나누는 광경을 쉽게 볼 수 있다. 그리고 수많은 행인
과 여행자에게 멋진 풍경을 제공해주는 그 모습을 자주
마주하다 보면 이 바에 꼭 한번 들러 볼 것을 다짐했을지
도 모른다.

아주 매력적인 바가 특히 유명한 리버티 익스체인지는
모던 아메리칸 비스트로로도 명성이 높다. 셰프인 마카
토 오노Makato Ono와 레스토랑 오너인 제럴드 리Gerald
Li는 리버티 프라이빗 웍스Liberty Private Works라는 작은
식당의 획기적이고 수준 높은 음식으로 미디어와 푸디들
에게 집중 조명을 받았다. 그리고 그다음 프로젝트인 리
버티 익스체인지까지도 성공시켰다.

칵테일과 생맥주로 홍콩의 밤을 즐기는 것도 좋지만, 리버티 익스체인지
의 요리도 맛볼 가치가 충분하다. 특히 유명한 것은 시저 샐러드Ceasar's
Salad와 리버티 버거Liberty Burger. 빵 밖으로 흐르는 치즈와 홈메이드
양파 마멀레이드가 육즙을 가득 품은 두툼한 패티와 환상적인 궁합을 자
랑한다. 블루치즈에 찍어 먹는 닭 날개도 안줏거리로 좋다. 식사는 1인당
HK$300~500, 맥주는 HK$58, 칵테일은 HK$80부터.

1,2 센트럴의 나이트라이프 명소이자 다이닝 퀄리티도 훌륭한 리버티 익스체인지 **3** 영업시간 내내 생맥주와 칵테일을 주문할 수 있다.

프렌치 윈도우 The French Window

Map
P.466-A

Add. Shop 3101, 3F, Tower 2, ifc Mall, 1 Harbour View St, Central
Tel. 852-2393-3812
Open 월~토요일 12:00~15:00 · 18:00~23:00, 일요일 12:00~21:00
Access 카오룬에서 갈 때는 스타페리 이용. 홍콩 섬에서 갈 때는 MTR 센트럴역 A
출구, ifc 몰 3층
URL www.thefrenchwindow.hk

2015 New Spot

인기 만점의 해피 아워를 사수하자!

미라 호텔의 위스크, 퀴진 퀴진 앳 더 미라, ifc 몰의 퀴진 퀴진을 모두 미슐랭 스타 레스토랑으로 등극시킨 미라마 그룹Miramar Group의 야심작. 좁은 입구를 들어서면 프랑스 요리에 대한 위트 넘치는 작품을 거대하게 장식한 레스토랑의 통로가 나온다. 내부는 커다란 통유리와 화려한 샹들리에로 휘황찬란하게 꾸몄다. 창가 자리에서 하버 뷰를 바라보며 정통 프렌치를 즐기는 것은 생각만으로도 로맨틱해서 가슴이 두근거릴 정도. 가격은 합리적이고 세트 메뉴와 런치 메뉴도 활용할 수 있다는 것이 이곳의 매력 포인트.

가장 인기 있는 시간은 매일 18:00~20:00 사이의 해피 아워와 선데이 시푸드 브런치Sunday Seafood Brunch(와인 무제한 이용 1인 HK$598). 해피 아워에는 모든 주류가 HK$29에 제공된다. 이때는 선착순이므로 자리가 금세 차버리기 마련. 평소라면 2인에 HK$1500 가까이에 이용해야 하는 디너의 부담감을 낮추고 마음껏 즐겨보고 싶다면 해피 아워를 놓치지 말 것. 칵테일의 가격도 HK$110부터로 다소 비싼 편이다.

1 끝내주는 전망과 분위기로 늘 예약이 많다. **2** 합리적인 가격으로 와인을 무제한 마실 수 있다. **3, 4** 홍콩의 냉정한 푸디들에게 이곳은 음식보다 해피아워가 더 각광받는다.

호니 호니 티키 라운지 Honi Honi Tiki Lounge

Add. 3F, Somptueux Central, 52 Wellington St, Central
Tel. 852-2353-0885
Open 월~금요일 17:00~02:00, 토요일 18:00~02:00, 일요일 15:00~23:00
Access MTR 센트럴역 D2 출구
URL www.honihonibar.com

secret

2015 New Spot

홍콩 최초의 티키바

'인터내셔널'이라는 키워드로 둘째가라면 서러워할 폴리네시안 바는 홍콩에서도 지금까지 없었다. 호니 호니 티키 라운지는 믹솔로지스트이자 주인인 맥스 트레이버스Max Traverse가 유명 건축회사인 스리 와이즈 몽키즈Three Wise Monkeys와 함께 남국의 파라다이스를 인테리어에서부터 식기, 다양한 칵테일에도 잘 녹여낸 홍콩 최초의 폴리네시안 바. 맥스는 1945년 샌프란시스코의 페어몬트 호텔The Fairmont San Franscisco에 들어선 이후 도시의 명물이 된 통가 룸 앤드 허리케인 바에서 영감을 얻고 호니 호니 티키 라운지를 열었다.

폴리네시안 스타일의 조각 작품, 열대 과일 바구니, 나무 바닥과 중앙의 거대한 열대 나무가 자리한 야외 테라스석, 코코넛으로 만든 티키 머그컵, 형형색색의 화려한 컬러는 잠시나마 우리를 복잡한 도심에서 열대 바닷가로 여행하는 듯한 착각을 불러일으키게 한다.

클래식 칵테일에서부터 열대 과일과 프리미엄 알코올로 만든 다양한 폴리네시안 스타일의 칵테일이 가득하다. 해변 칵테일의 명대사인 부드러운 피나 콜라다Pina Colada, 몰로키니Molokini, 데빌스 티키 맨Devil's Tiki Man, 마오리 스프링 펀치Maori Spring Punch 등이 이곳의 시그니처 칵테일. 칵테일의 가격도 HK$110부터로 다소 비싼 편이다.

1 불을 이용하는 칵테일 제조 방식도 볼거리 **2** 칵테일 용기에도 폴리네시안의 분위기를 담았다. **3** 쇼맨십 넘치는 직원들

피엠큐 PMQ

Map
P.466-A

secret

Add. 35 Aberdeen Street, Central
Tel. 852-2870-2335
Open 10:30~21:00(가게마다 다름)
Access MTR 성완역 A2 출구
URL www.pmq.org.hk

2015 New Spot

창의적인 공간으로 거듭난 역사적 빌딩

옛것을 무턱대고 헐어버리지 않고, 불편하다고 없애지 않는 홍콩의 문화는 개발 위주의 사회를 살아가는 이방인에게 부러움을 자아낸다. 게다가 그곳에 역사와 전통이라는 스토리를 입히고, 예술과 디자인이라는 마케팅을 더해 남녀노소에게 어필하는 라이프스타일 공간으로서 재탄생시키는 것. 나는 홍콩의 이런 면이야말로 흔히 빠진 도시 여행지가 아닌, 개성 있는 공간으로서의 가치를 드높인다고 생각한다. 1881 헤리티지의 바통을 피엠큐가 이어받았다.

피엠큐는 1889년 최초의 공립학교 센트럴 스쿨Central School로 시작해 2차 세계대전으로 파괴된 후 기혼 경찰의 숙소Police Married Quarters로 사용되었다. 지난 2000년부터 사용이 중지되었다가 2014년 4월부터 신흥 예술가와 디자이너를 위한 공간으로 거듭났다. 현재 피엠큐에는 110여 개의 디자인 부티크와 갤러리가 들어서 특별한 것을 갈망하는 홍콩 사람들과 여행자들에게 주목받고 있다. 신진 디자이너는 물론이고 홍콩을 대표하는 디자이너 비비안 탐Vivian Tam, 일러스트와 캐릭터 상품으로 인기인 초콜릿 레인Chocolate Rain, 총체적 라이프스타일 브랜드인 지오디G.O.D까지 그 구성이 다양하다. 젊은 예술가를 지원하는 의미로 홍콩 정부에서 운영하는 점도 이곳의 포인트. 월세는 각 부티크의 수입에 준하며 이곳을 발판으로 성공할 수 있도록 나라에서 발 벗고 도와주겠다는 것도 인상적이다.

1, 2, 3 2009년 홍콩 정부는 피엠큐를 비롯해 머레이 빌딩Murray Building, 센트럴 마켓Central Market, 센트럴 경찰서 Central Police Station Compound 등의 역사적 건물을 보호한다는 센트럴 보호 정책Conserving Central Plan을 발표했다.

80M 버스 모델 80M Bus Model

Add. Shop 17-18, Western Market, 323 Des Voeux Rd Central, Sheung Wan
Tel. 852-2851-3643
Open 10:30~19:30
Access MTR 성완역 A2 출구
URL www.80mbusmodel.com

홍콩의 교통수단을 소장한다!

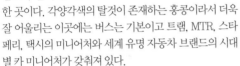

성완의 웨스턴 마켓 G층에 입점한 80M 버스 모델은 미니어처와 피규어Figure 마니아가 아니라도 색다른 기념품을 원하는 여행자라면 반드시 들러 볼 만한 곳이다. 각양각색의 탈것이 존재하는 홍콩이라서 더욱 잘 어울리는 이곳에는 버스는 기본이고 트램, MTR, 스타페리, 택시의 미니어처와 세계 유명 자동차 브랜드의 시대별 카 미니어처가 갖춰져 있다.

교통수단 중 종류가 가장 다양한 것은 상점 이름에서도 알 수 있듯 버스. KMB, 시티버스, CMB, NWFB 등 홍콩 버스 회사의 시기별 모델 실사와 똑같은 미니어처를 고루 보유했다. 심지어는 버스 정류장, 정류장 간판도 있다. 특정 회사, 홍콩의 스페셜 이벤트를 홍보하는 버스나 아티스트와 합작해 특별 제작한 미니어처 버스들은 한정 수량으로도 판매한다.

그 외에도 휴대전화 액세서리, 홍콩 교통수단의 역사를 테마로 한 다양한 서적과 문구 용품, 폭스바겐, BMW 등 세계적 자동차 브랜드의 미니어처도 기념품으로 구입하기에 좋다. 빅토리아 피크와 몽콕의 랭함 플레이스, 침사추이의 스타페리 피어에서도 80M 버스 모델의 지점을 만날 수 있다.

1 역사별, 종류별, 회사별로 홍콩의 모든 교통수단을 미니어처로 만들어 판매한다. **2** 미니어처 마니아가 이곳에 모여 서로의 수집품을 연구하기도 한다. **3** 버스 안처럼 꾸며 놓은 가게 내부 **4** 홍콩 2층 버스 다 모여!

스퀘어 스트리트 Square Street

Add. GF, 15 Square St, Sheung Wan
Tel. 852-2362-1086
Open 11:00~19:00
Access MTR 성완역 A2 출구
URL www.squareSt.se

Map
P.464-C

secret

2015 New Spot

디자이너의 작업실에서 쇼핑하다!

노호의 한적한 골목을 거닐다 보면 마치 보물을 찾은 듯한 기쁨에 쾌재를 부르는 경우가 있다. 바로 부티크 숍과 사무실, 작업실이 모두 합해진 스퀘어 스트리트를 발견했을 때처럼. 이곳은 참신한 디자인 제품으로 주목받는 2명의 스웨덴 디자이너의 합작품이다. 보이드 시계Void Watches의 디자이너인 데이비드 에릭슨David Ericsson과 그램 풋웨어Gram Footwear를 만든 알렉시스 홈Alexis Holm이 그 주인공. 자연 친화적인 인테리어와 '내추럴'을 테마로 한 디스플레이는 스칸디나비아 반도에 있을 법한 부티크로 느껴진다. 게다가 제조 과정을 직접 볼 수 있어 제품의 신뢰도가 높아지는 건 당연지사다.

시계와 신발이 주력 아이템이지만, 가죽용품, 안경, 모자, 액세서리 등의 아이템도 찾아볼 수 있다. 대부분 제품은 유니섹스용. 심플하고 기능성 있는 질 좋은 제품을 합리적인 가격에 판매하겠다는 두 디자이너의 바람대로 가격대도 합리적이다. 시계는 HK$1000부터, 가죽 신발은 HK$1500부터.

1 디자이너의 작업실처럼 꾸민 내부 **2** 촉망받는 스웨덴 브랜드인 보이드 시계 **3** 메인 디자이너 외에도 이곳에서 일하는 디자이너도 여럿이다. **4** 편안하게 신을 수 있는 심플한 스타일의 샌들

더치 The Dutch

Add. 232 Queen's Rd Central, Sheung Wan
Tel. 852-3543-0081
Open 11:00~21:00
Access MTR 성완역 A2 출구
URL www.thedutch.hk

secret

2015 New Spot ▶

허브향 솔솔 나는 그 치즈!

퀸즈 로드 센트럴을 걷다 보면 네덜란드의 유명한 치즈 브랜드인 더치가 나온다. 아시아에서는 최초로 오픈한 지점으로 작고 귀여운 매장이 눈에 띤다. 브랜드의 로고처럼 매장 안도 블랙이 메인 컬러로 쓰였고 오렌지로 포인트를 주었다.

이 숍에서는 고다치즈의 원산지인 네덜란드 북부의 정통 고다치즈를 주력으로 판매한다. 고다치즈는 향이나 맛, 질감이 남아프리카에서 자란 멀롯Merlot, 카베르넷 쇼비뇽Cabernet Sauvignon, 슈냉 블랑Chenin Blanc과 같은 품종과 좋은 궁합을 이뤄낸다. 더치에서 파는 염소 치즈는 다른 유럽 지역과는 다르게 우유를 치즈로 만들 때 넣는 응고 효소인 자연산 레넷Rennet을 사용하는 등 인공 첨가물을 거의 넣지 않는 것도 특징!

이 매장에서는 네덜란드로부터 9종류의 가장 유명한 치즈를 수입해 판매한다. 메뉴에는 구운 더치 치즈빵Grilled Dutch Cheese Bread(HK$40)이나 더치 치즈 롤Dutch Cheese Roll(HK$35)과 같은 샘플 요리가 있고, 더치 치즈 플래터Dutch Cheese Platter(HK$40), 와인, 커피, 차도 이용할 수 있다. 집으로 사가는 아이템이 아니라 호텔 방에서 가볍게 즐길 치즈를 산다면 흥미로운 맛의 페스토나 칠리 맛을 구입해 보는 건 어떨까.

1, 2 여행자들보다는 주재원이나 홍콩 사람들이 더 많이 찾는 더치 **3** 다채로운 네덜란드 치즈가 한가득이다. **4** 허브 치즈는 와인과 함께 가볍게 즐기기 좋다.

레인스 액세서리 Lanes' Accessories

Map
P.465-A

Add. 70 Wellington St, Central
Tel. 852-2530-5333
Open 월~목요일 11:00~20:00, 금·토요일·공휴일 전날 11:00~20:30, 일요일 12:00~18:00
Access MTR 센트럴역 D1 출구

앤티크 주얼리와 엘레강스 스카프의 향연

웰링턴 스트리트에 위치한 작은 액세서리 부티크인 레인스는 감각적인 바이어를 기용해 유니크한 아이템을 갖춘 숍이다. 세계적인 패션 도시들을 다니며 앤티크한 주얼리, 환상적인 분위기를 내는 스카프를 사 모아 홍콩의 레인스에서 판매한다. 대다수 물건들은 딱 한 점씩만 있고 품질과 디자인 위주로 물건을 구하는 만큼 가격도 비싼 편이다. 로컬 디자이너 하이디 응Hidy Ng의 스카프, 이탈리아 스카프 브랜드 프랑코 페라리Franco Ferrari, 인도의 파시미나가 가장 인기있다. 핸드메이드 액세서리 중 디자이너 일라인 제이Ealine J의 액세서리는 레인스를 유명하게 만든 일등 공신 브랜드. 장식장에 고이 진열된 몇몇 희귀 아이템은 오직 디스플레이용으로, 사고 싶어도 살 수가 없다. 구매 금액이 HK$3500 이상이면 10%, HK$8000 이상이면 15% 할인해 준다.

1 단아하고 세련된 레인스 액세서리 **2** 상점 내부를 우아하게 꾸몄다. **3** 디자이너가 제작한 값비싼 스카프도 인기 품목이다. **4** 밋밋한 스타일에 포인트를 주기 좋은 앤티크 귀고리

이니셜 Initial

Add. 17-9 D'Aguilar St, Central
Tel. 851-2537-0663
Open 11:30~20:00
Access MTR 센트럴역 D1 출구
URL www.initialfashion.com

홍콩판 고급 라이프스타일 브랜드

식당과 바, 중고 명품과 인터내셔널 브랜드 일색이던 란
콰이퐁에 고급스러운 분위기의 빈티지 숍이 입성했다.
이는 최근 홍콩의 트렌드를 잘 보여주는 일례다. 언제
나 첨단 유행만을 쫓던 패션 시티가 도쿄나 런던 못지않
게 빈티지하고도 내추럴한 스타일에 열광하기 시작했다
는 것이다. 이니셜은 남성 및 여성 의류와 잡화를 판매
하는 패션 부티크이면서 카페, 레스토랑, 헤어살롱 등을
함께 운영하는 라이프스타일 숍이다. 란콰이퐁 매장은
세계 각지의 아티스트와 협업해 그들의 작품을 전시하
는데, 전시 자체가 훌륭한 숍 디스플레이로 작동하게끔
운영하는 특별한 공간이다. 독특한 디테일과 컬러, 고
급스러운 소재로 제품력이 뛰어난 만큼 티셔츠 한 장에
HK$500 이상, 재킷이나 코트도 HK$3000 정도로 꽤 비
싸다. 하지만 고만고만한 홍콩 로컬 브랜드에 흥미를 느
끼지 못했던 사람이라면 한 번쯤 들러 볼 가치가 있다.

1, 2 심플하면서도 에지 있는 디자인으로 사랑받는다. **3** 이니셜의 각종 액세서리도 스타일에 포인트를 주기 좋다. **4** 패션을 비롯해 총체적 라이프스타일로 변모하는 이니셜

고프 스트리트의 상
징인 홈리스 플래그
십 스토어

홈리스 Homeless

Add. 28-29 Gough St, Central
Tel. 852-2581-1880, 852-2851-1160
Open 월~토요일 11:30~21:30, 일요일·공휴일 12:00~18:00
Access MTR 성완역 A2 출구
URL www.homeless.hk

흥미로운 인테리어 디자인 전시장

로컬 인테리어 디자이너들뿐만 아니라 세계적 디자인 회사들의 전시장과 같은 홈리스의 플래그십 스토어가 고프 스트리트에 있다. 모마MoMA, 플러스d+d, 스칸디나Scandyna, 덜튼Dulton, 이너모스트Innermost 등 셀 수 없이 많은 인테리어 브랜드가 홈리스 안을 가득 채우고 있다.

이케아나 프랑프랑처럼 대량생산되는 인테리어, 홈 데커레이션 제품을 판매하는 것이 아니라 홈리스와 독점 계약한 로컬 아티스트의 디자인 작품 혹은 해외 디자이너들의 아이템만을 판매하기 때문에 보는 재미도 쏠쏠하다. 가구에서부터 테이블 웨어,

4

액자, 시계를 비롯해 아이디어가 빛나는 생활소품까지 다채롭게 판매한다.

고프 스트리트에 함께 운영되는 홈리스 갤러리Homeless Gallery도 눈여겨보자. 이곳은 홍콩에서 가장 유망한 일러스트레이터로 각광받는 캐리 차우Carrie Chou의 운잉 갤러리Wun Ying Gallery로 운영되고 있다. 그녀 특유의 동화적이고 몽환적인 캐릭터를 사용해 만든 램프, 의류, 조각품, 회화 작품을 살 수 있는 장소다. 소소한 액세서리와 캘린더, 엽서, 성냥갑, 머그컵 등은 여행 기념품으로도 좋다.

3

1 아이디어가 빛나는 인테리어 용품, 디자인 제품 천지인 홈리스 **2** 고프 스트리트에만 홈리스 매장이 여러 개 있다. **3** 캐리 차우의 운잉 갤러리도 놓치지 말 것! **4** 독특한 제품이 많아 구경하는 재미에 시간 가는 줄 모른다.

혁신적이고 위트 넘치는 디자인으로 유명한 콤 데 가르송의 아이스 하우스 스트리트 매장

콤 데 가르송 Comme des Garcons Under The Ground

Add. Shop B2, Basement, 10 Ice House St, Central
Tel. 852-2869-5906
Open 11:00~20:00
Access MTR 센트럴역 H 출구
URL www.ithk.com

상점이라기보다는 가와쿠보의 갤러리!

홍콩 최대의 패션 회사인 I.T 그룹은 패션을 뛰어넘어 문화와 상권까지 주름잡는, 트렌디하고 혁신적인 홍콩을 상징하는 아이콘이다. 유럽 각지의 디자이너 브랜드에서부터 실험적인 일본 브랜드에 홍콩 브랜드까지 더해 I.T는 브랜드 플랫폼으로서 존재감을 발하고 있다. 게다가 새로운 상권을 발굴하는가 하면 브랜드의 개성에 맞는 매장 건축과 인테리어로 패션 아이템을 마치 갤러리에 전시된 작품처럼 돋보이게 하는 데도 일가견이 있다. 센트럴 온란 스트리트On Lan St의 게릴라 매장을 거쳐 새롭게 둥지를 튼 아이스 하우스 스트리트Ice House St에는 콤 데 가르송, 메종 마르탱 마르지엘라Maison Martin Margiella, 네이버후드Neighborhood, 후즈HOODS 등 I.T 그룹의 주옥 같은 브랜드 매장이 도열해 있다.

그중 가장 눈에 띄는 공간은 실험적인 디자인 감각으로 패션이 곧 문화임을 증명한 디자이너 레이 가와쿠보Rei Kawakubo의 콤 데 가르송. 새하얀 매장 안을 캔버스 삼아 블랙 앤드 화이트 의상으로, 레드와 블루 액세서리로, 그린과 퍼플로 염색한 가죽 아이템으로 마치 하나의 공간 예술을 완성한 듯하다. 다른 도시에 없는 한정 아이템이나 협업 제품을 집중 공략하는 것이 쇼핑 포인트!

1 넓은 공간 안을 마치 갤러리처럼 꾸며두어 세계에서 온 쇼퍼들의 호기심을 자극하는 콤 데 가르송 **2, 3** 온통 하얀 매장 안은 독특한 디자인의 아이템, 스타일리시한 스태프와 손님이 어우러져 개성 넘치는 공간 예술 작품을 보는 듯하다.

애플 스토어 Apple Store

Map
P.466-A

Add. Shop 1100-1103, F1~2, ifc Mall, 1 Harbour View St, Central
Tel. 852-3972-1500
Open 09:00~21:00
Access MTR 홍콩역 A 출구, ifc 몰 1~2층
URL www.apple.com/hk

금세기 최고의 어른 장난감

홍콩 내 수많은 쇼핑몰 중 ifc 몰에 애플의 첫 번째 공식 상점을 오픈한 것은 상당히 영리한 선택이었다. 심플하고 모던한 사과 모양의 로고와 통유리와 화이트 컬러로 극도로 미니멀하게 꾸민 인테리어, ifc 몰의 정중앙 자리는 마치 ifc 몰이 애플사의 건물이라도 된 양 느껴진다. 투명함을 메인 콘셉트로 꾸민 총 2개 층의 매장 가운데 아래층은 애플의 대부분 제품을 체험할 수 있는 어른들을 위한 놀이터다. 유리 계단을 통해 위층으로 올라가면 낮은 테이블과 의자를 마련한 어린이를 위한 공간이 있으며 아시아에서 가장 큰 규모의 지니어스 바Genius Bar에서 아이팟과 아이패드, 아이폰 시연 장치를 만날 수 있다. 이 매장에만 애플 본사에서 트레이닝을 받은 직원 300명이 근무한다. 그들은 세일즈 매니저, 지니어스 바의 스태프, 뮤지션, 동영상 제작자 등으로 구성된 전문가 집단으로 애플 스토어의 또 다른 자랑거리다. 우리나라와 가격을 비교해 제품을 구매하기 좋고 다양한 제품을 시연해 보거나 제품에 대한 궁금증을 해소할 수도 있다. 지니어스 바는 여행 전 미리 예약하면 기다리는 시간을 절약할 수 있다.

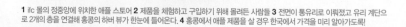

1 ifc 몰의 정중앙에 위치한 애플 스토어 **2** 제품을 체험하고 구입하기 위해 몰려든 사람들 **3** 전면이 통유리로 이뤄졌고 유리 계단으로 2개의 층을 연결해 홍콩의 하버 뷰가 한눈에 들어온다. **4** 홍콩에서 애플 제품을 살 경우 한국에서 가격을 미리 알아가도록!

팡퐁 컬렉션 Fang Fong Collections

Add. Shop 1, 69 Peel St, Soho, Central
Tel. 852-2155-9984
Open 12:30~21:00
Access MTR 센트럴역 C 출구, 힐사이드 에스컬레이터 이용
URL www.fangfong.com

로컬 디자이너의 멋스러운 제안

로컬 디자이너의 브랜드를 모아 판매하는 소호의 팡퐁
컬렉션은 빈티지와 레트로를 축으로 여성스럽고 스타일
리시한 매력을 살리는 아이템을 판매하는 공간이다. 다
양한 소재와 패턴으로 만든 원피스와 페티 드레스, 맥시
드레스 등은 디자인도 예쁘지만 실용성도 놓치지 않는
팡퐁의 강력 추천 아이템이다.

편하게 입을 수 있는 캐주얼 웨어와 구두, 가방, 주얼리
등의 액세서리도 갖춰져 있다. 특히 디자이너의 감각이
빛나는 핸드메이드 클러치백과 니트로 정성스럽게 짠 헤
어밴드 등의 액세서리는 흔하지 않아 그 가치가 더욱 빛
나는 패션 소품이다. 가격도 크게 부담스럽지 않은 것이
장점이다. 원피스와 블라우스가 HK$500~2000 정도,
티셔츠는 HK$400~1200, 기본 디자인으로 완성된 구두
는 HK$700~1800 정도다.

1 단아하면서도 스타일리시한 구두 **2** 심플하고 모던한 팡퐁 컬렉션 입구 **3** 빈티지 느낌을 물씬 풍기는 드레스 **4** 옷과 함께 매치하기
에 좋은 액세서리도 판매한다.

질 좋은 가죽과 멋진 디자인의 가방을 찾는다면!

Map
P.465-C

리앙카 **Lianca**

Add. Basement, 27 Staunton St, Central
Tel. 852-2139-2989
Open 12:30~21:00
Access MTR 센트럴역 C 출구, 힐사이드 에스컬레이터 이용
URL www.liancacentral.com

보들보들한 총천연색 가죽 가방의 유혹

수많은 가게가 흥망성쇠를 거듭하는 소호에서 오랫동안 한곳을 꾸준히 지키며 사랑받아 온 리앙카는 여행자들도 한번쯤 들러 보기 좋은 곳이다. 리앙카에는 세상에 존재하는 다양한 가죽으로 만든 별별 아이템이 가득하다. 동물 애호가들은 고개를 저을 테지만 말가죽, 소가죽, 양가죽은 물론 타조가죽, 악어가죽, 가오리가죽 등을 구비한 이곳은 가죽 제품을 좋아하는 사람들에겐 작은 천국이다. 리앙카가 유명해진 건 가죽의 품질과 디자인 때문이다. 천연 가죽이라는 사실이 믿어지지 않을 만큼 가볍고 질긴 내구성을 자랑하며 총천연색 컬러 감각, 독특한 디자인에 이르기까지 그 어느 명품 브랜드와 비교해도 뒤지지 않는 리앙카만의 매력은 가죽 마니아를 사로잡기에 충분했다. HK$1만 2000를 호가하는 가오리가죽 가방도 있지만 HK$600~1000의 머니 클립, 휴대전화 케이스와 스트랩, 애완동물 용품에 이르기까지 다채로운 아이템을 잘 갖춰 놨다.

1 별별 가죽, 별별 컬러, 별별 디자인의 잡화 천국 2 고급스러운 분위기의 내부 3 지갑, 머니 클립, 휴대전화 케이스는 합리적인 가격대다. 4 가오리가죽으로 만든 빅 백

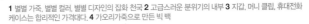

중국 최초, 최고의
명품 상하이 탕

SPRING
COLLECTION

상하이 탕 Shanghai Tang

Add. Shanghai Tang Mansion 1 Duddell St, Central
Tel. 852-2525-7333
Open 10:30~20:00
Access MTR 센트럴역 G 출구
URL www.shanghaitang.com

모던하고 럭셔리한 중국풍을 정의하다

홍콩에 가면 반드시 들러 구경해야 하는 숍 상하이 탕.
맨 처음 방문 목적은 할리우드 스타들과 같이 홍콩의
색, 홍콩의 예스러움이 묻어난 고급스러운 의상들을 만
나 보려는 것. 하지만 홍콩 방문이 거듭될수록 상하이
탕의 세일과 프로모션을 이용하기 위해서 혹은 저렴하
면서도 고급스러운 우산과 지갑, 문구류 등의 소소한
물건을 기념품으로 장만하기 위해 찾곤 한다.

홍콩 패션계의 거물 데이비드 탕David Tang이 만든 상
하이 탕은 '모던하고 럭셔리한 중국 스타일'을 표방하며
1900년대 초반 상하이 상류층의 복식과 라이프스타일
을 현대적 감각으로 재해석한 브랜드다. 강렬하고 오
리엔탈적인 색감을 활용하는 동시에 실크, 캐시미
어, 시폰 등의 고급 소재를 사용하며 고급
스럽고 기품 있는 중국 스타일을 재조명했
다는 평을 받는다.

현재 상하이 탕은 상하이, 홍콩, 마이애
미, 런던, 두바이 등 8개국에 61개 매장이
있고 홍콩에서도 그 위세를 떨치며 지점을
늘리는 추세다. 그중에서도 센트럴 페더 빌딩의 플래그
십 스토어가 가장 규모가 크고 아이템이 다양하다. 1층
은 여성 의류를 비롯해 선글라스, 구두, 가방, 모자 등
의 여성 잡화 위주고 지하로 내려가면 남성복, 아동복,
인테리어 용품과 다기 세트 등의 아이템을 장만할 수 있
다.

1 할리우드 스타도 들른다는 센트럴의 플래그십 스토어 **2** 총체적 라이프스타일 브랜드로 의류뿐만 아니라 가방, 구두, 화장품, 식기, 문구, 가구류까지 다양한 아이템을 취급한다. **3** 상하이 탕의 향수

흡사 거대한 패션 박물관 같은 레인 크로퍼드

레인 크로퍼드 Lane Crawford

Add. 1-2, F3, ifc Mall, 8 Finance St, Central
Tel. 852-2118-3464
Open 11:00~21:00
Access MTR 홍콩역 A 출구, ifc 몰 3층
URL www.lanecrawford.com

홍콩의 트렌드 레이더

세계적인 최신 브랜드들이 유입되는 홍콩에서
도 레인 크로퍼드는 일종의 테스트 마켓 역할
을 한다. 레인 크로퍼드에서 성공을 거둔 뒤
에야 홍콩에 정식 매장 내지는 단독 매장이 들
어오는 순서를 거친다. 최근 패션쇼 런웨이에
서 눈여겨본 디자이너의 브랜드가 홍콩 전역
을 헤매도 없다면 레인 크로퍼드를 공략해 보자.
다양한 대형 멀티숍 역할을 다 하는 레인 크로퍼
드도 볼만하지만 마치 거대한 패션 박물관처럼
꾸민 파격적인 디스플레이야말로 여행자들의
눈길을 사로잡을 정도로 매력적이다. 특히 의
류뿐만 아니라 다양한 액세서리, 유기농 화
장품, 인테리어 제품, 초콜릿 등 식품까지 폭넓
은 종류의 아이템과 브랜드를 구성하고 있기 때문에 트
렌드를 앞서 나가는 쇼퍼들에게 레인 크로퍼드는 마치
성지와도 같다. 게다가 홍콩 최대 규모의 멀티숍답게 다
양한 프로모션과 할인 행사 등으로 쇼핑의 즐거움을 더
한다. 타임스 스퀘어, 퍼시픽 플레이스, 하버시티 등 대
형 쇼핑몰에 모두 입점해 있지만 ifc 몰의 레인 크로퍼드
지점이 가장 규모가 크다. 천연 화장품인 에이숍Aesop
제품이 비치된 화장실과 음악을 즐기며 공짜로 에스프
레소를 마실 수 있는 CD 바CD Bar는 여느 특급 호텔과
견주어도 뒤지지 않는 레인 크로퍼드만의 특별한 매력
이다.

1 남성을 위한 브랜드 구성도 충실한 것이 특징 **2** 패션 갤러리를 방불케 한다. **3** 희귀 브랜드 화장품, 유기농 화장품도 많다.

홍콩 섬 꼭대기에서 구경하고, 쇼핑하고 즐겨라!
빅토리아 피크 Victoria Peak

홍콩을 처음 들른 사람들이 너나없이 향하는 곳 중 하나는 바로 피크다. 홍콩 섬에서 가장 높은 곳에 위치한 곳. 그래서 도시의 전망을 내려다 보기에는 더없이 좋은 장소. 산동네지만 홍콩에서 가장 부유한 사람들이 사는 동네, 주거지이자 동시에 관광지인 그곳은 야경만 보고 오기에는 근사한 볼거리, 먹을거리가 넘쳐난다.

01 피크 트램 타고 스카이 테라스까지!
주민들에게는 좋은 교통수단이자 홍콩을 대표하는 탈것인 피크 트램을 타고 피크로 가는 길은 홍콩 여행에서 빼놓을 수 없는 로망이다. 마치 놀이기구를 타듯 가파른 산길을 오르며 시시각각 변하는 전망에 절로 탄성을 내뱉게 된다. 더 나은 전망을 보려면 올라가는 트램에서 오른쪽 자리를 선점할 것. 일명 100만 불짜리 야경이라고 불리는 홍콩의 아름다운 야경을 보려면 스카이 테라스 428Sky Terrace 428도 한 번쯤 들러보는 것이 좋다.

피크 타워

Add. 128 Peak Rd, Mid-Levels
Tel. 852-2849-0668
Open 전망대 월~금요일 10:00~23:00,
토·일요일·공휴일 08:00~23:00
Admission Fee 피크 트램 왕복 HK$40, 편도 HK$28, 스카이 테라스 428 HK$45, 피크 트램 + 스카이 테라스 428 왕복 HK$80, 편도 HK$68

02 세계의 유명인사가 한자리에!
마담 투소 홍콩Madame Tussauds Hong Kong에서는 누구든 유명인과 어깨를 나란히 할 수 있다. 홍콩 스타는 물론 세계적인 팝 스타, 스포츠 스타, 정치인, 만화 캐릭터 등 6개 테마의 다양한 밀랍 인형을 전시한다. 실물과 똑같이 생긴 유명인의 밀랍 인형과 기념 촬영을 하자. 배우 이민호와 배용준 밀랍 인형도 전시되어 있어 홍콩에서 한류를 느낄 수 있다.

마담 투소 홍콩

Add. 1F, Peak Tower,,128 Peak Rd, Mid-Levels
Tel. 852-2849-6966
Open 10:00~22:00
Admission Fee HK$240

03 피크에서 즐기는 식도락

새우를 테마로 한 패밀리 레스토랑 부바 검프 Bubba Gump는 미국에서 시작한 체인으로, 영화 〈포레스트 검프Forest Gump〉에 가상으로 등장한 부바 검프 새우 회사를 현실화한 콘셉트 자체가 기발하다. 레스토랑 곳곳에 전시된 영화 관련 물품과 톡톡 튀는 아이디어로 무장한 메뉴가 남녀노소 모두를 즐겁게 한다. 낭만적인 다이닝 장소로 손꼽히는 카페 데코Cafe Deco는 피크의 터줏대감이다. 퓨전 웨스턴 요리를 메인으로 하고 있으며 아름다운 뷰와 함께 식사할 수 있어 연인들의 데이트 장소로도 인기가 높다. 피크에 값비싼 요리만 있는 것은 아니다. 캐주얼 베트남 음식 전문점인 포 여미Pho Yummee도 아시안 음식을 즐기는 사람들에게는 훌륭한 한 끼 식사를 제공한다.

부바 검프
Add. 3F, Peak Tower, 128 Peak Rd, Mid-Levels
Tel. 852-2849-2867

카페 데코
Add. Shop 101&201, Levels 1&2, The Peak Galleria, 118 Peak Rd, The Peak
Tel. 852-2849-5111

포 여미
Add. Shop 19-21, 1F, The Peak Galleria, 118 Peak Rd, The Peak
Tel. 852-2849-2121

04 피크는 의외의 쇼핑 천국

전망만을 기대하고 피크에 오르기보다는 이곳에서 볼거리, 즐길거리, 먹거리, 살거리를 총체적으로 즐기는 것이 좋다. 특히 지나치게 여행자 중심으로 구성된 피크 타워에서의 쇼핑보다는 피크 갤러리아Peak Galleria에 구성된 쇼핑이 더 흥미롭다. 1958년부터 수제화를 팔아온 홍콩 1958Hong Kong 1958, 인테리어 숍인 지오디G.O.D, 디자인 용품을 판매하는 HKID 갤러리HKID Gallery 등 예쁘고 쓸모 있는 아이템을 구할 수 있는 곳!

피크 갤러리아
Add. The Peak Galleria, 118 Peak Rd, The Peak
Tel. 852-2849-4113

건축학도 June과 함께 홍콩의 아름다운 건물 만나기

밤낮을 가리지 않고 홍콩의 근사한 스카이라인을 연출하는 일등 공신은 홍콩 섬에 포진한 각양각색의 건물이다. 이 독창적이고 개성 넘치는 스카이라인은 어느새 홍콩을 대표하는 얼굴이 되었다. 유럽과 아시아의 문화가 한곳에 녹아 있고, 세계의 유행과 기술이 모여드는 홍콩이라는 도시의 특징이 가장 잘 반영된 것 중 하나는 바로 홍콩의 건축 문화가 아닐까. 건축학도와 함께 홍콩 곳곳의 흥미로운 건물들을 만났다.

박효준 June

단국대학교 건축학과에 재학 중이며 현재 추하이 칼리지Chu Hai College의 건축학과 교환학생으로 홍콩에 산 지는 1년이 되어 간다. 남들은 쇼핑의 천국이라고만 하는 이 조그마한 나라에서 아름답고도 정교하며 디자인적으로도 창의적인 건물이 자리한다는 것에 감탄했다. 무엇보다 아시아와 유럽 스타일의 건축물을 한곳에서 볼 수 있기에 홍콩을 선택했다.

1. 중국은행
Bank of China

여행자들이 홍콩에서 가장 좋아하는 건물 중 하나로 동양과 서양의 문화를 디자인에 잘 녹여내기로 유명한 중국계 건축가 아이오 밍페이Ieoh Ming Pei 의 작품이다. 흥미로운 사실은 중국은행의 설립자가 바로 이 건축가의 아버지라는 것. 대나무 죽순 모양을 한 건물의 느낌과 건설 비용을 아끼기 위해 X자 구조로 만든 것도 획기적이다. 또 풍수적으로 중국은행은 칼과 칼자루 모양의 건축물이기도 하다. 그 이유는 음기가 강한 홍콩에 양기를 불어넣기 위해 기획된 것이다.
Access MTR 센트럴역 K 출구

2. HSBC

건축을 공부한 사람에게는 무척 익숙한 건축가 노먼 포스터가 지은 건물. 성장하는 대나무 모습을 표현한 것으로 파격적인 외관의 구조물 때문에 홍콩의 대표적 건물로 자리매김했다. HSBC는 중국어로는 '회풍滙豊'은행이라 쓰는데 회滙자가 '물이 돈다'는 뜻이어서 은행 이름에 충실하게 바닥을 설계했다. 바닥은 앞뒤의 기울기를 달리해 돈을 상징하는 물이 한꺼번에 흘러 나가지 않는 것을 의미하기도 한다.
Access MTR 센트럴역 K 출구

3. ifc

홍콩의 국제 파이낸스 센터International Finance Centre는 말레이시아 쿠알라룸푸르의 페트로나스 쌍둥이 빌딩을 디자인한 건축가 시저 펠리가 디자인해서 더욱 유명해졌다. ifc 1은 39층 210m의 높이고 ifc 2는 88층 420m로 똑같은 모양을 하고 있는 것도 재미있

다. 두 건물 모두 윗부분이 뭉툭한 원통 모양으로 위로 갈수록 약간 좁아지는 형태인 까닭은 '음기'가 강한 홍콩의 기운을 조화롭게 하기 위해 남성 성기 모양의 건물을 최고층 빌딩으로 기획했다고 전해진다.

Access MTR
홍콩역과 바로 연결

4. 리포 센터 Lippo Centre

홍콩에서 흔하지 않은 쌍둥이 빌딩인 이 건물은 폴 마빈 루돌프Paul Marvin Rudolph라는 미국 건

축가가 완성했다. 자세히 보면 코알라가 건물을 부둥켜안고 있는 형상이라 해 코알라 빌딩이라고도 불린다. 겉으로 보기엔 철저히 서구적이고 현대적인 건물이라는 생각이 들지만 중국 철학사상 중 '팔괘'를 표현하고 있다.

Access MTR
애드미럴티역 B 출구

5. 프린지 클럽 Fringe Club

불과 20년 전만 해도 냉동 창고로 사용됐던 이 건물은 현재 예술 전시와 공연을 위한 건물로 완전히 탈바꿈했다. 산 중턱 코너에 빨간 벽돌과 치장 벽토로 줄무늬를 만든 유럽풍이지만 독특한 스타일의 건축물이기도 하다. 작은 규모지만 각 공간에서 여러 가지 활동을 할 수 있어 건축가들에게는 '공간을 창조하는 것이 어떤 것인가'를 보여 준다고 해도 과언이 아니다.

Access MTR 센트럴역 D1 출구

6. 비숍스 하우스 Bishop's House

여행자들 사이에는 유명하지 않지만 이 건물은 1851년에 지어진 홍콩 최초의 영어 학교다. 언덕 중턱에 자리 잡고 있으며 마치 건물의 모형물을 본뜬 듯한 이 건물을 처음 보았을 때 가장 눈에 띄던 부분은 마감 색감이었다. 문양이나 창틀의 장식이 화려하진 않지만 마감의 색감만으로 단아함과 기품을 유지하고 있다.

Access MTR 센트럴역 D1 출구

7. 세인트 존 성당 St. John Cathedral

천주교에서 역사적인 건축물로 손꼽는 이 건물은 당시 재료와 기술에 맞게 원래의 고딕 양식에서 미국 노먼 양식으로 지어졌다. 규모는 크지 않지만 단아함. 내부 빅토리아풍 장식과 권위, 기품을 동시에 품고 있는 왕의 상징물 때문에 천주교인이든 아니든 지나치지 않고 안으로 들어가게 되는 아름다운 성당이다.

Access MTR 센트럴역 J2 출구

8. 홍콩 대학교 University of HK

아시아의 하버드 대학교라 불리는 홍콩 대학교. 가장 오래된 건물은 1912년에 지어졌다. 르네상스풍 건축물로, 홍콩에서 쉽게 볼 수 있는 유럽식 건물과는 다른 분위기가 물씬 느껴져 더욱 특색 있다. 중심부의 시계탑도 균형감 있는 구조를 이끄는 데 일조한다.

Access MTR 센트럴역 B 출구

9. 홍콩 컨벤션 센터 HK Convention Centre

마천루가 빼곡한 홍콩 섬의 스카이라인 중 단연 돋보이는 건물은 곡선미가 유려한 홍콩 컨벤션 센터다. 반짝이는 알루미늄으로 만든 곡선 모양의 지붕에서 크게 세 개의 전시 공간으로 나뉜 컨벤션 센터 내부를 추측할 수 있다. 언뜻 보기에는 거북이 모양을 한 것도 같지만 실제로는 물 위를 나는 갈매기 이미지를 형상화했다고 한다.

Access MTR 완차이역 A5 출구

10. 리펄스 베이 맨션 Repulse Bay Mansion

마치 유럽의 해안가 별장촌을 연상시키는 리펄스 베이에는 무척 독특한 모양의 건물이 있다. 건물 자체가 일렁이는 물결을 표현한 듯 곡선 모양을 한 데다 건물 중앙은 뻥 뚫려 있다. 그 까닭 역시 풍수 때문이다. 이 건물 때문에 뒷산과 바다를 오가는 용신의 기가 막혀 버린다는 풍수사의 조언에 공사 도중 설계를 수정해 건물에 기가 잘 통하도록 커다란 구멍을 뚫어 놓았다고 한다.

Access 센트럴 익스체인지 스퀘어에서 6x나 6번 버스를 이용.

11. 스탠리 멀티플 빌딩
Stanley Multiple Building

겉모습은 완벽한 현대 건물의 모양을 갖췄지만 건물 안은 중국의 조경 원리를 그대로 따르고 있다. 그것은 바로 창문의 위치. 건물 외벽에는 커다란 창문이 있는데 바로 앞에는 그림처럼 아름다운 풍경을 연출하는 커다란 나무 한 그루가 심어져 있어 보는 이의 시선을 고정시킨다.

Access 스탠리 빌리지 버스터미널 앞

12. 랭함 플레이스 Langham Place

홍콩에서 가장 성공적인 도시 설계 프로젝트로 꼽히는 랭함 플레이스는 세계적인 건축가 존 저디 Jon Jerde, 웡과 오양Wong & Ouyang의 합작품이다. 원래 랭함 플레이스가 들어서기 전 이 일대는 홍등가였다. 그런데 이 초현실적인 분위기의 고층 건물이 들어서고 주변 건물 시세가 높아지면서 이 지역이 자연스럽게 도시의 중심가가 되었다.

Access MTR 몽콕역 E1 출구

13. 침사추이 시계탑 TNC Clock Tower

이 시계탑은 1913년에 지어진 기차역(현재로 치면 MTR)의 일부분으로 기차역은 붕괴되었고 시계탑만이 남았다. 과거에는 시계탑에 벨이 있었지만 사면에 각각 붙은 시계가 정확하게 일치하지 않아 아예 벨을 제거해 버렸다고 한다.

Access MTR 침사추이역 E 출구

14. 입법부 빌딩 Legislative Council Building

1912년에 지어진 이 건물의 중앙에는 런던 중앙형 사법원을 본떠 정의의 화신, 지혜와 사려 깊은 조언의 여신 테미스Themis가 있다. 테미스 여신상에서 '법'과 관련된 건축물이라는 것을 알 수 있다. 유럽풍 건축물과 조각상에서 위엄과 경건함이 느껴진다.

Access MTR 센트럴역 K 출구

15. 웨스턴 마켓 Western Market

1906년도에 지어진 에드워드풍 건물. 건물은 중앙을 기준으로 대칭을 이룬다. 하얀색이 섞인 붉은색 벽돌 건물은 트램과 어우러져 묘한 분위기를 만들어 내며 향수를 자극한다. 예전에는 옷감이나 기념품을 파는 상점이었고 현재도 홍콩의 역사를 상징하는 박물관이자 소규모 쇼핑몰로 사랑받고 있다.

Access MTR 성완역 C 출구

Area 02
WAN CHAI &
ADMIRALTY

완차이 & 애드미럴티
灣仔 & 金鐘

●   홍콩 사람들의 놀이터 완차이, 비즈니스 트래블러의 주 무대 애드미럴티에는 특별히 눈에 띄는 볼거리와 놀거리가 많지 않다. 대신 이 지역에는 현지인들의 소박하고 정겨운 문화를 기반으로 새롭게 조성되고 있는 스타 스트리트에 충만한 문화적 감수성, 수준 높은 다이닝 공간, 로컬 디자이너들의 감각으로 중무장한 핫 스폿이 속속 들어서며 여행의 즐거움을 배가시키고 있다. 그래서 홍콩 여행 횟수가 늘어날수록 여행자들은 완차이와 애드미럴티에서 더 오랜 시간을 보내게 된다.

Access
가는 방법

MTR 애드미럴티 Admiralty역
방향 잡기 4개의 특급 호텔, 퍼시픽 플레이스가 모두 연결되어 있다. 따라서 F 출구 하나만 기억해 두면 편하다. 완차이의 스타 스트리트도 애드미럴티역과 통한다.

MTR 완차이 Wan Chai역
방향 잡기 주요 쇼핑과 다이닝 지역인 존스턴 로드와 스타 스트리트는 A3 출구로 나오면 된다.

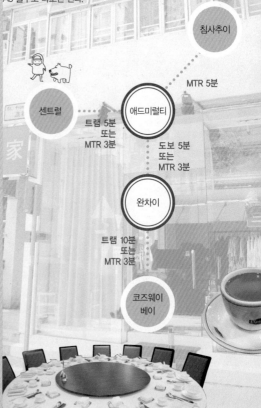

침사추이

MTR 5분

센트럴

애드미럴티

트램 5분
또는
MTR 3분

도보 5분
또는
MTR 3분

완차이

트램 10분
또는
MTR 3분

코즈웨이
베이

Check Point

● 쇼핑을 목적으로 완차이와 애드미럴티를 여행하는 방법은 간단하다. 하이엔드 브랜드 쇼핑을 원한다면 퍼시픽 플레이스로, 유행을 타지 않는 기본적인 아이템을 원한다면 존스턴 로드로 향할 것.

● 우리나라의 신사동 가로수길과 흡사한 스타 스트리트 지역에서는 뚜벅뚜벅 걸어 다니며 마음에 드는 숍과 레스토랑, 갤러리를 찾아 나설 것. 예쁜 이름을 가진 거리와 독특한 근대식 건물이 여행자의 마음을 끌어당긴다.

Plan
추천 루트
감성 충만한 거리 탐험

비프 & 리버티 Beef & Liberty
좋은 식재와 멋진 인테리어,
분위기로 유명한 핫 플레이스
12:00
도보 3분

45R 45R
일본에서 온 슬로우 패션
브랜드 구경하기
13:30
도보 7분

14:30
도보 10분
카폭 Kapok
홍콩을 넘어 대만까지 진출한
유명 편집숍에서 쇼핑 즐기기

카페 그레이 딜럭스 Cafe Gray Deluxe
홍콩 멋쟁이들이 모두 몰리는
어퍼 하우스에서 즐기는 애프터눈티 타임
15:00
도보 5분

16:30
도보 15분
퍼시픽 플레이스 Pacific Place
홍콩을 대표하는 메가 쇼핑몰
퍼시픽 플레이스에서 최신 트렌드 맛보기

18:00
22 십스 22 Ships
런던에서 온 셰프들이 내는
스페니시 타파스를 맛보자

홍싱 사원 Hung Shing Temple

Add. 129-131 Queen's Rd East, Wan Chai
Open 08:30~17:30
Access MTR 완차이역 A3 출구, 타이윙 스트리트와 웨스트 타이윙 스트리트 이스트,
퀸즈 로드 이스트가 만나는 길에 위치

★★

사원의 앞면만 보지 마세요!

앤티크한 분위기를 폴폴 풍기는 할리우드 로드와 꽤나 잘 어울리는 만모 사원과는 달리 홍싱 사원洪聖古廟은 인테리어 용품 가게가 밀집한 퀸즈 로드 이스트Queen's Rd East 거리에서 오묘한 분위기를 조성한다. 이곳은 바다의 신 홍싱예Hung Shing Ye(洪聖爺)를 모시는 사원으로 타이윙 사원大王廟이라고도 불린다. 1847년에 지어졌다고 추정되는데 바다의 안녕을 기원하는 사원답게 원래는 해변가에 있었지만 완차이 지역의 잇따른 간척 사업으로 현재는 주거지와 상업 빌딩으로 둘러싸인 사원이 되었다. 자비의 여신 관음觀音을 모시는 사당이 이웃해 있다. 음력으로 매달 1일, 15일, 관음의 탄신일인 음력 2월 19일이면 기도를 올리러 삼삼오오 모여든 신도들을 만날 수 있다.

역사적인 건물이자 종교적으로도 가치 높은 사원은 그 자체로도 볼거리다. 하지만 언덕배기 바위에 기댄 형상의 사원 옆으로 난 화강암 계단을 오르내리며 그 어디에서도 찾기 힘든 풍광을 감상하는 재미도 쏠쏠하다. 계단을 조심스럽게 오르면 송나라 때부터 도자기로 유명한 스완 지방의 가마를 비롯해 바위를 타고 자라난 거대한 열대 나무 뿌리와 소소한 종교 장식물들이 만드는 신비로운 풍경이 기다린다.

1 바다의 신을 모시는 홍싱 사원 **2** 사원 왼쪽으로 난 계단 길을 오르면 색다른 풍경을 만나게 된다. 열대 나무 뿌리가 그대로 드러난 광경 **3** 원래는 바다에 접해 있었지만 간척사업으로 지금은 도심 속으로 들어왔다.

십 스트리트 **Ship Street**

Add. Ship St, Wan Chai
Open 11:00~18:00 정도 방문이면 무난하다.
Access MTR 완차이역 A3 출구

★★

홍콩의 숨은 거리에서 찾은 리얼 빈티지!

몇 년 전부터 멋진 바와 숨은 맛집들, 디자이너의 부티크
가 가득한 스타 스트리트를 중심으로 완차이 골목골목
은 산책과 거리 탐험의 명소가 되었다. 번화한 거리와 접
하지는 않았지만 십 스트리트는 독특한 정취를 풍긴다.
수많은 계단을 올라가면 아무도 살지 않는 건물이 등장
한다. 홍콩 사람들은 이 건물들을 고스트 하우스Ghost
House라고도 하는데 그 유래에 대해서는 다양한 설이
있다. 원래 십 스트리트는 항구와 접해 있던 길이었고 제
2차 세계대전 당시에는 매춘, 마약, 심지어는 살인까지
종종 발생하는 우범 지역이었으나, 간척 사업으로 거리
는 바다와 단절되었고 사창가는 헐렸으며 사람들도 모
두 떠났다.

하지만 을씨년스럽거나 공포감을 조성하는 풍경은 아
니라는 것. 좁은 거리에는 하늘을 뒤덮은 키 큰 열대 나
무와 초록색 이끼 낀 오래된 돌계단, 세월이 고스란히
느껴지는 건물 등 독특한 분위기로 여러 영화와 드라마
촬영지로 각광받는 거리가 되었다. 흉가이지만 그 분위
기만큼은 근사한 남쿠 테라스Nam Koo Terrace(南固臺)
와 울창한 무화과나무가 가득한 계단 길을 걸으며 아무
도 발견하지 못한 홍콩의 정취를 엿보는 것도 완차이 산
책의 즐거움을 배가시킨다. 단, 안전상 홀로 걷기보다는
동행이 있는 것이 좋다.

1 호젓한 산책을 원한다면 십 스트리트로! **2** 인적 드문 거리에 위치해 고요한 분위기가 그만인 스파 부티크 **3** 키 큰 나무, 그래피티,
돌계단과 소박한 집이 만들어 내는 풍경이 근사하다.

비프 & 리버티 Beef & Liberty

Add. 2F, 23 Wing Fung St, Wan Chai
Tel. 852-2811-3009
Open 월~금요일 12:00~15:00 · 18:00~22:30, 토·일요일 11:00~22:30
Access MTR 애드미럴티역 F 출구
URL www.beef-liberty.com

2015 New Spot

상하이에서 온 '잇 플레이스'

버거 마니아라면 꼭 주목해야 할 곳이 있다. 상하이에서
큰 인기를 얻어 최근 홍콩에 분점을 연 비프 & 리버티.
이곳은 사용하는 쇠고기부터가 예사롭지 않다. 호주 타
즈마니아의 케이프 그림Cape Grim 지역에서 자란 히러
포드 캐틀Hereford Cattle만을 사용한다. 이 소는 자연
방목하며 건강하게 자라 특히나 오메가3와 비타민E가
풍부하다.

미국의 대표적인 요리인 버거를 미국적인 바탕이 없이
상하이와 홍콩에서 큰 화제를 몰고 온 비프 & 리버티에
는 인테리어에서 미국적인 백그라운드를 둔다. 블랙 &
화이트의 벽돌을 활용하는 것과 미국의 촉망받는 아티
스트인 사이클Cyrcle의 그림으로 꾸민 것도 인상적이
다.

메뉴의 하이라이트인 버거는 모두 8가지. 기본이 되는 클래식도
좋지만 커다란 매운 고추가 통째로 들어 간 그린 칠리Green Chilli도
인기. 채식주의자를 위한 팔라펠Falafel 버거도 특색 있다. 빵을 원치
않는다면 HK$20을 추가해 볼 안에 가득 든 속 재료만을 칼로 슥슥
잘라 먹어도 된다. 버거의 가격은 HK$86부터. 소만 취급하지 않는 것도
특징이다. 뉴질랜드산 양고기를 넣은 버거, 오래
구워 부드러운 돼지고기 립, 한국식 매운
소스를 곁들인 치킨 등도 인터내셔널한
도시, 상하이와 홍콩과 잘 어울린다.
버거와 찰떡궁합인 생맥주와 크래프트
비어도 다양하다.

1 스타일리시한 인테리어로 홍콩 사람들을 매혹시킨 비프 & 리버티 2 정성 들여 만든 요리이자 종류도 다양한 버거의 세계로 빠져 보
자. 3 다른 곳에서는 보기 드문 레이블의 맥주나 하우스 칵테일도 수준급

카페 그레이 딜럭스 Cafe Gray Deluxe

Add. 49F, The Upper House, Pacific Place, 88 Queensway, Admiralty
Tel. 852-3968-1106
Open 아침 월~금요일 06:30~10:30·토·일요일 06:30~11:00, 점심 월~토요일
12:00~14:30, 일요일 점심 11:30~14:30·저녁 18:00~23:00
Access MTR 애드미럴티역 F 출구, 어퍼 하우스 호텔 49층
URL www.cafegrayhk.com

셰프 그레이 쿤즈의 21세기형 카페

최근 전 세계의 신상 호텔들은 너 나 할 것 없이 셀러브
리티 셰프와 합작해 오프닝 초기부터 세간의 관심을 끌
고 있다. 홍콩의 최고급 부티크 호텔 어퍼 하우스The
Upper House도 다르지 않았다. 어퍼 하우스와 손을 잡
은 셀러브리티 셰프는 뉴욕에 기반을 두고 활동하는 그
레이 쿤즈Chef Gray Kunz. 그의 레스피나스Lespinasse 레
스토랑은 〈뉴욕 타임스〉로부터 최고 점수인 4개의 별을
받았고, 카페 그레이Café Gray 역시 〈미슐랭 가이드〉로부
터 별 1개를 받았다. 〈자갓ZAGAT〉과 〈베스트 레스토랑
〉 등 권위 있는 레스토랑 전문 잡지들은 쿤즈의 요리를 극
찬했고, 자연스럽게 그는 세계적인 스타 셰프 반열에 올
랐다. 셰프의 이름을 딴 어퍼 하우스의 카페 그레이 딜럭
스는 식재료 선택에 엄격한 셰프의 장인 정신과 신선한
아이디어의 훌륭한 요리로 입소문이 나 홍콩의 새로운
명소로 급부상하고 있다. 어퍼 하우스의 객실과 마찬가
지로 빅토리아 하버, 완차이의 시티 뷰, 피크로 향하는
공원 뷰가 동시에 펼쳐지는 카페 그레이 딜럭스의 뷰도
로맨틱 다이닝을 즐기기에 좋은 분위기를 만들어 준다.

어퍼 하우스의 메인 레스토랑인 이곳에서는 아침식사부터 애프터눈티,
점심식사와 저녁식사는 물론 칵테일 및 주류, 바 스낵까지도 골고루
즐겨 볼 수 있다. 점심은 HK$500, 저녁은 HK$700을 예산으로 잡으면
된다. 어퍼 이스트, 어퍼 웨스트, 어퍼 소호로 나오는 아침 세트는 이미
도시의 명물로 자리 잡았다. 티 트레이에 질 좋은 패스트리가 예쁘게
올라간 애프터눈티 세트도 빼놓기 서운한 메뉴.

1 인테리어도 근사하지만 홍콩 섬과 카오룬 반도를 모두 조망할 수 있는 이곳의 뷰는 도시에서 손꼽힌다. **2** 인터내셔널 푸드로 세계
적 스타 셰프 반열에 오른 그레이 쿤즈 **3** 홍콩 하이볼, 그레이 딜럭스 마티니 등 시그니처 칵테일도 수준 높다.

페트뤼스 **Petrus**

Add. 56F, Island Shangri-la Hotel, Pacific Place, 88 Queensway, Admiralty
Tel. 852-2820-8590
Open 아침 06:30~10:30, 점심 12:30~14:30, 저녁 18:30~22:30
Access MTR 애드미럴티역 F 출구, 아일랜드 샹그릴라 호텔 56층
URL www.shangri-la.com

2015 New Spot

용의 자태를 바라보며 즐기는 프렌치

아일랜드 샹그릴라 호텔Island Shangri-la Hotel 56층에 위치한 정통 프렌치 레스토랑인 페트뤼스. 클래식하며 기품 있는 요리를 제공하는 프레데릭 샤버트Frederic Chabbert가 셰프로 있어 근사한 프렌치 요리를 즐기기에 좋은 고급 레스토랑이다. 인상파 화가들의 유화 작품과 조각으로 꾸며진 레스토랑, 돔 형태의 천장에는 하늘과 그리움을 주제로 한 초현실주의 작품이 그려져 있고 고급스러운 린넨 테이블과 고전적인 인테리어는 마치 유럽의 대저택에 들어선 느낌을 갖게 한다. 하지만 창밖으로 펼쳐진 빅토리아 항과 마천루의 숲을 보는 순간 이곳이 홍콩이라는 것을 깨닫게 된다. 홍콩 섬 중심에 57층에서 내려다보이는 전망 역시 페트뤼스를 돋보이게 하는 또 하나의 요소다. 전통 프렌치 요리는 물론 1만 병 가까이 되는 거대한 와인 셀러에서 질 좋은 와인을 마시며 홍콩의 눈부신 밤을 우아하게 보내보는 것은 어떨까.

페트뤼스는 미슐랭 1스타를 비롯해, 〈홍콩 태틀러 베스트 레스토랑 가이드Hong Kong Tatler Best Restaurant Guide〉가 선정한 홍콩의 톱 20 중 11번째 레스토랑으로 등극했다. 계절마다 바뀌는 정통 프랑스 음식도 훌륭하고 혁신적인 디저트로 유명한 패스트리 셰프인 클라우드 겔랑Claude Guerin의 프렌치 빵과 이곳만의 특색 있는 버터와 소금도 페트뤼스의 거부할 수 없는 치명적인 유혹이다. 런치 세트는 HK$500 정도, 단품 메뉴 주문시에 1인당 HK$700~1000을 예산으로 잡으면 된다.

1 미슐랭 2스타를 놓치지 않는 프레데릭 샤버트 **2** 우아한 인테리어는 페트뤼스의 품격을 짐작케 한다. **3** 아침도 정찬으로 내는 페트뤼스

섬머 팰리스 Summer Palace

Add. 5F, Island Shangri-la Hotel, Pacific Place, 88 Queensway, Admiralty
Tel. 852-2820-8552
Open 월~토요일 11:30~15:00·18:30~23:00, 일요일·공휴일 10:30~15:00·
18:30~23:00
Access MTR 애드미럴티역 F 출구, 아일랜드 샹그릴라 호텔 5층
URL www.shangri-la.com

2015 New Spot

정통 광둥요리를 맛보려면

기본에 충실한 고급 광둥요리를 선보이는 입치청Ip Chi Cheung 셰프의 실력은 꾸준히 미슐랭 2스타를 유지하는 데에서도 쉽게 눈치를 챌 수 있다. 현재 홍콩의 뛰고 나는 광둥요리 레스토랑은 대단한 뷰와 화려한 인테리어, 다채로운 퓨전의 시도 등으로 고객의 감동을 이끌어 내지만 섬머 팰리스는 '클래식'과 '정통'이라는 키워드로 승부하는 곳. 루비색의 벽과 골드 실크 천, 중국화가 수놓아진 기둥과 다채로운 중국 앤티크 장식품은 이곳의 중후하고 고급스러운 분위기를 이뤄내는 장치다. 특히 점심과 저녁이면 쏟아지는 직장인들의 틈바구니에서 우왕좌왕하고 싶지 않다면 조용하고 붐비지 않는 이 정통 광둥 레스토랑에서 제대로 된 딤섬으로 점심을 즐겨보는 것도 좋은 방법.

섬머 팰리스는 딤섬과 수프에서 특출난 실력을 자랑한다. 점심시간에 이용할 수 있는 딤섬은 하가우나 슈마이, 차슈바오처럼 기본 딤섬들의 비주얼과 맛이 뛰어나다. 수프의 종류도 다양하지만 생선 부레를 끓여낸 수프Double-boiled fish maw and cabbage soup가 유명하다. 토스트 위에 트러플과 새우를 올린 메뉴Baked king prawn in truffle pesto sauce와 섬머 팰리스의 영지감로Chilled sago cream with fresh mango juice and pomelo는 점심과 저녁 가릴 것 없이 반드시 맛봐야 하는 대표 메뉴. 1인당 HK$800~1000을 예산으로 잡으면 된다.

1 섬머 팰리스는 보다 중후하고 격조 높은 분위기로 홍콩 사람들도 외국인을 대접할 때 애용하는 곳이다. **2** 섬머 팰리스의 퀄리티를 책임지는 입치청 셰프 **3** 퓨전을 시도하기보다는 정통 방식을 고수하는 광둥요리가 주가 된다.

선축유엔 Sun Chuk Yuen

Map
P.468-E

Add. Shop 5, 2 Landale St, Wan Chai
Tel. 852-2866-8871
Open 월~토요일 11:30~20:00
Close 일요일
Access MTR 애드미럴티역 F 출구

캄보디아 요리를 맛볼 수 있는 곳

완차이의 란데일 스트리트에는 동남아시아와 일본 레스토랑이 많아 점심시간에는 긴 줄을 서며 발 디딜 틈이 없을 정도로 홍콩 사람들에게 큰 사랑을 받고 있다. 그중 베트남 레스토랑인 선축유엔은 베트남 요리를 비롯해 인근 국가인 캄보디아 요리까지 두루 갖추고 있다. 로컬 레스토랑 특유의 무뚝뚝한 서비스는 감내해야 하지만 깔끔한 분위기 속에서 저렴한 가격에 베트남과 캄보디아 요리를 맛볼 수 있어 다양한 맛을 원하는 여행자에게는 좋은 정보가 될 것이다.

사람들이 붐비지 않는 티 타임(14:30~18:00)에 이용하면 저렴한 가격에 한가롭게 식사를 즐길 수 있다. 국수와 차가 포함된 메뉴의 가격은 HK$25부터. 일반 국수도 시원하고 맛있지만 좀 더 이색적인 맛을 즐기려면 베트남 스타일로 볶은 캄보디아 쌀국수Viet Style Fried Cambodian Rice Noodle를 주문해 볼 것!

1 로컬 레스토랑치고는 깔끔하고 단정하다. 2 선축유엔의 외부 모습 3 캄보디아 스타일의 볶음면 4 여러 소스와 함께 먹으면 더욱 맛있다.

호놀룰루 Honolulu Coffee Shop

Add. 176-178 Hennessy Rd, Wan Chai
Tel. 852-2575-1823
Open 06:00~24:00
Access MTR 완차이역 A4 출구

고소한 에그타르트, 달콤한 밀크티

홍콩에서 가장 유명한 카페를 꼽자면 그 역사가 50년도
더 된 호놀룰루를 들 수 있다. 센트럴과 훙함 등에 지점
이 있지만, 본점인 완차이의 호놀룰루가 현지인들에게
더 인기가 많다. 오픈 당시 가게의 주력 메뉴를 에그타르
트와 밀크티로 정한 뒤 손님들의 요구를 하나하나 반영
하며 지금의 메뉴를 완성했다고 한다. 치킨 수프에 마카
로니를 익혀 후루룩 떠먹는 마카로니 인 수프Macaroni
in Soup는 수십 가지의 토핑이 준비되어 있어 취향에 맞
게 즐길 수 있다. 볶음밥이나 스파게티, 토스트, 오믈렛
도 있다. 단품 요리는 HK$25부터.

버터가 많이 함유된 고소한 에그타르트가 대표 메뉴다. 홍콩 사람들은
에그타르트와 파인애플 빵을 뜨거운 밀크티 또는 커피와 차를 섞은
음료Mixed Coffee & Tea와 함께 먹는다.

1,4 명성에 걸맞게 항상 많은 사람으로 가득한 호놀룰루 **2** 독특하면서도 든든한 마카로니 수프 **3** 호놀룰루의 스타 메뉴, 밀크티

클래시파이드 카페 Classified Café

Map
P.468-E

Add. 31 Wing Fung St, Wan Chai
Tel. 852-2528-3454
Open 08:00~24:00
Access MTR 애드미럴티역 F 출구
URL www.classifiedfood.com

2015 New Spot

와인과 치즈 마니아라면 주목하세요!

홍콩에 사는 외국인과 홍콩의 젊은이들이 사랑하는 카
페 레스토랑으로 빼놓을 수 없는 곳은 바로 클래시파이
드 카페다. 모든 지점이 큰 사랑을 받고 있지만 특히 완
차이와 성완의 할리우드 로드 지점은 영업시간 내내 수
많은 사람이 머물고 쉬며, 이야기와 와인 그리고 치즈를
나누는 곳이다. 가장 인기 있는 지점은 치즈 룸이 마련
된 할리우드 로드(108 Hollywood Rd, Sheung Wan)
지만, 보다 여유로운 분위기를 즐기려면 완차이 지점으
로 향할 것. 높은 천장의 매장 안은 거대한 와인 셀러와
커다란 나무 테이블이 놓여져 있다. 칠판에 멋스럽게 써
놓은 와인의 산지와 이름도 이곳만의 스타일리시한 인
테리어 소품이 된다.

클래시파이드 카페는 와인과 치즈, 빵으로 명성이 높다. 이곳에서
취급하는 인터내셔널 와인의 종류는 무려 100개의 레이블에 달한다.
레스토랑 안에서 즐기는 것도 좋지만 테이크 아웃해 집으로
가져가기에도 부담 없는 가격이다. 유명한 치즈
브랜드인 프랑스 보르도의 장 달로스Jean
d'Alos와 영국의 닐스 야드 데어리Neal's Yard
Dairy에서 양질의 치즈를 공급받으며, 매일
아침 신선하게 굽는 빵도 치즈, 와인과 떼려야
뗄 수 없는 찰떡궁합 메뉴이니 꼭 맛보도록 하자.
점심식사 이용 시 1인당 HK$120 정도.

1 세련된 인테리어로 거리를 오가는 이들에게도 멋진 풍경이 되는 클래시파이드 카페 2 '보고' 또 동시에 '보여지는' 대상이 된다.
3 클래시파이드 카페는 신선하게 구운 빵과 치즈 그리고 와인으로 유명한 곳이다.

마야 카페 Maya Café

Add. GF, 5 Moon St, Wan Chai
Tel. 852-2529-3319
Open 09:00~21:00
Access MTR 애드미럴티역 F 출구
URL www.mayacafe.com.hk

2015 New Spot

엄격한 채식주의자의 식사법

건강을 식생활의 중요한 덕목으로 여기는 홍콩에서 채식 식당을 찾는 것은 그리 어려운 일이 아니다. 하지만 홍콩의 채식 식당은 대부분이 중국식이었던 것이 사실이다. 그래서 지중해풍 카페 분위기에 그리스와 중동의 다채로운 채식 메뉴를 선보이는 마야 카페의 존재가 반갑지 않을 수 없다. 더욱이 채식주의자뿐만 아니라 한 끼 정도는 가볍고 건강하게 먹고 싶은 우리에게 이제는 홍콩에서 인터내셔널하고도 다양한 옵션을 즐길 수 있게 되었다.

어떤 메뉴를 주문해야 할지 고민에 빠질 필요도 없다. 여행자는 물론이고 홍콩 사람들에게도 낯선 중동 채식 음식이 메인이 되는 까닭에 이곳의 주인장인 미나 마타니Mina Mahtani는 늘 손님들의 테이블로 가서 주문을 도와준다. 그녀는 누구에게나 중동 음식과 채식 그리고 마야 카페를 잘 알려주는 좋은 선생님이다.

주인장이 추천하는 시그니처는 그리스와 터키, 중동 등지의 애피타이저를 모은 메제 플래터Mezze Platter. 병아리 콩으로 만든 후무스Hummus와 병아리 콩을 으깨 만든 경단을 바삭하게 튀겨낸 팔라펠Falafel, 중동에서 '가난한 이들의 캐비어'라고 불리는 영양 만점의 바바 가누시Baba Ghanoush가 입맛을 돋운다. 언뜻 보기엔 밀가루로 만든 면 같지만 실제로는 어린 파파야를 갈아 만든 생파스타도 별미(맛있다고 말하지는 못하겠다). 생오렌지 머핀이나 브라운 라이스 푸딩, 생초콜릿 타르트, 바클라바Baklava 등으로 구성된 생 디저트Raw Desserts도 흥미롭다. 특히 신선한 채소를 즉석에서 갈아주는 몸에 좋은 주스는 반드시 주문할 것. 1인당 HK$150 정도.

1 스타 스트리트 구역에 자리한 지중해풍 채식 식당 마야 카페 **2** 채소로 만든 파스타와 건강 주스는 맛은 물론 몸에도 좋다.
3 지중해풍의 식당에서 다채로운 중동 요리와 채식 요리를 맛볼 수 있다.

뜨끈한 국물에 다양한 재료를 신속하게 익혀 먹는 핫폿

힘키 핫폿 Him Kee Hot Pot

Add. 1-2F, Workingfield Commercial Building, 408-412 Jaffe Rd, Causeway Bay
Tel. 852-2838-6116
Open 18:00~02:30
Access MTR 완차이역 A4 출구

매콤한 소스에 퐁당 찍어 먹는 핫폿

홍콩에서 가장 인기 있는 핫폿은 육수 안에 넣어 익혀 먹는 재료가 다채로운 몽골식과 쓰촨식이다. 뜨거운 국물 요리에 매운 소스와 함께 먹는 까닭에 주로 날이 서늘해지는 가을에서 겨울에 큰 인기를 얻지만, 요즘에는 냉방이 워낙 잘되는 터라 한여름에도 맛있게 즐길 수 있는 메뉴로 정착했다. 해산물과 육류, 채소가 기본 재료인 핫폿 레스토랑의 생명은 신선도. 그리고 곁들여 먹는 소스나 육수의 창의성, 레스토랑 분위기 등이 인기를 좌우한다. 힘키 핫폿은 오직 핫폿 한 가지만을 메인으로 한다. 열 가지가 넘는 수프에 넣어 먹는 재료는 백 가지에 이른다. 소스의 종류도 아홉 가지나 되므로 다양한 맛을 경험할 수 있다.

육수 안에 넣어 먹는 재료는 HK$26부터. 중국식 상추, 쇠고기, 각종 어묵과 미트볼이 우리 입맛에 무난하게 맞는다. 소스는 1인당 HK$17.

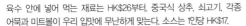

1 일반적인 핫폿 레스토랑과는 달리 고급스러운 분위기의 힘키 핫폿 **2** 다양한 해산물, 국수류, 어묵, 만두, 채소가 준비되어 있다. **3** 핫폿 요리의 필수, 자기만의 특제 소스를 만들 수 있는 9가지 소스 재료 **4** 모던한 내부 분위기도 합격점

히키 Hee Kee

Add. Shop 1-4, GF, 379-389 Jaffe Rd, Wan Chai
Tel. 852-2893-7565
Open 12:00~02:00
Access MTR 완차이역 A1 출구
URL www.heekeecrab.com

홍콩식 칠리 크랩의 명가

홍콩 어부들이 삼판 배를 띄워 거주하던 애버딘 Aberdeen이나 코즈웨이 베이의 비퐁당Typhoon Shelter(避風塘)은 홍콩 사람들에게는 외식과 여가의 공간이었다. 사람들은 삼판 배에서 갓 잡은 해산물 요리를 맛보며 흥을 즐겼다. 하지만 화재와 위생 문제가 제기되면서 비퐁당은 역사 속으로 사라져 갔다. 현재는 홍콩 정부로부터 허가받은 몇몇 비퐁당 전문 레스토랑이 운영되고 있는데 히키는 그 전통을 그대로 이어받은 곳이다. 현재 홍콩 전역에 4개의 지점이 운영되며 완차이 재프 로드의 레스토랑이 본점이다.

홍콩식 칠리 크랩Fried Crab with Chilli(시가, 보통 3명에 한 마리)이 대표 메뉴. 살이 꽉 찬 고소하고 담백한 대게, 칼칼하게 매운 마늘, 고추의 향과 맛의 조화가 절묘하다. 여기에 맛조개 요리Steamed King Razor Clam(2개 HK$96) 등을 추가로 주문하면 적당하다. 예산은 1인당 HK$350 정도.

1 비퐁당의 분위기를 재현한 히키 **2** 중화권의 여러 유명 인사가 이곳을 방문했다. **3** 맵싸한 맛이 입맛을 돋우는 맛있는 칠리 크랩 **4** 히키의 테이블 세팅

마담 식스티 에이트 Madam Sixty Ate

Add. Shop 8, 1F The Podium, J Senses, 60 Johnston Rd, Wan Chai
Tel. 852-2527-2558
Open 월~금요일 12:00~, 토·일요일·공휴일 11:00~(폐점 시간은 유동적)
Access MTR 완차이역 A3 출구
URL www.sate.com.hk

2015 New Spot

마담 식스티 에이트의 살롱으로 초대

W 호텔의 커러너리 디렉터로 일했던 크리스 우드야드
Chris Woodyard와 브로닌 청Bronwyn Cheung 커플은 마
담 식스티 에이트로 홍콩 다이닝계에 혜성처럼 등장했
다. 보 이노베이션Bo Innovation을 비롯해 현재 가장 핫
한 홍콩의 레스토랑이 밀집한 J 센스J Senses 건물에 들
어선 마담 식스티 에이트. 커다란 어미 돼지가 두 마리의
새끼에게 젖을 먹이는 커다란 그림으로 꾸민 라운지를
지나면 오픈 키친과 하얀색 타일, 색색의 패브릭으로 아
름답게 장식한 메인 다이닝 홀을 만나게 된다. 높은 천
장과 평화로운 분위기의 식당 내부와는 달리 통창으로
펼쳐지는 트램과 사람들이 교차하는 풍경은 무척이나
이색적이다.

이곳에서는 크리스 우드야드의 신선하고 창의적인 프랑스와 영국
요리의 퓨전을 만날 수 있다. 오리 요리Duck breast, black pudding,
pickled cherries and port wine는 베스트 셀러 중 하나. 딸기와
코코넛 머랭Summer strawberries, honey yoghurt and coconut
meringue은 식사를 화려하게 마무리 할 수 있는 명물 디저트. 보드카
베이스에 패션후르츠를 넣은 마담스 어플릭션Madam's Affliction과
같은 칵테일도 독특하고도 우아한 이 레스토랑과 잘 어울린다. 3코스
디너 세트는 HK$458, 6코스 디너는 HK$688.

1 마담 식스티 에이트에서 가장 인기 있는 브런치 **2** 파스텔 톤의 패브릭과 그림 작품으로 무척이나 여성스럽게 꾸민 내부
3 하우스 워터로 안티포즈 제품을 사용한다.

캐피탈 카페 華星冰室 Capital Café

Add. Shop B1, GF, Kwong Seng Hong Building, 6 Heard St, Wan Chai
Tel. 852-2666-7766
Open 07:00~23:00
Access MTR 완차이역 A3 출구

이것이 신세대 차찬텡이다!

차찬텡은 홍콩에서 저렴하고 편리하게 한 끼를 즐기기 좋은 홍콩판 분식집이다. 최근 캐피탈 카페와 같이 홍콩만의 라이프스타일에 대한 자부심을 갖고 있는 신세대 주인장들의 새로운 스타일의 차찬텡이 큰 인기를 끌고 있다. 특히 캐피탈 카페는 홍콩의 대형 연예 기획사에서 일했던 레이몬드 챈Raymond Chan이 문을 열었다는 이력도 색다르다. 카페 안의 벽면에 현란하게 도배된 영화 포스터와 사인, 주인장과 함께 사진을 찍은 수많은 셀러브리티의 사진에서 레이몬드의 화려한 인맥을 알 수 있다. 쾌적한 환경은 물론이고 갖추고 있는 메뉴도 평균 이상이며 영어도 수월하게 통해 홍콩이 낯선 여행자라도 한번쯤 들러 보기 좋다. 단점이라면 완차이의 작은 골목 안에 위치해 있어 찾아가기 어렵고 인기 차찬텡답게 항상 줄을 서야한다는 것.

아침 세트 메뉴는 HK$25부터고 단품 메뉴도 HK$20부터로 저렴하다. 마카로니 수프나 여러 스타일의 달걀 요리, 토스트가 인기 메뉴다. 밀크티도 빼놓으면 서운하다.

---

1 완차이에 숨어 마니아의 발길을 이끄는 캐피탈 카페 **2** 캐피탈 카페의 주인장, 레이몬드 챈 **3** 달콤 쌉싸래한 밀크티와 함께하는 홍콩식 아침 **4** 영어 메뉴에는 없는 특별 메뉴, 달걀 모양의 젤리懷舊彩蛋大菜糕 **5** 아침으로 가볍게 먹기 좋은 달걀과 식빵

메건스 키친 Megan's Kitchen

Add. 5F, Lucky Centre, 165-171 Wan Chai Rd, Wan Chai
Tel. 852-2866-8305
Open 점심 12:00~15:00, 저녁 18:00~23:00
Access MTR 완차이역 A3 출구
URL www.meganskitchen.com/eng

2015 New Spot

특별하고 재미난 핫폿을 원한다면

완차이에는 홍콩 사람들을 위한 핫폿 집은 많지만 홍콩
문화나 현지 식당에 익숙지 않은 외국인들에게는 적합
하지 않은 곳들이 대부분이다. 하지만 메건스 키친은 홍
콩의 식문화에 빠삭하지 않더라도 영어에 능통한 직원
들의 가이드와 사진으로 나온 메뉴판을 보며 쉽게 핫폿
문화를 즐길 수 있다. 여타의 로컬 핫폿 집들과는 달리
모던하고 널찍한 식당 내부를 갖추고 있어서 홍콩 사람
들이 외국인 친구들을 대접하기 위해 주로 이곳을 찾는
다.
메건스 키친에서 가장 눈여겨 볼 부분은 실험적인 메뉴
구성이다. 육수의 경우 기본적인 닭 육수, 돼지 육수, 쓰
촨식 마라탕은 물론이고 말레이시아 사테 수프, 말린 전
복과 중국 햄 수프, 연꽃 씨를 넣은 동과탕 등 매우 다양
하다. 게다가 핫폿 냄비도 보통은 두 섹션으로 나눠져
있지만 메건스 키친은 3종류의 수프를 선택할 수 있는
냄비가 마련된 것도 특이사항.

이 핫폿 집의 혁신적인 메뉴는 각종 어묵과 만두에서 여실히 드러난다.
김치를 넣은 만두, 블랙 트러플과 일본 소를 넣은 만두를 비롯해 일명
레인보우 볼Rainbow Ball이라고 불리는 색색의 어묵, 파파야가 든
미트볼까지. 모양과 색은 물론이고 예상하지 못한 호사스러운 재료까지
호기심과 시각을 자극한다. 예산은 1인당 HK$350~400 정도 생각하면
된다. 핫폿과 함께 와인이나 샴페인을 즐길 수 있다는 것도 포인트.

1 완차이 로드에서 눈에 띄는 건물에 자리잡은 메건스 키친 2, 3 이곳은 창의적인 재료와 3가지 이상의 육수를 함께 즐길 수 있도
록 특수 제작한 핫폿 냄비로 큰 인기를 얻었다.

22 십스 22 Ships

Add. 22 Ship St, Wan Chai
Tel. 852-2555-0722
Open 월~토요일 12:00~15:00 · 18:00~23:00, 일요일 12:00~14:30 · 18:00~22:00
Access MTR 완차이역 A3 출구
URL www.22ships.hk

2015 New Spot

유쾌해서 더 맛있다!

로컬 문화가 꽃핀 완차이에 얼마 전부터 세계적인 레스토랑과 바가 들어섰던 건 22 십스가 오픈한 이후부터다. 22 십스는 홍콩에서 대성공을 거둔 사업가인 옌 웡Yenn Wong이 런던의 스타 셰프인 제이슨 애더튼Jason Atherton과 합작해 만든 캐주얼한 타파스 바. 런던에 베이스를 둔 셰프 제이슨이 디렉팅한 요리의 퀄리티를 지킬 수 있는 건 그가 직접 지목한 리 웨스코트Lee Westcott이 총괄 셰프로 있기 때문이다. 예약 불가 정책으로 스타 셰프의 요리를 캐주얼한 분위기 속에서 합리적인 가격에 즐길 수 있다는 것이 이 모던 타파스 바의 특징이다. 오픈 키친을 중심으로 바 형태로 꾸며 세계적으로 유명한 셰프와 친근한 대화를 나누며 식사할 수 있다는 점도 홍콩의 미식가들의 마음을 사로잡았다.

테이블 매트지 위에 심플하게 써진 것이 22 십스 메뉴의 전부다. 타파스는 가볍게 맛보는 파라 피카Para Picar, 해산물Seafood, 채소Vegetable, 달걀Egg, 육류Meat까지 5종류로 분류된다. 각 섹션의 타파스는 쓰이는 재료만 확인할 수 있는데 그 재료를 아름답게 담아오는 셰프의 간결하고도 스마트한 감각에 절로 기분이 좋아진다. 셰프인 리 웨스코트가 가장 자신있게 내놓는 디저트도 놓치지 말자. 와인이나 상그리아, 그리고 타파스까지 알뜰하게 즐길 경우 1인당 HK$500 정도면 충분하다.

4

3

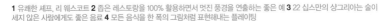

1 유쾌한 셰프, 리 웨스코트 **2** 좁은 레스토랑을 100% 활용하면서 멋진 풍경을 연출하는 좋은 예 **3** 22 십스만의 상그리아는 술이 세지 않은 사람에게도 좋은 음료 **4** 모든 음식을 한 폭의 그림처럼 표현해내는 플레이팅

웰컴 드링크마저도 예쁘
게 내는 원 하버 로드

원 하버 로드 One Harbour Road

Add. 7~8F, Grand Hyatt Hong Kong, 1 Harbour Rd, Wan Chai
Tel. 852-2584-7722
Open 월~토요일 12:00~14:30 · 18:30~22:30, 일요일 11:30~14:30 · 18:30~22:30
Access MTR 완차이역 A1 출구, 그랜드 하얏트 홍콩 호텔 7~8층
URL www.hongkong.grand.hyattrestaurants.com

2015 New Spot

고급스럽게 구성되는 광둥식 가정 식사

원 하버 로드는 1930년대 중국 상류층의 맨션을 테마로 꾸민 웅장하고 고급스러운 분위기의 레스토랑이다. 컨벤션 센터와 연결된 그랜드 하얏트 홍콩 호텔 안에 위치해 있어 카오룽 반도와 홍콩 섬의 경관을 동시에 바라보며 식사할 수 있다. 대부분의 고객층이 비즈니스맨이지만, 작은 부분까지 세심하게 만들어 여성스럽고 우아한 분위기를 자아낸다. 유리 모자이크로 장식한 작은 분수와 맞춤 제작된 카펫, 목제 가구, 커튼, 아름다운 프린트의 식기까지 어느 것 하나 신경 쓰지 않은 부분이 없다.

이곳은 전통 광둥 가정 식사를 고급스러운 분위기와 아름다운 식기에 예쁘게 담아낸다. 딤섬 위주로 즐기는 점심시간에는 1인당 HK$400 정도, 저녁식사는 HK$600 정도. 광둥 레스토랑의 기본 덕목으로 여기는 각종 구이도 맛있다. 수많은 가짓수를 자랑하는 딤섬은 HK$58부터. 다른 호텔과 비교해도 가격대가 높은 편이므로 날씨가 좋은 날 창가 자리를 예약해 아름다운 뷰를 바라보며 런치 세트(HK$518부터)를 이용해 보는 것도 방법이다. 2014년 8월 8일부터는 홍콩에서도 광둥요리의 대가라고 알려진 콩첸Mrs. Pearl Kong Chen과의 합작 메뉴인 콩스 패밀리 퀴진Kong's Family Cuisine을 선보이며 원 하버 로드 메뉴의 지평을 넓혔다.

1 2층 구조로 되어 있어 만찬을 즐기는 느낌이 든다. **2** 홍콩 사람들로부터 큰 사랑을 받고 있는 원 하버 로드의 딤섬 **3** 광둥식 가정 식사를 다채롭게 즐길 수 있다. 특히 이곳의 차슈는 홍콩에서 아주 유명하니 반드시 주문해볼 것

탁유 레스토랑 Tak Yu Restaurant 德如茶餐廳

Map
P.468-E

Add. 2 St Francis Yard, Wan Chai
Tel. 852-2528-0713
Open 월~토요일 08:00~20:00
Close 일요일
Access MTR 애드미럴티역 F 출구

secret

2015 New Spot

전형적인 '홍콩 직장인의 밥집'

어느 사이 로컬문화의 중심이던 완차이가 화려하고 세련된 스타 스트리트Star St의 등장과 함께 서구화되고 물가도 지나치게 높은 지역이 되어 버렸다. 그럼에도 불구하고 트렌디, 패셔너블, 부티크 등 스타 스트리트에 범람하는 변화무쌍한 키워드의 공격 속에도 끄떡없는 탁유 레스토랑의 존재감은 실로 흥미롭고도 소중하다. 오랜 시간 완차이에서 그 자리를 지키고 운영한 이 허름한 식당은 홍콩의 전형적인 직장인의 밥집이다. 오픈 시간 내내 긴 줄을 서야 하지는 않지만 점심이나 티 타임, 저녁시간대에는 허기를 채우려는 넥타이 부대의 웨이팅 행렬에 동참해야 한다. 새하얀 타일 위에 매직으로 무심하게 휘휘 써 놓은 메뉴나, 원형 테이블에 모르는 사람끼리 둘러앉아 식사하는 광경은 마치 홍콩 영화 속 한 장면을 떠올리게 한다.

우리나라로 치면 제육덮밥이나 김치찌개 정도 되겠다. 볶음밥과 원하는 재료를 얹은 덮밥, 그리고 넙적한 면을 간장소스와 소고기를 넣어 볶은 면요리 등의 전형적인 홍콩 직장인들의 점심 메뉴를 먹어보자. 밀크티(라이차)나 아이스 레몬티(똥랭차)를 곁들이는 것도 잊지 말자. 1인당 HK$50을 예상하면 된다.

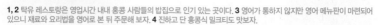

1, 2 탁유 레스토랑은 영업시간 내내 홍콩 사람들의 밥집으로 인기 있는 곳이다. **3** 영어가 통하지 않지만 영어 메뉴판이 마련되어 있으니 재료와 요리법을 영어로 본 뒤 주문해 보자. **4** 진하고 단 홍콩식 밀크티도 맛보자.

윙와 Wing Wah Noodle Shop

Add. GF, 89 Hennessy Rd, Wan Chai
Tel. 852-2527-7476
Open 월~토요일 12:00~04:00, 일요일 12:00~01:00
Access MTR 완차이역 A2 출구

60년을 이어온 그 완탕면집의 비결은?

홍콩에는 셀 수 없이 많은 완탕면집이 있지만, 대부분은
기계로 면을 뽑는 게 현실이다. 그래서 60년이 넘는 시
간 동안 한결같은 자리에서 전통 방식을 고수하여 만드
는 윙와의 완탕면은 세대를 초월해 사랑받고 있다. 비록
국수이지만 그 맛과 정성에 〈미슐랭 가이드〉를 비롯해
세계의 여행 책자와 방송도 앞다퉈 소개하니 국적까지
초월했다고 할 수 있겠다. 윙와 완탕면 맛의 비결은 숙
련된 기술과 대나무 봉에 있다. 오리 알과 캐나다산 고
급 밀가루에 소금물을 넣어 반죽을 만든다. 그리고 기
다란 대나무 봉 위에 '완탕면 사부'가 올라 앉아 위아래
로, 좌우로 봉을 굴려 가며 반죽을 얇게 펴고 더욱 쫄깃
하게 치댄다. 그래서 이 집 국수 면발의 탄성 하나만큼
은 타의 추종을 불허할 정도다. 상어 뼈를 고아 만든 육
수, 얇은 피 안에 돼지고기와 새우를 넣어 쉴 새 없이 만
드는 완탕, 느끼함을 없애주는 무와 매운 고추 피클 반
찬도 윙와를 오래된 맛집으로 등극시킨 포인트!

완탕면Shrimp Wonton Noodle은 기본!
베이징식 비빔면Hot Chilli Sauce
with Sliced Pork Noodle도 맛있다.
국수는 크기가 작은 그릇에 나오며
가격은 HK$29부터. 몸을 따뜻하게
만들어주는 차Sweet Oriental
Herbal Tea with Hard Boiled Egg
and Lotus Seeds를 비롯한 윙와의
다양한 건강 디저트도 별미다.

1 60년 이상 한 자리를 지킨 윙와 **2** 쉴 새 없이 만들고, 쉴 새 없이 팔리는 윙와의 완탕면 **3** 탄성이 좋은 면발은 윙와가 끊임없이 사랑
받는 이유

울라 쁘띠 Oolaa Petite

Add. Shop 12 , Regal Court, Star St, Wan Chai
Tel. 852-2529-3823
Open 08:00~22:30
Access MTR 애드미럴티역 F 출구
URL www.casteloconcepts.com

2015 New Spot

홍콩에서 만나는 유럽

인터내셔널한 홍콩에서도 유독 유러피언이 차고 넘치는 스폿들이 있다. 란콰이퐁의 와규Wagyu, 소호의 자스파스Jaspas, 완차이의 울라 쁘띠 등의 레스토랑이 대표적이며 모두 홍콩의 외식 그룹인 카스텔로 콘셉트Castelo Concepts가 론칭한 레스토랑들이다. 본점격인 소호의 울라 쁘띠는 이미 올데이 브런치와 합리적인 가격대의 디너 코스로 도시에서 가장 뜨거운 핫스폿 중 하나. 지점격인 완차이의 울라 쁘띠는 식사보다는 가벼운 아침 식사나 브런치, 티 타임, 가벼운 와인 한 잔을 즐기기 좋은 카페다. 사람이 북적거리는 시간에는 내부에 자리해 조용한 분위기를 만끽하고, 주말이나 점심시간 등 사람들이 몰릴 때에는 야외 테이블에 앉아 오가는 사람들을 구경하고, 또 그들의 좋은 피사체가 되어주는 건 어떨까.

울라 쁘띠에서 인근 직장인들에게 큰 인기를 얻는 메뉴는 월~금요일에 제공되는 런치 세트로 HK$68부터 시작되는 가격으로 훌륭한 질의 음식을 즐길 수 있다. 퍼시픽 플레이스나 스타 스트리트에서 쇼핑과 산책을 즐긴 후 가벼운 티 타임을 원할 때 이곳을 방문한다면 후회 없는 선택이 될 것이다.

1 스타 스트리트의 울라 쁘띠에는 홍콩의 스타일리시한 젊은이들과 서양인들에게 특히 인기다. 2, 3, 4 소호에 위치한 울라 쁘띠가 식사 위주라면 완차이의 울라 쁘띠는 베이커리, 샌드위치, 디저트 등이 강화된 카페 메뉴가 주가 된다.

아일랜드 고메 Island Gourmet

Add. 5F, Island Shangri-la Hong Kong, Pacific Place, 88 Queensway, Admiralty
Tel. 852-2820-8550
Open 애프터눈티 월~금요일 15:00~18:00, 토·일요일 14:00~18:00
Access MTR 애드미럴티역 F 출구, 아일랜드 상그릴라 홍콩 호텔 5층

우아하고 여성스러운 티 세트

패스트리와 초콜릿을 생활처럼 즐기는 홍콩 사람들에게 아일랜드 고메는 오아시스와 같은 곳이다. 이곳은 늘 빵과 케이크, 마카롱 등을 사 가려는 사람으로 가득하며 애프터눈티 시간에는 앉을 자리가 없을 정도다. 단순히 명물 애프터눈티를 즐기려면 페닌슐라의 로비로 향해야 하지만 고풍스러우면서도 우아한 인테리어와 아늑한 분위기 속에서 향긋한 커피를 마시며 조용히 여유를 즐기고 싶다면 아일랜드 고메를 꼭 기억해 두자.

케이크와 커피 혹은 차를 따로따로 주문하는 것도 좋다. 아일랜드 고메의 명물인 마카롱은 선물용으로도 그만이다. 3단 트레이와 꽃무늬 도자기 그릇에 소담스럽게 담겨 나오는 애프터눈티는 그 자체만으로도 황홀하다. 트래디셔널 잉글리시 티 세트Traditional English Tea Set와 상그릴라 티 세트Shangri-la Tea Set 두 종류가 있다. 가격은 1인 HK$ 298, 2인 HK$ 378.

1 단품으로 주문해도 좋은 아일랜드 고메의 케이크 **2** 먹기에 아까울 정도로 예쁘게 장식된 3단 티 트레이 **3** 카페 규모는 작지만 우아한 분위기가 일품이다. **4** 현지인들에게 인기 있는 아일랜드 고메의 케이크 컬렉션

요 마마 Yo Mama

Add. 16 Wing Fung St, Wan Chai
Tel. 852-2865-5600
Open 월~목요일 11:00~22:00, 금·토요일 11:00~23:00, 일요일·공휴일 12:00~22:00
Access MTR 애드미럴티역 F 출구

DIY 요구르트 아이스크림

여러 아이스크림 브랜드에서 많은 종류의 아이스크림을 내놓지만, 토핑이 없거나 있다 하더라도 종류가 턱없이 적다는 불만에서 요 마마가 시작됐다. 이곳에서는 플레인 요구르트와 그린 티 중에서 하나를 고른 뒤 그 위에 뿌릴 토핑을 선택하면 된다. 토핑은 블루베리와 망고 같은 과일부터 오레오 쿠키, 젤리 같은 간식거리도 있고, 그래놀라Granola 등의 시리얼도 고를 수 있다. 먹는 사람 취향대로 골라 먹는 DIY 건강 요구르트 아이스크림은 단것을 즐기지 않는 사람들 입맛에도 잘 맞는다. 요구르트에서 착안한 다양한 그림 작품도 이곳만의 독특한 분위기를 만드는 재미난 요소다.

한 가지 토핑이 포함된 레귤러 컵 사이즈는 HK$28, 라지 사이즈는 HK$35, 그 외 추가되는 토핑은 한 종류당 HK$5.

1 즉석에서 토핑을 올리는 간단한 주문 방식 2 건강에 좋은 요구르트 아이스크림은 어린이와 여성들에게 인기가 많다. 3 토핑을 앙증맞게 올린 요구르트 아이스크림 4 깔끔하고 심플한 외관

햄 & 셰리 Ham & Sherry

Add. GF, 1~7 Ship St, Wan Chai
Tel. 852-2555-0628
Open 월~토요일 12:00~15:00 · 18:00~24:00
Close 일요일
Access MTR 완차이역 A3 출구
URL www.hamandsherry.hk

secret

2015 New Spot

단언컨대 하몽은 최고의 술안주

스페인의 타파스Tapas와 하몽Jamón에 대한 이해를 전제로 해야 하는 햄 & 셰리는 아마도 한국에서 문을 열었다면 바로 닫았을 것만 같은 생각이 들었다. 옌 윙의 다른 식당들과 마찬가지로 그 이름은 쉽고도 간결하다. 하몽을 뜻하는 햄, 그리고 다양한 주류를 뜻하는 셰리로 누가 봐도 가게 이름은 햄과 주류를 전문으로 한다는 의미다. 전통적인 스페인 와인 저장고 보데가Bodega를 모티프로 디자인된 햄 & 셰리는 외관에서 보면 술집이 아니라 일반 식료품 잡화점과 같은 느낌이 앞선다. 바 안팎을 파랑과 흰색이 조화를 이루는 타일로 장식하고 오픈 키친은 수많은 와인 잔과 와인, 그리고 하몽까지도 멋진 인테리어 소품으로 활용했다.

햄 & 셰리의 셰리는 무려 50여 가지. 스페인의 전설적인 분자요리 레스토랑인 엘 불리El Bulli에서 들여온 희귀 와인까지 고루 갖추고 자체 레이블인 22 십스22 Ships와인까지 마련해둔 것에는 엄지를 치켜들게 만든다. 48개월 숙성시킨 이베리코 로모와 소브라사다48 month aged Iberico Lomo and Sobrasada를 비롯해 각각 24개월, 36개월 숙성시킨 각종 하몽은 물론 초리조Chorizo를 취향에 맞게 즐길 수 있다. 이곳의 콜드컷이 낯선 사람이라면 파에야 튀김Paella Arancini with Chorizo and Pepper Puree이나 토스트 위에 각종 재료를 올려 만든 전형적인 타파스인 판콘Pan Con을 주문할 것. 셰프 셀렉션Chef Selection-Mixed Board의 경우 HK$158.

1 블루와 화이트 톤의 타일로 모던하게 꾸민 햄 & 셰리 **2** 숙성된 정도를 고를 수 있는 하몽과 22 십스 레이블의 위스키를 맛보자. **3** 하몽과 초리조 외에도 가벼운 타파스도 주문할 수 있다.

랩 콘셉트 **LAB Concept**

Map
P.467-G

Add. Queensway Plaza, 93 Queensway, Admiralty
Tel. 852-2118-6008
Open 10:00~20:00
Access MTR 애드미럴티역 C1 출구
URL www.labconcepthk.com

2015 New Spot

패셔니스타의 신나는 놀이터!

센트럴이나 코즈웨이 베이에 비해서는 쇼핑에 있어 제한적이었던 애드미럴티를 빛내주는 뉴 스폿으로 여행자보다는 브랜드에 민감한 홍콩의 멋쟁이들에게 사랑받고 있다. 랩 콘셉트는 퀸즈웨이 플라자Queensway Plaza 1층에 거대하게 자리한 멀티숍이다. 레인 크로퍼드나 조이스 백화점보다 젊은 층을 겨냥한 이곳은 그야말로 쇼퍼홀릭들의 거대한 놀이터. 한국 브랜드도 쉽게 찾을 수 있는 뷰티 컨시어지와 페이스즈FACES에서는 스킨케어와 메이크업 상담과 시연을 받을 수 있다. 아메리칸 어페럴American Apparel의 탱크톱을 모아놓은 자판기나 홍콩의 페더 그룹Pedder Group에서 운영하는 슈스페이스Shoespace는 혁신적인 쇼핑몰이란 무엇인지를 보여준다. 쇼핑을 하다 지칠 때면 심플리라이프 카페Simplylife Café나 하카타 잇푸도Hakata Ippudo, 크리스털 제이드 라미엔Crystal Jade La Mian Xiao Long Bao에서 식사를 하거나 스타벅스에서 티 타임을 가져도 좋다. 서점인 노블타임Nobletime까지도 깨알 같은 쇼핑의 재미를 안겨준다.

응당 홍콩의 멀티숍이 갖춰야 하는 덕목인 한정품과 단독상품도 여행 전에 웹사이트에 들러 체크해보는 것도 포인트! 오픈 직후에는 프랑스 여행용품 브랜드인 돗드롭스DOT-DROPS의 단독 아이템으로 패션업계의 이목을 집중시켰다.

1 레인 크로퍼드의 아성에 도전하는 랩 콘셉트 **2, 3** 다채로운 라인업의 브랜드는 물론이고 패션, 액세서리, 뷰티, 다이닝 섹션까지 훌륭하게 구성한 백화점이다.

퍼시픽 플레이스 **Pacific Place**

Add. Pacific Place, 88 Queensway, Admiralty
Tel. 852-2844-8988
Open 10:00~20:00
Access MTR 애드미럴티역 F 출구
URL www.pacificplace.com.hk

여유로운 메가 쇼핑몰을 원한다면

퍼시픽 플레이스는 어퍼 하우스와 아일랜드 샹그릴라,
콘래드, JW 메리어트까지 4개의 특급 호텔 투숙객과 이
지역에서 근무하는 비즈니스맨을 위한 쇼핑 공간이다.
메가 쇼핑몰에 있는 거의 모든 브랜드를 만날 수 있는
데다 여행자로 가득한 하버시티, ifc 몰보다는 여유로운
분위기여서 추천할 만하다.
유기농 슈퍼마켓인 그레이트 푸드 홀Great Food Hall
과 서점인 켈리 앤드 월시Kelly and Walsh, 홍콩 세이부
SEIBU와 레인 크로퍼드Lane Crawford까지 2개의 백화
점을 비롯해 수많은 하이엔드 브랜드와 중저가 패션 브
랜드까지 골고루 입점해 있어 편리하다.

1 퍼시픽 플레이스의 레인 크로퍼드는 다른 곳보다도 인테리어와 홈데코 용품에 강하다 **2** ifc 몰이나 하버시티보다 한국인이 적은 퍼
시픽 플레이스에서 쇼핑하는 것도 좋은 방법 **3, 4** 디스플레이를 구경하는 것만으로도 홈 데코의 영감을 얻을 수 있다.

45R **45R**

Map
P.468-E

Add. 7 Star St, Wan Chai
Tel. 852-2861-1145
Open 월~금요일 12:00~21:00, 토요일 11:00~21:00, 일요일 11:00~20:00
Access MTR 완차이역 A3 출구

대대로 물려줄 수 있는 옷

브랜드의 탄생지인 일본에 이어 뉴욕과 파리에서 성공을 거두고 2009년 홍콩에 플래그십 스토어를 연 45R. '어머니가 자녀에게 선물로 줄 기모노를 만들듯 정성스럽게 제작하는 의상'이라는 콘셉트로 1978년에 일본에서 시작됐다.

자연을 모티브로 고안한 패턴의 디자인과 최상의 소재를 사용해 만든 옷은 대대로 물려줘도 될 정도로 견고하고 유행을 타지 않는다. 옷과 액세서리는 모두 가죽과 나무, 100% 면 등 천연 소재를 사용해 만들었다. 또 45R의 청바지 컬렉션은 일본 패션계와 감정가들에게 '예술 작품', '영원한 클래식'이라는 극찬을 받을 정도다. 그런 만큼 모든 아이템의 가격대도 무척이나 높은 편이다. 티셔츠가 HK$1500~2000, 내추럴한 컬러와 패턴의 스커트가 HK$3000에 이른다. 구입할 목적이 아니더라도 충분히 둘러볼 가치가 있다. 세계 패션계를 놀라게 한 일본 수제 패션 브랜드의 면면을 엿보는 것은 물론 내추럴하고 빈티지한 느낌의 매장 자체가 큰 볼거리이기 때문이다.

1 천연 소재를 사랑하는 브랜드답게 인테리어 역시 적재적소에 '자연'을 활용했다. **2** 의류의 콘셉트는 빈티지와 내추럴 **3** 심플한 면 티셔츠 가격이 20만 원을 호가한다. 그만큼 견고한 품질을 보장한다.

카폭 kapok

Add. 5 St. Francis Yard, Wan Chai
Tel. 852-2549-9254
Open 월~토요일 11:00~20:00, 일요일 11:00~18:00
Access MTR 완차이역 A3 출구
URL www.ka-pok.com

디자이너의 감각이 이뤄 내는 숲

카폭의 주인 아르노 카스텔Arnault Castell은 쇼핑 여행 중 발견한 보물들을 전시하는 갤러리 같은 숍을 만들고 싶었다. 독특하면서 좋은 디자인과 성능, 그 제품만의 특별한 역사로 사람들의 관심을 끄는 걸 좋아하는 카스텔은 실제로 몰스킨Moleskine의 공식 판매상이기도 하다. 그 외에도 향초로 유명한 스위스 미젠시어Mizensir 사 제품들을 비롯해 유럽, 홍콩과 대만 디자이너의 브랜드 제품들을 전시하고 판매한다. 카폭에서 판매하는 브랜드는 인지도가 낮을지는 몰라도 품질만큼은 자신 있다는 것이 카스텔의 설명이다. 라이프스타일 숍을 표방하는 만큼 갖춘 아이템도 의류, 액세서리, 주얼리, 인테리어 소품 등에 이르기까지 다채롭다.

1 디스플레이도 흥미로운 카폭 **2** 정해진 아이템, 정해진 디자인, 정해진 브랜드는 카폭에는 없다! **3** 홍콩에서 한번쯤 들러보고 싶은 편집 숍 **4** 노트북PC 가방이나 서류 가방도 다양하다.

홍콩 스타일 분식집 차찬텡 가이드

홍콩 여행에서 고급 레스토랑만을 돌았다면 홍콩 미식의 30%도 다 느껴 보지 못한 것. 홍콩 사람들이 매일 드나들며 식사를 해결하는 차찬텡 문화를 이해하면 홍콩의 식문화가 보인다.

차찬텡 인기 메뉴

파인애플 빵 菠蘿包

샌드위치 公司治

땅콩버터 토스트 花生醬多士

돼지고기를 넣은 빵 豬扒脆脆

01 딤섬 레스토랑에선 찻값을 따로 받지만 대부분 차찬텡에서 차는 무료다.
02 뜨거운 물이나 차가 나오면 숟가락을 담가 간편하게 열소독을 한다.
03 사람이 붐비는 시간에 합석은 기본이다.
04 차찬텡은 우리나라의 분식집과 똑 닮았다. 메뉴는 양식에서 홍콩 퓨전 메뉴까지 없는 게 없다.
05 아이스 음료를 주문하면 추가 비용이 발생한다.
06 고급 레스토랑처럼 중간 쉬는 시간이 없다. 홍콩 사람들이 아침을 먹는 시간부터 늦은 저녁을 먹는 시간(07:30~22:00)까지 문을 여는 게 일반적이다.
07 원래부터 차찬텡은 HK$30~40 정도 예산이면 충분할 정도로 저렴하지만 아침 세트, 점심 세트, 애프터눈티 세트, 저녁 세트 등 세트 메뉴를 100배 활용하면 더 좋다.
08 대표적인 차찬텡 체인점으로는 취와Tsui Wah와 타이힝Tai Hing이 있다. 홍콩 전역에서 어렵지 않게 발견할 수 있다.

소시지 달걀 라면 腸蛋出前一丁

차찬텡 인기 음료

레몬차 檸檬茶

커피와 밀크티를 섞은
유엔양 鴛鴦

생강과 레몬을 넣고
끓인 콜라
熱檸樂加薑

밀크티 奶茶

✤ 얼음을 넣는 음료 앞에는 凍, 뜨거운 음료 앞에는 熱이 붙는다.

Area 3
CAUSEWAY
BAY

코즈웨이 베이
銅鑼灣

● 코즈웨이 베이는 아주 복잡한 모자이크 같은 공간이다. 이미 포화 상태인 이 금싸라기 땅에는 '더 높이'를 외치는 고층 아파트가 가득하다. 그 1층에는 세계적 디자이너의 부티크가 화려하게 빛을 발하고 갈 곳을 찾지 못한 로컬 디자이너의 숍은 2층, 안 되면 3층에 다소곳이 들어서 마니아의 발걸음을 이끈다.

인테리어 상점에서 집을 단장할 물건을 신중하게 고르는 주부들이 눈에 띄는 한편, 오후 4시면 개미 떼처럼 몰려나오는 교복 차림의 학생들이 재잘거리는 소리에 귀가 따가울 정도다. 리 가든스나 패션워크에서는 '저 옷은 어디에서 샀을까' 하는 궁금증을 불러일으키는 옷차림의 트렌드세터들이 캣워크를 하듯 활보한다.

사람이며 풍경, 즐길 거리 등 코즈웨이 베이에 있는 모든 것은 복잡한 직조처럼 얼기설기 엮여 있지만 그 무질서와 번잡함이 여행자에게는 색다른 홍콩의 매력으로 다가온다. 따라서 이곳에서는 유연함을 견지해야 한다. 때로는 로컬처럼, 때로는 세상에 둘도 없는 트렌드세터가 된 것처럼! 그러다 보면 어느샌가 예측할 수 없는 다양한 매혹으로 다가오는 코즈웨이 베이를 홍콩에서 가장 사랑하는 곳으로 꼽게 될 것이다.

Access
가는 방법

MTR 코즈웨이 베이 Causeway Bay역
방향 잡기 홍콩의 최고 번화가 중 하나인 코즈웨이 베이역은 꽤 많은 출구가 있어 헷갈리기 십상이다. 소고, 패션워크, 월드 트레이드 센터, 미식 거리인 재프 로드로 가기 위해서는 B·C·D·E 출구 쪽으로 나가야 한다. 반면 대로를 건너야 하는 타임스 스퀘어는 A 출구를 이용한다. 리 가든스나 거리시장을 보려면 F 출구로 나간다.

애드미럴티

MTR 3분
또는
도보 15분

완차이

MTR 3분
또는
도보 20분

코즈웨이
베이 ········· 버스 30분 ········· 압레이차우

MTR 10분

침사추이

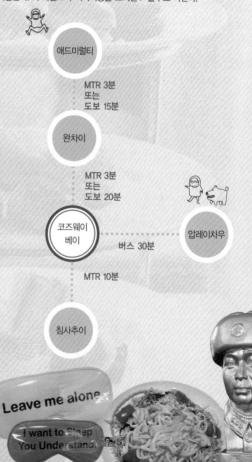

Plan
추천 루트
홍콩 친구들과
함께하는 하루

09:00 도보 2분
만파이 Man Fai 文輝墨魚丸大王
담백한 해산물 쌀국수 한 그릇으로
숙취를 달래 볼까?

10:00 도보 2분
소고 SOGO
일본 브랜드가 가득한 소고에서
세일 중인 상품만 쏙쏙 골라 즐기는
쇼핑 타임!

11:00 도보 1분
월드 트레이드 센터(WTC)
World Trade Centre
로컬 브랜드가 주로 입점한
코즈웨이 베이의 뉴 쇼핑몰
WTC에서 구경도 하고
쿠폰을 활용해 쇼핑도
즐기자!

12:00 도보 5분
제이미스 이탤리언 Jamie's Italian
현재 홍콩 미식계를 들썩이게 만든
제이미 올리버의 뉴 레스토랑 체험

13:30 도보 5분
타임스 스퀘어 Times Square
홍콩 대형 쇼핑몰 1세대인
타임스 스퀘어에서 쇼핑 즐기기

16:30 도보 5분
패션 워크 Fashion Walk
플래그십
스토어 탐방 & 쇼핑

15:00 도보 5분
커피 아카데믹스
Coffee Academics
여유만만 애프터눈티 타임
즐기기

17:30 도보 5분
선키 Sun Kee
홍콩 사람들 속에서 즐기는
지극히 홍콩다운 간식 맛보기

18:00 도보 5분
코웨이 베이 Causway Bay
홍콩 젊은이들이 가장 쇼핑하기
좋은 장소로 꼽는 코즈웨이 베이
거리 곳곳을 누비며 쇼핑

20:00
토트스 앤드 루프 테라스
TOTT's and Roof Terrace
칵테일 한잔하며 긴 하루를 마무리

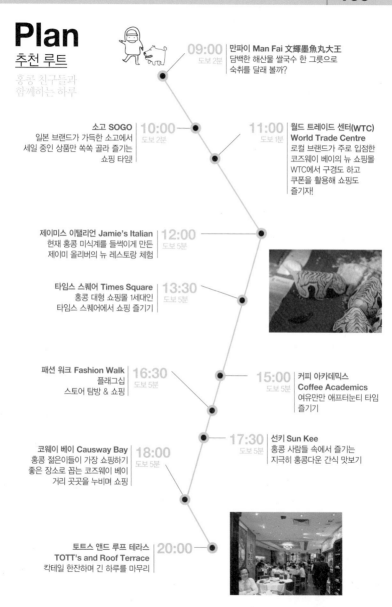

액운을 쫓아주는
호랑이 부적

거위 목 다리 Goose Neck Bridge 鵝頸橋

Add. Canal Rd Flyover, Causeway Bay
Open 11:00~19:00(문을 열고 닫는 시간과 쉬는 날이 일정하지 않다)
Access MTR 코즈웨이 베이역 B 출구

Map
P.469-D

secret

★★

할머니, 나쁜 사람 좀 혼내 주세요!

홍콩 사람들은 점 보는 것을 무척이나 좋아한다. 신년에 토정비결을 보는 것도 일반적이고, 평상시에도 운세를 보며 자신과 가족의 무사 평안을 기도한다. 홍콩에서 가장 흥미로운 점집은 코즈웨이 베이 고가도로 아래에 은밀하게 숨어 있다. 광둥어로는 응켕키우Ngo Keng Kiu, 영어로는 거위 목 다리Goose Neck Bridge라고 불리는 이곳에는 그리 비범해 보이지는 않는 할머니들이 각각 작은 신당을 차려 놓고 손님을 맞는다.

먼저 손님은 할머니가 모시는 신(관음신인 경우가 가장 많다)에게 인사하며 자기소개를 한다. 그 후 평상시 자기에게 해코지를 하거나 미워하는 사람의 이름을 부적에 적으면 할머니가 중얼중얼 주문을 외며 신발로 이름이 적힌 부적을 모질게 때려 준다. 너덜너덜해진 종이를 호랑이 모양의 부적에 싸서 태워 버리면 액운을 쫓을 수 있다는 것이 그네들의 믿음이다.

다른 사람을 저주하는 듯한 부두 스타일 점의 취지를 그리 유쾌하지 않게 여길지도 모르지만, 지켜보면 이 점은 할머니가 아픈 배를 어루만지면서 "내 손은 약손"이라고 중얼거리며 손자의 가벼운 병을 낫게 해 주는 우리 풍습과도 닮았다. 사람에게 받은 상처와 나쁜 마음을 할머니가 "네 잘못이 아니야, 그 사람이 나쁜 거야"라며 위로해 주는 것만 같다. 복채는 HK$40~50 정도니 재미로 시도해 보는 것도 좋다. 물론 영어는 전혀 통하지 않는다.

1 할머니에게 위로(?)를 받는 손님 **2** 나름 의식의 절차를 갖췄다. **3** 싫어하는 사람의 이름과 자신의 이름을 적는 봉투

선키| Sun Kee 新記車仔麵

secret

Add. 501-515 Jaffe Rd, Causeway Bay
Tel. 852-2836-3198
Open 12:00~24:00
Access MTR 코즈웨이 베이역 C 출구

모험을 사랑하는 여행자라면, Must Try!

홍콩 로컬 문화의 산실인 코즈웨이 베이와 몽콕에서는 퀴퀴한 냄새를 풍기는 꼬치 집에 긴 줄을 서서 어묵이나 문어 꼬치를 먹는 사람들을 쉽게 볼 수 있다. 하지만 여간 강심장이 아니고서는 그 행렬에 동참하는 데 용기가 필요하다. 그래서 현지 사람들과 로컬 매거진의 극찬을 받으며 명성을 얻은 선키의 존재가 반갑다. 그 이유는 일단 매운 맛. 어묵魚蛋, 소 천엽牛栢葉, 문어 다리八爪魚, 오리 모래집鴨腎 등의 꼬치에 아주 매운 소스를 발라 준다. 또 선키는 원래 뷔페식 국숫집이기 때문에 내부에 널찍한 공간을 갖추고 있다. 정체불명의 토핑과 여러 면발을 선택해야 하는 국수보다는 꼬치 요리를 주문해 안에서 즐겨 볼 것.

국수는 HK\$26부터로 무척 저렴하다. 하지만 국수보다는 가볍게 꼬치류를 맛볼 것을 권한다. 꼬치는 재료마다 가격이 다르다. HK\$8부터. 영어 메뉴도 없을뿐더러 영어도 잘 통하지 않으니 주변 사람들의 메뉴를 손가락으로 가리켜 주문하는 것도 좋은 방법.

1 쫄깃한 식재료는 모두 모아 꼬치로 만들었다. 2 소탈한 로컬 레스토랑의 내부 3 콜라와 곁들여 먹으면 느끼하지 않아 좋다.
4 우리 입맛에도 잘 맞는 문어 꼬치

만파이 | Man Fai 文輝墨魚丸大王

Add. 22-24 Jardine's Bazaar, Causeway Bay
Tel. 852-2890-1278
Open 08:00~02:00
Access MTR 코즈웨이 베이역 F 출구

담백한 차오저우 해산물 쌀국수

차오저우潮州 지역은 광둥 지역이기는 하지만 홍콩, 마카오와는 또 다른 문화와 언어를 갖는 곳이다. 차오저우 요리는 인근 푸젠성과 광둥 지역의 영향을 받아 담백하고 깔끔한 맛이 특징이다. 만파이는 차오저우식 쌀국수를 전문으로 한다. 메뉴도 간단하다. 고소한 어묵과 커다란 문어의 쫄깃한 다리 살, 식감이 독특한 파래, 보는 재미까지 더해 주는 귀여운 새끼 갑오징어까지 4가지 토핑을 취향대로 국수에 올려 후루룩 맛보면 그만이다. 담백한 국물 맛과 신선하고 씹는 맛이 일품인 토핑, 직접 만든 특제 XO소스 때문에 수많은 마니아를 거느리고 있는 인기 로컬 레스토랑이다.

두 가지 토핑이 올라간 국수를 많이 먹지만 3가지가 올라간 국수粲三鮮河를 추천한다. 국수는 HK$28부터. 국수를 빼고 위에 올리는 토핑만 먹어도 가격은 같다. 생선 껍질을 튀김炸魚皮(HK$15)과 함께 맛보면 풍미가 더욱 좋다. 아쉬운 점은 영어 메뉴가 없어 그림을 보고 주문해야 한다는 것.

1 진하고 구수한 육수와 쌀국수를 기본으로 위의 고명을 취향대로 선택하면 OK **2** 쫀득하고도 씹는 맛이 좋은 어묵이 만파이의 인기 비결 중 하나 **3** 늘 홍콩 사람들로 북새통을 이루는 국수 맛집이다.

| 탐자이 삼거 미시엔 | TamJai Sam-Gor Mixian | 譚仔三哥米線 | **Map** P.469-D |

Add. GF, Island Building, 439-441 Hennessy Rd, Causeway Bay
Tel. 852-2442-2616
Open 11:00~23:00
Access MTR 코즈웨이 베이역 B 출구

2015 New Spot

탐씨 가문의 셋째 아들이 내는 윈난 국수

이젠 홍콩 사람들뿐만 아니라 여행자들 사이에서도 큰 인기를 얻고 있는 탐자이 윈난 누들. 강렬한 매운 맛과 저렴한 가격 대비 훌륭한 퀄리티 때문에 마니아층이 두텁게 형성됐다. 최근 탐자이와 비슷한 간판과 콘셉트로 홍콩 시내에 속속 문을 열고 있는 탐자이 삼거 미시엔은 짝퉁이 아니라 탐씨 집안의 셋째 아들이 문을 연 운남 국숫집이다. 심지어 탐씨 집안의 셋째 아들은 탐자이의 매운 국수를 먼저 개발한 장본인이기도 하다. 1999년 청샤완 Cheung Sha Wan에 첫 번째 가게를 낸 이후 〈미슐랭 가이드〉에서 추천 레스토랑이 되며 더더욱 큰 인기를 휩쓸고 있는 이 브랜드는 형제들 사이에서 재정 갈등을 겪으며 2008년 2개의 브랜드로 나뉘게 된다. 삼거三哥 사인이 강렬하게 박힌 간판, 그릇, 메뉴를 보면 탐자이 삼거 미시엔을 일반 탐자이 윈난 누들과 쉽게 구별할 수 있다.

초보자에게는 아주 미묘한 차이일 테지만 탐자이 삼거 미시엔은 탐자이 윈난 누들보다 면이나 스낵, 그리고 국수 위에 올리는 토핑 등에서 좀 더 많은 옵션이 있다. 특히 마니아들은 굵은 당면에 열광한다. 그 외에 쓰촨식으로 요리한 닭날개, 질 좋은 피단, 오이 무침 등 각종 스낵류는 탐자이 윈난 누들과 동일하다. 홍콩 사람들은 오픈 초기의 HK$16짜리 국수가 지금은 2배에 가까운 가격이라 불평하지만 그래도 한국 사람들에게 1인당 HK$50 정도에 맵고 강렬한 윈난식 미식 여행을 즐길 수 있다는 건 여전히 매력적이다.

1 일반 탐자이 윈난 누들과 탐자이 삼거 미시엔은 간판부터가 달라 구별이 쉽다. **2** 최근 문을 여는 탐자이 삼거 미시엔은 모던한 인테리어로 젊은이들의 취향까지 사로잡았다. **3** 탐자이 삼거 미시엔에 들렀다면 당면으로 면을 변경해 볼 것

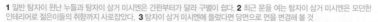

남키 스프링 롤 누들 Nam Kee Spring Roll Noodle 南記粉麵

Add. 106 Percival Rd, Causeway Bay
Tel. 852-2576-4451
Open 07:30~21:00
Access MTR 코즈웨이 베이역 F 출구

국수 한 그릇에 펼쳐진 다채로운 식감

홍콩에서 가장 인기 있는 차오저우潮州 스타일과 윈난 雲南 스타일의 국수 요리를 모두 맛볼 수 있는 곳. 깔끔 한 분위기와 저렴한 가격에 외국인도 이용하기 좋지만 아쉽게도 영어 메뉴가 준비되지 않았다. 이곳은 계산대 에서 직접 주문한 뒤 요리가 나오면 받으러 가는 방식이 다. 파란색은 차오저우 스타일의 담백한 국물, 빨간색 은 윈난 스타일의 매운 국물을 뜻하며, 여기에 올리는 토핑을 선택하면 주문이 완료된다. 특히 남키의 바삭하 고 단단한 특제 스프링 롤Spring Roll은 반드시 곁들여 먹 을 것. 국물에 푹 담가뒀다가 국수를 다 먹은 뒤 국물을 흡수해 한결 부드러워진 스프링 롤의 맛이 일품이다.

추천할 만한 쌀국수는 완탕이 들어간 윈난 쌀국수菜肉吞雲南米線 우리네 김치말이 국수와 비슷한 맛이다. 탱탱한 어묵과 만두, 남키의 스프링 롤이 올라간 쌀국수什錦大窩河粉도 맛있다. 국수는 HK$29 부터.

1 로컬이 사랑하는 분식집 남키 스프링 롤 누드 **2** 직접 음식을 받으러 카운터로 나가야 하는 시스템이다. **3** 남키 스프링 롤 누드의 담 백한 쌀국수 **4** 내부는 왁자지껄한 분위기다.

스시 모리 Sushi Mori 鮨森

Map
P.470-F

Add. 1 Caroline Hill Rd, Causeway Bay
Tel. 852-3462-2728
Open 점심 12:00~15:00, 저녁 18:30~23:00
Access MTR 코즈웨이 베이역 F1 출구
URL www.sushimori.com.hk

2015 New Spot

여기야 말로 시크릿 스시 플레이스!

아주 예민한 입맛의 소유자라면 홍콩에서의 일식은 피하는 게 좋다. 따뜻한 기후의 홍콩에서 스시와 사시미는 때때로 홍콩 미식계에서 아주 민감한 주제이기 때문이다. 하지만 홍콩에서의 제대로 된 일식의 맛을 느껴보고 싶은 여행자라면 스시 모리는 좋은 답이 된다. 다른 지점과는 다르게 이곳에서는 비교적 조용한 공간에서 여유로운 시간을 오랫동안 갖기 좋다는 것도 매력적이다.

다양한 메뉴를 내는 본점에 비해 이 지점은 특별히 정해진 메뉴는 없다. 가격 대비 추천하는 메뉴는 런치 세트와 중요한 날에 특별한 맛을 즐길 수 있는 오마카세 메뉴. 토모아키 모리Tomoaki Mori 셰프의 디렉팅 아래 90% 이상의 생선을 홋카이도 등지에서 당일 수입한다. 따라서 정통 에도 스시를 맛보긴 아주 좋지만 일본산 생선에 민감한 사람이라면 다른 음식을 찾는 것이 현명할 듯하다. 오마카세는 1인당 HK$1300이고 런치나 디너 세트 등의 세트 메뉴는 지점마다 다르다.

1 다른 지점에 비해 보다 고급스러운 분위기 **2** 비주얼까지도 근사한 스시 모리의 음식 **3** 즉석에서 회를 떠주고 스시를 내므로 서두르기보다는 느긋한 마음을 가질 것 **4** 먹음직스러운 스시 모리의 회덮밥

서라벌 **Sorabol**

Add. 18F, Lee Theatre Plaza, 99 Percival Rd, Causeway Bay
Tel. 852-2881-6823
Open 11:00~23:30(런치 세트는 월~토요일 12:00~14:00)
Access MTR 코즈웨이 베이역 F 출구
URL www.sorabol.com.hk

'한식 세계화'에 앞장선다

한국 교민과 현지인들에게 호평을 듣는 홍콩의 대표적인 한식당 서라벌의 인기 비결은 한국의 맛과 요리법을 지켜왔기 때문이다. 그에 더해 2005년 드라마 〈대장금〉의 인기에 발맞춰 현지인들에게 '대장금 메뉴'로 아름답고 맛있는 한식을 소개했다. 또 드라마 〈식객〉 방송 후에는 한국총영사관과 협력해 '식객 메뉴'를 개발하며 현지 언론을 위한 시식회를 개최했다. 그 노력 덕에 손님의 70~80%는 홍콩 현지 사람이다. 2009년 제7회 홍콩 음식경연대회에서 궁중 갈비찜으로 쇠고기 요리 부문 금상을 받는 등 명예와 수상 경력을 중요하게 여기는 홍콩 미식계에서도 그 존재감을 굳건하게 과시하고 있다.

농장에서 직접 유기농 채소를 기른다. 또 현지에서 공수할 수 없는 재료는 한국에서 들여와 정갈한 한식의 맛을 보존한다. 매일 메뉴가 바뀌는 런치 세트(HK\$53부터)나 갈빗살 구이 정식(HK\$88)이 맛있다. 별미를 원한다면 갈비찜(HK\$130)과 로스 편채(HK\$170)를 추천한다.

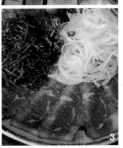

1 한국 산수화, 고구려 벽화 등으로 내부를 장식했다. **2** 각종 요리 대회나 최고의 레스토랑으로 선정돼 수상한 트로피와 상장이 이곳의 실력을 객관적으로 입증해 준다 **3** 맛은 물론이고 모양도 좋은 로스 편채

에스엠엘 SML

Add. Shop 1105, 11F, Times Square, Causeway Bay
Tel. 852-2577-3444
Open 일~목요일 · 공휴일 11:30~00:00, 금 · 토요일 11:30~01:00
Access MTR 코즈웨이 베이역 A 출구, 타임스 스퀘어 11층
URL www.smlrestaurants.com

Map
P.470-E

2015 New Spot

식탁 위에 민주주의를 허하다!

종종 홍콩에서 식사를 할 때에는 음식 그 자체보다는 콘셉트를 즐기고 있다는 생각이 들 때가 있다. 바로 프레스 룸 그룹The Press Room Group이 론칭한 에스엠엘처럼 말이다. 이곳은 모든 메뉴가 'Small, Medium, Large'로 되어 있어 개개인이 원하는 사이즈로 주문할 수 있다. 좋아하는 음식, 먹고 싶은 것들은 좀 더 많이, 시도해보고 싶거나 궁금한 요리는 작은 사이즈로 선택할 수 있게 했다는 점에서 미식의 천국 홍콩에서 큰 인기를 얻고 있다. 타임스 스퀘어의 다른 레스토랑과는 달리 발코니 자리가 마련되어 있다는 것도 인기의 비결.

에스엠엘은 프레스 룸 그룹이 늘 그래왔듯 다채로운 서양 요리를 메인으로 한다. 성게알을 올린 링귀니Urchin Linguine나 블랙 트러플과 새우를 올린 토스트Black Truffle Shrimp Toast 등이 인기 메뉴. 사람이 몰리지 않는 티 타임에 방문하는 것은 좋은 방법이다. 티 세트(15:00~18:00)는 HK$39부터, 파스타는 HK$46부터.

1 타임스 스퀘어 11층에 위치한 에스엠엘 2 널찍한 내부를 세련된 분위기로 꾸몄다. 3 테라스에서는 빌딩숲 속에서의 여유를 누릴 수 있다. 4 대부분의 메뉴를 사이즈별로 주문할 수 있다.

제이미스 이탤리언 Jamie's Italian

Add. 2F, Soundwill Plaza II, Midtown, 1 Tang Lung St, Causeway Bay
Tel. 852-3958-2223
Open 12:00~23:00
Access MTR 코즈웨이 베이역 A 출구
URL www.jamieoliver.com/italian/hongkong/home

2015 New Spot

제이미 올리버, 드디어 홍콩 진출!

"먹어보면 실망할 거야"라며 우리를 만류했던 홍콩 푸드 매거진의 에디터 C. 하지만 그녀의 예상과는 다르게 제이미스 이탤리언은 가격 대비 상당히 만족스러웠다. 전 세계 어딜 가더라도 제이미 올리버Jamie Oliver의 식당은 호불호가 극명하게 갈린다. 세계에서 가장 유명한 셰프 중 한 명인 제이미 올리버라는 브랜드는 그 명성 때문에 과대평가와 과소평가를 동시에 받는 건 아닐까? 2014년 여름 오픈 초기, 뙤약볕 아래에서 무려 1시간을 기다려 맛본 제이미스 이탤리언. 수많은 TV쇼에서 이미 봤기 때문인지는 모르지만 필요한 재료를 텃밭에서 뽑아 음식에 바로 넣고, 거칠게 뿌릴 것 같다. 하지만 결국에는 멋스러운 플레이팅으로 완성되는 제이미 올리버 특유의 다채로운 요리를 가까운 홍콩에서 접할 수 있다는 것이 마냥 신선하게 느껴진다.

간단하고 맛있는 제이미 올리버의 레시피를 실현한 다양한 메뉴가 구성되었다. 매일 만드는 생면으로 요리한 12종류의 파스타(HK$75부터), 7종류의 메인 메뉴 중에서는 램 롤리팝Lamb Lollipops(HK$220)과 버거 이탤리아노Burger Italiano(HK$135)가 인기다. 무려 11가지의 사이드 메뉴도 시도해볼 가치가 있다.

1 제이미 올리버의 명성만으로 많은 사람으로 북적이는 제이미스 이탤리언 **2** 캐주얼한 패밀리 레스토랑 콘셉트로 꾸민 내부 **3, 4** 명성에 어울리는 맛있는 요리

토트스 앤드 루프 테라스 ToTT's and Roof Terrace

Add. 34F, The Excelsior Hong Kong, 281 Gloucester Rd, Causeway Bay
Tel. 852-2837-6786
Open 월~금요일 12:00~14:30 · 18:30~22:30, 일요일 11:30~15:00 · 18:30~21:30
Close 토요일
Access MTR 코즈웨이 베이역 D1 출구, 엑셀시어 홍콩 호텔 34층
URL www.mandarinoriental.com/excelsior

Map
P.470-A

2015 New Spot

선데이 브런치 혹은 나이트라이프

웬만한 호텔과 쇼핑몰의 유명한 고급 레스토랑에서는 선데이 브런치가 일반적이다. 게다가 샴페인이 무제한으로 나오는 건 아주 기본적인 옵션이 되겠다. 만다린 오리엔탈 호텔 그룹이 비즈니스 호텔로 운영하는 엑셀시어 홍콩 호텔에는 여행자보다는 홍콩 사람들이 열광하는 아주 훌륭한 레스토랑이 가득하다. 그중 가장 인기를 끄는 곳은 빅토리아 하버의 절경이 숨막히게 펼쳐지는 토트스 앤드 루프 테라스. 홍콩에서 샴페인과 함께하는 선데이 브런치 메뉴 붐을 일으킨 장본인이라고도 할 수 있다. 고로 낮이든, 밤이든 우리가 사수할 것은 빅토리아 하버를 바라볼 수 있는 테라스석! 날씨는 당신의 운에 맡긴다.

모던 유러피안 다이닝이 메인 콘셉트지만 가장 인기 있는 메뉴는 단연 선데이 브런치. HK$648에 감미로운 재즈 음악과 아찔하게 펼쳐지는 홍콩의 뷰, 질 좋은 뷔페, 무제한 제공되는 샴페인까지 이보다 더 완벽할 수는 없다! 아름다운 야경과 함께하는 칵테일을 즐기러 이곳을 방문해 보자. 화요일부터 토요일 밤에는 라이브 밴드의 공연도 즐길 수 있다.

1 코즈웨이 베이의 레스토랑 중 하버 뷰를 바라보며 식사할 수 있는 몇 안 되는 레스토랑 중 하나다. **2** 비즈니스 호텔의 식당답게 고급스럽고 중후한 인테리어 **3** 이곳의 선데이 브런치는 질 좋은 요리와 무제한 샴페인으로 늘 인기가 있다.

181

딜리셔스 키친 Delicious Kitchen 美味厨

Add. Shop B, GF, 9-11 Cleveland St, Causeway Bay
Tel. 852-2577-8350
Open 11:00~24:00
Access MTR 코즈웨이 베이역 E 출구

홍콩에서 즐기는 상하이 요리

최신 유행 브랜드가 몰리는 패션워크 지역에서 딜리셔스 키친이 오랜 기간 그 명맥을 유지할 수 있었던 이유는 현지 젊은이들의 유별난 사랑 때문이었을 것이다. 이곳은 홍콩 스타일이 가미된 상하이 요리를 주로 판매하는 분식점 정도로 이해하면 된다. 채소를 넣어 지은 밥이나 두부 요리가 다양하고, 생선과 돼지고기를 사용한 메뉴도 많다. 자극적인 요리보다는 가볍게 허기를 달래고 다시 쇼핑에 정진하고 싶을 때 들르면 좋은 곳.

젊은 아가씨들이 옹기종기 모여 앉아 수다를 늘어놓으며 테이블마다 시켜 먹는 음식은 바싹 튀긴 완탕Deep Fried Wonton with Sweet and Sour Sauce과 갈비를 올린 야채 밥Steamed Rice with Vegetables and Pork Rib이다. 그 외에 새콤달콤한 탕수육 소스를 뿌린 생선 튀김Deep Fried Sweet and Sour Fish with Pine Nuts도 맛있다. 1인당 예산은 HK$100 정도.

1 쇼핑을 마치고 젊은 여성들이 삼삼오오 모여 가볍게 한 끼 식사를 즐기는 딜리셔스 키친 2 속에 팥을 넣고 튀긴 상하이식 디저트 3 패션워크 거리에서 캐주얼하게 즐기기에 좋은 상하이 레스토랑 4 딜리셔스 키친의 새콤달콤한 딜리셔스 피클은 HK$3

매치 박스 Match Box 喜喜冰室

Add. GF, Highland Mansion, 8 Cleveland St, Causeway Bay
Tel. 852-2868-0363
Open 07:00~02:00
Access MTR 코즈웨이 베이역 E 출구
URL www.cafematchbox.com.hk

스타일의 거리에서 빙셧과 차찬텡이 만났다!
패션워크에서 딜리셔스 키친과 더불어 저렴한 식당 겸 카페로 많은 사랑을 받고 있는 매치 박스. 트렌디한 인테리어와 메뉴 자체의 질을 앞세워 홍콩 젊은이들의 즐겨 찾는 곳이다. 홍콩에서 가장 핫한 거리에 향수를 자극하는 분위기의 빙셧氷室을 군더더기 없는 인테리어로 꾸민 점도 특색 있다. 빙셧이란 주로 디저트와 가벼운 베이커리를 파는 카페를 의미한다. 지금도 홍콩 곳곳에는 여전히 성업 중인 빙셧 가게가 남아 있지만 세련된 분위기를 좋아하는 홍콩의 젊은이들이나 여행자가 이용하기에는 다소 불편한 것도 사실이기에 매치 박스와 같은 새로운 빙셧의 존재가 반갑다.

아침 세트는 HK$29, 식사 세트는 HK$36, 디저트 세트는 HK$460이다. 특히 호주에서 직접 수입한 기계로 빵 속을 살짝 태우고 겉은 보드랍게 만든 이 집의 핫도그는 반드시 맛보자.

1 산뜻한 분위기와 신세대가 좋아하는 디저트 메뉴가 많아 가게는 늘 젊은이들로 북적인다. 2 닭다리와 과일 샐러드 3 밀크티는 차찬텡, 빙셧의 필수 메뉴다. 4 패션워크에 위치한 매치 박스 5 이곳의 Must Eat Item 핫도그

펌퍼니클 Pumpernickel

Add. Shop B, GF, 13~15 Cleveland St, Causeway Bay
Tel. 852-2576-1302
Open 10:00~23:00
Access MTR 코즈웨이 베이역 E 출구, 패션워크 방향
URL www.cafepumpernickel.com

정통 유럽 빵을 만드는 베이커리

펌퍼니클을 비롯해 유럽 빵의 참맛을 보려면 이곳을 여행 일정에 꼭 추가해 둘 것. 펌퍼니클이란 호밀을 빻아 만든 가루로 만든 빵으로 베스트팔렌 지방에서 왔다. 오랜 시간 굽거나 쪄 내는 방식으로 제대로 만든 펌퍼니클은 검은색에 가까우며 담백하고 약간 신맛이 난다. 펌퍼니클과 치아바타, 로즈메리 포테이토 빵, 올리브 바게트 등 고소하고 건강에도 좋은 정통 유럽 빵이 이곳의 자랑거리다. 거기에 세련된 인테리어와 맛있는 식사, 달달한 디저트, 직접 볶고 블렌딩한 하우스 커피까지 더해져 이곳은 오픈 내내 줄을 서서 기다려야 할 정도.

펌퍼니클의 빵, 수프, 메인, 디저트와 커피까지 포함된 런치 세트는 HK$78부터. 또 브레드 테이스팅 메뉴Bread Tasting Menu도 흥미롭다. 빵마다 각기 다른 디핑 소스를 곁들이는데 4가지 빵과 4가지 소스가 포함된 가격은 HK$46.

1 새카만 빵 펌퍼니클을 연상시키는 블랙 컬러로 꾸민 매장 **2** 차분한 내부 분위기 **3** 펌퍼니클의 개성이 가득 담긴 디저트 **4** 정통 유럽 스타일 빵과 하우스 커피가 펌퍼니클의 인기 비결이다.

골드핀치| **Goldfinch Restaurant**

Add. GF, 13-15 Lan Fong Rd, Causeway Bay
Tel. 852-2577-7981
Open 11:00~24:30
Access MTR 코즈웨이 베이역 F 출구

Map
P.470-E

아련하게 떠오르는 영화 속 장면

지금도 이곳을 찾는 손님 중 80%는 왕가위 감독의 두 영화 〈화양연화〉와 〈2046〉을 기억하는 사람이다. 영리한 주인장은 손님들의 니즈에 발맞춰 화양연화 세트와 2046 세트를 만들어 판매한다. 음식의 맛은 7코스 중에 두 가지 정도는 괜찮다 싶고 나머지는 먹을 만한 정도다. 그럼에도 불구하고 이곳에서만 느낄 수 있는 복고풍 분위기와 영화 속 주인공이 앉았던 '그 자리'라는 사실은 여행자들에게 충분히 매력적이다. 홍콩 영화 마니아라면 '인생에서 가장 행복한 순간'을 갈망하며 골드핀치에 숨어 데이트를 즐기던 장만옥과 양조위를 추억하는 저녁 식사 시간 정도는 분명 투자할 가치가 있다.

골드핀치의 주력 메뉴는 스테이크다. 2046 세트는 2인 HK$270, 화양연화 세트도 2인용이며 가격은 HK$360.

1 화양연화 세트의 메인 요리는 랍스터 **2** 촌스럽지만 향수를 불러일으키는 골드핀치의 정겨운 메뉴판 **3** 영화 〈화양연화〉 속 한 장면
4 다이닝 홀 곳곳에 〈화양연화〉나 〈2046〉의 영화 포스터를 붙여 놓았다.

185

콴측힌 Kwan Cheuk Heen

Add. 5F, Harbour Grand Hong Kong, 23 Oil St, North Point
Tel. 852-2121-2691
Open 점심 월~금요일 12:00~14:30, 토·일요일·공휴일 11:30~15:00·18:30~22:30
Access MTR 포트리스 힐역 A 출구, 하버 그랜드 홍콩 호텔 5층
URL www.harbour-grand.com

신상 호텔이 제공하는 합리적인 다이닝

음식 맛에 대해 까다로운 홍콩 사람들에게 입소문이 난
광둥 레스토랑 콴측힌. 높은 천장과 중국식 등, 어두운
목재와 실크 소재 등 고급 인테리어 재료들이 연출하는
독특한 분위기와 탁 트인 전망을 선사하는 커다란 통유
리창은 로맨틱한 느낌까지 든다. 특히 이곳의 하버 뷰는
센트럴의 마천루와 카오룬 반도의 항구를 모두 조망할
수 있는 것이 특징.

계절별로 다르게 준비되는 수준 높은 광둥요리의 향연은 지금 콴측
힌이 주목받는 가장 큰 이유. 이곳은 전통 광둥요리의 맛과 요리법
은 고수하되 분위기와 재료는 일식과 웨스턴 스타일을 가미했다. 점
심과 저녁에 제공되는 세트 메뉴를 천천히 음미해 볼 것을 추천. 여
기에 관자와 버섯을 XO소스에 볶아 낸 요리Sauteed Scallop and
Mushroom in XO Chilli Sauce나 와규와 아스파라거스를 볶은 요
리Sauteed Diced Wagyu Beef with Asparagus 같은 창작 광둥요
리가 유명하다. 1인 예산 HK$300~500.

1, 2 레드와 골드를 사용해 럭셔리한 분위기를 극대화했다. **3** 계절 채소와 호주산 와규로 만든 애피타이저 **4** 호사스러운 광둥요리의
대표 메뉴인 건전복 스테이크

호흥키 | Ho Hung Kee 何洪記

Add. 1204-1205, 12F, Hysan Place, 500 Hennessy Rd, Causeway Bay
Tel. 852-2577-6028
Open 11:00~23:00
Access MTR 코즈웨이 베이역 F2 출구, 하이산 플레이스 12층
URL www.tasty.com.hk

2015 New Spot

홍콩 완탕면과 함께한 역사

팀호완이 로컬 딤섬집 최초의 미슐랭 스타 식당이라면 호흥키는 완탕면으로 미슐랭 스타 하나를 받은 최초의 식당이 되겠다. 호흥키는 그 명성에 걸맞게 역사적인 스 폿이기도 하다. 이곳의 주인장인 호윙퐁Ho Wing Fong 씨는 막스 누들의 창시자이자 완탕면의 달인으로 꼽히 는 막운치Mak Woon Chi씨의 수제자다. 그는 그의 완탕 면집을 1946년에 열었고, 그의 아들은 또 다른 유명 완 탕면 집인 젱다오Tasty Congee & Noodle Wantun Shop 正斗粥麵專家를 열어 크게 성공했다. 그간 원조의 퀄리티 를 지키기 위해 프랜차이즈화 하지 않았던 호흥키의 지 점이 하이산 플레이스에 문을 열었다. 그것도 아주 우아 하고 세련된 인테리어와 함께!

호흥키의 주요 메뉴는 당연히 완탕을 이용한 메뉴들. 그리고 광둥 식 죽과 쇠고기 볶음면Stir-Fried Rice Noodles With Beef(HK$98) 도 유명하다. 매콤한 돼지고기를 올린 비빔면Ho Hung Kee's Spicy Shredded Pork Noodles(HK$69)도 한 국인이 좋아할 만한 맛. 본점의 맛을 지켜냈지만 하이산 플레이스의 메 뉴는 본점보다 비싼 편이다.

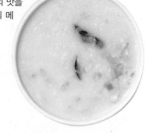

1 본점의 인기에 힘입어 하이산 플레이스에도 문을 연 호흥키 **2** 본점은 자리가 협소하므로 좀 더 여유로운 식사를 원한다면 하이 산 플레이스가 답! **3** 완탕면과 죽이 가장 유명하지만, 쇠고기 볶음면도 아주 유명하다. 메뉴의 그림을 가리켜 주문할 수도 있다.

콩싸오 스타 디저트 Cong Sao Star Dessert 聰嫂私房甜品

Add. GF, 11 Yiu Wa St, Causeway Bay
Tel. 852-2278-2622
Open 12:30~00:30
Access MTR 코즈웨이 베이역 A 출구

secret

2015 New Spot

몸에 좋고 맛도 좋은 홍콩 디저트

홍콩 사람들은 남녀노소를 막론하고 건강에 지대한 관심을 갖는다. 그래서 카페와 찻집은 공존하며 건강에 좋지 않다고 여겨지는 도넛 가게 대신 생과일과 몸에 좋은 수프, 허브가 든 디저트를 파는 가게들이 여전히 잘 나간다. 콩싸오 스타 디저트, 럭키 디저트, 허니문 디저트 같은 숍들이 좋은 본보기다. 홍콩 전통 디저트 숍을 모던한 인테리어로 만든 콩싸오 스타 디저트는 현재 홍콩에서 가장 긴 줄에 동참해야 하는 곳이다. 여행 중 시간 낭비를 하기 싫다면 디저트를 먹기 애매한 시간에 방문할 것. 카드는 받지 않으니 현금을 꼭 챙겨 가도록 하자.

달달한 디저트 수프와 사고Sago, 과일 디저트, 디저트 경단 등 이곳에서 취급하는 디저트는 웬만한 식당을 방불케 할 정도로 다양하다. 그중에서도 이 가게를 들어서는 순간부터 코를 자극하는 두리안 메뉴들이 가장 인기 있다. 한국인에게는 호불호가 갈리지만 두리안 팬케이크Durian Pancake는 이곳의 대표 메뉴. 두리안이 싫다면 망고 팬케이크를 추천한다. 코코넛 밀크에 든 망고 타피오카Mango Tapioca in Coconut Milk, 아몬드 수프나 검은깨 수프 등도 간식이나 디저트로 그만이다. HK$15부터로 가격도 착하다.

4 5 6

1 점심과 저녁식사 이후에 콩싸오에 들르면 엄청난 대기인원 사이에 섞여야 한다. **2, 3** 전통 디저트를 팔지만 인테리어는 모던하다. **4, 5, 6** 망고, 사고, 두리안, 파파야 등 열대과일을 다채롭게 활용한 디저트

스마일 요거트 Smile Yogurt & Dessert Bar

Map
P.470-E

Add. Shop 509, 5F Hysan Place, 500 Hennessy Rd, Causeway Bay
Tel. 852-2811-8321
Open 일~목요일 12:00~22:00, 금·토요일 12:00~22:30
Access MTR 코즈웨이 베이역 F2 출구, 하이산 플레이스 5층
URL www.smile-yogurt.com

2015 New Spot

환호를 부르는 예쁜 디저트의 향연

외식과 미식이 삶의 중요한 축이며 페이스북과 인스타
그램 등의 SNS가 발달한 홍콩에서는 비주얼이 화려할
수록 반응은 즉각적이다. 바로 이 스마일 요거트가 대표
적인 케이스. 홍콩의 주요 쇼핑몰에 입점해 있지만 야외
테라스에 좌석까지 마련된 건 하이산 플레이스 지점이
유일하다.

파르페처럼 커다란 컵 하나를 가득 채워 내는 다양한 요거트 메뉴가
인기 있다. 단순히 쌓아 올렸다기보다는 예술적으로 아주 예쁜 모양
을 냈다는 데에 그 인기의 비결이 있다. 이곳의 주요 요거트 메뉴는 초
콜릿 러버Chocolate Lover, 망고 피버Mango Fever, 후루티 후루티
Fruity Fruity, 와일드 섬머Wild Summer 등으로 층층이 쌓인 재료
를 상세히 설명하는 예쁜 그림 메뉴를 보고 쉽게 선택할 수 있다. 요
거트는 HK$51부터 원하는 대로 요청할 수 있는 DIY 요거트도 있
다. 요거트 아이스크림 외에도 쉬폰 케이크, 각종 타르트, 초콜릿 퐁
당 등의 디저트도 선택할 수 있다.

1, 3 스마일 요거트는 하이산 플레이스 이외에도 K11과 하버시티에도 입점해 있다. **2** 마치 파르페처럼 담아낸 요거트는 받는 순간
절로 환호하게 만든다.

럭키 디저트 Lucky Dessert

Add. GF, Lee Theatre Plaza, 99 Precival Rd, Causeway Bay
Tel. 852-2808-2728
Open 12:30~02:00
Access MTR 코즈웨이 베이역 F 출구, 리 시어터 플라자 G층

홍콩 스타일 디저트의 모든 것

허류산과 허니문 디저트 같은 디저트 가게가 포화 상태
인데 반해 럭키 디저트는 아직 몽콕과 코즈웨이 베이 등
다섯 개 지점에서만 만날 수 있어 신비스러움을 더한다.
럭키 디저트는 홍콩 사람들이 즐겨 먹는 따뜻하고 단 수
프, 과일 팬케이크, 산처럼 열대 과일이 올라간 디저트
등을 주로 판매한다. 가게 안을 가득 채우고 있는 젊은
여성들과 연인들의 취향에 맞는 모던한 인테리어도 이
곳의 인기를 이끄는 중요한 요소다.

우리나라에서는 발견할 수 없는 동남아시아 과일의 제왕 두리안으로
만든 디저트가 다양하다. 하지만 높은 열량과 특유의 향을 고려하면
초보자는 주문을 자제하는 편이 좋다. 대신 망고와 관련된 디저트는
모두 초강추 메뉴! 따뜻하고 바삭한 퍼프 안에 든 망고Mango Puff
Roll와 고소한 코코넛 가루를 뿌린 쫄깃한 찹쌀 안에 든 망고Mango
in Sticky Rice Roll를 맛본 뒤에는 '럭키 디저트'라는 상호만 보면 가
게 안으로 자동으로 들어가는 자신을 발견하게 될지도 모를 일.

1 널찍한 내부 공간을 갖춘 디저트 숍 2 망고와 사고를 넣어 달콤한 디저트 수프 3 부드럽고 쫄깃한 찹쌀떡 안에 망고를 통째로 넣었다. 4 외관이나 인테리어는 특별할 게 없지만, 디저트의 종류와 맛은 화려하다.

하이테크닉 커피를
즐겨 보세요!

커피 아카데믹스 **The Coffee Academics**

Add. GF, 38 Yiu Wa St, Causeway Bay
Tel. 852-2156-0313
Open 월~목요일 10:00~23:00, 금·토요일 10:00~02:00, 일요일 12:00~21:00
Access MTR 코즈웨이 베이역 A 출구
URL www.the-academics.com

secret

2015 New Spot

홍콩 카페 트렌드를 바꾸다

홍콩 젊은이들의 지지를 받아온 카페 하비추 그룹Caffe
Habitu Group이 야심차게 시작한 새로운 버전의 커피숍
커피 아카데믹스. 카페 하비추가 이탈리안 터치를 가미
했다면 커피 아카데믹스는 세계 카페 신Cafe Scene의 뉴
스타로 부상하는 호주와 뉴질랜드 스타일의 카페라고
생각하면 이해가 빠르다. 넓은 공간과 높은 천장, 벽돌
장식, 기다랗게 늘어뜨린 조명, 중앙에 커다란 공용 테
이블 등의 인테리어에서부터 이국적이다. 또한, 이름에
서도 알 수 있듯 커피 아카데믹스는 커피에 관한한 하이
테크닉이라는 그들의 노하우를 일반에 전수하는 신개념
의 커피 학원이기도 하다.

테라스 좌석이 있는 코즈웨이 베이의 플래그십 스토어
도 좋지만 트램이 오가는 풍경을 즐기며 커피를 즐기고
싶을 때는 완차이점(35-45 Johnston Rd, Wan Chai)
을 찾아보자.

커피 아카데믹스는 카페에서 매일 오후에 직접 로스팅을 한다(월~
금요일 12:00~17:00, 토·일요일 14:00~18:00). 모든 지점에는 L자
모양의 오픈 카운터를 두어 바리스타 팀이 고객이 원하는 원두 블
렌드를 직접 만들어주거나 커피에 대한 궁금증을 풀어주기도 한다.
카페 하비추와 마찬가지로 다양한 음식과 디저트를 커피나 음료와
함께 즐길 수 있다. 특히 가격 대비 훌륭한 2인용 애프터눈티 세트
(HK$128)는 꼭 먹어봐야 할 메뉴다.

1 완차이의 존스톤 로드, 하버시티에도 지점이 있다. **2** 빈티지한 느낌의 인테리어가 특징이다. **3** 애프터눈티 세트는 코즈웨이 베
이 지점에서만 이용이 가능하다.

릴리스 패스트리 Lily's Pastry

Add. GF, Leigyinn Building, 62A Leighton Rd, Causeway Bay
Tel. 852-2882-7300
Open 12:00~21:00
Access MTR 코즈웨이 베이역 F 출구
URL www.lilyspastry.com

혼자만 알고 싶은 쿠키 부티크

제니 베이커리와 더불어 홍콩 사람들에게 큰 사랑을 받는 쿠키 메이커 릴리스 패스트리는 무려 열두 가지 이상의 홈메이드 쿠키와 케이크로 유명하다. 중국 전통 과자인 에그롤부터 버터가 듬뿍 들어간 쿠키, 콘플레이크를 넣어 바삭바삭 씹는 맛을 배가시킨 독특한 쿠키까지 선택의 폭이 넓다. 쿠키는 즉석에서 맛을 보고 고를 수 있으며 크기는 두 가지. 건물 뒤로 꼭꼭 숨어 있는 예쁜 릴리의 쿠키 부티크를 발견했다면 이곳에서 주변 사람들에게 줄 맛있는 선물을 준비해 보는 것도 좋겠다. 세련된 디자인의 은색 틴 케이스는 쿠키를 다 먹고 난 뒤에도 활용도가 높다.

일반 쿠키 종류도 맛있지만 다른 쿠키 숍들과 큰 차이를 못 느끼겠다면 콘플레이크를 넣어 만든 쿠키를 구입하도록. 다크 초콜릿과 콘플레이크로 만든 쿠키|Co Co Pop's Cookies와 아몬드 플레이크 쿠키|Almond Flake Cookies, 콘플레이크와 캐슈너트 쿠키 Corn Flake & Cashew Nut Cookies가 독특하다. 가격대는 HK\$68~78. 어른들은 가장 무난한 아몬드 쿠키 Almond Cakes 를 선호한다.

1 코즈웨이 베이에 꼭꼭 숨어 있어 아는 이들만 찾는 릴리스 패스트리 2 각종 쿠키는 매장에서 맛을 보고 구입할 수 있다. 3 매장에서도 쿠키를 구입할 수 있지만 대부분 주문 판매 방식으로 이뤄진다. 4 심플한 은색 틴 케이스

아녜스 베 카페 agnès b. café l.p.g.

Add. G001-005, World Trade Centre, 280 Gloucester Rd, Causeway Bay
Tel. 852-2890-2989
Open 12:00~21:00
Access MTR 코즈웨이 베이역 D1 출구, 월드 트레이드 센터 1층
URL www.agnesb-lepaingrille.com

파리 분위기 가득한 패스트리 부티크

홍콩 사람들의 유별난 사랑을 받는 디자이너 아녜스 베의 카페는 그녀의 디자이너 부티크와 마찬가지로 무서운 속도로 수를 늘려 가고 있다. 가장 최근에 생긴 월드 트레이드 센터의 아녜스 베 카페는 널찍한 공간에 파리의 캐주얼 카페 분위기가 물씬 느껴지도록 꾸몄다. 커피 맛에 민감한 사람에게 아녜스 베 카페는 그리 좋은 선택은 아니다. 하지만 프랑스 명품 티 브랜드인 마리아주 프레르Mariage Frères의 다채로운 컬렉션과 단정하고 심플함 속에서 포인트가 되는 요소로 세련된 멋을 낸 케이크는 모두에게 사랑받는 아이템이다. 따뜻한 차와 함께 즐기는 파리Paris, 클로이Chloe, 아도라Adora 등의 정통 프렌치 스타일 케이크는 특급 호텔의 티 세트가 부럽지 않다.

커피와 차는 HK$35~40, 케이크는 HK$28부터.

1, 2 여성들이 열광하는 예쁜 케이크 **3** 주문은 카운터에서 직접 한다 **4** 트렌디하게 꾸민 널찍한 카페

최근 홍콩에서 가장
핫한 쇼핑몰!

하이산 플레이스 **Hysan Place**

Add. 500 Hennessy Rd, Causeway Bay
Tel. 852-2886-7222
Open 일~목요일 10:00~22:00(금·토요일·공휴일 전날은 23:00까지)
Access MRT 코즈웨이 베이역 F2 출구와 연결
URL www.leegardens.com.hk

홍콩에서 가장 핫한 쇼핑몰

홍콩 사람들에게 큰 사랑을 받고 있는 홍콩의 잇it한 쇼
핑몰 하이산 플레이스. 17개 층에 약 120개에 달하는 브
랜드가 포진해 있는데, 가장 이슈가 되는 곳은 엄청난
규모를 자랑하는 갭 키즈 & 베이비 갭 매장과 일명 '에덴
동산Garden Eden'이라 불리는 여성 전용 쇼핑 공간인 6
층, 타이완계 대형 서점 체인인 에슬라이트Eslite가 위치
한 8~10층이다. 그밖에 자라와 H&M의 아성을 위협하
는 중국의 패스트 패션 브랜드 식스티 에이트6ixty 8ight
는 한 번 빠져들면 정신을 못 차리게 하는 블랙홀과 같
다. 저렴한 가격이 믿어지지 않을 정도로 질 좋고 디자인
도 뛰어난 의류와 소품, 속옷까지 구색도 다채롭다. 지
하 2층의 고급 슈퍼마켓 제이슨즈Jasons에는 전세계에서
들여온 각종 와인과 식료품이 가득 들어차 있어 쇼핑이
더욱 즐겁다.

1 코즈웨이 베이의 신 명소로 우뚝 솟은 하이산 플레이스 **2** 20~30대 젊은 층이 좋아할 만한 브랜드로 가득하다. **3** 최첨단 방식
을 도입한 안내데스크도 인상적이다. **4** 다양한 카페와 레스토랑이야말로 이곳의 자랑거리

리 가든스 2 Lee Gardens Two

Add. 28 Yun Ping Rd, Causeway Bay
Tel. 852-2907-5227
Open 11:00~20:30
Access MTR 코즈웨이 베이역 F1 출구

Map
P.470-E

2015 New Spot

임신, 출산, 아동용품의 모든 것

분명 리 가든스는 샤넬, 구찌, 루이비통 등의 명품을 비롯해 최첨단 디자이너 브랜드가 모이는 고가품 밀집 쇼핑몰이다. 리 가든스와 이어진 리 가든스 2에는 임신과 출산, 아동용품의 모든 아이템이 총망라되어 있다. 좀 더 임팩트 있는 쇼핑을 즐기려면 2층을 공략하자. 키즈 라인이 있을 거라고는 생각도 못했던 수많은 럭셔리 브랜드 매장에 헉 소리가 절로 나온다. 쇼핑몰의 규모도 어마어마해 쇼핑이 편할뿐만 아니라 통로나 복도에는 어린이들이 즐겁게 뛰어놀 수 있는 놀이터도 마련되어 있어서 엄마는 여유럽게 쇼핑할 수 있고 아이들은 또래와 어울려 놀 수도 있다.

어린이 영어 전문 서점인 북 캐슬Book Castle과 출생 전부터 다양한 연령층의 유아용품과 임신용품을 완비한 마더케어Mothercare도 자리했다. 수많은 어린이 명품 콜렉션숍도 구경하기 좋다. 바로코Barocco와 아베비Abebi는 홍콩에서 인기 있는 유아의류 멀티숍으로 유명 브랜드 제품을 한 번에 둘러볼 수 있다. 바로코는 에스카다, 베이비 디올, 캘빈클라인 등의 브랜드를, 아베비는 모스키노, 겐조, D&G, 아르마니 등의 브랜드를 충실하게 갖췄다. 정상가도 한국보다 저렴할 뿐만 아니라 세일도 상시 진행된다.

1 어린이 용품 구입을 하려면 이곳이 정답 **2** 복도에 어린이 놀이터를 조성해 두어 엄마가 쇼핑하는 동안 어린이들은 또래 친구들과 놀 수 있도록 했다. **3, 4** 아동용품 콜렉션 숍이 다양하다.

마리아 루이사 **Maria Louisa**

Add. 211, 2F, Lee Gardens, 28 Yun Ping Rd, Causeway Bay
Tel. 852-2907-2028
Open 11:00~20:00
Access MTR 코즈웨이 베이역 F1 출구, 리 가든스 2 2층

secret

2015 New Spot

세계의 패션 피플이 열광하는 곳

마리아 루이사는 세계적인 디자이너 브랜드를 선택해서 전시, 판매하는 하이엔드 멀티숍으로 홍콩 리가든스의 매장은 파리 이외에 최초로 진출한 숍이다. 마리아 루이사는 다음 세대에 깊은 영향을 미치는 디자이너만을 신중히 선정해 아이템을 구입하는 걸로 알려졌으며 그녀의 심미안은 프랑스의 수많은 패션 피플로부터 신뢰를 얻어왔다. 존 갈리아노John Galliano, 비비안 웨스트우드Vivienne Westwood, 알렉산더 맥퀸McQueen을 비롯해 1세대 벨기에 디자이너인 마틴 마르지엘라Martin Margiela, 앤 데뮐엘미스트Ann Demeulemeester, 일본 디자이너로는 이세이 미야케Issey Miyake, 요지 야마모토 Yohji Yamamoto, 꼼데가르송Comme des Garçons을 비롯해 수많은 디자이너들이 그 좋은 예라고 할 수 있다. 많은 디자이너는 여타의 멀티숍은 물론이고 단독 브랜드숍에서도 구할 수 없는 마리아 루이사만의 한정 상품을 제공하며 그 돈독함을 자랑하기도 한다.

1

2

그녀의 숍에서 가장 강력한 구성은 셀린느Celine와 지방시Givenchy 카르벵Carven과 같은 프랑스 브랜드로 이루어져 있다. 그 외에도 세계의 패션 피플을 사로잡는 린다 패로우Linda Farrow의 빈티지 선글라스도 구할 수 있다.

3

1, 2 하이엔드 멀티숍 마리아 루이사의 홍콩 매장이 리가든스에 입점했다. **3** 마리아 루이사가 선택한 가치 있는 브랜드와 특별한 아이템을 만나볼 수 있다.

월드 트레이드 센터(WTC) **World Trade Centre**

Map
P.470-A

Add. 280 Gloucester Rd, Causeway Bay
Tel. 852-2576-4121
Open 10:30~20:30
Access MTR 코즈웨이 베이역 D1 출구
URL www.wtcmore.com

월드 트레이드 센터만의 쿠폰을 사수하라!

여행자가 전체 손님의 10~20% 미만밖에 안 되는 월드 트레이드 센터는 다양한 브랜드가 들어서 있는 대형 쇼핑몰이다. 럭셔리 브랜드보다는 소니아 리키엘Sonia Rykiel, 프리미어 바이 데드 시Premier by Dead Sea, 팡클 FANCL 등의 화장품 브랜드와 홍콩 사람들이 특히 좋아하는 로컬 패션 브랜드를 골고루 갖췄다. 세계 각국의 요리를 즐기기 좋은 18개 카페와 레스토랑도 인근 타임스 스퀘어와 견주어도 뒤지지 않을 정도로 훌륭하게 구성되어 있다. 특히 전용 고객 서비스 데스크까지 갖추고 있어 타 쇼핑몰과 차별되는 소비자 서비스가 돋보인다. 우산 대여, 무료 레인코트 제공, 휴대전화 충전 등이 대표적이다. 입구에 비치된 플로어 가이드는 반드시 챙길 것. 이 안에는 27개 숍과 레스토랑에서 할인이나 무료 메뉴를 받을 수 있는 쿠폰이 포함되어 있다.

1 홍콩 사람들이 많이 찾는 월드 트레이드 센터 2 일본 브랜드가 다채롭다. 3 다양한 캐릭터 상품도 볼거리를 풍성하게 하는 요소 4 젊은 층에게 사랑받는 팡클, 비쉬 등의 화장품 브랜드가 입점해 있다.

소고 SOGO

Add. 555 Hennessy Rd, Causeway Bay
Tel. 852-2833-8338
Open 10:00~22:00
Access MTR 코즈웨이 베이역 D1 혹은 D2 출구
URL www.sogo.com.hk

백화점 쇼핑의 장점만 쏙쏙

홍콩 사람들은 패션부터 식료품, 음식과 전자 제품에 이르기까지 '메이드 인 재팬'에 유독 열광한다. 그런 홍콩 사람들의 취향을 한데 모은 쇼핑몰이 바로 일본계 백화점 소고. 여행자에게 소고가 특별히 매력적인 이유는 일본산 브랜드 때문만은 아니다. 우선 홍콩의 쇼핑몰만 전전하다 보면 만날 수 없는, 백화점 쇼핑의 묘미인 매대 세일 상품을 구입할 수 있다는 것. 특히 나이키, 아디다스 등의 스포츠 브랜드 제품과 아동 용품은 우리나라와는 비교도 안 되는 가격에 판매한다. 또 홍콩 쇼핑의 미덕은 세일 기간에 발휘된다. 이때는 제아무리 백화점이라 하더라도 80%에 육박하는 할인 폭을 자랑한다. 또 홍콩에서도 일본 식품은 일반적으로 일본보다 비싸지만 주류세가 없는 홍콩에서는 기린, 아사히, 삿포로, 에비수 등의 일본 맥주와 사케는 일본에서보다 훨씬 저렴하다.

1 타임스 스퀘어와 더불어 코즈웨이 베이의 랜드마크인 소고 백화점 **2** 일본에서 온 먹을거리가 다양하다. **3** 일본 식자재, 일본 술이 많은 프레시 마트 **4** 패션 브랜드도 일본에서 온 것으로 가득하다.

홍콩 사람들이 좋아하는
문양, 색으로 가득한 인
테리어 숍 지오디

지오디 G.O.D

Add. Leighton Centre, Sharp St East Entrance, Causeway Bay
Tel. 852-2890-5555
Open 12:00~22:00
Access MTR 코즈웨이 베이역 A 출구
URL www.god.com.hk

이것이 홍콩의 라이프스타일이다!

대부분의 가이드북이 소개하는 지오디는 그리 새로울
것이 없는 공간이지만 홍콩을 여행할 때 반드시 들러야
하는 곳이다. 홍콩 사람들만이 공감하는 라이프스타일
을 디자인에 반영해 그들의 향수와 그리움을 감성적으
로 자극할 뿐만 아니라 홍콩만의 개성이 듬뿍 배인 아이
템들은 여행자에게 좋은 기념품이 된다.
영국에서 건축학을 마친 뒤 홍콩으로 돌아온 인테리어
디자이너이자 지오디의 창업주로 이름을 날리는 더글러
스 영은 '홍콩이라는 공간, 이곳의 문화와 라이프스타일
이 얼마나 특별하고 멋스러운 것인지'를 알리기 위해 홍
콩 색이 잘 살아난 디자인을 다채로운 아이템에 녹여냈
다. 중국풍의 색과 패턴, 글자에서부터 문화혁명을 주도
한 홍군, 낡고 허름한 홍콩의 고층 아파트, 차찬텡에서
먹는 토스트나 밀크티, 오래된 신문과 우체통까지도 지
오디에서는 훌륭한 디자인 요소가 된다. 심지어 여행자
들의 눈살을 찌푸리게 하는 바퀴벌레까지도 말이다.
지오디는 광둥어로 읽으면 '쭈하우더住好的', 즉 '더 잘살
기 위해'라는 뜻이다. 더 좋은 삶을 위해 지오디가 제안
하는 다채로운 인테리어 제품, 디자인
용품들을 접하며 홍콩만의 색채, 그
들의 독특한 라이프스타일을 더욱
멋스럽게 느껴 볼 수 있어 좋은 곳.

1 문구류 역시 홍콩 스타일! 2 홍콩의 낡은 고층 빌딩을 모티브로 만든 속옷도 재미나다. 3 여느 차찬텡에서 맛볼 수 있는 메뉴로 주전
자 받침대와 컵 받침대를 만들었다.

자딘스 크레센트 Jadine's Crescent

Map
P.470-E

Add. Jadine's Crescent, Causeway Bay
Open 10:00~19:00
Access MTR 코즈웨이 베이역 F 출구

거리 시장에서 즐기는 쇼핑의 재미

뚜렷한 목적이 있는 여행자가 아니라면 조그마한 재래시장인 자딘스 크레센트 거리는 생략하는 것도 무방하다. 이곳은 두 사람이 지나가면 꽉 찰 정도로 좁은 통행로에 작은 가판대를 내놓고 별의별 물건을 판매하는 전형적인 거리시장이다. 유명 브랜드의 로고가 박힌 속옷이나 의류는 대부분이 가짜다. 심지어는 장난감이나 액세서리도 90%는 가짜 제품이라고 생각하면 된다.

하지만 이 작은 시장을 그냥 지나치기엔 아쉬운 점도 많다. 아기들의 장난감과 캐릭터 상품, 기념품으로 살 만한 것들이 무척이나 저렴하게 판매한다. 또 관광객들이 주로 이동하는 중앙 통로 이외에 양쪽 길가에도 숍이 가득한데, 홍콩 현지인들이 이곳을 주로 이용한다. 대부분 보세 제품을 판매하며 HK$30 이하의 의류가 있을 정도로 가격이 파격적이다.

1 좁은 골목을 중앙에 두고 들어선 거리시장 **2** 견고하지는 않지만 저렴한 상품이 많다. **3** 짧은 골목에 자리잡은 자딘스 크레센트 **4** 저렴한 기념품이나 여행 중 급히 필요한 물건을 구입하기에 좋다.

베스 Bess

Add. GF, 439 Hennesy Rd, Causeway Bay
Tel. 852-2442-2616
Open 11:30~23:30
Access MTR 코즈웨이 베이역 F1 출구
URL www.bess.com.hk

빈티지룩에서부터 오피스웨어까지

홍콩의 대표적인 패션 업체인 IT 그룹의 브랜드는 마치 세포분열을 하듯 공격적이고 엄청난 속도로 세 불리기를 한다. 반면에 베스와 같은 패션 브랜드는 1993년부터 시작해 20년간 차근차근 홍콩 패션 시장으로 진입하며 젊은 층을 중심으로 자연스럽게 깊이 있는 사랑을 받고 있는 로컬 브랜드다. 베스는 현재 홍콩에만 17개의 매장이 운영 중이다. 브랜드의 기본 콘셉트는 우아하면서도 동시에 캐주얼한 스타일로 정장부터 스트리트룩까지 폭넓은 스타일의 여성 의류와 액세서리를 판매한다. 단순히 블랙 앤 화이트 컬러가 아닌, 빈티지 컬러와 디테일한 디자인 감각이 빛나는 의류로, 포인트를 주기 좋은 아이템이 다채롭다. 특히 모자나 가방, 신발, 각종 장신구도 잘 갖춰져 있어 베스만의 우아하면서도 발랄한 스타일링을 한자리에서 완성하기도 쉽다. 의류의 경우 HK$500~2000, 가방은 HK$1000 정도로 가격도 크게 부담스럽지 않다.

1, 2 취급하는 의류, 잡화와 잘 어울리는 내부 디자인도 눈에 띈다. **3, 4** 다양한 물품들을 저렴한 세일 가격에 구매할 수 있다.

1층에 자리 잡은 화려한 부티크와 대비되는 회색 빌딩

패션워크 Fashion Walk

Add. Kingston St & Paterson St, Causeway Bay
Open 12:00~21:00(가게마다 영업시간이 다르며, 설 연휴에는 대부분 문을 닫음)
Access MTR 코즈웨이 베이역 E 출구

앞서 가는 트렌드세터의 아지트

새로운 브랜드가 빛의 속도로 유입되고, 인기 없는 브랜
드는 가차 없이 사라지는 홍콩에서 브랜드의 성공 여부
를 시험하는 공간이자 유행을 이끌어 가는 패션 리더의
아지트를 꼽자면 센트럴의 온란 스트리트와 코즈웨이
베이의 패션워크 정도가 있다.

초기 패터슨 스트리트와 킹스턴 스트리트를 아우르는
지역에 '패션워크'라는 이름으로 내로라하는 편집 숍과
세계적으로 떠오르는 신예 디자이너의 숍이 하나둘 이
거리를 수놓기 시작했다. 현지 언론과 패션 피플, 쇼퍼
들의 반응은 예상보다 뜨거웠고 현재는 패션워크 빌딩
을 비롯해 푸드 스트리트Food St까지 생기며 웬만한 메
가 쇼핑몰이 부럽지 않은 규모와 인기를 자랑한다.

뉴욕에 이어 세계에서 땅값이 두 번째
로 비싼 코즈웨이 베이, 특히 패션워크
에 위치한 상점 중 2년 이상 그 자리를
지킨 브랜드는 홍콩에서 성공한 브랜
드라고 봐도 무방하다. 비비안 웨스트
우드, 마크 제이콥스, 5cm, 미스 식스
티, 이자벨 마랑 같은 브랜드가 대표
적이다. 일반 디자이너 브랜드 이외에
도 신발 멀티숍인 J-01 by D몹, I.T,
즈탬츠ZTAMPZ, 디자인 브랜드 멀티
숍인 LCX도 이 일대에 밀집해 있어 쇼
핑의 즐거움을 더한다.

일러스트레이터 이다의
Artistic Hong Kong

2da in Hongkong!!
이다가 만난 홍콩!!

이다 2da
그녀의 눈에 비친 세상을 통렬하게 비판하는 〈이다 플레이〉, 그만의 개성 넘치는 여행 이야기를 넘치는 개성으로 풀어낸 〈2da in 홍콩, 마카오, 캐나다〉 등으로 많은 팬을 거느린 일러스트레이터다. 현재 각종 방송의 일러스트레이션과 한국관광공사의 〈요래의 서울〉 등을 비롯해 여러 작업을 하고 있으며 저서로는 〈이다 플레이〉가 있다. www.2da.net

이다 in Hollywood Road

홍콩의 삼청동 할리우드 로드!!
수많은 골동품숍과 갤러리가
모여 있는 곳이야!! 츄릅 ~π-π

들어가기도 무서울 정도로 초
력거리 갤러리들이 줄줄~
물론 밖에서 슬쩍 들여다보는 것도
좋지만 이왕 여기까지 온 거,
그냥 철판 깔고 들어가는 거야!!

할리우드 로드에
오신 것을 환영
합니다 ♡

아참, 오른쪽 여긴 잡퉁 골동품도 많으니
고가의 작품을 살 땐 꼭 주의하기!!

허거!
우연히 만난
거예요!!
여행 떠나서
이런 행운을
누리면 그
나라 전체에
대한 애정이
급상승하지
않아??

할리우드 로드에서 조금만 내려오면 여행자들이 가장 좋아하는 캣스트리트~!!

이다 in Street Market

냐옹~

원래는 도둑질한 장물을 파는 곳이었는데 요즘은 저렴한 골동품과 작은 소품들을 파는 곳으로 바뀌었어! 우꾸로 치면 인사동 앞거리?

캣스트리트답게 고양이도 많아~ 홍콩 길고양이들은 사람을 무서워하지 않아 한번 쓰다듬어줘~

요건 신발이 거의 명품천원~ 만원까지 고로 재밌는 기념품을 잔뜩 사랑할 수 없어~

혁명!

카메라 타들!

특히 여기서 가장 재밌는 것이 중국 공산주의 관련 품목들. '공산주의'가 하나의 상품이 되어버린 아이러니한 장면을 볼수 있어~

이다 in the TRAM

도디의 나왔군! 이다가 홍콩에서 가~~장 좋아하는 트램!!!! ♡

광곡건물들 사이를 부딪칠 것 같이 아슬하게 지나가는 트램이야말로 홍콩의 상징이지.

트램은 재밌기도하지만 저렴한 데다 홍콩 도심을 이어주기 때문에 여행객들보다 일반 시민들이 더 많이 이용해 일종의 마을버스??

트램 안 탈거라고? 아니! 그럼 대체 홍콩에 왜 온거야! 이전 번쩍이 아니야 필수라고!!!

쿠쿵쿠쿵 하는 소리를 들으며 건물들 사이와 사람들 머리 위를 지나가는 재미!

개인 소유라 온통 평방통성이인 도로도 구경할 수 있고~

덜컹   덜컹

홍콩차이니즈들은 무덤덤하게 '맨날 타는건데 뭐' 하는 표정들을 하고있지만 그 역시 홍콩스럽다니까. 아참, 2층 제일 앞자리와 2층 제일 뒷자리가 명당 이니까 기다려서라도 꼭 그자리에 앉아서 타

전 국민이 도교신자라 해도 과언이 아닌 홍콩, 곳곳에 작은 도교사원이 있어.

이다 in the temple

아까 본 할리우드 로드에도 '만모 사원'이 있지. 홍콩에서 가장 오래된 사원이야

저렇게 소용돌이 치는 향을 가득 피우는데 저 향이 다 타면 붉은 종이에 적은 소원이 이뤄진다고 해. 향의 재가 몸에 떨어지면 그날 재수가 좋다는 말도 있어.

학문의 신 왕창제와 무예의 신 관우를 모시는 사원이라 학생들도 많이 기도하러 와. 부적 강기 연필도 팔더라.

콜록! 콜록콜록!

내 자식~

엄청나게 많은 향을 한꺼번에 피우기 때문에 눈과 코가 정말 괴로워. 하지만 그것도 역시 '홍콩다움'의 일부! 이렇게 도교는 홍콩인의 생활에 깊숙히 뿌리박혀있어서 홍콩인이 있는 어디에 가도 작은 미니 신단들을 발견할수 있어. '육위자연'을 외치며 등장했던 도교 사상이 중국에서 하나의 종교가 되어 사람들이 거기에 기복을 비는 것이 참 아이러니하지? 하지만 그 아이러니 역시 '홍콩다움'의 일부, 만나서 반가워 홍콩!!

이다 in HongKong www.2daplay.net

Area 4
TSIM SHA TSUI

침사추이
尖沙咀

● 　　침사추이는 조화의 산물이다. 홍콩 섬이 가장 화려한 스카이라인을 가졌다면 침사추이는 우아하고 기품 있는 스카이라인을 자랑한다. 홍콩 문화센터와 홍콩 우주박물관, 홍콩 예술관, 시계탑, 페닌슐라 호텔, 1881 헤리티지, 카오룬 모스크 등이 삐죽 솟아난 건물들과 조화를 이루는 도시의 풍경은 우아함을 넘어 아름답기까지 하다. 홍콩의 역사를 상징하는 클래식 호텔과 트렌디한 감각을 자랑하는 부티크 호텔은 어깨를 나란히 하며 저마다의 매력을 뽐낸다. 패션쇼장을 떠올리게 하는 캔턴 로드와 그 반대편으로 온갖 보세 상점이 오밀조밀 모인 거리도 침사추이의 하모니를 대표하는 이미지다.

침사추이는 변화의 상징이다. 한 달이 멀다 하고 들고나기를 반복하는 상점들. 어느샌가 거리에 우뚝 선 대형 쇼핑몰과 소리 소문 없이 사라져 버린 건물들은 빛의 속도를 능가하는 이 동네의 변화에 입이 떡 벌어지게 한다. 그런 까닭에 침사추이는 반복해서 오더라도 질리지 않는다. 어울리지 않을 것 같은 것들이 조화를 이루며 만들어 내는 생동감 넘치는 풍경. 매번 새로운 얼굴을 들이미는 침사추이는 늘 살아 움직인다.

Access
가는 방법

MTR 침사추이 Tsim Sha Tsui역
방향 잡기 침사추이역은 이스트 침사추이역과 연결되어 침사추이 안에 여러 명소로 이동하기 편리하다. 모든 MTR의 출구에는 길 이름과 주요 호텔의 이름까지 자세히 나와 있어 안내판만 읽으며 길을 찾아도 무리가 없다. 하버시티나 캔턴 로드로 갈 때는 J6 출구로 나오거나 A1 출구를 이용할 것. 스타의 거리로 나가려면 J4 출구, 그랜빌 로드로는 B2 출구를 이용하면 쉽다.

몽콕

MTR 7분

침사추이

페리 1시간

마카오

스타페리 7분
또는
MTR 6분

센트럴

트램 9분
또는
MTR 7분

코즈웨이
베이

Check Point
● 네이던 로드를 걷다 보면 "아가씨! 착퉁! 카챠!"라며 접근해 오는 외국인들을 쉽게 만날 수 있다. 특히 청킹 맨션 근처에 이런 호객꾼이 많다. 100번 강조해도 부족함이 없는 것은 가짜 상품에 대한 경계다. 세관에 걸리게 되면 망신인 데다 환불이나 교환 시 엄청난 에너지를 쏟아 부어야 하고 제품의 질을 보장받을 수 없다는 점을 기억할 것.

Plan
추천 루트

홍콩의 정수를
느낄 수 있는 곳,
침사추이!

09:00 도보 5분 | 스타의 거리 Avenue of Stars
아침에 거니는 스타의 거리는
밤과 다른 묘미를 선사한다.

11:00 도보 5분 | 하버시티 Harbour City
예상외의 시크릿 플레이스가
가득한 쇼핑몰

스타벅스 Starbucks | **10:00** 도보 10분
홍콩에서 가장 아름다운
뷰를 만날 수 있는
스타의 거리에 있는 스타벅스.

M&C. 덕 M&C. Duck | **12:30** 도보 10분
오리를 테마로 인테리어와
요리까지 구성한 재미난 식당!

1881 헤리티지 1881 Heritage | **14:00** 도보 10분
1881년 해양경찰서로 사용했던 공간을
쇼핑몰과 다이닝 플레이스가 갖춰진
낭만적인 공간으로 꾸몄다.

15:30 도보 5분 | K11 K11
세계 최초의
아트몰 k11.
디자인에 관심 많은
여행자라면 꼭
들러보자.

그랜빌 로드 Granville Road | **16:30** 도보 5분
홍콩 거리 탐험의 묘미인
스트리트 패션 쇼핑을 원한다면
이 거리를 탐방할 것

타오흥 Tao Heung | **18:30** 도보 10분
로컬들이 즐겨 찾는
캐주얼 핫폿 맛집

20:30 | 너츠포드 테라스
Knutsford Terrace
아름다운 홍콩의 밤을 즐기고
싶다면 '리틀 란콰이퐁'이라 불리는
너츠포드 테라스로 향하자!

낭만적인 스타의 거리의
전망은 누구에게나 무료!

스타의 거리 Avenue of Stars

Add. Avenue of Stars, Tsim Sha Tsui
Open 24시간
Access MTR 침사추이역 J4 출구
URL www.avenueofstars.com.hk

★★★★

추억 속 홍콩 스타가 한자리에!

홍콩 스타를 모두 만날 수 있는 거리가 있다! 침사추이
의 바닷가에 난 해안 산책로 중 일부 구간을 2004년 스
타의 거리로 조성했다. 총 거리는 약 440m로 스타의 발
자취를 좇으며 산책을 즐기기에 좋다. 아홉 개의 붉은
기둥에는 홍콩 영화 100년사를 기록해 놓았고 곳곳에
는 금상 여신, 이소룡의 실물 크기, 영화 촬영장 풍경 등
을 동상으로 재현해 놓고 각종 영화 관련 오브제로 장
식해 영화를 테마로 거리 분위기를 고조시킨다.

이곳의 명물은 바닥에 새겨진 스타들의 손도장과 명판.
약 100명의 배우, 희극인, 영화감독의 손도장을 찾아볼
수 있다. 한국인에게 인기 있는 핸드 프린팅은 주성치,
성룡, 유덕화, 곽부성, 여명, 장백지, 임청하, 양조위 등
홍콩 누아르 열풍을 주도했던 배우들이다. 장국영처럼
사후에 거리가 조성되어 손도장이 없는 배우들은 명판
만 남아 있어 팬들의 아련한 추억을 자극한다.

1 홍콩 영화의 역사를 알아보고 스타를 추억할 수 있다. **2** 스타의 거리에 위치한 스타벅스는 전망이 좋으니 꼭 들러볼 것 **3** 실제 홍콩 스타들의 핸드 프린팅은 기념사진 촬영지로 가장 좋은 스폿이다.

심포니 오브 라이트 Symphony of Lights

Map
P.472-F

Add. Victoria Harbour
Open 매일 저녁 8시에 14분 동안 진행된다.
Access MTR 침사추이역 J 출구

★★★★★

TIP 심포니 오브 라이트를 감상하기에 좋은 장소는 연인의 거리 문화 예술 센터 앞에 마련된 2층 테라스. 음악 소리까지도 가장 생생하게 들려 절로 쇼에 몰입하게 된다. 저녁 8시에 맞춰 스타페리를 타는 것도 한 방법. 월·수·금요일은 영어로, 화·목·토요일은 베이징어, 일요일에는 광둥어로 진행된다. 특별히 크리스마스나 새해, 중국 설(춘제)에는 불꽃놀이까지 더해져 그 화려함이 극에 달한다.

홍콩 마천루의 화려한 쇼쇼쇼!

매일 저녁 8시, 빅토리아 하버에서는 마법 같은 순간이 펼쳐진다. 빅토리아 하버를 중심으로 홍콩 섬과 카오룽 반도 쪽 건물 44개가 합세해 빛과 레이저, 음악과 나긋한 설명을 곁들여 전 세계 여행자들을 특유의 휘황찬란함으로 유혹한다. 홍콩의 대표 건물들은 하루에 한 번 그 어떤 생명체와도 비교할 수 없을 정도로 생생하고 화려하게 변신한다. 사회자의 소개를 받으며 마치 개인기를 펼쳐 보이듯 건물 벽면의 조명과 레이저로 화려한 댄스를 선보이며 사람들의 눈과 귀를 홀린다. 절로 탄성을 쏟아내는 순간은 모든 건물이 일사불란하게 심포니를 펼쳐 보일 때다. 음악에 딱딱 맞게, 또 서로의 순서에 맞춰 춤추고 노래하는 건물들의 쇼가 끝나면 여기저기서 박수갈채가 터져 나온다. 궂은 날도 매력이 있지만 화창한 날 만나게 되는 심포니 오브 라이트는 홍콩을 사랑하는 첫 번째 이유가 될지도 모를 일이다.

1 침사추이 시계탑 2 홍콩의 건물들이 빛과 소리, 레이저로 노래하는 심포니 오브 라이트

아쿠아 루나 Aqua Luna

Add. 1st. Tsim Sha Tsui Pier / 9th. Central Pier
Tel. 852-2116-8821
Open 침사추이 선착장 1 출발 17:30, 18:30, 19:30*, 20:30, 21:30, 22:30
센트럴 선착장 9 출발 17:45, 18:45, 19:45*, 20:45, 21:45, 22:45
Access 침사추이 1번 선착장 혹은 센트럴 9번 선착장
URL www.aqua.com.hk(최소 10일 전 온라인 예약 필수)

★★★

아쿠아 루나에서의 달콤한 청혼

아쿠아 루나란 홍콩의 전통 범선인 더클링Duckling을 본떠 만든 일종의 크루즈이다. 관광을 목적으로 만들어진 배답게 갑판 위에는 널찍한 침대 소파가 놓여 있어 이곳에서 세상에서 가장 편한 자세로 샴페인이나 와인을 즐기며 넘실대는 홍콩 바다의 낭만을 즐기기에 좋다. 특히 아쿠아 루나 위에서 심포니 오브 라이트를 볼 수 있는 배는 거의 한 달 전에 예약을 서둘러야만 할 정도로 인기 있다.

고작 HK$2~3인 스타페리에 비하면 가격도 비싸고 예약하기도 어렵지만 연인과 함께라면 로맨틱하고 황홀한 아쿠아 루나 위에서 맞는 홍콩 야경 감상은 필수 항목이다. 무엇보다 프러포즈를 계획한다면 이 특별한 배 위에서 반지를 건네주는 이벤트도 염두에 둘 것. 전통 배와 홍콩의 야경, 배 위에 함께 탄 사람들이 합세해 당신의 사랑을 적극적으로 도와줄 것이다.

아쿠아 루나는 총 45분 동안 항해하며 배에 탑승하면 음료 한 잔이 제공된다. 배 위에서 심포니 오브 라이트를 감상할 수 있는 19:30(침사추이), 19:45(센트럴) 배는 성인 HK$275, 어린이 HK$220. 그외 시간의 배는 성인 HK$195, 어린이 HK$155.

1 더클링을 색다른 다이닝 플레이스로 개조한 아쿠아 루나 2 배 위에서 황홀한 홍콩을 만날 수 있다. 3 아쿠아 루나 역시 홍콩의 건물들과 더불어 아름다운 야경을 연출한다.

페닌슐라 헬기 투어 Helicopter Tour by the Peninsula

secret

Add. The Peninsula, Salisbury Rd, Tsim Sha Tsui
Tel. 852-2696-6500
Open 15:00~16:00
Access MTR 침사추이역 E 출구, 페닌슐라 홍콩 호텔 내
URL www.hongkong.peninsula.com

★★★★★

가장 높은 곳에서 즐기는 짜릿한 홍콩

지금껏 별별 홍콩을 경험해 본 사람이라 할지라도 지금 소개할 이 투어 프로그램에 눈길을 보낼 수밖에 없을 것이다. '동양의 귀부인'으로 불리며 아시아의 허브로 맹위를 떨치던 1900년대 초반부터 페닌슐라의 귀빈들이 이동 수단으로 사용하던 헬기로 즐기는 투어가 바로 그것. 직원의 안내를 받아 전용 엘리베이터를 타고 차이나 클리퍼 라운지China Clipper Lounge에 올라가 20세기 초부터 지금까지 이어진 클리퍼 라운지의 역사를 관람한다. 그 후 안전 교육을 받고 헬리콥터에 탑승한 뒤 가장 높은 곳에서 펼쳐지는 홍콩의 아찔한 스카이라인과 바다 풍경을 한눈에 담을 수 있다.

하늘에서 내려다보는 홍콩, 〈툼레이더〉 속 앤젤리나 졸리가 암벽을 타듯 오르던 ifc 몰의 꼭대기를 비롯해 〈다크 나이트〉에서 조커와 배트맨이 추격전을 벌이던 홍콩 마천루들의 제일 윗부분을 실제 눈으로 확인할 때의 그 쾌감이란 말로 형용할 수 없다.

플라이트 싱 투어Flight-seeing Tour는 15분 HK$8500, 30분 HK$17000, 45분 HK$25500, 1시간 HK$34000으로 가격이 비싼 편. 페닌슐라의 다이닝 및 스파와 결합한 패키지도 마련되어 있다. 패키지 이용 시 완차이 헬리포트에서 코즈웨이 베이의 월드 트레이드 센터까지 전용 코치로 이동할 수 있다.

1 하늘 위에서 내려다보는 홍콩은 말로 형용할 수 없이 아름답다. **2** 숙련된 헬기 조종사 **3** 페닌슐라 귀빈들이 중국이나 마카오 등으로 가기 위한 헬기의 출·도착지로 사용됐던 차이나 클리퍼

식사 내내 환호와 감동을 안겨주는 얀토힌의 수준 높은 요리

얀토힌 Yan Toh Heen

Add. Lower Level, InterContinental Hong Kong, 18 Salisbury Rd, Tsim Sha Tsui **Tel.** 852-2313-2323
Open 월~토요일 12:00~14:00·18:00~23:00, 일요일·공휴일 11:30~15:00·18:00~23:00
Access MTR 침사추이역 A1 출구 혹은 침사추이 스타페리 터미널에서 도보 5분, 인터컨티넨탈 홍콩 호텔 지하 1층 **URL** www.hongkong-ic.intercontinental.com

2015 New Spot

뷰는 물론 모든 것이 완벽한 다이닝 체험

홍콩 대다수의 특급 호텔이 다이닝에 있어서도 큰 만족을 주지만, 인터컨티넨탈 홍콩은 그 어떤 호텔도 비교 대상이 될 수 없는 특별한 조건을 가졌다. 그것은 바로 호텔이 바다 위에 둥실 떠 있기 때문에 가장 가까이에서 빅토리아 하버의 뷰를 마치 그림 작품을 감상하듯 바라볼 수 있다는 것이다. 인터컨티넨탈 홍콩의 5개 식당 중에서 얀토힌은 최근 대대적인 레노베이션으로 더욱 세련되고 고급스러운 분위기가 배가되었다. 스푼이나 노부처럼 뷰를 마주하는 2인석 테이블을 더 늘렸고 와인 셀러나 프라이빗 룸 등의 공간을 더욱 아름답게 꾸며 홍콩의 고급 광둥요리를 이끄는 레스토랑으로서의 입지를 더욱 공고히 하고 있다.

홍콩 미식계의 거장이자 미슐랭 2스타 셰프인 라우 유 파이Lau Yiu Fai는 제철 재료만을 엄선해 특유의 섬세함으로 최상의 퀄리티를 자랑하는 광둥요리를 제공한다. 다른 광둥요리 레스토랑과는 다른 프레젠테이션의 딤섬이나, 전통적인 방식에 세계의 진미와 현대의 트렌드에 맞는 적절한 재료를 믹스 & 매치하는 것도 그의 특기다. 다른 곳에서는 맛보기 어려운 6가지 채소와 3가지 소스를 곁들여 먹는 얀토힌의 특제 베이징 덕Peking Duck을 추천. 일반적으로 점심식사는 1인당 HK$500~700, 저녁식사에는 HK$800~1000선으로 예산을 잡으면 된다.

1 아찔한 홍콩 섬의 뷰와 함께 만끽하는 광둥요리 **2** 뚝심 있고 올곧게 본인의 요리 스타일을 고수한 셰프 유는 2015년 미슐랭 가이드로부터 별을 2개 받았다. **3** 베이징 덕도 얀토힌에서는 다르다!

노부 NOBU

Map
P.473-G

Add. 2F, InterContinental Hong Kong, 18 Salisbury Rd, Tsim Sha Tsui
Tel. 852-2313-2323
Open 점심 12:00~14:30, 저녁 18:00~23:00
Access MTR 침사추이역 A1 출구 혹은 침사추이 스타페리 터미널에서 도보 5분,
인터컨티넨탈 홍콩 호텔 2층
URL www.hongkong-ic.dining.intercontinental.com

바닷속에서 즐기는 퓨전 일식

미국 드라마 〈섹스 앤드 더 시티〉의 한 에피소드에는 유모가 그만두는 날이라며 앞으로 자신을 만날 때는 일찍부터 예약을 해 달라는 미란다에게 캐리가 말한다. "You're like Nobu(네가 무슨 노부 식당이니?)" 그만큼 뉴요커에게 큰 인기를 끌었으며 유수의 여행 매거진이 극찬했던 노부를 홍콩에서도 만나 볼 수 있다.

노부는 셰프인 노부 마쓰히사Nobu Matsuhisa의 창의적이고 혁신적인 일본 요리로 명성이 높은 곳이다. 셰프 노부는 도쿄에서 전통 스시를 배웠고 일식 트렌드를 익히기 위해 페루와 아르헨티나를 비롯해 전 세계를 여행하며 요리의 영감을 얻었다. 인터콘티넨탈 홍콩의 노부는 요리만큼이나 멋진 인테리어로 미식가들을 사로잡았다. 천장 위를 물결 치는 성게 껍데기와 바닷속 거품을 상징하는 대나무와 검정 조약돌로 꾸미며 바닷속을 스타일리시하게 재현했다.

1 셰프 노부의 창의적인 일식을 만날 수 있는 노부 2 선데이 브런치 세트에서 2명이 모두 다른 8가지 에피타이저를 고를 것
3 노부의 대표 메뉴 중 하나인 은대구 구이 4 노부의 레이블을 단 사케도 인기가 많다.

스푼 SPOON by Alain Ducasse

Add. Lobby Level, InterContinental Hong Kong, 18 Salisbury Rd, Tsim Sha Tsui **Tel.** 852-2313-2323
Open 화~일요일 18:00~23:00 (선데이 브런치는 일요일 12:00~14:30) **Close** 월요일
Access MTR 침사추이역 A1 출구 혹은 침사추이 스타페리 터미널에서 도보 5분, 인터컨티넨탈 홍콩 호텔 로비
URL www.hongkong-ic.intercontinental.com

2015 New Spot

선데이 브런치는 필수!

엄청난 뷰와 천장을 장식하는 550개의 무라노 유리 스푼과 같은 특별한 장치에만 집중하다보면 자연스럽게 요리 자체의 질에는 의구심을 가질 수도 있겠다. 하지만 이곳은 꾸준히 미슐랭 2스타를 유지하는 곳이며 전 세계의 여행 매거진으로부터 세계 최고의 프렌치로 꼽히는 레스토랑 중 하나다. 자신만의 와이너리에서 만드는 와인과 커틀러리, 테이블 웨어를 사용하는 것은 기본. 일부러 거위의 간을 불려 만드는 방식의 푸아그라를 사용하지 않고 원래 크기가 큰 오리의 간을 굽거나 튀기지 않고 쪄내는 방식으로 요리에 사용한다. 치즈 케이크도 쪄서 만들어 칼로리를 낮추는 등 알랭 뒤카스의 요리 철학을 그대로 지켜내는 것도 많은 레스토랑 중에서 스푼을 추천하는 이유.

노부와 마찬가지로 특히 일요일이면 스푼은 더욱 뜨겁다. 소믈리에가 매주 다르게 엄선하는 식전주Aperitif를 입장과 동시에 받고 와인과 주스를 무한으로 즐길 수 있는 스푼의 선데이 브런치는 매주 예약 경쟁이 치열할 정도로 홍콩 사람들에게 큰 인기를 끌고 있다. 프랑스 시골 스타일로 만든 각종 테린과 햄 치즈가 가득한 애피타이저 뷔페, 디저트 뷔페는 물론이고 여기에 단품으로 메인 요리와 커피나 차까지 즐길 수 있는데 그 가격이 겨우 HK$8880이기 때문이다. 스푼의 주요 메뉴를 모두 맛볼 수 있는 익스피리언스 메뉴Experience Menu는 HK$1588.

1 스푼은 셰프의 명성과 질 좋은 요리, 뷰, 인테리어, 서비스까지 훌륭한 파인 다이닝 플레이스이다. **2** 프랑스 시골식의 테린, 치즈, 디저트, 햄 등이 뷔페식으로 제공되는 선데이 브런치는 예약이 어려울 정도다. **3** 다양한 종류의 창의적인 디저트는 꼭 맛보도록 하자.

셀레스티얼 코트 Celestial Court

Map
P.473-G

Add. 2F, Sheraton Hong Kong Hotel & Towers, 20 Nathan Rd, Tsim Sha Tsui
Tel. 852-2732 6991
Open 점심 월~토요일 11:30~15:00·일요일 10:30~15:00, 저녁 18:00~23:30
Access MTR 침사추이역 A1 출구 혹은 침사추이 스타페리 터미널에서 도보 5분,
쉐라톤 홍콩 호텔 2층
URL www.sheraton.com/hongkong

셰프의 손맛이 살아 있는 딤섬

쉐라톤 홍콩 호텔에 위치한 셀레스티얼 코트는 호텔 레스토랑이지만 비교적 저렴한 가격에 이용할 수 있는 광둥요리와 딤섬으로 유명하다. 30년 동안 광둥요리만 고집해 온 이 레스토랑의 주방장 찬수이케이Chan Sui Kei 셰프는 정통 광둥요리에 서양요리나 일본 요리 레시피를 더하는 등 끊임없이 메뉴를 개발한다. 또 계절마다 셰프가 직접 엄선한 재료를 사용해 손님 상에 내놓는 요리들도 반응이 좋다. 다른 레스토랑보다 월등히 많은 수의 차를 준비해 선택의 폭을 넓힌 것도 현지인들에게 좋은 평을 얻게 된 이유 중 하나. 나무와 실크, 중국 느낌이 물씬 나는 골동품으로 꾸며진 식당 내부는 극도의 고급스러움보다는 캐주얼하고 친근한 느낌으로 어필한다.

통통한 새우와 쫄깃한 만두피를 사용해 맛있게 요리된 하가우와 담백한 채소 춘권, 달고 고소한 맛이 일품인 차슈바오는 셰프의 대표 메뉴다. 딤섬으로 이용할 경우 1인당 HK$350~500.

1 오래됐지만 기품 있는 분위기의 셀레스티얼 코트 **2** 셰프가 추천하는 하가우 **3** 셀레스티얼 코트를 책임지고 있는 찬수이케이 셰프 **4** 프라이빗한 분위기를 낼 수 있는 공간도 마련되어 있다.

개디스 **Gaddi's**

Add. 1F, The Peninsula Hong Kong, Salisbury Rd, Tsim Sha Tsui
Tel. 852-231-3171
Open 점심 12:00~14:30, 저녁 19:00~22:30
Access MTR 침사추이역 E 출구, 페닌슐라 홍콩 호텔 1층
URL www.peninsula.com

럭셔리 파인 다이닝의 절정

홍콩의 레스토랑 중 가장 고급스러우면서 콧대 높은 레스토랑을 묻는다면 두말하지 않고 개디스를 꼽겠다. 하지만 그 까다로움의 근거는 페닌슐라 호텔의 역사와 품위, 50년 가까이 프렌치 오트 퀴진French Haute Cuisine을 제공해 온 개디스의 자부심, 손님들의 편의를 지키려는 레스토랑의 노력이다. 다른 레스토랑과는 달리 개디스는 전용 엘리베이터를 타야 입장이 가능하다. 슬리퍼와 청바지 차림은 당연히 입장 불가. 남성의 경우 재킷까지 챙겨 입고 꼿꼿한 자세로 식사해야 하는 분위기다.

그렇지만 이 레스토랑이 까다롭게 내놓는 정통 프렌치 요리와 방대한 와인 리스트, 클래식한 분위기, 섬세하고 프로페셔널한 서비스 때문에 비싼 만큼 제값을 한다는 생각이 절로 든다. 게다가 매일 밤 라이브 밴드의 공연까지 더해져 낭만적인 분위기가 더욱 고조되니 프러포즈로 홍콩행을 계획한다면 참고해 둘 것.

밤의 개디스는 아름답지만, 가격대가 HK$1000이 훌쩍 넘어 부담스럽다. 주중 런치세트(HK$520)나 주말 브런치(HK$560)를 이용해 저렴한 가격으로 홍콩에서 가장 오래된 프렌치 레스토랑을 즐기는 것도 좋은 방법

1 로맨틱한 분위기가 절정을 이루는 페닌슐라의 개디스 **2** 섬세한 프렌치 오트 퀴진을 맛볼 수 있다. **3, 4** 역사와 전통은 비단 인테리어와 요리에만 반영된 것이 아니다. 고급스럽고 품격 있는 식기류, 정갈한 서비스도 개디스의 명성에 한몫한다.

스프링 문 Spring Moon

Map
P.472-F

Add. 1F, The Peninsula Hong Kong, Salisbury Rd, Tsim Sha Tsui
Tel. 852-2696-6760
Open 월~토요일 11:30~14:30·18:00~22:30, 일요일·공휴일 11:00~14:30·
18:00~22:30
Access MTR 침사추이역 E 출구, 페닌슐라 홍콩 호텔 1층
URL www.hongkong.peninsula.com

2015 New Spot

정통 광둥요리의 표본

미식가들에게 스프링 문은 2014년 현재 홍콩 최고의 광둥
요리를 내는 최고의 레스토랑은 아닐 수 있다. 그러나 이
곳은 음식 자체도 중요하지만 역사까지 더해져야 의미가
있는 곳이다. 페닌슐라 스탠더드가 워낙 엄격해 재료나
요리법을 전통방식을 고수하는 것이 셰프에게는 종종 도
전을 시도할 수 없는 장벽이 될 수도 있지만, 여행자에게
정통 광둥요리 그 자체를 즐기기엔 이보다 좋은 곳이 없
다. 페닌슐라가 처음으로 문을 열었던 1920년대 홍콩을
반영해 꾸민 고풍스러운 인테리어도 마치 시간여행을 하
는 것 같은 기분이 들게 한다.

페닌슐라만의 비법으로 만든다는 수제 XO소스를 비롯해 차슈바우와
차슈소는 스프링 문의 상징이다. 무엇을 주문해야 할지 모르겠다면
딤섬 셀렉션Dim Sum Selection이나 스프링 문의 베이징 덕Roasted
Peking Duck을 주문해보자. 딤섬을 주로 하는 점심은 1인당
HK$500~700, 저녁시간에는 HK$800~1000 정도 예산으로 잡으면
된다.

1 전통과 역사로 승부하는 페닌슐라 홍콩의 스프링 문 **2** 호주에서 키운 일본 소는 광둥식 요리법과 잘 맞는다. **3** 가장 추천할 만한 메뉴는 스프링 문의 딤섬과 차슈바우와는 다소 다른 차슈소가 있다. **4** 수많은 차 용품으로 내부를 꾸몄다.

체사 Chesa

Add. 1F, The Peninsula Hong Kong, Salisbury Rd, Tsim Sha Tsui
Tel. 852-2696-6769
Open 점심 12:00~14:30, 저녁 18:30~22:30
Access MTR 침사추이역 E 출구, 페닌슐라 홍콩 호텔 1층
URL www.hongkong.peninsula.com

2015 New Spot

치즈 마니아들의 파라다이스

수많은 세계 음식이 범람하는 홍콩에서 지금도 스위스 레스토랑을 찾기란 쉽지 않다. 그런 의미에서 스위스 음식을 콘셉트로 하는 체사가 1965년부터 홍콩의 치즈 러버들에게 사랑받아온 역사 깊은 곳이었다는 사실은 조금 놀랍다. 그리고 이곳이 특별한 날이면 예약이 어려울 정도로 인기가 많은 곳인데 비해 여행 잡지나 가이드북에서는 소개를 하지 않고 있다는 것 역시도 의외다. 실내는 다른 페닌슐라의 레스토랑들과는 완전히 다르게 소박한 스위스 가정집처럼 만들었다.

인기 메뉴로는 보글보글 끓는 스위스 치즈에 작은 감자와 빵을 찍어먹는 치즈 퐁듀Cheese Fondue와 라클레트Raclette가 있다. 그 외에도 크림소스와 송아지로 만든 취리쿠와즈Veal Zurichoise, 수제 소시지와 감자로 만든 뢰스티Rosti, 독일식 파스타인 슈페츨Spätzle 등 스위스에서 즐길 수 있는 다양한 음식을 맛볼 수 있다. 정통 스위스 음식을 스위스 와인과 함께 즐길 수 있다는 것도 포인트! 와인과 함께 저녁식사할 경우 1인당 HK$1000~1500 정도.

1, 4 스위스의 시골 집을 본따 만든 체사 2 정말 제대로 된 스위스 치즈로 만드는 퐁듀 3 퐁듀와 라끌레트 이외에도 다양한 스위스 요리를 즐길 수 있다.

홍콩에서 가장 핫한
장소로 급부상하는
알 몰로의 짜릿한 뷰

알 몰로 Al Molo

Add. Shop G63, GF, Ocean Terminal, Harbour City, Tsim Sha Tsui
Tel. 852-2730-7900
Open 런치 뷔페 월~금요일 12:00~15:00, 인터메조 15:00~18:00,
디너 18:00~23:00, 주말 브런치 12:00~16:00
Access MTR 침사추이역 A1 출구 혹은 침사추이 스타페리 터미널에서 도보 5분,
하버시티 오션 터미널 G층 **URL** www.diningconcepts.com.hk

천만 불 가치의 다이닝 체험!

이번 홍콩 여행에서 특급 호텔의 하버 뷰 룸을 예약하지 못했더라도 실망하지 말자. 야경 하나가 나라 전체의 보물인 이곳에는 수많은 대안이 있다. 그중 하나는 바로 하버시티 오션 터미널에 둥지를 튼 레스토랑 알 몰로다. 이탈리아어로 항구를 뜻하는 알 몰로는 스타페리 선착장과 접해 있어 바다와 항구의 정취를 만끽하기에 최적의 위치. 피자 화덕, 오픈 키친, 홍콩 섬까지 보이는 통유리 등 근사하게 꾸민 실내도 훌륭하지만 베스트는 레스토랑 테라스에서 알프레스코 다이닝Al Fresco Dining을 즐기는 것. 매일 밤 8시 펼쳐지는 심포니 오브 라이트와 뉴욕에서 각광받는 스타 셰프 마이클 화이트Michael White의 이탈리아 요리를 동시에 맛보려면 부지런한 예약은 필수!

프로모션 메뉴나 마이클 화이트의 시그니처 요리를 맛보자. 수프와 안티 파스토, 메인 요리까지 1인당 HK$300~400 정도에 즐길 수 있다.

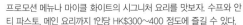

1 스타 셰프 마이클 화이트가 디렉팅한 이탈리안 요리의 세계 **2** 피자와 와인 한 병을 주문해 느긋하게 보내는 홍콩의 밤 **3** 바에서 바라본 테라스 좌석. 홍콩 야경이 한눈에 들어온다. **4** 모던한 내부 공간

스위트 바질 타이 퀴진 Sweet Basil Thai Cuisine

Map
P.472-E

Add. Shop OT260~OT263, 2F, Ocean Terminal, Harbour City, Tsim Sha Tsui
Tel. 852-2730-1963
Open 11:30~23:00
Access MTR 침사추이역 A1 출구 혹은 침사추이 스타페리 터미널에서 도보 5분,
하버시티 오션 터미널 2층

입안에서 살살 녹는 태국 스타일의 새우회

홍콩에서 광둥요리 식당을 빼고 가장 다양한 가격대로 가장 번성한 레스토랑은 태국 식당과 일본 식당이다. 하지만 100% 현지의 맛을 살리는 데는 태국 식당이 완승! 그중에서도 스위트 바질 타이 퀴진은 이미 오픈라이스가 최고의 맛집으로 선정한 색다른 태국 식당이다(코즈웨이 베이 지점 Lee Theatre 6F). 100% 태국 음식만을 취급하지는 않지만 광둥 사람들이 선호하는 샥스핀과 두부, 채소 같은 식재료를 이용한 태국 요리와 코코넛에 넣은 볶음밥, 단호박 안에 가득 넣어 구운 해산물 카레 등 창작 메뉴로 일반적인 태국 식당과 차별화에 성공했다. 게다가 주요 식재료를 현지에서 공수하고 태국인 주방장을 두어 태국의 고유한 맛을 고스란히 살리는 데에도 주력한다.

새우회Shrimp Sashimi 하나만으로도 이곳을 선택할 만한 이유는 충분하다. 싱싱한 새우회 위에 고추, 마늘, 각종 채소를 올려 태국식 젓갈 소스에 찍어 먹는다. 입에서 살살 녹는 새우와 허를 자극하는 매운맛이 묘하게 하모니를 이룬다. 콩 줄기와 함께 요리한 매운 두부Fried Bean Curd with Long Beans & Hot Basil도 우리 입맛에 딱 맞는다. 1인당 HK$200~250 정도면 애피타이저부터 디저트까지 두루 맛볼 수 있다.

1 우리나라에선 좀처럼 보기 어려운 별미, 새우회 **2** 태국 전통 복식을 차려입고 서비스한다. **3** 화려한 꽃으로 장식한 내부 **4** 코즈웨이 베이에서의 큰 인기에 힘입어 하버시티에도 문을 연 스위트 바질 타이 퀴진

루크스 태번 **Lucques Tavern**

Add. Shop OT315, 3F, Ocean Terminal, Harbour City, 17 Canton Rd, Tsim
Sha Tsui **Tel.** 852-2735-6111
Open 월~목·일요일·공휴일 10:30~23:00, 금·토요일·공휴일 전날 10:30~24:00
Access MTR 침사추이역 A1 출구 혹은 침사추이 스타페리 터미널에서 도보 5분,
하버시티 오션 터미널 3층
URL www.lucquestavern.com

2015 New Spot

스테이크, 해산물 바비큐가 당기는 날엔

아시아권에 댄 라이언스 시카고 그릴Dan Ryan's Chicago
Grill, 홍콩에 메트로폴리탄 카페Metropolitan Cafe 등을 열
어 미국식 요리나 이탈리안 등 웨스턴 레스토랑을 주로
열어온 윈디 시티Windy City의 최신 다이닝 브랜드인 루크
스 태번. 남부 캘리포니아 요리를 기본으로 모든 메뉴를
구성했으며 인테리어 역시도 미국 가정집처럼 꾸몄다. 특
히 이곳은 가벼운 게임이 프린트된 트래이 매트지를 비롯
해 어린이를 위한 아이템과 어린이 메뉴를 충실하게 갖추
고 있어 가족여행자가 들러보기에 좋은 곳이다.

윈디 시티의 모든 식당과 마찬가지로 모든 메뉴는 직접 재배한 신선한
재료는 기본으로 하는 팜 투 테이블Farm To Table 실현을 노력한다.
애피타이저는 HK$89부터, 메인요리는 HK$128부터면 이용 가능하다.
무엇보다 시그니처인 립아이 스테이크Tomahawk Rib Eye Steak For
2280z) 온 더 본On The Bone은 HK$788. 1인용 메뉴지만 4인이
다른 메뉴와 곁들여 먹기에도 충분한 양이다. 위크엔드 브런치와
런치는 HK$100 정도로 메인을 포함해 음료와 수프를 함께 즐길 수
있다.

1 캘리포니아 요리가 주된 메뉴다. **2** 해산물 플래터도 인기 메뉴 **3** 다양한 칵테일과 캘리포니아산 와인을 즐겨볼 것 **4** 쇠고기, 양
고기, 해산물 바비큐까지 제대로된 미국식 스테이크를 맛볼 수 있다. **5** 달달한 디저트도 캘리포니아 스타일 그대로!

M&C. 덕 M&C. Duck

Add. Shop 3319, 3F, Gateway Arcade, Harbour City, 17 Canton Rd, Tsim Sha Tsui **Tel.** 852-2347-6898
Open 점심 11:30~16:00, 저녁 18:00~22:30
Access MTR 침사추이역 A1 출구 혹은 침사추이 스타페리 터미널에서 도보 5분, 하버시티 게이트웨이 아케이드 3층
URL www.maxims.com.hk

secret

2015 New Spot

오리에 관한 모든 요리와 위트

M&C. 덕이 생기기 전에는 베이징 덕Peking Duck은 고급 광둥 레스토랑이나 몇 시간은 줄을 서야 하는 몇몇 로컬 식당에서나 먹을 수 있는 음식이었다. 그 사실을 깨준 것이 홍콩 최대의 미식 그룹인 맥심 그룹이다. 맥심 그룹은 이미 페킹 가든Peking Garden이라는 고급 광둥 레스토랑을 운영하며 베이징 덕에 있어서는 홍콩 최고라는 평을 받았다. 하지만 M&C. 덕은 베이징이나 양저우 스타일의 오리 요리는 물론이고 쓰촨, 광둥, 윈난 등지의 음식까지 합리적인 가격에 맛볼 수 있다.

분위기와 인테리어도 젊은 세대에 맞춰 밝고 화사하며, '덕Duck'이라는 메인 콘셉트를 놓치지 않고 유머러스하다. 테이블 위 귀여운 오리 모양의 젓가락 받침대를 비롯한 맞춤 제작된 접시와 직원들의 유니폼, 유러피안 타일, 내부를 스타일리시하게 꾸며주는 조명기기, 오픈 키친 안에서 요리하는 셰프들의 움직임을 구경하는 재미까지 쏠쏠하다. 통유리로 된 창문과 야외 테라스에서는 홍콩의 상징인 빅토리아 하버 뷰를 감상할 수 있다.

가장 유명한 메뉴는 베이징 덕Barbecued Peking Duck. 2.5kg짜리 오리를 엄선해 기름기를 쫙 빼고 부드러운 오리 요리 한 마리 혹은 반 마리를 제공한다. 오리 수프에 넣은 완탕Duck Soup with Wonton이나 잣과 새우 요리Deep-fried Prawns and Pine Nuts with Salad, 대구 튀김Deep-fried Cod 등도 인기 있다. 재방문이라면 브리티시 스타일에 베이징 스타일을 접목한 애프터눈티 세트도 즐겨볼 것. 1인당 HK$200~300.

1, 2 현대식 레스토랑이지만 베이징 덕 만큼은 전통 방식을 고수한다. **3** 쓰촨식 매운 요리도 맛볼 수 있다.

부다오웽 핫폿 Budaoweng Hot Pot

Add. 23F, iSquare, 63 Nathan Rd, Tsim Sha Tsui
Tel. 852-2152-1166
Open 11:00~01:00
Access MTR 침사추이역 H 출구, 아이 스퀘어 23층

Map P.472-F

secret

2015 New Spot

핫폿과 사케의 만남!

근사한 빅토리아 하버 뷰와 매칭을 이루는 건 프렌치나 이탈리안, 일식만 있는 게 아니다. 아이 스퀘어의 고층에서는 이 황홀한 뷰와 함께 핫폿까지 식사할 수 있다. 부다오웽 핫폿은 인테리어와 이름에서도 알 수 있듯 광둥식 핫폿과 일본식 샤브샤브가 조합된 형태. 홍콩 사람들이 즐겨 먹는 쓰촨식 마라탕과 돼지고기, 닭고기 육수를 비롯해 시그니처인 랍스터탕도 선택할 수 있다. 게다가 일본식 미소탕이나 카레탕도 마련되어 더욱 흥미로운 맛을 즐기기 좋다.

핫폿의 재료는 다른 핫폿집과 비슷하다. 마블링이 훌륭한 쇠고기, 홈메이드 어묵, 만두, 물고기를 어묵처럼 갈아 만든 면도 인기 있다. 핫폿 이외에도 부다오웽 핫폿은 각종 사시미와 해산물 바비큐도 유명하다. 일반적인 맥주나 와인이 아닌 다양한 사케와 함께 핫폿을 즐길 수 있다. 1인당 HK$500~700 정도면 넉넉하게 핫폿에 요리까지 맛볼 수 있으니 참고하자. 타임스 스퀘어(Shop 1101, 114F Times Square)에도 매장이 있다.

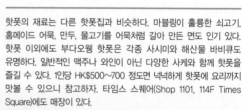

1 근사한 뷰와 함께 즐기는 핫폿 2 다양한 맛의 어묵은 꼭 맛보자. 3 취향에 맞춰 나만의 소스 만들기도 이곳의 묘미 4 이집에서는 마라탕의 매운 정도가 다소 강한 편이니 이를 감안해서 주문할 것

타오훙 Tao Heung

Add. Ground Floor, Star Mansion, NO.3 Minden Row, Tsim Sha Tsui
Tel. 852-8300-8084
Open 07:30~16:30, 18:00~01:00
Access MTR 침사추이역 N3 혹은 N4 출구
URL www.taoheung.com.hk

Map
P.473-G

secret

가족들이 외식하러 가는 곳

타오훙은 점심에는 딤섬, 저녁에는 핫폿, 제철 재료를 사용해 만드는 제대로 된 광둥요리를 즐기려고 모여든 가족들이 삼삼오오 모여 앉아 시끌벅적 즐거운 외식을 즐기는 곳이다. 특히 타오훙의 주력 메뉴인 핫폿은 싱싱한 재료부터 저녁에는 무료로 제공되는 8가지 양념 소스, 매일 저녁에 진행되는 프로모션으로 하루 종일 긴 줄을 서야만 맛볼 수 있다. 규모와 분위기에 비해 영어가 잘 통하지 않는 점은 아쉽다.

메뉴는 HK$18부터. 쇠고기와 어묵, 만두는 반드시 주문하자. 달콤한 즙을 많이 함유한 부드러운 옥수수와 중국 상추Chinese Lettuce, 튀긴 생선 껍질, 씹는 맛이 재미난 조개류, 보들보들한 연두부나 유바가 무난하다. 배고픔을 달래려면 여기에 국수나 우동을 추가해도 맛있다. 사테 소스, 홍랄초라 불리는 동남아시아 매운 고추, 파, 땅콩, 마늘, XO소스 등을 취향대로 섞어 나만의 소스를 만들어 먹어 보자.

1 넓고 모던한 핫폿집 **2, 4** 홍콩사람들에게 최고로 칭송받지는 않지만 가격대비 이만큼 훌륭한 곳은 드물다. **3** 평일 9시 이후에는 더욱 저렴하게 핫폿을 즐길 수 있다.

초현실적인 분위기가
눈길을 사로잡는 위스크

237

위스크 WHISK

Add. 5F, The Mira Hong Kong, 118 Nathan Rd, Tsim Sha Tsui
Tel. 852-2315-5999
Open 점심 12:00~14:30, 저녁 18:00~23:00
Access MTR 침사추이역 B1 출구, 미라 홍콩 호텔 5층
URL www.themirahotel.com

초현실적인 분위기 속에서 맛보는 유러피안 다이닝

위스크가 홍콩의 미식가들 사이에서 회자되었던 주된 이유는 그야말로 블링블링하고도 혁신적인 인테리어 때문이었다. 실버와 초콜릿 브라운 컬러의 고급스러운 조화에 더해 미라 호텔의 광둥 레스토랑인 퀴진 퀴진 앳 더 미라Cuisine Cuisine at the mira와 유기적으로 꾸며진 인테리어는 마치 사이버 공간 속에서 다이닝을 즐기는 듯한 묘한 착각에 빠지게 한다. 통유리를 통해 내려다보는 수많은 크리스털 볼이 천장을 가득 수놓은 퀴진 퀴진은 여느 초특급 뷰가 부럽지 않은 아름다운 전망을 제공한다. 위스크의 카펫이나 소파의 패브릭도 퀴진 퀴진의 크리스털 볼과 연관성을 두는 문양으로 장식해 디자인적으로 서로 연결된 두 레스토랑을 더욱 돋보이게 한다.

신선한 제철 재료를 사용하는 클래식하면서도 창의적인 유러피안 요리가 위스크의 자랑이다. 이곳에는 전문 소믈리에가 있어 모든 메뉴를 다채로운 유럽 와인과 함께 즐길 수 있다. 추천 메뉴는 건강에 좋은 아티초크로 요리한 고메 샐러드Gourmet Salad, 깔끔한 랍스터 파스타Tagliatelle with Sautéed Maine Lobster in Aromatic Oil도 클래식 유러피안 요리를 느끼기에 좋은 메뉴다. 스페인 스타일의 요리지만 광둥요리의 느낌도 더해진 돼지고기 바비큐Roasted Crispy Suckling Pig with Truffle Salad and Spiced Red Wine Sauce도 훌륭하다. 점심식사로 즐길 경우 1인에 HK$500, 저녁식사로는 HK$800 정도 예상하면 된다.

1 소믈리에에게 음식에 어울리는 와인을 추천받을 수 있다. 2 퀴진 퀴진 앳 더 미라와 유기적으로 연결된 인테리어 디자인이 혁신적이다. 3 수준 높은 유러피안 메뉴도 만족도를 높여 준다. 4 피자처럼 나오는 애플 타르트

가이아 베지 숍 Gaia Veggie Shop

Map
P.472-B

secret

Add. Shop 2005, 2F, Miramar Shopping Centre, 132 Nathan Rd, Tsim Sha Tsui
Tel. 852-2376-1186
Open 11:00~22:00
Access MTR 침사추이역 B1 출구, 미라마 쇼핑 센터 2층

2015 New Spot ▶

홍콩은 채식주의자의 천국

건강에 관심이 지대한 홍콩에서 채식 간판을 내건 식당을 찾는 것은 아주 쉬운 일이다. 철저한 채식Vegan-Friendly, 오보Ovo, 락토Lacto, 중국식 채식 등. 그 종류도 다양하다. 가이아 베지 숍은 광둥식 사찰 요리를 콘셉트로 하는 동시에 다양한 훼이크Fake 고기와 생선 등으로 이름난 곳이다. 언뜻 보기엔 쇠고기, 돼지고기, 심지어는 오리고기나 각종 생선회 등과 꼭 닮았지만, 실제로는 채소나 두부를 이용해 만든 가짜 고기들이다. 게다가 이곳은 대개 다이어트용 채식이 아니라 광둥식, 일본식, 태국식, 이탈리안식 등의 요리법을 제대로 활용해 맛 또한 나쁘지 않은 것이 특징.

훼이크 고기는 생각보다 맛이 나쁘지 않다. 하지만 신선한 샐러드나 단순히 볶고 굽고 튀긴 음식에 비해서 뭔가 희한한 맛이라는 생각이 들기도 한다. 고로 맛을 중요하게 여긴다면 고기를 흉내낸 메뉴보다는 다채로운 채소와 버섯, 두부로 만든 음식을 주문할 것. 몇몇 음식은 달걀이나 유제품이 들어있으니 메뉴판을 잘 확인하자. 1인당 HK$150~200.

1 홍콩에서는 보기 쉬운 채식 식당 2 홍콩의 젊은이들에게 사랑받는 채식당 중 하나다. 3, 4, 5 고기를 흉내 낸 메뉴보다는 채소 자체를 그대로 요리한 것이 더욱 맛있다.

난하이 넘버 원 Nanhai No. 1

Add. Level 30, i Square, 63 Nathan Rd, Tsim Sha Tsui
Tel. 852-2487-3688
Open 점심 11:30~15:00, 저녁 18:00~23:30
Access MTR 침사추이역 H 출구, 아이 스퀘어 30층
URL www.elite-concepts.com

보물선을 타고 즐기는 맛의 항해

15세기 중국의 보물선 이름을 따온 난하이 넘버 원은 중국 남부 지방의 요리 세계로 떠나는 항해를 기본 테마로 정한 컨템퍼러리 차이니즈 레스토랑이다. 아쿠아나 후통과 마찬가지로 홍콩 섬의 파노라믹 뷰를 함께 즐길 수 있는 전망이 난하이 넘버 원의 가장 큰 자랑거리다. 하지만 단순히 이곳이 뷰만 강조하는 레스토랑이 아니라는 데 그 진가가 있다. 광동 지역을 포함한 남부 중국의 다채로운 식재료와 요리법을 총동원한 요리는 하나하나 독창적인 가운데 정통 방식을 지키려 노력했기에 까다로운 홍콩 미식가들의 마음을 사로잡았다. 2010년 문을 열자마자 〈미슐랭 가이드〉로부터 별 하나를 얻으며 실력을 입증했다. 통유리로 막힘없이 보이는 홍콩 섬의 환상적인 야경과 함께 식사를 만끽하려면 여행 준비 단계부터 예약을 서둘러야 한다.

홍콩의 파인 레스토랑이 갖는 장점은 다양한 가격대의 메뉴를 갖췄다는 것. 애피타이저는 HK$48부터고 국수나 밥 위주로 주문하면 1인당 HK$200 선에도 식사가 가능하다. 특히 돼지고기 바비큐Crispy Suckling Pig와 랍스터 콩소메와 먹는 밥Crispy and Steamed Rice Served in Lobster Consommé은 우리 입맛에도 아주 잘 맞는 요리다.

1, 2 홍콩 섬의 화려한 야경을 마주하는 저녁 식사를 난하이 넘버 원에서 즐겨 보자. 3 야경과 근사한 중국 남부 지방의 요리를 동시에 즐길 수 있다. 4 디저트도 일품이다.

르 카페 드 조엘 로부숑 Le Cafe de Joel Robuchon

Map
P.427-E

Add. Shop No. 2608, Level 2, Harbour City Gateway Arcade
Tel. 852-2327-5711
Open 11:30~22:00
Access MTR 침사추이역 A1 출구 혹은 침사추이 스타페리 터미널에서 도보 5분,
하버시티 게이트웨이 아케이드 2층
URL www.robuchon.hk

2015 New Spot

스타 셰프의 요리를 합리적으로 즐기는 방법

전 세계에서 미슐랭 스타를 가장 많이 받은 셰프 중 한 명인 조엘 로부숑. 센트럴에 조엘 로부숑 레스토랑의 캐주얼 버전인 라뜰리에 드 조엘 로부숑이 있지만, 정작 홍콩에서 더 큰 명성을 얻은 것은 애프터눈티 세트를 만날 수 있는 티 살롱인 살롱 드 데 조엘 로부숑Salon de The de Joel Robuchon이다. 푸디들의 열화와 같은 사랑은 랜드마크를 필두로 ifc 몰, 엘리먼츠에 속속 들어선 살롱 드 떼의 분점에서도 확인할 수 있다.

하지만 미슐랭 스타 셰프의 브랜드에서 가벼운 차와 패스트리만 맛보기에는 좀 서운한 감이 드는 것도 사실. 그래서 2014년 여름에 문을 연 카페 드 조엘 로부숑은 보다 다양한 메뉴는 물론이고 근사한 뷰까지 더해져 더욱 큰 인기를 얻고 있다.

베스트셀러는 단연 티 세트로 1인에 HK$230, 2인에 HK$4300I다. 하지만 이곳에서는 파스타와 크레페 등 가벼운 요리도 많이 준비되어 있어 브런치나 가벼운 식사를 위해 들르기도 좋다. 또 이 지점은 다른 지점과는 달리 젤라토 코너도 마련되어 있다.

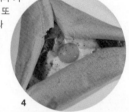

1 조엘 로부숑의 카페가 하버시티에 문을 열었다. **2** 하버시티안에 위치해 있어 멋진 하버 뷰와 함께 애프터눈티를 즐길 수 있다. **3** 3단 트레이에 올라간 스타일리시한 애프터눈티 **4** 크레페, 파스타, 샌드위치와 베이커리 등을 다채롭게 맛보기 좋다.

타파그리아 Tapagria

Add. 18F, The One, 100 Nathan Rd, Tsim Sha Tsui
Tel. 852-2147-0111
Open 일~목요일 12:00~15:00·18:30~22:30, 금·토요일 12:00~15:00·18:30~23:00
Access MTR 침사추이역 B1 출구, 더 원 18층
URL www.tapagria.hk

secret

2015 New Spot

비주얼과 가짓수를 압도하는 맛과 뷰!

홍콩 배우인 카리나 라우Carina Lau는 침사추이의 새로
운 랜드마크인 더원The One 쇼핑몰에 세 곳의 레스토랑
을 론칭했다. 그중 캐주얼 스페인 요리와 샹그리아를 메
인으로 하는 타파그리아는 근사한 요리는 기본이고 멋
진 인테리어의 다이닝 홀, 홍콩의 아찔한 하버 뷰를 한
눈에 담을 수 있는 알 프레스코, 늘 파티 분위기에 뜨거
운 댄스 라운지에 이르기까지 다양한 공간으로 미식가
들을 유혹한다. 카리나 라우는 그녀가 가장 좋아하는
스페인 요리와 타파스 바를 제대로 연구하기 위해 레스
토랑 팀을 이끌고 바르셀로나에서 정통 타파스와 샹그
리아를 연구했다. 매일 점심시간에는 스페인에서 직접 공
수한 직경 1미터에 달하는 커다란 파에야 전용 냄비에 셰
프가 파에야를 직접 조리하는 모습을 보며 식사할 수 있
는 것도 이곳만이 제공하는 특별 이벤트. 홍콩에서 내로
라하는 파티 걸인만큼 금요일과 토요일 밤에는 DJ 공연
과 함께 바 공간을 댄스 라운지로 변신시키며 뜨거운 불
금을 보낼 수 있다. 크리스마스, 발렌타인데이 등의 특별
한 날에 펼쳐지는 이벤트도 눈여겨볼 만하다.

다른 스페인 바에서는 레드 와인이나 화이트 와인으로 만든 기본적
인 샹그리아가 고작이었다면 이곳은 스페인의 스파클링 와인인 카
바CAVA나 로제 와인 베이스의 샹그리아도 마련되어 있다. 계절 과
일과 와인 종류에 따라 60~65가지의 샹그리아가 메뉴에 오른다. 더
원 고층에 위치한 레스토랑과 바가 그렇듯 타파그리아 역시 숨 막히
는 빅토리아 하버 뷰를 제공하는 것도 놓칠 수 없는 매력 포인트! 1인
당 HK$350~500 정도 예산을 잡으면 적당하다.

1 더 원 쇼핑몰의 18층에 자리 잡고 있어 환상적인 뷰를 자랑한다. **2** 정통 스페인 요리가 다양하다. **3** 매일 점심시간에는 커다란
철판에 셰프가 직접 파에야를 만드는 모습을 볼 수 있다.

교슌 Kyo-Shunt 京旬

Map
P.473-C

secret

Add. 18F, The One, 100 Nathan Rd, Tsim Sha Tsui
Tel. 852-2426-6111
Open 일~목요일 12:00~15:00·18:30~22:30, 금·토요일 12:00~15:00·18:30~23:00
Access MTR 침사추이역 B1 출구, 더 원 18층
URL www.kyo-shun.hk

2015 New Spot

교토 요리를 제대로 즐기려면

타파그리아와 마찬가지로 홍콩 배우 카리나 라우Carina Lau의 교토 요리 전문점이다. 일본 특유의 미니멀리즘인 젠스타일로 널찍한 매장 전체를 단정하고도 럭셔리하게 꾸몄다. 원목과 베이지 조명을 주로 사용했으며 교토에서 직접 들여온 각종 식기들이 인테리어에 포인트가 되어 따뜻한 느낌이 든다. 도자기는 교토의 그릇 명가인 쿠모이 가마Kumoi Gama에서 들여왔고 숯도 교토에서 수입한 빈초탄Binchotan 숯을 사용한다. 오픈 키친에서 테판야키를 빠른 손놀림으로 요리하는 셰프들의 움직임과 빅토리아 하버의 멋진 경치를 감상하며 음식을 기다리니 심심할 틈이 없다.

일본어로 교토의 교를, 계절을 뜻하는 슌에서 레스토랑의 이름을 교슌이라고 지었다. 교토식 가이세키가 이곳에서 가장 자랑하는 메뉴다. 특히 일본에서 당일 공수해오는 두부와 해산물 요리는 단품으로 주문해도 좋다. 1인당 HK$400~600 정도.

1 젠스타일로 단정하고 고급스럽게 꾸며진 내부 **2, 3** 교토에서 교슌만을 위해 공수한 식기류도 탄성을 자아내는 장치다. **4** 디저트까지도 훌륭하게 구성되었다.

미소 쿨 miso cool

Add. Shop B231-233, K11, 18 Hanoi Rd, Tsim Sha Tsui
Tel. 852-3122-4477
Open 11:00~23:00
Access MTR 침사추이역 A1 출구 혹은 침사추이 스타페리 터미널에서 도보 5분,
K11 지하 2층

쿨하고 캐주얼한 일본요리

레스토랑이라기보다는 마치 트렌디한 디저트 카페를 연상시키는 미소 쿨. 벽면을 가득 채운 감각적인 사진 작품과 서적, 심플한 가구를 이용해 팝아트적으로 꾸민 인테리어는 재미있는 캐릭터의 식기, 요리와 함께 유기적으로 잘 어울린다. 비주얼을 중시하는 이곳의 라멘과 벤토, 캐주얼 일본 스낵류 등 다채로운 메뉴는 맛과 양에 있어서도 부족함이 없다. 식사 후에는 홋카이도 요구르트 아이스크림까지 디저트로 즐길 수 있다. 새로운 쇼핑몰 K11 안에 입점해 있어 홍콩 젊은이들에게 전폭적인 지지를 얻고 있다.

스시는 한 접시에 HK$10부터. 스시 플래터는 HK$68다. 다양한 생선회가 나오는 사시미 플래터는 HK$138. 전통 일본 라멘부터 중화풍의 라멘은 HK$43부터고 창작 돈부리는 HK$428부터. 전분 당면으로 요리한 라멘Hot Spicy Konjac Jelly Noodle은 매운 수프, 부드러운 갈빗살과 잘 어울린다. 사이드로 맛보기 좋은 굴 그라탕Grilled Oyster with Spicy Sauce도 맛있다.

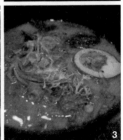

1 외관부터 독특한 미소 쿨 **2** 사이드 메뉴로 주문하기에 좋은 굴 그라탕 **3** 매콤한 창작 라멘도 우리 입맛에 잘 맞는다. **4** 레스토랑 안을 갤러리처럼 꾸민 것도 색다르다.

탐자이 윈난 누들　Tam Chai Yunnan Noodle　譚仔雲南米線

Add. Shop B, GF, Oriental Centre, 67-71 Chatham Rd, Tsim Sha Tsui
Tel. 852-3525-1055
Open 08:15~22:40
Access MTR 침사추이역 A2 출구

Map P.473-C

빠져나오기 어려운 매운맛

홍콩은 지금 매운맛 열풍이다. 한국 음식과 더불어 중국 쓰촨 지역의 매운 요리는 홍콩 전역에서 큰 인기를 얻고 있다. 체인점으로 운영되는 탐자이는 홍콩에서 가장 인기 있는 윈난식 국숫집이다. 매운맛의 정도와 국수 위에 올라가는 고명을 골라 맛볼 수 있는데, 매운맛 마니아라 하더라도 3~4단계 정도가 적당하다. 그 이상은 아무리 매운맛에 강한 한국 사람이라 하더라도 견뎌 내지 못할 정도로 맵다.

양상추, 닭고기, 돼지고기, 쇠고기, 부추, 돼지 간, 죽심, 어묵, 쇠고기 완자, 문어 완자, 유바 등 여러 토핑 중 하나를 선택해서 올린 전통 윈난식 매운 쌀국수 궈차오미시엔過橋米線은 HK$26, HK$5를 더하면 토핑을 추가할 수 있다. 두 명일 경우 모든 토핑이 조금씩 들어간 국수를 골라 하나만 주문해도 충분하다. 가격은 HK$47. 사각사각 씹히는 맛이 시원한 오이 무침紅油青瓜, 맵게 요리한 닭 날개湖南土匪雞翼 등 다양한 사이드 메뉴도 있다.

1 중독성 강한 매운맛으로 홍콩을 사로잡은 탐자이 윈난 누들 2 고소한 닭 날개 요리 3 시원한 오이 무침도 곁들여 먹으면 맛있다.
4 평범해 보이는 레스토랑이지만 식당 안은 항상 만석

카이키 Kai Kee 雞記

Add. GF, 15C Carnarvon Rd, Tsim Sha Tsui
Tel. 852-2301-2099
Open 10:00~22:00
Access MTR 침사추이역 D2 출구

차오저우 어묵의 모든 것

카이키는 다른 차오저우 레스토랑과 마찬가지로 쇠고기의 여러 부위를 푹 고아 만드는 향이 가게 초입부터 가득 풍겨 온다. 이렇게 고아 만든 쇠고기를 국수 위에 얹어 먹거나 사이드 디시로 즐기는 것도 좋지만 이곳의 가장 인기 있는 요리는 어묵이다. 특히 어묵 튀김과 문어로 만든 피시볼은 홍콩의 각종 매스컴을 탔을 정도로 이 어묵만 집으로 싸 가는 사람들이 줄을 설 정도다. 가격은 저렴한 편. 영어가 통하지 않고 조금 번잡한 것은 단점이지만 홍콩 로컬 레스토랑을 체험해 보기에는 괜찮다.

요기를 하려면 문어와 해초를 넣은 완자를 올린 국수Cuttle Fish Balls with Seaweed Noodle, 새우 완탕 국수Shrimp Wonton Noodle가 개운하다. 여기에 어묵 튀김Pan Fried Minced Fish이나 문어 완자 튀김Deep Fried Cuttle Fish Balls with Seaweed을 곁들이면 속이 든든하다. 1인당 HK$50 미만.

1 쫀득쫀득한 식감의 어묵이 들어간 국수 **2** 어묵 튀김도 고소하고 맛있다. **3** 아주 좁은 식당 안에 손님이 가득 차 있다. **4** 여러 가지 어묵으로 유명한 카이키

노매드 Nomads

Map
P.473-C

Add. GF, 55 Kimberly Rd, Tsim Sha Tsui
Tel. 852-2722-0733
Open 점심 12:00~14:30, 저녁 18:30~22:30
Access MTR 침사추이역 B2 출구
URL www.igors.com

평일 런치 뷔페를 주목하라!

뷔페 레스토랑이 다양한 홍콩에서 몽골리안 뷔페를 제공하며 큰 인기를 끄는 곳이다. 특히 평일 점심에 이곳을 이용하면 저렴한 가격에 만족스러운 식사를 즐길 수 있다. 다양한 해산물과 채소, 소스, 면 종류를 직접 고르면 철판 볶음을 즉석에서 요리해 테이블로 가져다준다. 피자도 도우 위에 소스와 토핑을 직접 올리면 뜨끈뜨끈하게 오븐에 구워 내온다. 싱싱한 샐러드와 디저트는 뷔페 스타일로 골라 먹을 수 있다. 활과 화살, 양가죽, 나무 가구들로 마치 유목민의 텐트처럼 꾸며진 인테리어도 유쾌한 분위기를 만든다.

월~금요일의 점심 뷔페는 HK$68(4~8세 어린이 HK$48), 저녁 뷔페는 HK$178(어린이 HK$98), 주말과 공휴일 점심은 HK$80(어린이 HK$60), 저녁은 HK$178(어린이 HK$98)다. 가격도 크게 부담스럽지 않아 굳이 대식가가 아니더라도 한 번쯤 이용해봐도 좋은 곳이다.

1 몽골리안 뷔페를 전문으로 하는 노매드 **2** 소스와 재료를 원하는 대로 고를 수 있다. **3** 직접 만드는 나만의 피자 **4** 유목민의 텐트처럼 꾸민 내부도 재미있다.

릴랙스 **Relax Restaurant 輕鬆一下**

Add. GF, 25 Kimberly Rd, Tsim Sha Tsui
Tel. 852-3113-6388
Open 07:30~22:30
Access MTR 침사추이역 B2 출구

홍콩 초보자도 좋아하는 로컬 레스토랑

전형적인 홍콩식 차찬텡 릴랙스는 로컬 레스토랑 특유의 번잡한 분위기가 덜하고 사진을 포함한 영어 메뉴판도 있어 여행자들도 이용하기에 편하다. 비슷한 메뉴라하더라도 다른 로컬 레스토랑에 비해 HK$5~10 정도 비싸지만 보다 좋은 재료를 사용하며 죽과 면, 퓨전 메뉴등 폭넓은 선택이 가능하다는 장점도 갖고 있다. 메인메뉴보다는 죽이나 샌드위치, 면 종류가 맛있고 가격도합리적이라 간편한 아침식사로 추천한다.

인근 카페와 비교할 때 다양하고 저렴한 샌드위치(HK$16~36)는 홍콩 음식이 입맛에 맞지 않는 이들도 만족할 만한 메뉴며 여러가지 고명을 곁들이는 죽(HK$30부터)도 고소한 맛이 일품이다. 특히피단과 돼지고기를 넣은 죽皮旦咸瘦肉粥이나 치킨 수프에 삶은 라면위에 소시지와 달걀을 넣은 국수腸蛋出前一丁는 새로운 메뉴에 대한도전을 망설이지 않는 미식가라면 주문해 볼 것.

1 릴랙스 레스토랑의 요리사 **2** 달걀과 소시지가 들어 있는 라면 **3** 내부는 널찍한 규모를 자랑해 언제나 기다리지 않고 식사할 수 있다.

전통 방식의 딤섬 수레를 끄는
것도 독특하다. 수레에 올린 딤
섬 중 원하는 것을 고른다.

스프링 디어 Spring Deer 鹿鳴春

Add. 1F, 42 Mody Rd, Tsim Sha Tsui
Tel. 852-2366-4012
Open 점심 12:00~15:00, 저녁 18:00~23:00
Access MTR 침사추이역 N1 출구

자꾸만 손이 가는 베이징 덕

스프링 디어는 정통 베이징 요리를 저렴하게 즐기기에
좋은 곳이다. 따라서 크리스마스나 연초, 연말, 어머니
의 날 등 특정 기념일 전후에는 한두 달 가까이 예약이
가득 찬다. 특히 스프링 디어의 베이징 덕은 푸짐한 양에
두툼하고 기름기를 쏙 빼 담백할 뿐만 아니라 홍콩에서
가장 저렴한 가격을 자랑한다. 그래서 하루 평균 100마
리의 베이징 덕이 팔릴 정도라고 한다. 도톰하고 고소한
살코기와 바삭한 껍질의 오리 고기를 얹고 생강, 파, 오
이, 특제 소스를 더해 부드러운 밀전병에 싸 먹으면 배가
아무리 불러도 자꾸자꾸 손이 간다.

스프링 디어의 메뉴는 모두 인원수에 따라 소, 중, 대로 고를 수 있어
좋다. 2명일 경우 가장 작은 접시를 주문하면 된다. 이곳의 스타
메뉴는 베이징 덕Peking Duck. 4명이 먹기에도 충분한 양이다. 그
외에 칠리 새우Prawns in Chilli Sauce, 볶은 쇠고기를 바삭한 빵에
채워 먹는 요리Fried Shredded Beef with Chilli Sauce도 후회하지
않을 메뉴. 디저트로 보들보들한 팥빵Mashed Bean Pancake도
만족스러운 베이징 미식 기행을 마무리할 추천 메뉴! 베이징 덕 한
마리가 HK$320 정도로 4인 기준 1인당 HK$200을 예산으로 잡으면
충분하다.

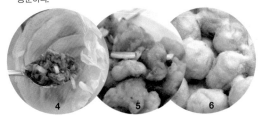

1 베이징 덕은 테이블로 가져와 바로 먹기 좋게 썰어 준다. **2** 고소하고 맛있는 베이징 덕 **3** 주요 기념일에는 이 넓은 식당 안이 가득
찬다. **4, 5, 6** 다채로운 스프링 디어의 베이징 요리

케이터킹 딤섬 Caterking Dim Sum 豪隍點心

Map
P.473-C

Add. GF, Workingport Commercial Building, 3 Hau Fook St, Tsim Sha Tsui
Tel. 852-2722-6866
Open 12:00~02:00
Access MTR 침사추이역 B2 출구

secret

2015 New Spot

캐주얼하고 젊은 감각의 퓨전 딤섬

침사추이의 하우푹 스트리트는 일종의 먹자 골목이다.
이 골목에는 홍콩 사람들만 찾는 오래된 맛집과 젊은이
들이 좋아할 만한 저렴하고 캐주얼한 식당이 서로 마주
보고 서 있다. 그중에서 최근 까다로운 홍콩 젊은이들의
입맛을 사로잡은 케이터킹 딤섬은 일반 동네 딤섬집과는
달리 매장 분위기부터가 모던하다. 젊은 주인장이 운영하
는 식당답게 직원들은 영어도 잘 통하며, 영어메뉴와 각
음식마다 사진도 매칭되어 있어 주문에 어려움을 겪을 일
도 없다.

슈마이, 하가우, 고이초우가우, 샤오롱바우, 장펀 등 기본 딤섬도
마련되어 있다. 하지만 이곳만의 창작 딤섬에 더욱 눈길이 간다.
어묵, 망고, 가지, 치즈 등 새로운 식재료가 접목된 딤섬의 신세계를
느껴보자. 자체 개발한 밀크티도 케이터킹 딤섬의 대표 메뉴라는 것을
잊지 말 것. 딤섬 가격은 HK$14부터, 찻값으로 HK$3~4를 받는다.

1 깔끔한 카페 분위기의 딤섬 맛집 **2** 밀크티가 희석되는 것을 막기 위해 특수 고안된 방식의 그릇도 신선하다. **3** 친절한 스태프도
이곳의 자랑 **4** 하우푹 스트리트의 떠오르는 맛집 케이터킹 딤섬

웨이이 누들 Wei Yi Noodles 唯一麵家

Add. GF, 10 Hau Fook St, Tsim Sha Tsui
Tel. 852-2311-1498
Open 07:00~22:30
Access MTR 침사추이역 B2 출구

secret

가볍게, 저렴하게, 그리고 건강하게!

우리나라식으로 말하자면 일종의 '먹자 골목'인 하우푹 스트리트에서 가장 많은 마니아를 거느린 로컬 레스토랑인 웨이이 누들은 상하이 요리 전문점이다. 건강에 관심이 많은 사람의 귀를 쫑긋하게 만드는 각종 채소와 찹쌀, 콩 음식이 다채롭다. 웰빙 요리는 맛이 별로일거라는 편견을 단번에 깨줄 만큼 모든 메뉴는 맛에 있어서도 상당한 수준을 자랑한다. 채소 밥, 상하이 만두 수프, 완탕면, 각종 덮밥과 고기 요리 등이 메인 메뉴로 준비되어 있고 상하이 스타일의 간식이나 디저트도 있다.

상하이 스타일 만둣국Dumplings in Soup이나 포크찹Pork Chop은 간단하게 식사하기에 좋은 메뉴. 배가 부르더라도 몸에 좋은 따뜻한 콩 수프Salty Soyabean Milk, 말린 돼지고기를 넣은 찹쌀로 만든 주먹밥Shanghai Sticky Rice과 상하이 스타일 부침개 정도는 간식으로 즐겨 보자. 1인당 HK$50 미만.

1 상하이 스타일 부침개 **2** 콩 수프 안에 젓갈을 넣어 짭조름하게 즐기는 건강 요리 **3** 먹자 골목 하우푹 스트리트에 자리한 웨이이 누들 **4** 내부는 비좁지만 언제나 많은 사람들이 찾는다.

원풍원 Won Pung Won Korean Restaurant

Map
P.473-C

Add. GF, Vallant Commercial Building, 22-24 Prat Avenue, Tsim Sha Tsui
Tel. 852-2721-8730
Open 11:30~01:30
Access MTR 침사추이역 A2 출구

한국식 집 밥이 그리울 때

홍콩에는 꽤 많은 한국 식당이 있다. 그중에서 현지화한 한국 음식이 아닌 우리 고유의 맛을 고스란히 지키는 곳은 그리 많지 않은 것이 사실이다. 원조 한국 맛을 강조하는 원풍원은 맛으로 깐깐한 전라도 출신의 가족이 홍콩에 진출해 성공한 한식당 중 하나다. 홍콩에서 생산되지 않는 청양고추와 각종 젓갈류는 100% 한국에서 들여온다. 특히 원풍원 정윤배 사장의 어머니는 약 30년 전 전라도식 김치를 홍콩에 소개한 까닭에 한국 사람들 사이에서 일명 '김치 할머니'로 불린다. 김치찌개를 비롯한 이 집의 매운 요리는 한국의 맛을 그리워하는 사람들의 향수를 달래 줄 정도로 훌륭하다.

원풍원은 한국 가정에서 즐기는 요리를 기본으로 하기에 밑반찬 구성이 탄탄하다. 김치와 곁들이는 삼겹살은 홍콩 사람들도 가장 사랑하는 메뉴로 꼽힌다. 솥뚜껑 삼겹살 구이는 HK$120, 삼겹살 고추장 볶음은 HK$250다. 비빔밥이나 김치찌개로 집 밥의 그리움을 달래기에 더없이 좋다.

1 매콤한 맛이 식욕을 돋우는 고추장 삼겹살 볶음 2 물냉면도 개운하다. 3 무료로 제공되는 여러 가지 반찬은 홍콩 사람들을 감동시켰다. 4 층 2층으로 구성된 식당은 언제나 단골로 가득 찬다.

란퐁유엔 Lan Fong Yuen

Add. Shop 26, Basement, Wood House, Chung King Mansion, 36~44
Nathan Rd, Tsim Sha Tsui
Tel. 852-2316-2311
Open 10:30~22:30
Access MTR 침사추이역 N5 출구, 청킹 맨션 우드 하우스 지하

유서 깊은 차찬텡의 화려한 변신!

홍콩에서는 센트럴의 싱흥유엔이나 란퐁유엔처럼 오래
된 카페나 허름한 식당 자체가 곧 관광 명소가 되는 경
우가 많다. 원조 차창텡의 분위기가 궁금하다면 옛 모
습을 그대로 간직하고 있는 게이지 스트리트Gage st의
란퐁유엔을 찾는 게 좋다. 하지만 이런 곳에서 여행자가
그 분위기를 편히 만끽하기에는 여러 환경적인 제약이
따르는 게 사실이다. 침사추이 청킹 맨션 우드 하우스
지하의 란퐁유엔 분점은 그 역사성을 부각시킨 테마 카
페로 훌륭한 대안이 된다. 사계절 내내 에어컨이 빵빵하
게 나오고 위생 상태도 양호하면서 란퐁유엔의
전통과 홍콩 차찬텡의 예스러운 분위기를 조화
롭게 살렸다. 가게 안과 밖을 장식하는 사진과
옛날 홍콩 차찬텡 오브제 앞에서 기념 촬영도
놓치지 말 것.

오늘날 란퐁유엔을 만든 일등 공신인 밀크
티Famous Silky Tea with Milk는 반드시
맛보자. 그 식감이 실크 같은데 실제 실크
스타킹에 차를 넣어 우려 낸다고 한다. 란
퐁유엔의 또 다른 명물인 사테 라면Instant
Noodles with Satay, 돈가스 빵Signature
Pork Chop Bun, 프렌치 토스트Traditional
French Toast까지 섭렵했다면 홍콩의 서민
식당인 차찬텡의 기본은 모두 체험한 것. 1인
당 HK$30~40 정도.

1 청킹맨션 지하의 우드 하우스 안의 란퐁유엔은 쾌적한 분위기에서 홍콩의 명물 밀크티를 맛보기 좋은 장소다. **2** 실크 스타킹에 걸러내는 실키한 밀크티 **3** 사테 라면, 돈가스 빵, 프렌치 토스트가 유명하다. **4** 란퐁유엔의 명물 밀크티

싱럼쿠이 Sing Lum Khui 星林居

Map
P.473-C

Add. 3F, Golden Glory Mansion, 14 Cameron Rd, Tsim Sha Tsui
Tel. 852-2424-1686
Open 11:30~02:00
Access MTR 침사추이역 B2 출구

맞춤식 국수의 최고봉

홍콩은 바야흐로 매운 국수 열풍이다. 윈난, 쓰촨, 충칭 등 매운맛이 강한 지역의 국숫집은 최근 무서운 속도로 체인점을 늘려가고 있다. 가장 유명한 윈난 국수 체인점 탐자이 윈난 누들이 〈미슐랭 가이드〉에도 소개될 정도로 성공한 데 비해 싱럼쿠이는 오직 홍콩 사람들의 비밀스러운 편애를 받고 있는 곳이다. 홍콩에 딱 두 군데의 지점이 있는데 침사추이 록 로드 지점(Shop A, GF, No. 23 Lock Rd, Tsim Sha Tsui)보다 찾기는 어렵지만 캐머론 로드 건물 안 3층에 위치한 싱럼쿠이가 보다 넓어서 여유롭게 식사하기 좋다.

주문법이 복잡한 편이다. H1은 국물이 있는 국수, H2는 비빔면이고 A는 각종 고명 재료를 의미한다. 이도 저도 어려우면 B로 표기된 세트 국수를 주문해도 된다. 뿐만 아니라 매운 정도와 신맛의 정도를 나타내는 C, D 등 무척 세심한 취향까지 반영한 것이 이 집의 특징이다. 국수는 HK$25부터이며 올리는 재료에 따라 가격은 천차만별이다.

1 캐머론 로드에서 노란 옷을 입은 아저씨 간판이 걸린 건물을 찾으세요! **2** 쫄면과 비슷한 윈난식 비빔면 **3** 원하는 취향을 모두 적을 수 있는 세심한 주문표 **4** 싱럼쿠이의 내부

푸드 리퍼블릭 Food Republic

Add. B1F, Silvercord, 30 Canton Rd, Tsim Sha Tsui
Tel. 852-2375-8222
Open 10:30~21:00
Access MTR 침사추이역 A1 출구, 실버코드 지하 1층

한자리에서 즐기는 세계 명물 요리

많고 많은 홍콩의 먹을거리 앞에서 갈팡질팡하는 여행자라면 푸드코트에서 이것저것 골라 맛보는 것도 한 끼를 해결하는 현명한 방법이다. 푸드코트 문화가 발달한 싱가포르에서 건너온 푸드 리퍼블릭이라면 트렌디한 분위기 속에서 전 세계 음식을 저렴하게 즐길 수 있다. 실버코드 지하 1층에 자리한 푸드 리퍼블릭에서는 중앙에 음료와 디저트 판매 카운터를 중심으로 광둥요리, 차오저우 요리, 베이징, 대만, 동남아시아, 이탈리아, 웨스턴, 한국 요리와 일본 요리 등 셀 수 없이 다양하다.

추천 메뉴는 따로 없다. 모든 메뉴는 최상급은 아니더라도 평균 이상은 한다. 우리나라보다 정통 방식과 재료를 사용해 제대로 된 맛을 내는 베트남. 태국. 싱가포르 요리는 기대 이상이다. 1인당 HK$25~80 정도면 맛볼 수 있다.

1 싱가포르의 푸드 리퍼블릭을 고스란히 홍콩에 옮겨 놓은 듯하다. **2** 음식은 직접 카운터에서 주문한다. **3** 베트남 비빔국수인 분차
4 일본식 돌솥밥

팔러 The Parlour

Map
P.427-F

Add. 2A Canton Rd, Tsim Sha Tsui
Tel. 852-3988-0101
Open 07:30~21:30(애프터눈티는 15:00~18:00)
Access MTR 침사추이역 F 출구, 1881 헤리티지 홀렛 하우스 내
URL www.hulletthouse.com

2015 New Spot

고풍스러운 홍콩식 티타임

1881 헤리티지 안에 자리한 홀렛 하우스Hullett House에는 광둥 레스토랑인 룽토우엔Loong Toh Yuen과 아이리시 펍인 마리너스 레스트Mariners' Rest, 정통 프렌치를 표방하는 세인트 조지St. George, 타파스 레스토랑인 스테이블스 그릴Stables Grill, 그리고 애프터눈티 세트로 명성이 높은 팔러The Parlour까지 총 5개의 바와 레스토랑이 있다. 객실이 10개밖에 안 되는 호텔에 레스토랑이 무려 5개인걸 보면 이곳이 얼마나 다이닝에 주력하고 있는지 쉽게 알 수 있다.

이 5개 중에서 한 곳을 택하라면 가장 먼저 애프터눈티부터 체험해 보길 추천한다. 팔러는 테라스의 낭만과 동시에 멋진 인테리어 속에서 색다른 홍콩을 만끽할 수 있는 곳이다. 팔러의 인테리어 디자인 콘셉트는 동서양의 만남 East meets West. 천장을 화려하게 수놓은 용도 동양의 용과 서양의 용으로 곳곳을 꾸며져 있다. 중국 느낌이 강렬한 컬러를 사용했지만, 직접 그려 넣은 벽화는 지극히 서양적이다. 거기에 야자수 기둥까지 더해지니 이국적인 분위기가 극에 달한다.

팔러에서 가장 인기 있는 시간은 애프터눈티 타임. 전통적인 영국식 티 세트Hullett House Afternoon Tea와 예스러운 감성이 충만한 홍콩식 애프터눈티Old Hong Kong Afternoon Tea 각각 2인에 HK$398. 뽀로빠우菠包라고 불리는 파인애플 빵Pineapple Bun과 와이프 케이크인 스위트하트 케이크Sweetheart Cake를 비롯해 다양한 홍콩식 베이커리를 즐길 수 있다.

1 해양경찰서 건물을 호텔과 식당으로 개조한 1881 헤리티지 안에 위치한 팔러 2 1800년대의 예스러운 홍콩식 애프터눈티 3 동양과 서양의 문화와 예술을 접목시켜 만든 팔러의 내부

힝키 **Hing Kee**

Add. 1F, Bowa House, 180 Nathan Rd, Tsim Sha Tsui
Tel. 852-2722-0022
Open 18:00~05:00
Access MTR 침사추이역 B1 출구

스타들이 비밀스럽게 찾는 아지트

코즈웨이 베이에서 운영되던 비퐁당 레스토랑의 전통을 그대로 침사추이로 옮겨 온 곳이다. 위생과 여러 사고 발생의 위험으로 현재는 시내에 몇몇 유명 비퐁당 레스토랑만 남고 대부분 없어졌다. 힝키는 코즈웨이 베이에 있던 시절부터 드나들었던 단골과 세계 유명 인사들의 완소 레스토랑으로 통한다. 그것은 온 벽면을 가득 채우고 있는 사인들만 봐도 알 수 있는 사실. 성룡, 주윤발, 곽부성, 주성치를 비롯해 한국 스타들의 이름을 찾으며 음식을 기다리는 것도 재미있다.

이곳의 간판 메뉴는 검은콩과 고추 소스로 요리한 게 요리Fried Gross Crabs with Black Bean Sauce and Chilli(시가). 매콤한 소스가 담백한 게살과 환상의 조화를 이뤄 낸다. 2명이 중간 사이즈의 게를 시키면 충분하다. 볶은 조개를 소금으로 간을 해 익힌 요리Poached Clams with Oil & Sa도 시원한 맛으로 매운 게와 함께 맛보기에 좋다. 4인 기준으로 1인당 HK$300.

1, 2 코즈웨이 베이에 있던 그때의 장식을 재현한 힝키의 내부 **3** 다양한 해산물이 힝키의 자랑거리다. **4** 가족들이 외식하러 오거나 홍콩을 여행하는 세계 스타들도 이곳을 반드시 들른다.

치키 **Chee Kee** 池記

Add. GF No.37 Lock Rd, Tsim Sha Tsui
Tel. 852-2368-2528
Open 11:00~23:00
Access MTR 침사추이역 H 출구

2015 New Spot ▶

세련된 인테리어 속 전통을 지킨 맛

길을 걷다 종종 마주치게 되는 치키의 커다란 노란색 간판을 보면 누구라도 이곳이 중국 식당이란 걸 금방 알게 될 것이다. 그리고 그 안에 들어가면 생각보다 모던하고 세련된 인테리어와 상반된 요리 맛을 의심하게 될지 모른다. 또 현대적으로 변형된 음식을 미리 예상하고 음식을 기다릴지도 모른다. 다행히도 치키는 모던하게 꾸민 편안하고 깨끗한 인테리어 속에서 제대로 된 광둥 캐주얼 음식을 즐길 수 있는 곳이다. 이 안을 가득 채운 수많은 홍콩 사람들과 여행자들을 보면 그제야 식당을 잘 골랐다는 안심이 든다. 치키는 각종 면과 밥요리, 채소 볶음, 다양한 음료까지 모두 한 번에 맛볼 수 있어서 더욱 편리하기도 하다.

치키는 전형적인 홍콩의 밥집들처럼 여러 가지 음식을 파는 식당이다. 하지만 이곳의 변함없는 인기 메뉴는 확고하다. 완탕면Shrimp Wonton Noodles(HK$33)과 홍콩식 죽(HK$30부터). 완탕에 든 노란색의 간수면이 소화도 잘되고 쫄깃한 맛을 자랑하지만 간혹 그 향이 맞지 않는다면 완탕과 수프만 나오는 탕Shrimp Wonton Soup(HK$33)을 주문하는 것은 팁. 특히 최근 완탕면을 뛰어넘는 인기를 얻고 있는 꽃게죽金皇蟹粥(HK$68)은 하루에 한정 판매되는 메뉴이므로 무조건 시키고 보자. 게알과 오리알을 넣어 황금색을 내고 부드럽고 담백한 홍콩식 콘지와 고소하게 잘 어울린다.

1 완탕면과 죽으로 유명한 치키 **2** 늘 홍콩 사람으로 가득한 인기 있는 식당이다. **3** 완탕면은 물론이고 각종 죽도 맛있다. **4** 보리를 이용한 치키의 음료는 우리나라의 식혜를 떠올리게 한다.

브릭 레인 **Brick Lane**

Add. GF, 2 Blenheim Avenue, Tsim Sha Tsui
Tel. 852-2736-8893
Open 월~목요일 12:00~24:00, 금요일 12:00~03:00, 토요일 11:30~03:00
Close 일요일
Access MTR 침사추이역 N3 혹은 N4 출구
URL www.bricklane.com.hk

2015 New Spot

영국식 브런치를 즐기세요!

영국 출신 은행원 3명이 레스토랑 사업가로 돌아선 건 2011년의 일이었다. 그들의 도전은 영국에서 먹었던 브리티시 스타일의 올데이 브렉퍼스트All-Day Breakfast, 에그 베네딕트Eggs Benedict를 홍콩에서 맛볼 수 없다는 아쉬움에서 시작되었다. 홍콩에서도 홈푸드를 그리며 런던 동부의 활기찬 젊음의 거리에 브릭 레인이라고 이름 지으며 영국식 레스토랑을 열었다. 브릭 레인이라는 이미지에 맞게 홍콩의 모든 브릭 레인은 힙, 트렌디, 스타일리시, 아티스틱, 패셔너블이라는 가치 아래 인테리어 및 데코의 콘셉트를 정립시켰다. 오너 중 한명이 직접 그린 그래피티나 브릭 레인의 마스코트인 고스트 바이크 Ghost Bike를 벽에 걸고 벽 전체를 칠판으로 꾸몄으며, 아마추어 아티스트의 그림을 인테리어의 소재로 활용하기도 하며 로컬 아티스트와의 콜래보레이션도 잊지 않았다.

3명의 은행원의 뚜렷한 목표처럼 영국 스타일의 아침식사가 이곳의 주된 메뉴가 되겠다. 머핀 위에 적당이 익은 수란을 올려 홀랜다이즈 소스와 시금치를 곁들인 연어와 에그 베네딕트The Scottish Smoked Salmon Eggs Benedict는 이곳의 간판 요리임이 틀림없다. 이 외에도 5가지 종류의 에그 베네딕트는 HK$82부터. 전일 주문이 가능한 아침식사도 HK$78부터. 그 외에도 샌드위치와 햄버거, 파스타, 피시 앤 칩스도 있으며 커피나 디저트 종류도 가격 대비 훌륭한 맛을 자랑한다.

1 영국식 카페를 재현한 브릭 레인 2 영국풍의 아티스틱한 인테리어가 눈에 띈다. 3 가볍게 브런치를 즐기기 좋은 곳

마치 한 폭의 동양화 같은 호이 킹 힌의 아름다운 광둥요리

호이 킹 힌 Hoi King Heen

Add. B2F, 70 Mody Rd, Tsim Sha Tsui East, Kowloon
Tel. 852-2731-2883
Open 런치 & 딤섬 월~토요일 11:30~15:00, 일요일 · 공휴일 10:30~15:00,
디너 월~토요일 18:30~23:00, 일요일 · 공휴일 18:00~23:00
Access MTR 침사추이역 N1 출구 혹은 MTR 이스트 침사추이역 P1 출구,
인터컨티넨탈 그랜드 스탠포드 호텔 지하 2층

호화로운 광둥요리를 합리적인 가격에!

나만의 시크릿 플레이스 찾기에 골몰하는 홍콩 마니아라
면 가격 대비 훌륭한 광둥요리와 딤섬, 하버 뷰, 서비스로
정평이 난 인터컨티넨탈 그랜드 스탠포드 호텔의 호이 킹
힌을 주의 깊게 볼 필요가 있다. 지금은 심포니 오브 라이
트로 인해 침사추이 중심부의 특급 호텔이 인기 있지만,
예전만 하더라도 인터컨티넨탈 그랜드 스탠포드가 위치
한 이스트 침사추이가 독보적인 하버 뷰로 유명했다. 전
세계 푸디와 여행자들이 즐겨찾던 명소에서 지금은 밀려
났지만, 다행히 더 여유롭고 조용한 분위기 속에서 합리
적인 가격으로 호화로운 광둥요리를 즐길 수 있다는 점
에서 호이 킹 힌이 다시 주목받고 있다.

우아하고 럭셔리한 인테리어와는 달리 이곳의 요리는 전통적인 광둥
요리를 현대적으로 해석한 창의적인 메뉴가 많다. 기회가 된다면 샥
스핀 수프Boiled Shark's Fin Soup with Fish Maw and Shrimp
Dumplings나 전복찜Braised Whole South African Abalone in
Oyster Sauce, 제비집 수프Double-boiled Imperial Swiftlet's
Nest in Supreme Soup 등의 호화스러운 식재료를 사용한 광둥요
리를 즐겨 보는 것도 좋다. 하지만 주머니 사정이 넉넉지 않더라도 걱
정할 필요는 없다. 점심 시간을 공략한다면 1인당 HK$250 정도에 광
둥 지역에서 내로라하는 딤섬을 제대로 맛볼 수 있기 때문.

1 고급스러운 분위기도 이곳이 각광받는 이유다. **2** 홍콩 사람들로부터 큰 사랑을 받는 셰프는 호이 킹 힌의 상징과도 같은 존재다.
3 호텔 지하에 위치해 근사한 뷰를 기대하긴 어렵다.

어보브 & 비욘드 **Above & Beyond**

Map
P.473-D

Add. 28F, Hotel Icon, 17 Science Museum Rd, Tsim Sha Tsui
Tel. 852-3400-1318
Open 11:00~23:00
Access MTR 침사추이역 N1 출구 혹은 MTR 이스트 침사추이역 P1 출구, 아이콘 호텔
28층
URL www.hotel-icon.com

2015 New Spot

막힘없이 시원한 홍콩의 하버를 마주하다

홍콩 호텔에서 대부분의 광둥 레스토랑은 지하나 그라운드 플로어에 위치해 있다. 으레 끝내주는 전경의 루프탑 바가 있는 자라나 빅토리아 하버가 펼쳐진 고층에는 웨스턴 레스토랑을 찾는 게 더 쉬운 게 사실. 딤섬, 혹은 모던 캔토니즈와 함께 홍콩 섬의 탁 트인 전망을 바라보며 식사하고 싶다면 호텔 아이콘의 어보브 & 비욘드를 주목해 볼 것. 높이 있을 뿐만 아니라Above, 서비스와 음식의 맛과 가격, 그리고 부티크 호텔 특유의 멋진 인테리어 디자인까지 전망 그 이상의Beyond 만족을 선사한다.

만다린 오리엔탈의 만와 출신인 조셉 체Joseph Tse 셰프는 기본에 충실한 동시에 퓨전 광둥요리에도 능하다. 광둥 지역에서 끓여먹는 아몬드와 무화과 수프Soothing and Aromatic Almond and Pig Lung Soup나 이베리코 돼지고기와 레드와인식초 소스로 맛을 낸 탕수육Signature Crispy Fried Sweet-and-Sour Pork, 다양한 딤섬이 이곳의 대표 메뉴이다. 1인당 HK$350~500.

1, 4 이스트 침사추이의 아이콘 호텔 28층에 위치해 있어서 아름다운 뷰를 자랑한다. 2 만다린 오리엔탈의 만와 출신 셰프가 만드는 정통 광둥요리가 푸디들의 사랑을 받는다. 3 딤섬의 핵심만 즐길 수 있는 내공 있는 메뉴 셀렉션도 만족도가 높다.

로비 라운지 Lobby Lounge

Add. Lobby Floor, InterContinental Hong Kong, 18 Salisbury Rd, Tsim Sha Tsui **Tel.** 852-2721-1211
Open 11:00~01:00
Access MTR 침사추이역 A1 출구 혹은 침사추이 스타페리 터미널에서 도보 5분, 인터컨티넨탈 홍콩 호텔 로비
URL www.hongkong-ic.intercontinental.com

2015 New Spot

맛있는 애프터눈티 세트를 원하시나요?

인터컨티넨탈 홍콩 호텔이 얼마나 제대로 된 요리들을 내는지 가장 잘 보여주는 곳 로비 라운지. 브런치 개념의 팬케이크와 와플, 햄버거, 애프터눈티, 그리고 라이브 밴드의 음악을 들으며 즐기는 바 스낵과 칵테일에 이르기까지 이곳은 음식 하나, 음료 하나까지도 허투루 내지 않는다. 이곳에 자리를 잡고 앉을 때면 그림처럼 펼쳐지는 아름다운 홍콩의 뷰와 그보다 더 훌륭한 음식의 맛에 이곳의 팬을 자처하게 될지도 모른다.

프랑스 본고장의 맛을 느낄 수 있는 프렌치 베이커리와 데본셔 클로티드 크림Devonshire Clotted Cream, 얼 그레이 티 젤리Earl Grey Jelly를 바른 스콘은 마리아주 프레즈Mariage Freres의 차와 좋은 앙상블을 만든다. 애프터눈티 세트는 2인에 HK$398. 매일 저녁 8시에 펼쳐지는 심포니 오브 라이트를 바라보며 즐기는 칵테일 타임이야말로 하이라이트다. 라이브 밴드의 공연은 저녁 9시부터.

1 페스트리 하나하나가 모두 훌륭한 로비 라운지의 애프터눈티 세트 **2, 3** 계절별로 내는 칵테일도 눈여겨볼 만하다. **4** 단언컨대, 인터컨티넨탈 호텔의 로비 라운지의 뷰는 홍콩에서 가장 완벽하다.

세라비 **C'est La B**

Add. G111, Gateway Arcade, Harbour City, Tsim Sha Tsui
Tel. 852-3102-2838
Open 09:00~23:00
Access MTR 침사추이역 A1 출구 혹은 침사추이 스타페리 터미널에서 도보 5분,
하버시티 게이트웨이 아케이드 1층
URL www.msbscakery.hk

Map
P.472-E

2015 New Spot

케이크도 섹시할 수 있다!

홍콩의 스타일 아이콘인 보네이 곡슨Bonnae Gokson은 이미 세바SEVVA의 성공으로 그녀의 다이닝 사업에 대한 가능성을 증명했다. 예술적인 케이크에 집중해온 보네이 곡슨은 타이항을 필두로 퍼시픽 플레이스와 하버시티에도 베이커리 카페를 내며 화려하고 예쁜 것에 열광하는 여성 소비자들의 마음을 사로잡았다. 세번째 매장인 하버시티의 세라비는 보네이 곡슨을 상징하는 검정색과 흰색 줄무늬 바탕에 형형색색의 나비들과 강렬한 컬러의 패브릭으로 화려함을 더욱 강조한다.

하버시티 지점은 다른 지점보다 많은 요리를 만날 수 있다. 최근 가장 인기를 끄는 무지개 빛 캔디 팝콘과 함께 먹는 시폰 케이크 롤리팝Lollipop도 이 지점의 오픈과 함께 선보였다. 레이디 가가Lady Gaga, 베터 댄 섹스Better Than Sex라는 이름을 가진 독특한 케이크도 두 눈을 사로잡는다. 미니 케이크의 가격은 HK$58부터로 다소 비싸지만 여행 중 잠시 호화로운 시간을 만끽하는 것도 나쁘지 않다.

1 획기적인 비주얼과 네이밍의 케이크 **2, 4** 디자인 통일성이 기가 막힌 블랙 앤드 화이트와 나비 콘셉트 **3** 하버시티의 지점에서는 컵케이크와 도시락 세트 등도 맛볼 수 있다.

카페 그레코 Caffè Greco

Add. 330, 3F, Marco Polo Hong Kong Hotel Arcade, Harbour City, 3 Canton Rd, Tsim Sha Tsui
Tel. 852-2110-4868
Open 10:00~22:00
Access MTR 침사추이역 A1 출구 혹은 침사추이 스타페리 터미널에서 도보 5분, 하버시티 마르코 폴로 홍콩 호텔 아케이드 3층

secret

2015 New Spot

여심을 사로잡는 예쁜 디저트의 향연

여행자와 홍콩 사람들이 몰려드는 하버시티는 언제나 수많은 인파로 북적인다. 그럼에도 불구하고 이곳에는 카페 그레코와 같은 수많은 시크릿 플레이스들이 존재 한다. 레인 크로퍼드 남성의류 코너의 뒤편으로 나가면 카페 그레코를 찾을 수 있는데, 가벼운 음식으로 허기를 달래거나 쇼핑으로 피로해진 몸과 마음을 잠시 쉬다 가 기 좋은 카페다. 중앙에 커다란 공동 테이블이 놓여 있 고 검정색과 짙은 나무색 가구, 이탈리아 영화 포스터, 예쁜 용기에 든 잼이나 올리브 오일 등 각종 식재료로 장식된 인테리어도 스타일리시하다.

홀렛 하우스Hullett House 호텔에서 만드는 페스트리가 이곳 의 하이라이트. 딸기 치즈 케이크Strawberry Cheese Cake나 피 스타치오 크런키 케이크Pistachio Crunch Cake, 카라멜 타르트 Chocolate and Salted Caramel Tart는 모양만큼 맛있는 디저트. 파스타와 샌드위치의 가격은 HK$50, 케이크류는 HK$40 정도.

1, 2 하버시티 3층에 자리한 카페 그레코 **3, 4** 진한 커피와 다양한 디저트로 주목받는 카페다.

라이브러리 카페 The Library Cafe

Map
P.472-F

Add. Shop 305, 3F, iSquare, 63 Nathan Rd, Tsim Sha Tsui
Tel. 852-2327-7071
Open 10:30~22:30
Access MTR 침사추이역 H 출구, 아이 스퀘어 3층

레인 크로퍼드 라이프스타일의 결정판

홍콩에서 레인 크로퍼드는 신생 디자이너의 요람, 패션 박물관, 유쾌한 협업의 천국으로 통한다. 아시아 최대 규모의 여성 슈즈 백화점인 하버시티의 레인 크로퍼드가 최근 라이브러리 카페의 등장과 함께 더욱 스타일리시해졌다. 패션 여행의 시작 혹은 끝을 함께하라는 의도에서 입구 바로 옆에 위치하고 있으며 레인 크로퍼드의 이미지에 맞게 꾸민 인테리어와 메뉴 구성, 로컬 패스트리 브랜드와 세계적 셰프들과 합작까지 역시라는 감탄사가 절로 터져 나온다.

오직 이곳에서만 만날 수 있는 흥미로운 구성은 차와 스위츠Sweets. 사탕과 초콜릿으로 이름난 파리의 메종 부아시에Maison Boissier, 전설적인 런던의 홍차 브랜드 포트넘 & 메이슨Fortnum & Mason,

미국의 공정무역 커피 브랜드 라 콜롬브La Colombe 등을 한자리에서 만날 수 있다. 홍콩의 패리스 힐튼이라 불리는 보니 곡슨Bonnie Gokson의 케이크 숍Ms. B's Cakery과 모델에서 파티시에로 변신한 아만다 스트랭Amanda Strang의 프티 아만다 Petite Amanda 케이크는 입보다 눈을 먼저 즐겁게 한다. 최근 가장 예약하기 어렵다는 잇 레스토랑인 야드버드 Yardbird에서 만드는 요리까지 패셔니스타는 물론 까다로운 미식가도 만족시킬 만한 매력이 가득하다.

1 레인 크로퍼드만큼이나 스타일리시한 분위기의 라이브러리 카페 **2** 라이브러리 카페만을 위해 보니 곡슨이 만든 케이크 **3** 이곳의 가벼운 음식도 쇼핑 후 허기를 달래기 좋은 메뉴. 커피는 HK$42부터.

벵키 | Venchi

Add. Shop A16, GF, Ocean Terminal, Habour City, Tsim Sha Tsui
Tel. 852-3101-9981
Open 10:00~21:00
Access MTR 침사추이역 A1 출구, 하버시티 오션 터미널 G층

장인의 혼이 깃든 웰빙 초콜릿과 젤라토

벵키는 1878년부터 130년이 넘는 세월 동안 최상급 초콜릿을 만들어 세기의 쇼콜라티에로 칭송받아 온 이탈리아 브랜드다. 2001년에는 젤라토 장인을 영입해 40종류가 넘는 프리미엄 젤라토를 탄생시켰다. 달달한 초콜릿이 건강에 좋지 않다는 편견과는 달리 벵키는 동물성 지방을 사용하지 않고 오직 카카오 버터와 순수 자연 재료만을 고집하며 방부제나 설탕을 일절 넣지 않는 웰빙 초콜릿을 추구한다.

초콜릿을 캐비어 모양으로 만든 초캐비어Chocaviar, 다크 초콜릿으로 헤이즐넛 반죽을 감싼 누가틴Nougatine, 초콜릿 시가Chocolate Cigars 등은 벵키의 창의성을 내보이는 제품이다. 특히 초캐비어 90% 초콜릿은 2004년 10월 유럽 초콜릿 페스티벌에서 프레스티지오스 바소이오 상 Prestigious Vassoio D' oro을 받으며 그 품질을 인정받았다.

벵키에 들렀다면 주변 사람들을 위해 패키지가 사랑스러운 초콜릿 선물을 준비해 보는 것은 어떨까. 장인이 만들었다는 젤라토도 이탈리아에서 먹는 것만큼이나 맛있다.

1 이탈리아 쇼콜라티에 벵키의 하버시티 지점 **2** 장인이 만든 각종 초콜릿은 선물로도 좋다. **3** 초콜릿만큼이나 인기 있는 젤라토 **4** 한정판으로 제작된 초콜릿 케이스

파나시 **Panash Bakery & Cafe**

Add. Shop 305, 3F, i Square, 63 Nathan Rd, Tsim Sha Tsui
Tel. 852-2327-7071
Open 10:30~22:30
Access MTR 침사추이역 H 출구

구경만으로도 설레는 홍콩판 빵 갤러리

일본 제빵 회사인 파스코Pasco가 홍콩 로컬 회사와의 합작해 만든 베이커리 브랜드 파나시. 일본 문화를 선호하는 홍콩 사람들의 특성을 바탕으로 꾸준한 현지화를 시도해 홍콩에서 가장 사랑받는 빵 브랜드 중 하나로 우뚝 섰다. 특히 하버시티와 아이 스퀘어(Shop 305, 3F, i Square)의 파나시는 베이커리와 카페로 공간을 나눠 안락한 분위기 속에서 식사까지 가능하다. 크루아상, 바게트, 각종 샌드위치와 다양한 조리 빵은 기본. 홋카이도산 우유 빵, 일본 카레 고로케, 미소 크림 빵 등 보기만 해도 일본 스타일이 단번에 느껴지는 빵들이 빵순이들의 가슴을 설레게 만든다. 홍콩에서 이 빵집을 굳이 들러야 하는 이유로는 저렴한 가격을 들 수 있다. 대부분 빵은 HK$7~20 정도로 만약 호텔 숙박에 아침식사가 포함되지 않았다면 미리 빵을 구입해 숙소로 가져가는 것도 괜찮은 방법.

여행자에게는 봉지째 들고 가는 베이커리보다는 식사할 공간이 있는 카페의 존재가 더 반갑다. 베이커리에서 빵을 구입해 가는 것도 좋지만 파나시의 브런치나 애프터눈티 세트, 런치 세트를 비롯해 가벼운 식사를 공략해 보자. 1인당 HK$70~120.

1 동네 빵집부터 캐주얼 레스토랑까지 종류가 다양한 파나시 **2** 중국의 각종 기념일에는 맞춤 빵이 제작되기도 한다. **3** 하버시티 지점에는 카페와 레스토랑을 겸하고 있다. **4** 비교적 저렴한 파나시의 빵

페걱짜이단자이 北角雞蛋仔

Add. Shop E, 178 Nathan Rd, Tsim Sha Tsui
Open 11:00~02:00
Access MTR 침사추이역 B1 출구 혹은 네이던 로드와 힐우드 로드의 교차점

홍콩의 국민 간식

홍콩 사람들이 유별나게 좋아하는 간식이 있다. 바로 달걀판처럼 볼록볼록 튀어나온 모양이 귀여운 일명 달걀빵. 마치 우리나라 붕어빵처럼 틀에 반죽을 넣어 구워주는 거리 간식으로 아주 오래전부터 홍콩 사람들이 즐겨 먹어 온 추억의 음식이다. 기념품 가게에는 이 달걀빵 모양의 인형도 팔고 있을 정도다.

특히 네이던 로드의 달걀빵 가게는 언제나 사람들이 장사진을 이루고 있어 찾기도 쉽다. 이 귀하신 달걀빵을 맛보려면 번호표까지 받아야 한다. 자기 몫의 달걀빵을 받아 들면 동그란 한 알 한 알을 뜯어먹으며 거리를 활보하면 된다. 달걀빵은 1개 HK$13, 2개에 HK$24다. 함께 판매하는 매콤한 소스에 곁들여 먹는 꼬치 요리도 맛있다. 1개 HK$8부터.

1 올록볼록한 모양의 달걀빵 2 하루에 수백 개의 달걀빵을 만드는 빵틀 3 번호표까지 받아 기다려야 할 정도로 인기있는 간식이다.
4 네이던 로드에 길게 줄을 서서 기다리는 사람들

왕로 王老吉凉茶

Map
P.472-E

Add. Star Ferry Pier, Tsim Sha Tsui
Open 10:00~20:00
Access 침사추이 스타페리 터미널 입구에 위치

secret

"스타페리를 지날 때는 차계란을 꼭 먹어줘야 해!"

차계란Tea Leaf Egg 茶叶蛋은 중국의 전통 간식 중 하나다. 차계란은 중국 전역에서 가장 사랑받는 주전부리로 편의점을 비롯해 길거리에서도 쉽게 살 수 있지만 홍콩에서는 대부분 여행자보다는 주 고객인 현지인의 거주지가 밀집한 곳에 위치해 있다. 따라서 수도 없이 지나다니는 스타페리 선착장에 깔끔한 시설을 갖춘 왕로는 중국 문화를 체험해 보려는 여행자라면 그냥 지나칠 수 없는 곳이다.

차계란은 미리 단단하게 삶은 달걀을 진하게 끓인 차 속에 넣어 만든다. 이때 달걀을 찻잎에 담기 전에 살짝 깨뜨려 찻물을 잘 흡수하도록 한다. 뜨거운 차 속에서 1~3시간 동안 푹 삶아진 달걀은 껍질이 균열을 일으켜 마치 대리석과 비슷한 무늬를 내며 갈색으로 물든다.

쌉싸래한 맛을 내는 녹차보다는 보이차나 홍차를 우려 차계란을 만드는데 차 향을 가득 머금어 독특한 풍미를 낸다. 왕로의 쫀득쫀득한 차계란을 이곳의 명물인 11가지 차와 함께 즐겨보자. 허브차Traditional Herbal Tea와 오화차Five Flower Tea가 추천 메뉴! 차계란은 1개에 HK$5, 차는 HK$9~11이다.

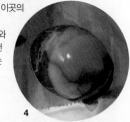

1 침사추이 스타페리 선착장에 위치한 왕로 2, 3 여러 종류의 건강 음료도 함께 맛보시길! 4 찻잎에 오래 끓여 차향이 밴 차계란

271

Map
P.473-G

오이스터 & 와인 바 Oyster & Wine Bar

Add. 19F, Sheraton Hong Kong Hotel & Towers, 20 Nathan Rd, Tsim Sha Tsui
Tel. 852-2369-1111
Open 월~목요일 18:30~01:00, 금·토요일 18:00~02:00, 일요일 12:00~15:00·
18:30~01:00
Access MTR 침사추이역 E 출구, 쉐라톤 홍콩 호텔 19층
URL www.sheraton.com/hongkong

가장 신선한 굴을 와인과 함께!

굴 하나로 홍콩을 사로잡은 셰프 오스카 초Oscar Chow
가 선택한 다채로운 굴 요리를 맛볼 수 있는 레스토랑이
다. 물이 좋은 날에는 60종류 이상의 굴을 갖추지만 평
균적으로 25~30종이 매일 각 생산지로부터 수입된다.
신선도는 전혀 걱정하지 않아도 된다. 굴 요리도 좋지만
바닷물로 짭조름한 기본 간만 되어 있는 우윳빛 굴을
날것으로 맛보는 것이 셰프 초의 추천. 각 굴의 특성에
맞게 와인을 제안해 주는 소믈리에도 있다.

프랑스, 미국, 일본, 뉴질랜드, 남아프리카, 호주 등 해산물이 유
명한 지역의 굴은 모두 모였다. 가격은 1개에 HK$30~90. 매
일같이 들어오는 미국산Barron Point(HK$50), 스코틀랜드산
Crumbrae(HK$44), 프랑스산Tarbnich(HK$82), 호주산Coffin
Bay(HK$40)이 대표적인 굴. 하지만 계절과 날씨를 많이 타므로 셰프
에게 추천을 부탁하는 것이 가장 현명한 방법.

1 하늘의 별처럼 작은 전구로 천장을 꾸민 오이스터 & 와인 바 **2** 오스카 초 셰프 **3** 모든 굴에는 지역과 품종에 대한 자세한 설명이 함
께한다. **4** 마음에 드는 굴만 골라서 테이블에서 즐길 수 있다.

마담 닝의 은밀한 부티크를 구경해 보실까요?

살롱 드 닝 Salon de Ning

Add. Basement, The Peninsula Hong Kong, Salisbury Rd, Tsim Sha Tsui
Tel. 852-2315-3355
Open 월~토요일 18:00~02:00(라이브 밴드 공연은 월~수·금~토요일 21:00~00:45,
목요일 21:00~01:45, DJ 공연은 금~토요일 23:00~02:00) **Close** 월요일
Access MTR 침사추이역 E 출구, 페닌슐라 홍콩 호텔 지하
URL www.salondening.com

마담 닝의 사교 파티에 초대받다

벨을 누르고 들어가야 하는 독특한 장소인 이곳은 1930
년대 상하이 사교계의 명사, 마담 닝Madame Ning의 살
롱이다. 여행과 파티를 좋아하고 사람들을 불러 모아 이
야기를 나누는 것을 즐기는 마담 닝은 아주 디테일한 프
로필을 갖고 있지만 사실은 가상 인물이다.
라이브 밴드의 공연이 이뤄지는 중앙 무대와 테이블
을 중심으로 모두 4개의 테마 룸이 가운데를 향해 있
다. 네 개의 방은 아프리카를 테마로 꾸민 라프리크 룸
L'Afrique Room, 스키 룸Ski Room, 춤추기 좋아하는 마담
닝의 전리품이 전시된 바일라르 룸Bailar Room, 마담의
드레스 룸인 부두아르 룸Boudoir Room이다.

이곳에는 마담 닝의 이름을 딴 다채로운 칵테일이 준비된다. 특히 달콤한
닝 슬링Ning Sling(HK$108)은 여성들에게 추천하는 칵테일. 프랑스 도
츠DEUTZ사에서 살롱 드 닝만을 위해 만든 로제 샴페인Salon de Ning
Brut Rosé Champagne은 한 잔에 HK$265, 한 병에는 HK$1300.

1 입구에서 초인종을 눌러야 한다. 그러면 신원을 확인하는 듯한 눈이 스크린에 나타나고 문이 열린다. **2** 도츠사의 살롱 드 닝 샴페인
3 다채로운 칵테일은 그 이름부터 유쾌하다. **4** 메인 홀과 4개의 테마 공간으로 이뤄진 살롱 드 닝

펠릭스 Felix

Add. 28F, The Peninsula Hong Kong, Salisbury Rd, Tsim Sha Tsui
Tel. 852-2315-3188
Open 18:00~01:30
Access MTR 침사추이역 E 출구, 페닌슐라 홍콩 호텔 28층
URL www.peninsula.com

필립 스탁의 유머러스한 바

필립 스탁Philippe Starck이 디자인한 바 겸 레스토랑으로
디자이너의 유머 감각이 잘 녹아난 흥미로운 공간이다.
와인 바The Wine Bar, 발코니The Balcony, 아메리칸 바
The American Bar, 디스코텍으로 사용되는 크레이지 박
스The Crazy Box 등 펠릭스 곳곳에 나무, 유리, 금속을 적
재적소에 사용하며 공간마다 개성을 살리고 있다. 펠릭
스의 가장 큰 자랑은 이곳 대부분 좌석이 홍콩 섬과 빅
토리아 하버, 그리고 펠릭스의 혁신적인 디자인을 함께
만끽할 수 있다는 것. 특히 화장실은 홍콩 섬이 그대로
내려다보이는 통유리로 되어 있다. 그중에서도 압권은
남자 화장실인데, 홍콩 섬을 향해 볼일을 보게 한 디자
이너의 기지에 유쾌해지는 공간이다.

대부분의 펠릭스 손님들은 바로 즐기기 위해 이곳을 찾지만 제철 재료들
로 요리하는 창의적인 웨스턴 요리도 수준이 높다. 그중 18:00~19:00에
제공되는 얼리 세트 디너는 와인 한 잔을 포함한 3코스 요리를 HK$448
에 만나볼 수 있다.

1 화장실에는 필립 스탁의 유머 감각이 오롯이 배어 있다. **2, 4** 홍콩 야경을 내려다보며 샴페인이나 칵테일 한잔을 즐겨 보자. **3** 필립
스탁이 만들어 더 유명한 페닌슐라의 펠릭스

할란스 **Harlan's Bar and Restaurant**

Add. 19F, The One, 100 Nathan Rd, Tsim Sha Tsui
Tel. 852-2972-2222
Open 일~목요일 12:00~14:30·15:00~17:30·18:00~00:30, 금·토요일·공휴일
전날 12:00~14:30·15:00~17:30·18:00~01:30
Access MTR 침사추이역 B1 출구, 더 원 19층
URL www.jcgroup.hk

야외 테라스에서 맞는 판타스틱 홍콩

홍콩의 화려한 밤풍경을 마주할 수 있는 곳은 얼마든 있다. 침사추이의 키 큰 빌딩, 초급급 호텔마다 파인 다이닝 시설을 몇 개씩이나 두고 로맨틱한 홍콩의 밤을 즐길 수 있는 공간을 마련하고 있으니 말이다. 스타 셰프의 레스토랑으로도 유명한 할란스는 식사나 애프터눈 티도 근사한 다이닝 체험의 연장이 되는 곳임을 부인할 수 없다. 하지만 가끔 이곳은 너무나도 황홀한 뷰를 가진 야외 테라스 덕에 주객이 전도된 느낌을 받기도 한다. 사람들은 종종 식사보다 이곳의 야외 테라스에서 샴페인을 홀짝이며 홍콩의 환상적인 야경을 바라보며 저마다의 낭만에 빠지는 것을 선택한다.

세계적인 셰프의 레스토랑답게 이곳에는 수준급 와인리스트를 갖추고 있다. 병으로 주문할 경우 HK$360~58880까지 다양한 가격대의 와인이 있다. 글라스 와인은 HK$98부터 원하는 와인을 가져와서 마시려면 한 병당 HK$300의 코르크 차지가 붙는다.

1 스타 셰프의 레스토랑으로 유명한 할란스 **2, 3** 한눈에 홍콩 섬의 야경이 들어오는 할란스의 야외 테라스 좌석 **4** 로맨틱한 분위기와 황홀한 야경에 취하며 한 잔의 칵테일을 나눠 보자.

너츠퍼드 테라스 Knutsford Terrace

Map
P.473-C

Add. Knutsford Terrace, Tsim Sha Tsui
Open 점심 12:00~14:30, 저녁 18:00~22:30, 바 21:00~00:00
Access MTR 침사추이역 B2 출구

도란도란 술과 이야기를 즐기는 밤

홍콩에서 나이트라이프를 즐기기에 가장 좋은 곳은 두말할 나위 없이 란콰이퐁이다. 그에 비해 짧은 거리에 다양한 세계 요리가 가득한 너츠퍼드 테라스는 나이트라이프보다는 미식을 위한 거리로 각인되었다. 터키와 러시아, 스페인, 지중해, 호주, 동남아시아, 한국, 일본, 이탈리아 등 세계의 내로라하는 요리가 이 거리에 몰려 있기 때문이다. 하지만 이곳은 현지인들과 홍콩에 상주하는 외국인들에게 일명 '리틀 란콰이퐁'으로 불리는 나이트라이프의 명소임을 기억해 두자. 레스토랑 대부분은 야외 테라스를 내놓고 있어 란콰이퐁처럼 맥주를 들고 거리로 나오는 사람은 드물다. 하지만 홍콩의 밤과 세계 레스토랑이 몰려 있는 거리, 외국인과 홍콩 사람들이 이뤄 내는 공기 속에서 즐기는 칵테일이나 와인 한 잔은 홍콩을 잊지 못하게 하는 묘한 매력이 있다.

1 낮에도 식사를 즐기기 좋다. 2 너츠퍼드 스텝에 마련된 테라스 좌석도 인기다. 3 자유로운 분위기가 넘실대는 너츠퍼드 테라스는 침사추이의 란콰이퐁으로도 불린다. 4 이 좁은 거리에 세계 각국의 요리를 망라하는 수준 높은 레스토랑이 밀집해 있다.

K11 K11

Add. 18 Hanoi Rd, Tsim Sha Tsui
Tel. 852-3118-8070
Open 10:00~22:00
Access MTR 침사추이역 D2 혹은 N2 출구
URL www.k11concepts.com/en

세계 최초의 아트 몰

침사추이 동쪽 지형에 새로운 활력을 불어넣은 아트 몰 K11은 사람, 예술, 자연을 기본 모토로 쇼핑몰을 마치 아트 갤러리처럼 꾸며 놓아 신선한 바람을 일으키고 있다. 모든 숍은 갤러리로 불린다. 또 일반적인 쇼핑몰의 쇼핑 디렉터리처럼 이곳에는 아트 디렉터리Art Directory 시스템을 갖추고 쇼핑몰 곳곳에 전시된 예술 작품의 아티스트와 작품의 숨은 의미까지 쉽게 알 수 있도록 했다. 게다가 갤러리나 박물관처럼 아트 투어를 무료로 운영한다. 인포메이션 데스크에 비치해 둔 투어리스트 패스포트Tourist Passport만 있으면 K11에 입점한 여러 매장에서 할인이나 추가 사은품 등 다양한 혜택이 있다. 고메 타워Gourmet Tower라고 불리는 공간에 들어선 다이닝 공간에도 최근 까다로운 홍콩의 미식가들에게 인정받는 다채로운 세계 요리의 향연이 펼쳐져 있다.

1 세계 최초 아트 몰로 화려하게 등장한 K11 **2** 쇼핑몰을 꾸민 각종 오브제와 예술 작품을 구경하는 재미가 쏠쏠하다. **3** 미술관에서처럼 도슨트가 아트 투어를 진행한다. **4** 숍의 구성도 인근 대형 쇼핑몰에 뒤지지 않는다.

자라 홈 Zara Home

Add. Shop 3205, 3F, Harbour City, 3-27 Canton Rd, Tsim Sha Tsui
Tel. 852-2880-5068
Open 10:00~21:00
Access MTR 침사추이역 A1 출구 혹은 침사추이 스타페리 터미널에서 도보 5분,
하버시티 3층
URL www.zarahome.com

2015 New Spot

스패니시 패션 감각이 더해진 홈 데코

일본에 이어 자라 홈이 홍콩에도 상륙했다. 하버시티의 자라 홈은 홍콩에서는 최초의 매장이다. 그동안 홍콩에서 이케아만 탐닉했다면 앞으로는 더 패셔너블한 홈 액세서리를 선택할 수 있어서 반갑다. 하버시티의 자라 홈은 침실과 테이블 웨어, 욕실 용품, 거실 용품, 선물 등의 홈 데코 콜렉션과 어린이 용품 콜렉션으로 나뉜다. 패션과 마찬가지로 이곳 역시 매 시즌마다 각기 다른 시리즈의 홈 디자인을 만날 수 있다. 2013년의 FW 콜렉션의 테마는 화이트 톤과 메탈 소재의 그래픽 스튜디오Graphic Studio와 호텔 시리즈, 컨트리 스타일의 멀티 컬처 스타일, 디바Diva, 오션Ocean, 록 꾸뛰르Rock Couture, 오리엔트 익스프레스Orient Express 등의 다양한 시리즈를 선보였다. 집 꾸미기에 관심이 많거나 지인에게 줄 선물을 구입할 요량이라면 홈 웨어는 물론 다양한 홈 액세서리 만나볼 수 있는 자라 홈에 들러보자.

1, 2 다채로운 인테리어와 데코 용품으로 가득한 자라 홈 **3, 4** 가격은 이케아보다는 다소 비싼 편이니 세일 기간을 노려보도록 하자.

코스 COS

Add. Shop 2310, Level 2, Gateway Arcade, Harbour City, Tsim Sha Tsui
Tel. 852-2117-9433
Open 10:00~22:00
Access MTR 침사추이역 A1 출구 혹은 침사추이 스타페리 터미널에서 도보 5분,
하버시티 게이트웨이 아케이드 2층
URL www.cosstores.com

2015 New Spot

스타일리시한 오피스룩

지난 2013년 센트럴에 플래그십 스토어를 오픈한 후 홍콩의 트렌드 리더들에게 큰 사랑을 받았던 코스가 하버시티에도 둥지를 틀었다.

우리에게는 다소 생소할 수 있는 코스는 스웨덴의 스파 브랜드인 H&M의 자매 브랜드다. H&M은 총 3개의 브랜드를 갖고 있는데 가장 저렴하고 젊은 감각이 통통 튀는 스트리트 패션의 몽키Monki, 트렌드하고 활용 범위가 넓은 H&M, 그리고 고급스럽고 심플한 패션을 추구하는 코스가 있다. 코스는 몽키나 H&M과 비교해도 컬러나 소재를 좀 더 절제된 감각으로 사용해 오피스 룩이나 스마트 캐주얼로 입기 좋은 옷들이 대다수이며 아이템도 다양하다. 여성복, 남성복, 신발과 가방 같은 가죽 액세서리와 반지, 귀걸이, 목걸이 등의 금속 액세서리도 다채롭다. 홈웨어, 수영복, 속옷 코너와 어린이 용품 코너도 마련되어 있어 원스톱 쇼핑이 가능하다는 것도 장점이다. 특히 패턴이 우아한 스커트와 블라우스, 셔츠가 코스의 시그니처 아이템이다. 베이식한 아이템이 많고 입었을 때 편안하고 스타일리시함을 놓치지 않는 디자인이 주요 콘셉트라서 현재 코스는 주목받는 브랜드 중 하나다. 따라서 인기 있는 디자인의 경우 출시 직후 바로 매진되어 버리는 경우가 허다해서 마니아들의 안타까움을 자아내고 있기도 하다. 원하는 사이즈가 없다면 더 규모가 큰 센트럴 매장(Queen's Place, 74 Queen's Rd Central)도 들러볼 것.

1,2 심플한 디자인과 베이식한 컬러감으로 오피스 레이디에게 인기를 끄는 코스 **3** 센트럴에는 코스의 플래그십 스토어가 있다.

홍콩 거리 쇼핑의 대명사,
그랜빌 로드

그랜빌 로드 **Granville Road**

Map
P.473-C

Add. Granville Rd, Tsim Sha Tsui
Open 보통 12:00~22:30에 대부분의 가게가 활발하게 영업한다.
Access MTR 침사추이역 B2 출구

개성 만점 스트리트 패션에 빠지다

전형적인 홍콩 쇼핑 거리 중 하나로 손꼽히는 그랜빌 로드. 몽콕처럼 지나치게 현지인 위주도 아니고 코즈웨이베이처럼 쇼핑 고수만 누릴 수 있는 난이도 높은 쇼핑 지역도 아니다. 여행자와 홍콩 사람들이 모두 그랜빌 로드를 편애하는 것은 모든 것이 다 있기 때문이다. 홍콩 스타일의 보세 숍을 대표하는 메이플Maple, 베이식Basic, 인 패션In Fashion에서부터 일명 샘플 아웃렛이라고 불리는 웨스트우드Westwood, 피가로 패션 컴퍼니Figaro Fashion Company 등이 거리 곳곳에 포진해 있다. 그랜빌 서킷에 숨어 있는 라이즈 커머셜 빌딩Rise Commercial Building도 쇼핑의 아기자기한 재미를 더한다. 저렴한 화장품과 향수를 구할 수 있는 사사SaSa와 간판이 없는 화장품 아웃렛, 한국과는 확연히 다른 스타일로 유혹하는 홍콩 로컬 브랜드까지. 홍콩 쇼핑의 면면을 가장 빠르게 구경하기 좋은 거리인 그랜빌 로드 탐험은 놓치지 말 것!

1, 2 보세, 스트리트 브랜드 쇼핑 1번지 그랜빌 로드 **3, 4** 그랜빌 로드에는 요즘 홍콩 젊은이들이 가장 좋아하는 스타일과 브랜드, 트렌드가 고스란히 녹아 있다.

더 원 The One

Add. 100 Nathan Rd, Tsim Sha Tsui
Tel. 852-3106-3640
Open 11:00~23:00
Access MTR 침사추이역 A1 출구 혹은 침사추이 스타페리 터미널에서 도보 5분
URL www.the-one.hk

Map
P.473-C

흥미로운 숍이 가득!

홍콩에서 최고층 높이를 자랑하는 쇼핑몰이다. 인근의 미라마 쇼핑센터나 실버코드의 확장판이라고 이해하면 쉽다. 인터내셔널 브랜드보다는 일본 브랜드와 홍콩 브랜드가 다양하다. 특히 홍콩 브랜드는 세일 기간이면 할인율이 높기 때문에 8월이나 2월처럼 대대적인 세일이 펼쳐지는 때 홍콩을 찾았다면 꼭 들러봐야 할 곳이다.
로스트 앤드 파운드 같은 곳은 시간이 금세 가버리는 재미있는 디자인 갤러리 스토어다. 귀여운 오리 캐릭터가 돋보이는 비덕B.Duck, 판다 캐릭터가 재미있는 판다 어 판다Panda-a-Panda 등 어린이나 가족 여행자가 좋아할 만한 상점도 많고 쇼핑과 다이닝을 동시에 즐기기에도 부족함이 없다. 특히 홍콩 섬을 한 눈에 담고 식사할 수 있는 할란스와 울루물루 스테이크 하우스 같은 근사한 레스토랑이 스카이 다이닝 층에 위치해 있다는 것도 주목할 점이다.

1 요즘 홍콩에서 뜨고 있는 쿠키 갤러리 2, 3 이곳에는 젊은이들이 좋아하는 캐릭터 상품이 다양하다. 4 판다 관련 용품들로 가득한 판다 어 판다

로스트 앤드 파운드 Lost and Found

Add. L8, The One, 100 Nathan Rd, Tsim Sha Tsui
Tel. 852-2997-8191
Open 12:00~22:00
Access MTR 침사추이역 B1 출구, 더 원 8층
URL www.lostnfound.hk

잃어버린 세계에서 찾게 되는 어떤 것

더 원의 8층을 독점하다시피 하고 있는 거대한 창고 공간. 그 이름이 로스트 앤드 파운드라면 분실물 취급소 정도로 이해하기 쉽다. 하지만 이곳은 100개가 넘는 세계 디자이너들의 갤러리이자 개성 넘치는 흥미로운 쇼핑 공간이다. 홍콩에도 수많은 인테리어 숍과 디자인 숍이 있지만 규모나 아이템 보유 면에서 로스트 앤드 파운드는 타의 추종을 불허한다. 유럽과 미국, 일본, 홍콩을 아우르는 수많은 제품은 브랜드별, 아이템별로 일목요연하게 전시되어 있다. 이탈리아의 마지스Magis, 캐나다의 엄브러Umbra, 영국의 석UKSuckUK, 네덜란드의 넥스타임Nextime, 미국의 키커랜드Kikkerland 등은 홍콩에서는 로스트 앤드 파운드에만 정식 매장이 있다. 덩치 큰 가구나 인테리어 용품은 구매와 국내 배송 절차가 까다로운 게 사실이지만 쇼핑의 갈증을 채워주는 아이템도 다양하다. 홍콩에서 가장 촉망받는 일러스트레이터인 캐리 차우Carrie Chau의 운잉 갤러리Wun Ying Collection와 홈리스Homeless, 일본의 기프트 웨어 플러스d+d, 핀란드 테이블웨어 브랜드 무민Moomin과 체코에서 공수한 전통 나무 인형은 기념품으로 손색이 없으니 말이다. 이 거대한 디자인의 바다를 만난 이후에는 로스트 앤드 파운드가 잃어버린 세계 안에서 자기만의 스타일과 아이디어, 문화 배경이 다른 디자이너의 삶까지도 발견하는 곳이라는 데에 고개를 끄덕이게 될 것이다.

1 인더스트리얼한 외관 **2** 마치 보물창고에 들어온 것처럼 여기저기를 탐험하게 만드는 매장 구성 **3** 센스 넘치는 브랜드를 쏙쏙 뽑아서 꾸린 편집 숍

높다란 홍콩 건물 사이에서 유독 눈에 띄는 고풍스러운 건축물 1881 헤리티지

1881 헤리티지 1881 Heritage

Add. 1 Canton Rd, Tsim Sha Tsui
Tel. 852-2926-8000
Open 10:00~22:00
Access MTR 침사추이역 E 출구
URL www.1881heritage.com

고풍스러운 홍콩 쇼핑의 맛!

고층 건물이 빼곡하고 현대적인 건물들이 화려함을 자랑하는 홍콩 최고의 번화가인 침사추이에 최근 시간과 공간을 빅토리아 시대의 영국으로 돌아간 것만 같은 아주 특별한 쇼핑 스폿 1881 헤리티지가 문을 열었다.

그 이름마저도 고전적인 1881 헤리티지는 쇼핑 스폿이라기보다는 볼거리가 가득한 역사 유적의 느낌이다. 이곳은 홍콩이 영국 통치 아래 있던 1881~1996년 해양경찰본부로 사용되었던 건물이라는 역사성을 인정받아 1994년 홍콩 정부가 국가 기념 건축물로 지정했다.

게다가 상하이 탕, 비비안 탐과 같이 홍콩 고유의 디자인 감성을 공유하는 브랜드와 카르티에, IWC, 피아제, 롤렉스, 콴펜 등 럭셔리 부티크만을 엄선한 기품 있는 매장 구성은 바로 한 블록 건너에 위치한 호화 쇼핑몰 페닌슐라 아케이드의 명성을 위협할 정도다.

1 캔턴 로드 쪽으로는 고급 주얼리 부티크가 줄줄이 늘어서 있다. **2** 상하이 탕과 비비안 탐 같은 중국 디자이너 브랜드도 구성되어 있다. **3, 4** 관광 명소의 성격이 강해지는 낮

스윈던 북 Swindon Book

Add. 13-15 Lock Rd, Tsim Sha Tsui
Tel. 852-2366-8001
Open 월~토요일 10:00~20:00, 일요일·공휴일 12:30~18:30
Access MTR 침사추이역 C1 출구
URL www.swindonbooks.com

Map
P.472-F

오래된 서점에 대한 로망

홍콩은 모든 물자가 집결되는 세계의 허브다. 지식의 보고인 책도 마찬가지. 홍콩에서 더욱 다양하게 세계의 양서를 만나 볼 수 있다는 것은 두말하면 잔소리다. 최근에는 서점마저 더 모던하고 럭셔리한 분위기로 꾸며지며, 홍콩 고유의 색은 덮어 버리고 인터내셔널이라는 명목하에 영어 서적이 더 높이 쌓여 가고 있다.

그래서 오래된 서점의 추억을 가득 품고 있는 책벌레라면 1918년에 문을 연 스윈던 북을 만나면 자연스럽게 끌리게 된다. 훌륭한 시스템을 갖춘 체인점도 아니고, 겉모습도 허름한 이곳은 서점이라기보다는 오래된 도서관을 떠올리게 한다. 하지만 이 서점이 가진 지식의 양은 그 어느 곳도 따라올 수 없다. 무엇보다 중국이나 광둥어로 된 서적을 구하기에 홍콩에서 이보다 더 좋은 책방은 없다.

1 오래된 외관과 달리 내부는 카테고리별로 정리가 잘 되어 있어 불편함이 없다. **2** 허름한 외관이지만 홍콩의 책벌레들에게는 여전히 큰 지지를 얻는 스윈던 북 **3, 4** 요리나 디자인, 건축 서적도 다양하고 중국어로 된 책을 다채롭게 구할 수 있다.

차이나 홍콩 시티 China Hong Kong City

Add. 33 Canton Rd, Tsim Sha Tsui
Tel. 852-3119-0288
Open 10:00~22:00(가게마다 다름)
Access MTR 침사추이역 A1 출구
URL www.chkc.com.hk

2015 New Spot

홍콩에는 시내에도 아웃렛이 수두룩!

트렌디하고 스타일리시한 아이템을 구입하려면 아웃렛은 정답이 아니다(종종 레인 크로퍼드나 조이스 아웃렛이 있는 애버딘의 호라이즌 플라자에서는 가능할지 모르는 일이다). 패션 아이템을 아웃렛 가격으로 그것도 시내에서 구입하려면 하버시티의 끝자락에 위치한 차이나 홍콩 시티로 향하면 된다.

일반 매장도 많지만 아웃렛을 먼저 체크해보자. 홍콩의 저렴한 패션을 선도하는 보시니Bossini(Shop 46, UGF), 홍콩 젊은이들이 가장 좋아하는 브랜드 중 하나인 이니셜Initial(Shop 42A~42D, UGF)을 비롯해 에스프리 Esprit(Shop 23, 26~30, 2F), 제옥스Geox(Shop 2&3, GF), 알도Aldo(Shop 47A~47B, UGF), 벨르Belle(Shop 77, UGF) 등 종류도 다양하다. 스포츠 용품 구입을 원한다면 카탈로그Catalog(Shop 32B, UGF)나 마라톤 스포츠Marathon Sports(Shop 31,36&37, UGF), 라푸마 Lafuma(Shop 68~71, UGF)를 찾아볼 것. 홍콩의 유명 럭셔리 브랜드 아웃렛인 이사ISA(Shop 2~6, 2F)나 마켓 플레이스 바이 제이슨Market Place By Jasons(Shop 27, 1F)과 같은 슈퍼마켓도 있다. 단 아이템의 구성은 복불복이라고 생각하고 큰 기대는 하지 않는 것이 좋다. 마카오로 가는 페리를 타거나 하버시티를 들를 때 일정에 넣는 것이 좋다.

1, 2, 3 중국 관광객이 대다수이기 때문에 다소 그들의 취향에 포커스가 맞춰져 있지만, 잘만 찾는다면 괜찮은 브랜드와 아이템도 많다. G층의 이니셜을 강추!

I.T
OUTLET

MM⑥

2折

UP TO
80% OFF.

무려 80%까지 할인되는
I.T 세일 숍

실버코드 Silvercord

Add. 30 Canton Rd, Tsim Sha Tsui
Tel. 852-2375-8222
Open 10:30~21:00
Access MTR 침사추이역 A1 출구
URL www.silvercord.hk

홍콩 훈남, 훈녀들의 아지트

홍콩에서 가장 물 좋은 곳을 묻는다면 실버코드라 답해
주고 싶다. 실버코드는 홍콩 로컬 브랜드와 일본 브랜
드, 신흥 유럽 브랜드, 멀티숍에 특히나 관심이 많은 홍
콩의 멋쟁이들이 모이는 곳이다. 파격적이고 창의적인
디스플레이와 상상을 초월하는 브랜드 구성력으로 사
랑받는 I.T와 브랜드 아웃렛까지 한 쇼핑몰에 모두 입점
해 있다. 일본 브랜드 구성이 탄탄한 D몹D-mop도 실버
코드의 인기 멀티숍이다. 그 외에 더블 닷Double Dott..이
나 대링스Darings, 샐러드Salad, 바우하우스Bauhaus, 이
주닷컴 등 스타일리시하고 질감이 좋은 홍콩 로컬 브랜
드도 많다.

쇼핑하다 출출할 때 이용하면 좋을 푸드코트와 로컬 레
스토랑으로는 이례적으로 〈미슐랭 가이드〉로부터 별 하
나를 받은 딘타이펑 등 수준 높은 레스토랑도 갖추었다.

1 재미난 디스플레이가 눈에 띄는 메르시보쿠 2 싱가포르의 빵집인 브레드 토크 3, 4 더블 닷, 바우하우스 등의 스타일리시한 로컬
브랜드 숍도 실버코드에서 꼭 들러 봐야 할 곳

홍콩에서 즐기는 마카롱

홍콩은 초콜릿이나 마카롱마저도 유독 메이커에 집중해왔다. 우리에게는 생소할 수 있는 프랑스의 쇼콜라티에Chocolatier나 마카롱 장인들의 브랜드들이 이미 몇 년 전부터 홍콩에서 치열한 경쟁을 벌이고 있다. 이 달콤하고도 치명적인 마카롱의 유혹을 따라가 보자.

★별점은 저자의 주관적인 평가입니다. ★모든 마카롱은 1개에 HK$18~25 정도

피에르 에르메 Pierre Hermé ★★★★★

프랑스 파리에 여행 갔을 때 꼭 사와야하는 리스트로 꼽는 피에르 에르메의 부티크가 ifc 몰과 하버시티에 문을 열었다. 가업으로 내려온 프렌치 정통 제과제빵의 전통을 마카롱의 피카소라는 명예로운 별명을 얻을 정도로 끊임없이 노력하는 장인의 솜씨를 맛볼 수 있다.

Add. Shop 1019C, Podium Level One, ifc Mall, 8 Finance St, Central, Hong Kong
Tel. 852-2833-5700

라뒤레 Ladurée ★★★★★

현재와 같은 모양의 마카롱을 최초로 만들었던 건 피에르 에르메의 강력한 라이벌인 라뒤레. 홍콩에 먼저 문을 연만큼(하버시티와 랜드마크점) 피에르 에르메보다 인기면에서 조금 더 앞서간다. 최근에는 타임스 스퀘어에 티룸을 열며 홍콩 사람들의 마카롱 열풍을 주도하고 있다. 마카롱 전량을 파리에서 직접 공수해오는 노력으로 본고장의 맛을 온전히 전한다.

Add. Ladurée Tea Room Kiosk G, Level 3, Times Square, 1 Matheson St, Causeway Bay
Tel. 852-2509-9377

라 메종 두 쇼콜라 La Maison du Chocolat ★★★★

다른 마카롱의 머랭 쉘Meringue Shell이 부드럽거나 쫀득하다면 라 메종 두 쇼콜라의 것은 머랭 쉘의 겉면을 살짝 바삭하게 만들고 필링을 더욱 풍성하게 채워 넣었다. 초콜릿과 마찬가지로 퓨전이나 혁신을 추구하기보다는 기본 마카롱에 충실한 곳이다. 초콜릿, 로즈, 피스타치오 맛을 추천.

Add. 2F, Pacific Place, 88 Queensway, Admiralty
Tel. 852-2522-2010

포숑 Fauchon ★★★★

한국에서도 큰 인기를 끄는 포숑. 우리나라에서는 베이커리 위주라면 홍콩에서는 초콜릿, 마카롱, 프렌치 차 등을 판매하는 부티크로 문을 열었다. 이곳 역시도 호기심을 이끄는 맛보다는 다크 초콜릿, 로즈, 피스타치오와 같은 기본적인 맛을 맛보는 것이 좋다. 기념품으로 포숑에서 심혈을 기울여 브랜딩했다는 마카롱 티도 눈여겨 볼 것.

Add. Jasons Food & Living, B2F, Hysan Place, 500 Hennessy Rd, Causeway Bay
Tel. 852-2776-1090

장 폴 에벵 Jean-Paul Hévin ★★★★

초콜릿의 에르메스라는 찬사를 받는 프랑스의 유명 쇼콜라티어인 장 폴 에벵도 다양한 마카롱을 판매한다. 이곳 역시도 다채로운 맛의 시도를 하는데 망고, 라즈베리, 커피, 크림 브륄레 등의 색다른 맛도 느낄 수 있다. 게다가 센트럴에는 조용하고 달콤한 시간을 가질 수 있는 쇼콜라티에도 있으니 참고하자.

Add. Jean-Paul Hévin Chocolatier, GF, 13 Lyndhurst Terrace, Central Tel. 852-2851-0633

폴 라파예트 Paul Lafayet ★★★★

폴 라파예트는 다른 프렌치 마카롱 브랜드와는 달리 보다 다채롭게 홍콩의 맛을 마카롱에 접목시켰다. 생강, 녹차, 검정깨 등의 마카롱은 흥미로울 뿐만 아니라 예상 외로 그 맛도 훌륭하다는 평을 받는다.

Add. G23, K11 Mall, 18 Hanoi Rd, Tsim Sha Tsui
Tel. 852-3586-9621

르 구테 베르나르도 Le Goûter Bernardaud ★★

일명 LGB라고도 불리는 이곳은 마카롱보다는 초콜릿과 티 살롱의 애프터눈티가 더 유명한 곳이다. 늘 기본적인 맛의 마카롱은 물론이고 캔디가 가미된 블랙 포레스트, 바나나와 크림치즈 등 색다른 맛을 고르는 재미까지 더했다.

Add. Shop 2009, Elements Mall, 1 Austin Rd West, West Kowloon Tel. 852-2196-8488

프티 아만다 Petite Amanda ★★★

모델 출신의 아만다 스트랭Amanda Strang이 문을 연 프티 아만다는 최근 피에르 에르메나 라뒤레의 열풍에 좀 시들해지긴 했지만, 한때는 도시의 여성들의 마카롱에 대한 열망을 풀어주던 카페였다. 다른 마카롱에 비해서는 다소 단 편이다.

Add. Shop 2096, 2F, ifc Mall, 1 Harbour View St, Central Tel. 852-2234-7222

살롱 드 떼 조엘 로부숑 Le Salon de Thé de Joël Robuchon ★★★★

원래는 3스타 미슐랭 레스토랑에서, 티 살롱으로 이름 높던 살롱 드 떼 조엘 로부숑이 이제는 초콜릿과 케이크는 물론 마카롱 판매에도 나섰다. 창의적인 마카롱보다는 정통 마카롱과 셰프의 명성으로 승부하는 곳. 옐로우 카라멜 마카롱Egg-yolk Yellow Caramel Macaron이 유명하다.

Add. 3F, The Landmark, 15 Queen's Rd Central, Central Tel. 852-2166-9000

베로 Vero ★★★★

초콜릿으로 더 유명한 베로에서 마카롱을 고르는 순간은 마치 보석을 고르는 느낌이다. 카시스 술Cassis이나 패션 프룻Passion Fruit과 같은 다른 마카롱 브랜드에서는 흔히 볼 수 없는 맛을 고를 수 있다. 게다가 사각형 모양의 마카롱도 만든다는 것.

Add. 1F, Fenwick Pier, 1 Lung King St, Wan Chai
Tel. 852-2559-5812

쇼핑고수 김아영의
올킬, 홍콩 쇼핑 노하우

틈만 나면 홍콩에서 쇼핑하고, 새로운 레스토랑과 바, 카페를 호핑
Hopping한다. 그녀의 남다른 홍콩 쇼핑 전리품은 금세 화제가 되기 일
쑤! 사람들은 그녀에게 질문을 거듭한다. "홍콩 쇼핑 비결이 뭔가요?"

김아영
여행 블로그를 운영하지만, 대부분 내용은 홍콩이다. 현재는 남편의 직장 때문에
잠시 휴직하고 런던에 거주 중이다. 패션과 쇼핑, 미식에 열정을 가지고 있다 보니
자연스럽게 홍콩과 사랑에 빠졌다. 홍콩에 드나든 횟수만 20차례가 넘지만,
지금도 한국에 갈 때는 무조건 홍콩을 경유해 들어가는 진정한 홍콩 마니아.

Secret >> **홍콩의 어떤 점이 아영님을 강하게
이끈다고 생각하세요?**

A Young >> 2007년 첫 방문을 시작으로 20번
가까이 홍콩을 찾았네요. 홍콩의 첫인상은 동양과
서양의 문화를 모두 품은 국제적인 도시였어요.
그 이후에도 자주 방문한 이유는 주말을 이용해
기분전환으로 다녀오기 좋은 여행지라는 것과 영
어가 잘 통하고 한국 사람과 문화에 대한 이미지
가 좋다는 것에 호감을 느꼈어요. 무엇보다 가장
좋은 점은 다양한 가격대와 다양한 콘셉트의 레스
토랑이 끼니마다 저를 설레게 한다는 것이죠!

Secret >> **다른 나라와 비교했을 때 홍콩 쇼핑
의 특별한 점, 좋은 점을 알려주세요.**

A Young >> 홍콩의 대형 쇼핑몰은 쇼퍼홀릭에
게는 놀이터와도 같아요. 저렴한 스파SPA브랜드
부터 럭셔리 브랜드, 편집 숍은 물론이고 식당과
카페까지 한 건물 안에 다 있으니 바깥 날씨가 어
떻든 걱정할 필요가 없어요. 레인 크로퍼드, 하비
니콜스, 조이스 등 편집 숍 스타일의 백화점은 뉴
욕의 바니스, 런던의 셀프리지, 파리의 봉마르쉐와
비교해도 아이템 구성이나 디스플레이가 뒤지지
않는 아주 세련된 매장이에요. 구경만 해도 최신
트렌드를 한눈에 볼 수 있죠. 아시아에서 이 정도
로 물건이 다양하고 규모가 큰 곳은 없는 것 같아
요. 특히나 이런 편집 숍의 뷰티 섹션은 미국, 유럽

의 최신 뷰티 제품도 발 빠르게 입고되어서 한국
에서는 만날 수 없는 향수와 헤어, 스파, 메이크업
제품들을 직접 테스트해보고 살 수 있을 뿐만 아
니라 가격도 현지 가격과 차이가 없어서 좋아요.

Secret >> **현재 홍콩에서 가장 핫한, 아영님이
좋아하는 브랜드는 어떤 것이 있나요?**

A Young >> 개인적으로 요즘 주목하는 브랜드
는 영국에서도 인기인 하이 스트리트 브랜드 위슬
즈Whistles와 미국의 프레피 스타일 브랜드 제이
크루J.Crew인데요. 두 브랜드 모두 현재 레인 크
로포드에서 단독으로 수입하고 있어요. 위슬즈 같
은 경우는 모던하고 심플한 라인의 여성복인데 가
격비 원단이나 마무리가 고급스러워요. 옷 대부
분을 중국에서 만들기 때문에 위슬즈와 제이크루
모두 홍콩에서 구매하는 것이 조금씩 더 싸기도
해요. 제이크루의 경우는 곧 홍콩에 아시아 최
초의 대형 플래그십 스토어가 생긴다고 해 더
기대됩니다. 그리고 신발과 가방을 판매하는
편집숍 페더 레드Pedder Red는 스니커즈로
유명한 아쉬Ash, 젤리 슈즈로 유명한 멜리
사Melissa와 함께 자체브랜드의 신발이
아주 괜찮아요. 최신 유행 신발을 대
부분 10만 원대, 세일 때는 10만 원
미만의 가격으로 구입할 수 있어서
좋아한답니다.

Secret >> **나만의 홍콩 쇼핑 노하우가 있다면 알려주세요.**

A Young >> 사실 요즘은 해외 직구가 간편해져서 홍콩 쇼핑의 저렴한 가격이 예전 같지 않은 건 사실이에요. 하지만 유명 편집 숍과 디자이너의 콜라보레이션으로 홍콩에서만 구할 수 있는 아이템과 개별 바잉이 많아 세일 끝물에는 원산지보다 저렴해지는 유럽 디자이너 브랜드 등을 노리면 충분히 직구보다 알찬 쇼핑이 가능해요. 보통 세일 때는 쇼핑몰만 많이 보지만 전 시간이 나면 아웃렛도 들러요. 시내 매장이 세일을 하면 아웃렛도 추가 할인을 해줘서 정말 말도 안 되는 가격에 쇼핑할 때가 있거든요.

Secret >> 오직 홍콩 쇼핑을 위한 3박 4일 일정을 짜 주신다면?

A Young >>

•**DAY1** ifc 몰, 하버시티, 퍼시픽 플레이스 등의 대형 쇼핑몰을 돌며 시장조사. 고가의 디자이너 브랜드나 명품은 매장마다 재고 보유나 할인율이 다를 때가 있어서 둘러보고 사지 않으면 후회할 수 있어요. 한국보다 꽤 저렴한 산타마리아 노벨라Santa Maria Novella(ifc 몰에 위치) 같은 화장품도 미리 구매해 캐리어안에 넣어 놓죠. 깜박하고 있다가 마지막 날 얼리 체크인으로 짐을 보내 버려서 액체류를 못사는 불상사가 있으면 안 되니까요. 쇼핑몰 안의 대형 슈퍼마켓에서 신기한 과자와 맥주를 호텔에서 즐기며 하루 마무리해요.

•**DAY2** 아웃렛에 투자하기. 저는 시티게이트 아웃렛을 자주가요. 이곳은 MTR로 갈 수 있어 교통이 편리하고 상품 진열이 잘되어 있어 쇼핑하기에 안성맞춤이에요. 레인 크로퍼드의 액세서리 아웃렛인 온 페더On Pedder, DVF, 케이트 스페이드Kate Spade, 클럽 모나코를 추천합니다. 나머지 반나절은 시티게이트 아웃렛에서 버스로 20분정도 걸리는 디스커버리 베이Discovery Bay에서 석

양을 바라보며 맥주와 함께 야외에 앉아 저녁식사를 즐기세요. 디스커버리 베이에서는 센트럴로 가는 페리가 30분에 한 대씩 있어서 시내로 돌아가기도 편리하답니다.

•**DAY3** 로드숍과 편집숍에서 한국에서 구하기 어려운 물건 구입하기. 코즈웨이 베이의 패션워크에서는 일본 캐주얼 브랜드와 홍콩 로컬 브랜드를 만날 수 있어요. 특히 코즈웨이 베이의 대형 I.T는 저렴하고 개성 있는 브랜드 위주여서 둘러볼 만해요. 세련된 유럽 스타일을 원한다면 완차이의 스타 스트리트Star St의 편집 숍을 추천합니다. 개인적으로 꼭 들르는 곳은 카폭Kapok과 유명 매거진인 모노클Monocle에서 운영하는 모노클 숍! 두 곳 모두 패션뿐만 아니라 라이프스타일 전반에 관한 것들을 취급하므로 구경만 해도 시간 가는 줄 몰라요.

•**DAY4** 마지막 날은 얼리 체크인을 해야 하니 대형 쇼핑몰 위주로 놀아요. 비행기 시간이 낮이라면 조금 한산한 카오룽역의 엘리먼츠를, 늦은 저녁에 비행기를 타게 된다면 주변에도 볼 게 많은 ifc 몰을 추천해요. 마지막 날에는 안 사면 후회할 것 같은 물건을 쇼핑합니다.

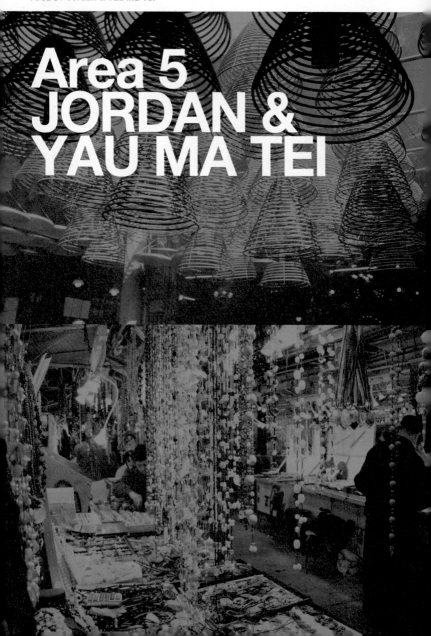

Area 5
JORDAN &
YAU MA TEI

조던 & 야우마테이
佐敦 & 油麻地

조던과 야우마테이는 여행자들에게 그리 다양
한 즐거움을 주는 지역이 아니다. 이곳을 여행하는 가장 좋
은 방법은 로컬 문화가 극도로 발달한 두 지역을 '홍콩 사람
처럼' 즐기는 것. 그들이 사랑하는 레스토랑에 함께 줄을 서
서 지극히 홍콩다운 요리를 맛보고 거리 시장에서 상인과 흥
정을 하며 물건을 사는 것. 또 홍콩 영화의 추억을 오롯이 느
낄 수 있는 오래된 식당에서 홍콩만의 감수성을 누리는 것은
오직 조던과 야우마테이에서만 누려 볼 수 있는 액티비티다.
거기에 세계에서 가장 높은 호텔인 리츠칼튼 홍콩과 엘리먼
츠, 호텔까지 더해져 다채로운 즐거움을 맛볼 수 있다.

Access
가는 방법

MTR 조던 Jordan역
방향 잡기 엘리먼츠와 W 호텔로 나가려면 C1 출구로 나가 오스틴 로드의 서쪽으로 쭉 따라가면 된다. 야우마테이 쪽으로 가려면 A 출구로 나온다.

MTR 야우마테이 Yau Ma Tei역
방향 잡기 야우마테이를 찾는 이유는 보통 하나다. 홍콩 사람들의 재래시장을 구경하는 것. 따라서 C 출구만 기억하면 된다.

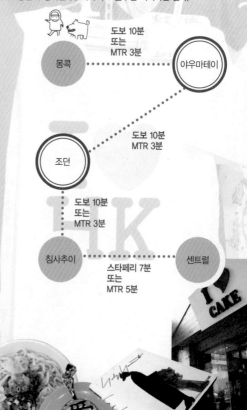

```
몽콕    도보 10분
        또는          야우마테이
        MTR 3분

              도보 10분
              MTR 3분

조던

도보 10분
또는
MTR 3분

침사추이   스타페리 7분   센트럴
          또는
          MTR 5분
```

Check Point

● 초행자에게는 오스틴 로드의 엘리먼츠 쇼핑몰로 걸어가는 길이 헷갈릴 수 있다. 그럴 경우 택시나 침사추이 DFS 갤러리아 앞에서 셔틀버스를 이용하는 것도 괜찮은 방법이다.

● 이 지역의 하이라이트는 거리 시장이므로 너무 일찍 가거나 너무 늦게 가면 허탕을 치기 일쑤다. 모든 가게가 문을 여는 14:00~16:00 정도가 가장 좋다.

Plan
추천 루트

홍콩영화와 SF영화
그 사이

14:30 도보 10분 | 오스트레일리아 데어리 컴퍼니
Australia Dairy Company
홍콩 사람들의 편애를 한몸에 받는
오래된 차찬텡에서 홍콩식 점심
식사를 즐겨 보자.

상하이 스트리트 **Shanghai Street** **15:30** 도보 15분
별별 그릇, 차와 관련된 용품, 베이킹
용품이 다양한 상하이 스트리트에서
주방 용품 구입하기

16:30 도보 5분 | 엘리먼츠 **Eliments**
홍콩 최대 규모라는 엘리먼츠
쇼핑몰 즐기기!!

틴룽힌 **Tin Lung Heen** **18:00** 도보 5분
세계에서 가장 높은 곳에 위치한
광둥 레스토랑에서 즐기는 미슐랭
스타 셰프의 요리 솜씨

오존 **Ozone** **20:00** 도보 10분
전망대보다 훌륭한 뷰를 자랑하는
바에서 칵테일을 즐겨보자.

21:30 | 스토미스 **Stormies**
오존에서의 여흥을 이어 즐기고
싶다면 밤늦게까지 문을 여는 바,
스토미스에서 한잔 더!

템플 스트리트 Temple Street

Map
P.475-C

Add. Temple St, Yau Ma Tei
Open 14:00~23:30(대부분의 가게는 17:00~18:00에 문을 연다)
Access MTR 야우마테이역 C 출구

★★

홍콩 재래시장에 대처하는 방법

홍콩의 재래시장은 쇼핑 공간이지만 관광을 목적으로 찾는 사람이 더 많다. 이곳에서 판매되는 물건 대다수는 메이드 인 홍콩보다는 중국산이고, 가격도 일정치 않으며 질도 보장할 수 없다. 따라서 최상의 상품을 찾으려는 마음보다는 홍콩의 서민적인 거리 풍경, 상인과의 흥미로운 흥정 게임, 재래시장에서만 찾을 수 있는 먹을거리, 볼거리 등을 찾으며 여행 가방을 채우기보다는 추억을 가득 담아 오는 것이 현명하다.

템플 스트리트는 홍콩에서 가장 유명한 노천 시장 중 하나로 남자 물건을 많이 판다 하여 '남인가男人街'라고도 불린다. 거리 이름이 사원 거리라고 불리게 된 것은 이 거리에 틴하우 사원이 있기 때문이다. 사람들은 이곳에서 매일 소원을 빌고 점쟁이에게 점을 본다. 밤마다 이 거리에 모이는 점쟁이들에게 재미 삼아 홍콩식 점술을 체험해 보는 것도 색다른 재미다.

1, 2 가장 유명한 노천 시장 중 하나인 템플 스트리트 **3** 저렴한 기념품이나 생활용품 위주로 구입할 것 **4** 이 거리 전체에 사원으로 시장과 로컬 레스토랑이 복잡하게 늘어서 있다.

제이드 마켓 **Jade Market**

Add. Junction of Kansu St & Battery St, Yau Ma Tei
Open 10:00~17:00
Access MTR 야우마테이역 C 출구

★

건강과 장수를 뜻하는 옥

유독 보석을 좋아하는 중국 사람들이 가장 상서롭게 여기는 보석은 금과 옥이다. 전통적으로 옥은 건강과 장수를 의미한다. 그래서 아주 오래전부터 여염집에서 황실에 이르기까지 아기가 태어나면 할머니는 손자와 손녀에게 옥을 선물로 줬다.

럭셔리한 보석상에서도 다채로운 옥의 오묘한 세상을 구경할 수 있지만 홍콩의 옥 전문 시장인 제이드 마켓만큼 싸구려 가짜 장신구에서부터 값비싼 골동품과 고급옥에 이르기까지 다양한 곳은 홍콩 내에서도 드물다. 일반적으로 우리가 알고 있는 녹색뿐만 아니라 분홍색, 백색, 검은색, 황색 등 다양한 색상의 옥 제품을 구경할 수있다. 심플한 액세서리부터 원석이나 섬세한 세공이 돋보이는 조각품까지도 판매한다. 제이드 마켓에 들어오는 옥은 대부분 미얀마에서 수입된 것이다.

3

4

1 옥으로 만든 장신구를 주렁주렁 진열해 둔 제이드 마켓 **2** 고가의 제품보다 저렴한 기념품이 좋다. **3** 한자가 쓰인 옥 펜던트 **4** 20분 정도 시간을 내어 구경하기 딱 좋은 시장이다.

상하이 스트리트 Shanghai Street

Map
P.475-C

Add. Shanghai St, Yau Ma Tei
Open 09:00~19:00
Access MTR 야우마테이역 C 출구

★★

홍콩에서 가장 저렴한 주방 용품

홍콩이 쇼핑의 천국이라고 불리는 이유는 방대한 아이템에서 비롯될 때가 많다. 베이킹 관련 제품이나 주방 용품 역시 홍콩에서 다채롭게 구입할 수 있다. 인테리어 전문점과 백화점의 주방 용품 코너, 쇼핑몰도 좋지만 저렴하고 중국의 색이 녹아 있는 식기 등을 구하기에는 야우마테이의 상하이 스트리트만 한 곳이 없다. 우리나라에서는 구하기 어려운 딤섬 찜통, 중국 스타일의 수저, 식기, 다기류를 비롯해 고급 스테인리스까지도 상하이 스트리트에 다 있다. 특히 다과류를 예쁘게 진열하기 좋은 3단 트레이, 그 종류가 엄청난 케이크 관련 아이템은 우리나라와 비교해 가격이 상당히 저렴하다.

따라서 신접살림을 준비하는 신혼부부나 음식점 창업을 준비하는 사람, 파티 용품이나 베이킹 용품을 구하려는 요리 마니아가 목적에 맞게 식기류 등을 구입하기 위해 상하이 스트리트를 들르곤 한다.

1 그릇과 베이킹 용품, 주방 용품은 무조건 상하이 스트리트에서 구입하자. **2** 단돈 1000원도 안 하는 저렴한 식기류도 있다.
3 여러 모양의 쿠키 틀 **4** 국물을 떠먹는 데 사용하면 활용도 100%인 중국 숟가락

스카이 100 Sky 100

Add. 100F, ICC, 1 Austin Rd West
Tel. 852-2613-3888
Open 10:00~20:30
Access MTR 카오룬역 C1 출구, ICC 100층
URL www.sky100.com.hk

★★
2015 New Spot

360° 파노라마로 즐기는 홍콩의 전경

100이라는 숫자는 분명 큰 의미가 있지만 그보다 더 높은 곳에 있는 리츠칼튼 호텔에서 묵을 예정이거나 호텔의 레스토랑이나 바를 이용할 계획이라면 이곳은 스킵해도 좋다.

하지만 어린이를 동반한 여행자이거나 전망대를 보고싶은 경우, 혹은 스카이 100에 위치한 식당이나 카페를 활용하거나 기념품 구입을 원한다면 한번쯤 들러 보자. 초고속 엘리베이터를 타고 전망대에 오르면 360°로 펼쳐지는 홍콩의 파노라마 뷰를 감상할 수 있다. 내부에는 홍콩의 문화와 역사를 보여주는 볼거리나 귀여운 마스코트도 많아서 어린이들의 이목을 사로잡기에는 좋은 곳이다.

성인 HK$168, 어린이(만 3~11세) HK$118, 만 3세 미만은 무료 입장이 가능하다.

1 ICC 100층에 위치한 스카이 100 2 홍콩의 아름다운 전망을 306° 파노라마로 만끽할 수 있다. 3, 4 어른들에게는 다소 지루할 수 있지만, 어린이를 동반한 여행자에게는 좋은 코스가 된다.

음식도 인테리어의
일부처럼 특색 있게
진열해 두었다.

키친 Kitchen

Add. 6F, W Hong Kong, 1 Austin Rd West, Kowloon
Tel. 852-3717-2299
Open 06:30~23:00
Access MTR 카오룬역과 연결, W 홍콩 호텔 6층

음식보다 에지 있는 분위기!

식사하는 공간은 탁 트인 하버 뷰를 만끽할 수 있는 위치에 각양각색의 독특한 테이블과 의자로 장식되어 있다. 또 키친 스테이션과 뷔페 테이블은 부엌이라는 식당의 이름 그대로 수많은 식기와 주방 용품으로 재미나게 꾸며 놓아 과연 W호텔의 메인 레스토랑답다는 감탄이 절로 나온다. 이곳에서는 음식과 음식을 담는 용기, 요리를 만드는 셰프, 그리고 이곳에서 즐기는 손님마저 모두 인테리어의 한 부분이 된다. 아침 뷔페부터 저녁까지 음식 자체의 질이나 맛보다도 W호텔 특유의 독특한 분위기와 디자인 때문에 더 사랑받는 곳이다.

아침 뷔페는 HK$250, 저녁 뷔페는 HK$428다. 가장 주목할 만한 메뉴는 매주 일요일 12:00~15:00에 즐길 수 있는 선데이 브런치Legendary Sunday Brunch(HK$590). 다채로운 해산물과 함께 프랑스 샴페인 페리에주에Perrier-Jouët를 무제한으로 제공한다.

1 이발소 의자 모양이지만 이곳에서는 아동용으로 이용된다. **2** 부엌 콘셉트로 꾸민 뷔페 음식 코너와는 다르게 다이닝 홀은 도서관, 서재처럼 장식했다. **3** 부엌이라는 기본 테마로 꾸며 놓은 뷔페 음식 코너 **4** 각기 다른 의자와 가구를 비치한 키친의 다이닝 홀

시빅 스퀘어에 위치한 스토미스

스토미스 **Stormies**

Add. Shop R005, Elements, MTR Kowloon Station, Kowloon
Tel. 852-2196-8098
Open 일~목요일 11:30~01:00 금·토요일·공휴일 11:30~02:00
Access MTR 카오룬역 C1 출구, 엘리먼츠 시빅 스퀘어 내
URL www.cafedecogroup.com

2015 New Spot

낮술 한 잔에 더 행복해지는 여행

란콰이퐁의 랜드마크로 통하는 스토미스가 엘리먼츠에
도 문을 열었다. 란콰이퐁의 스토미스가 자유로운 분위
기 속에서 나이트라이프를 즐기기 좋은 곳이라면 엘리
먼츠의 스토미스는 보다 질 높은 음식과 주류에 집중한
다. 비교적 외부와 단절된 시빅 스퀘어Civic Square의 고
급스럽고도 여유로운 분위기는 이곳이 복잡한 홍콩이
라는 사실을 잠시나마 잊게 만든다. 시빅 스퀘어는 밤이
낭만적이지만, 낮에는 또 다른 매력이 가득하다. 기다랗
게 만들어진 스토미스의 롱바에 앉아 생맥주를 홀짝이
며 시간을 보내자.

바 스낵은 물론이고 햄버거, 샌드위치를 비롯해 다양한 메뉴가 있
다. 그 중에 안주 겸 식사대용으로도 좋은 스토미스 플래터Stormies
Platter나 돼지 족발과 유사한 슈니첼Pork Schnitzel, 피시 앤 칩스
Stormies Fish N Chips가 추천 메뉴. 클럽 샌드위치Stormies Club와
블랙 포레스트 버거Black Forest Burger도 꼭 맛봐야 하는 음식. 1인
당 HK$250 정도.

1, 2 버거를 비롯한 다양한 웨스턴 음식을 판매한다. **3** 생맥주, 샴페인, 와인까지도 다양한 종류로 갖추고 있다.

멕시코 분위기가 물씬 풍기는 카페 이구아나 외관

카페 이구아나 Cafe Iguana

Map
P.474-E

Add. R004, Civic Square, Elements, 1 Austin Rd West, Tsim Sha Tsui
Tel. 852-2196-8733
Open 11:45~01:00
Access MTR 카오룬역 C1 출구, 엘리먼츠 시빅 스퀘어 내
URL www.cafedecogroup.com

로맨틱한 분위기 속에서 즐기는 멕시칸 푸드
홍콩에서 색다른 다이닝을 원한다면 엘리먼츠의 시빅
스퀘어를 추천한다. 시빅 스퀘어는 ICC, 카오룬역, 엘
리먼츠 쇼핑몰이 주변을 빙 둘러싸고 있는 작은 광장이
다. 이곳에서 전 세계의 다채로운 음식을 로맨틱한 분
위기에서 즐길 수 있다. 그중 카페 이구아나는 스트리
트 푸드로만 인식되어 온 멕시코 음식을 보다 현지에
가깝게, 제대로 된 분위기와 맛을 살려 내면서 명성을
얻은 곳. 고상한 분위기를 뽐내는 시빅 스퀘어의 다른
레스토랑과는 다르게 빨강, 라임 그린, 오렌지, 초록색
등 원색 컬러와 선인장 그림으로 현란하게 장식한 외형
부터 시선을 사로잡는다.

3가지 맛의 과카몰리Guacamoles(HK$98), 멕시칸 꼬치구이Alambres
Al Pastor(HK$157)를 비롯해 추러스Churros 같은 디저트까지 비주얼
은 물론 맛까지 훌륭하다. 그중에서도 가장 인기 있는 메뉴는 치즈와 구
운 옥수수를 층층이 쌓아 올린 나초Nachos(HK$98). 술안주 혹은 한
끼 식사로 손색이 없다.

1 시그니처인 핫윙과 나초는 필수! **2** 칵테일도 준비되어 있으니 멕시칸 푸드와 함께 맛보자. **3** 강렬한 컬러로 멕시코의 맛과 멋을 잘
표현해냈다. **4** 제대로 만들어내는 멕시칸 푸드는 옵션이다.

오픈 즉시 〈미슐랭 가이드〉로부터 별 하나를 받은 팀룽힌

틴룽힌 Tin Lung Heen

Add. 102F, The Ritz-Carlton Hong Kong, 1 Austin Rd West
Tel. 852-2263-2263
Open 월~금요일 12:00~14:30, 토·일요일·공휴일 11:30~15:00·18:00~22:30
Access MTR 카오룬역 C1 출구, 리츠칼튼 홍콩 호텔 102층
URL www.ritzcarlton.com

세계에서 가장 높은 호텔에서 즐기는 광둥요리

홍콩에서 최고로 높은 건물인 ICCInternational
Commerce Centre의 102층부터 118층까지 자리잡은 리츠
칼튼 홍콩The Ritz-Carlton Hong Kong은 세계에서 가장
높은 곳에 위치한 호텔이다. 그중에서도 프리미엄 광둥
레스토랑인 틴룽힌은 '하늘로 승천하는 용'이라는 그 이
름에 걸맞게 중국에서 가장 길한 색으로 꼽히는 골드와
레드 컬러를 조화롭게 사용하고, 도시의 화려한 전망을
하나의 디자인 요소로 활용했다. 레스토랑 한편에 위치
한 다크 원목의 오픈 키친은 마치 TV 박스처럼 셰프들
의 진중한 눈빛과 화려한 손놀림만을 집중해서 볼 수 있
도록 꾸몄다. 식당 중앙에 조성한 티 카운터는 힙한 인
테리어 속에서도 정통 광둥요리를 추구하는 틴룽힌의
정체성을 여실히 보여 주는 공간이다.

페닌슐라 광둥 레스토랑의 셰프 피터 라우 핑 루이Peter Lau Ping Lui
는 새로운 시도를 통해 세계의 미식가를 컨템퍼러리 캔터니즈 푸드의
세계로 인도한다. 이베리안 돼지고기 바비큐Char-grilled barbecued
Iberian pork는 광둥식 요리법이 질 좋은 식재료와 만나 시너지를 발
휘한 좋은 예다. 게살을 게 껍질 속에 채워 만든 튀김Deep-fried crab
shell filled with crab meat and onion이나 달걀 노른자로만 튀긴 새
우Wok-fried shrimps with salted egg yolk and vegetables도 추천
메뉴다. 1인당 HK$500~700.

1 붉은색과 금색을 과감하게 사용해 화려한 맛을 극대화했다. **2** 리츠칼튼의 각 레스토랑은 화려한 복도(통로)로 연결된다.
3 이베리아의 돼지고기로 요리해 더 부드러운 광둥 스타일의 바비큐

오스트레일리아 데어리 컴퍼니 **Australia Dairy Company**

secret

Add. GF, 47-49 Parkes St, Jordan
Tel. 852-2730-1356
Open 07:30~23:00
Access MTR 조던역 C2 출구

호텔 못지않게 수준 높은 차찬텡

1970년대 문을 연 이래 홍콩에서 가장 유명한 차찬텡
으로 등극한 오스트레일리아 데어리 컴퍼니. 개업 이
후 오랜 시간이 지난 지금까지도 홍콩 사람들이 가족
끼리 아침 식사를 하는 풍경을 쉽게 볼 수 있는 유서 깊
은 레스토랑이다. 이곳은 영업시간 중에 줄을 서지 않는
일은 상상조차 할 수 없을 정도로 많은 사람이 몰린다.
하지만 차찬텡 특성상 금방금방 손님이 빠지기 때문에
10~20분 정도 기다리면 바로 식당 안으로 입성할 수 있
다. 규모는 작지만 웨이터 수만 해도 무려 15~17명이나
된다. 하얀 가운을 차려입은 아저씨들은 이 차찬텡의 역
사를 함께한 동반자들이다.

달걀을 주재료로 한 요리가 수준급이다. 부드럽게 익혀 낸 스크램블과
바삭바삭한 달걀 토스트, 고소한 달걀 푸딩에 이르기까지 왜 3대가 사
랑하는 차찬텡인지를 여실히 느낄 수 있다. 아침과 애프터눈티 세트는
HK$25, 런치 세트는 HK$350이다.

1 담백한 치킨 수프와 먹는 마카로니와 햄 **2** 그 솜씨가 놀라운 스크램블드 에그 **3** 바로바로 만들어 파는 신선한 메뉴로 인기가 많다.
4 홍콩에서 가장 유명한 차찬텡인 오스트레일리아 데어리 컴퍼니에서는 아침부터 기다리는 것은 기본 덕목

미도 카페 Mido Cafe 美都餐室

Map
P.475-C

Add. 63 Temple St, Yau Ma Tei
Tel. 852-2384-6402
Open 09:00~21:30
Access MTR 야우마테이역 C 출구

홍콩 누아르 영화처럼

홍콩의 차찬텡은 누아르 영화의 분위기를 담고 있다. 다만 사람만 가득 차지 않는다면 말이다. 그래서 템플 스트리트에 위치한 미도 카페의 존재감은 특별하다. 홍콩 영화에 대한 향수를 갖고 있는 우리에게 이곳은 그야말로 영화 속 한 장면을 떠오르게 한다. 1950년에 문을 연 이래 리노베이션 한 번 없이 고풍스럽고 독특한 분위기를 이어 가고 있다. 녹색 철로 된 창틀과 세월의 흐름이 느껴지는 낡은 의자와 식탁, 1950년부터 그 자리에 있었을 것만 같은 소소한 액세서리 등 모든 것이 만들어 내는 분위기가 무척이나 정겨운 곳이다. 시간이 허락한다면 사원과 거리가 한눈에 내려다보이는 2층 창가 자리에 앉아 미도 카페의 분위기를 천천히 음미해 보자.

이곳의 명물 요리는 덮밥류Baked Pork Chop Rice(HK$30부터)와 국수Fried Noodle with Prawn(HK$30부터), 홍콩식 밀크티(HK$12)다. 작은 병에 든 코카콜라도 어린 시절의 향수를 불러일으킨다.

1 음식은 분위기에 비해 무난한 편이다. **2** 1950년부터 있었다는 소품 **3** 외관에서도 예스러움이 물씬 풍긴다. **4** 홍콩 영화에 나왔을 것만 같은 정겨운 미도 카페

우바 **Woo Bar**

Add. 6F, W Hong Kong, 1 Austin Rd West, Tsim Sha Tsui
Tel. 852-3717-2222
Open 07:30~01:00
Access MTR 카오룬역과 연결, W 홍콩 호텔 6층

2015 New Spot ▶

모던 아트의 일부가 되어

DJ가 화려한 퍼포먼스를 펼치는 나이트라이프의 명소로도 이름이 높은 W호텔의 리빙룸. 대자연을 표현한 W호텔의 디자인 콘셉트에 맞춰 거대한 나무를 중앙에 배치하고, 나비가 날아다니는 들판을 형상화했다. 높다란 천장을 유연하게 날아다니는 나비들은 낮에는 햇빛에 반사되어 반짝이고 밤이면 조명이 되어 쿵쾅거리는 음악에 맞춰 화려한 날갯짓을 하는 것처럼 보인다.

공간 자체가 거대한 모던 아트와도 같은 이 바는 다채로운 창작 칵테일과 샴페인, 와인을 홀짝이며 근사한 밤을 보내기에도 좋다. 또 리빙룸이라는 콘셉트가 잘 살아나는 오후에 창의적인 애프터눈티 세트를 즐기기에도 그만이다.

월~금요일 14:30~18:00에는 티 트레이(2인 HK$398)를, 토·일요일 14:00~18:30에는 샴페인 한 잔을 포함한 티 뷔페(1인 HK$248)를 즐길 수 있다.

1 트렌디 피플이 몰려드는 스타일리시한 카페이자 바인 W 호텔의 리빙룸 **2** 여러 모던 차이니즈 작품을 전시한다. **3** 독특한 티 세트 **4** 리빙룸의 식기류도 블링블링하다.

세계에서 가장
높은 라운지에서
즐기는 티 타임

라운지 & 바 The Lounge & Bar

Add. 102F, The Ritz-Carlton Hong Kong, 1 Austin Rd West
Tel. 852-2263-2263
Open 11:00~24:00(애프터눈티는 15:00~18:00)
Access MTR 카오룽역 C1 출구, 리츠칼튼 홍콩 호텔 102층
URL www.ritzcarlton.com

지금 가장 핫한 애프터눈티의 명소

리츠칼튼 홍콩 6개의 모든 레스토랑은 세계에서 가장 높은 호텔, 예술과 미식의 결합, 세계적으로 명성 높은 인테리어 회사의 창의적 디자인을 자랑한다. 특히 102층의 세 레스토랑은 강렬한 테마 컬러로 각 공간마다 아이덴티티를 부여한 것이 특징. 틴룽힌은 골드와 레드, 이탤리언 레스토랑인 토스카Tosca는 블루, 라운지 & 바는 레드로 꾸몄다. 절로 탄성이 쏟아지는 하버 뷰와 함께 라운지 & 바를 머릿속에 각인시키는 것은 높은 천장에 매달린 거대한 샹들리에와 레스토랑을 블링블링하게 휘감고 있는 크리스털 장식이다. 세계 최고층에 위치한 호텔, 극도로 화려한 분위기, 먹기가 아까울 정도로 예쁜 스위츠와 향긋한 차…. 여유로운 여행 중에만 누릴 수 있는 호사라는 것을 실감하게 된다. 안타까운 것은 예약은 받지 않기 때문에 일찍 도착해야만 좋은 자리 선점은 물론 목표한 날에 애프터눈티를 즐길 수 있다는 것.

시즌별로 바뀌기는 하지만 보통 티 트레이에 오르는 스위츠는 3가지 샌드위치, 6가지 케이크와 타르트, 스콘과 클로티드 크림으로 구성된다. 1인 HK$298, 2인은 HK$498.

> **TIP** 리츠칼튼 홍콩은 ICC의 최상부에 위치한다. 따라서 호텔 이용 고객이나 레스토랑 손님은 9층 로비(택시 도착층)에서 용무를 말하고 102층으로 안내를 받는다. 최근 라운지 앤드 바의 인기로 9층에서는 물론 102층에서도 대기해야 할 수도 있다.

1 페닌슐라와 만다린 오리엔탈의 아성을 위협하는 리츠칼튼 홍콩의 라운지 & 바 **2** 로맨틱한 야경만큼이나 매력적인 오후의 티 타임 **3** 한때 키린과의 콜라보레이션으로 기획된 애프터눈티 세트

벌집 모양은 오
존 디자인의 핵
심 키워드다.

오존 Ozone

Add. 118F, The Ritz-Carlton Hong Kong, ICC, 1 Austin Rd West
Tel. 852-2263-2270
Open 월~수요일 17:00~01:00, 목·금요일 17:00~02:00, 토요일 15:00~03:00,
일요일 12:00~15:00·17:00~23:00
Access MTR 카오룽역 C1 출구, 리츠칼튼 홍콩 호텔 118층
URL www.ritzcarlton.com/hongkong

2015 New Spot

세계에서 가장 높은 바에서 Cheers!

오픈한지 몇 년이 지났지만 여전히 '세계에서 가장 높은 바'라는 타이틀을 고수하고 있는 이 멋진 바는 단순히 그 특출난 수식어에만 몰두하지 않기에 더욱 훌륭하다. 마치 사이버 공간과 같은 내부 디자인은 바 섹션과 더불어 스시 코너와 다이닝 섹션으로 나뉜다. 무엇보다 홍콩의 전망대인 스카이 100 못지않은 빅토리아 하버 뷰는 그 어떤 경쟁 상대도 허용하지 않는다. 좋은 자리를 차지하고 싶다면 예약은 필수이며 소규모 모임을 위한 프라이빗 룸은 미니멈 차지가 있다.

수많은 여행잡지들이 앞다퉈 뽑는 '세계에서 가장 멋진 루프탑 바'에 오르는 스폿들에는 약간의 공통점이 있다. 방콕의 시로코와 마찬가지로 오존에서의 다이닝은 수많은 미식가들로부터 종종 악평을 받는다는 것이다. 고로, 식사보다는 저녁 무렵 칵테일에 가벼운 아시안 타파스를 즐겨보자. 칵테일 HK$100부터.

1 한국인 믹솔로지스트가 활약 중인 오존 2 다양한 타파스와 바 푸드가 맛있다. 특히 칼라마리 튀김과 와규 버거는 오존의 명물
3 118층에서 바라보는 아찔한 뷰야 말로 오존의 명물 4 다양한 와인과 샴페인도 준비되어 있다.

널찍한 공간을 각 테마에 맞는 예술 작품으로 꾸미고, 숍을 배치한 엘리먼츠

엘리먼츠 Elements

Add. 1 Austin Rd West, Tsim Sha Tsui
Tel. 852-2735-5234
Open 10:00~22:00
Access MTR 카오룽역 C1 출구와 연결
URL www.elementshk.com

여행자들의 틈새를 공략한 쇼핑몰

여행은 언제나 마지막 날의 계획이 걱정거리다. 쇼핑으
로 덩치가 늘어난 짐을 어디에 맡길지, 공항까지는 어떻
게 갈지를 꼼꼼하게 계획한 뒤 동선을 짜야 하기 때문이
다. 엘리먼츠의 등장 이후 홍콩 여행자들은 그런 걱정으
로부터 해방됐다. 엘리먼츠 몰의 최고 장점은 MTR 카오
룽역은 물론 도심공항터미널과도 연결되어 있다는 것이
다. 따라서 여행 마지막 날 얼리 체크인Early Check-in을
한 뒤 AELAirport Express Line을 타고 공항에 바로 갈 수
있다. 게다가 캔턴 로드의 DFS 갤러리아 앞까지 셔틀버
스도 운행되므로 여행의 마지막 일정을 합리적으로 계획
하기에도 안성맞춤이다.

지하부터 옥상까지 모두 4개의 층에 브랜드 숍과 레스토
랑, 극장, 서점, 슈퍼마켓 등이 입점해 있는데, 각 공간은
중국 풍수 사상의 기본이 되는 수水, 금金, 지地, 화火, 목
木의 테마로 구역이 나뉘어 있다. 친자연적인 쇼핑몰의
분위기와 곳곳에 설치한 예술 작품도 볼거리다.

1 엘리먼츠는 여행자와 현지인 모두가 만족할 만한 쇼핑몰이다. **2** 세상을 구성하는 다섯 가지 원소를 디자인과 숍 구성의 기본 모티
브로 정한 것도 색다르다. **3, 4** HMV, 포트리스, 메트로 북스, 스리 식스티 등 라이프스타일과 관련된 상점도 여럿이다.

미식가 미셸이 안내하는
윈롱으로의 반나절 미식 여행

홍콩 시내에서만 먹고 마시고 즐긴다면 홍콩은 '미식가의 천국'이라는 타이틀을 그리 쉽게 얻지 못했을 것이다. 거기다 복잡한 도시 안에만 갇혀 쇼핑몰을 전전하는 홍콩 사람들을 상상하면 어쩐지 마음 한쪽이 짠해질 정도다. 섣부른 판단에 저자의 홍콩 친구 미셸이 반기를 들었다. "이번 주말 함께 윈롱Yuen Long에 먹으러 가는 거 어때?"

미셸 옌 Michelle Yen

홍콩관광청의 가이드. 한류 스타들의 팬미팅이나 공식 행사, 각종 방송사와 전시회 등의 통역사로도 활약하고 있다. 무엇보다 그녀는 자타가 공인하는 미식가로 바쁜 스케줄 틈틈이 홍콩 곳곳에 숨은 맛집을 발견하는 것을 즐긴다.

Secret >> **윈롱이라는 지역이 그리 색다른가요? 이렇게 멀리까지 나온 이유를 설명해 주세요.**
Michelle >> 홍콩 사람들이 외곽의 윈롱까지 가는 이유는 거의 하나예요. 이곳에서만 맛볼 수 있는 먹을거리를 즐기며 가족끼리 외식이나 연인끼리 데이트를 하기 위해서죠. 홍콩 초행자라면 오는 방법도 쉽지 않고 전형적인 홍콩의 로컬 문화가 기반인 곳이라 그리 쉬운 여행지는 아니겠지만, 홍콩을 여러 번 들러서 색다른 코스를 찾는다면 한 번쯤 볼 만한 곳이에요. 물론 그 주제는 미식 혹은 스위치 투어여야만 하고요.

Secret >> **어떤 먹거리가 미셸을 사로잡았나요?**
Michelle >> 홍콩 시내에는 기와 베이커리나 윙와 베이커리 같은 브랜드화한 과자 가게가 많은데, 그중 윙와 베이커리 과자집의 본점이 윈롱에 있어요. 본점에는 일반 도심 매장과는 다른 과자들이나 차, 중국 스타일의 소시지도 팔아요. 특히 중추절 전에 월병을 구입할 때는 남편과 함께 윙와 본점이나 홍콩 사람들이 좋아하는 항흥 베이커리에 들러 주변 사람들에게 줄 선물을 구입해 가요. 그리고 탁구를 해도 될 정도로 탱탱한 쇠고기 완자가 올라간 국수도 꼭 먹어요. 진한 국물과 쫀득쫀득한 완자는 한국 사람도 좋아할 만한 맛일 거예요. 제가 가장 좋아하는 디저트도 윈롱에서만 맛볼 수 있어요. 이름은 B 보이 디저트B Boy

Grass Jelly, 허브 젤리, 열대 과일, 사고가 산처럼 가득 쌓인 디저트로 유명한 가게랍니다. 이 위에 달콤한 연유를 뿌려 먹는답니다. 집으로 돌아오기 전에는 꼬치구이집이 몰려 있는 얀산 스트리트Yan San St에 들러 먹고 싶은 꼬치를 구워 싸오기도 해요. 또 가끔 수준 높은 프렌치 요리를 맛보고 싶을 때는 윈롱의 르 카페 두 몽블랑을 꼭 예약한답니다.

Secret >> **여행자가 오직 먹기 위해서만 한 시간가량 외곽으로 나가야 하는 건 좀 허탈할 수 있잖아요. 다른 놀 거리를 추천해 주세요.**
Michelle >> 이곳에 가시는 여행자는 마음을 활짝 열어 보세요. 이곳에서는 우선 홍콩 중심가와는 다른 라이트 레일Light Rail 같은 색다른 교통수단을 체험해 볼 수도 있어요. 모든 제품, 먹을거리들이 현지 홍콩 사람을 대상으로 하기 때문에 무척이나 저렴해요. 곳곳에 서 있는 재래시장에서 옷이나 신발을 사기도 좋고요. 또 윈롱에는 여행자가 거의 없으니 영어가 안 통하는 것쯤은 감안하고 가셔야 해요. 혹시나 궁금한 게 있으면 가게 주인보다는 홍콩 젊은이들에게 물어보는 게 좋을 거예요!

TIP 윈롱 시내 가는 방법

MTR 윈롱Yuen Long역 G 출구로 나와 라이트 레일Light Rail 761P를 탑승한다(라이트 레일은 타고 내릴 때 모두 옥토퍼스 카드를 기기에 댄다). 한 정거장만 가서 타이퉁 로드Tai Tong Rd에 내리면 윈롱 시내 도착. 버스로 갈 경우 코즈웨이 베이에서 968번 버스를 타면 한 시간 정도 걸린다.

Michelle's Directory

빅토리 비프 볼 Victory Beef Ball 勝利牛丸
Add. Shop 1, GF, Kit Man House, Kuk Ting St,
Yuen Long
Tel. 852-2478-8409
Open 08:00~21:00
URL www.rickshawbus.com

케이키 디저트 Kei Kee Dessert 佳記甜品
Add. Kau Yuk Rd, Yuen Long
Tel. 852-2473-3148
Open 12:30~02:30
URL www.yl.hk/b

항흥 Hang Heung 恆香老餅家
Add. 64 Castle Peak Rd, Yuen Long
Tel. 852-2479-2141
Open 06:00~22:00

윙와 베이커리 Wing Wah Bakery 榮華餅家
Add. GF, 86 Castle Peak Rd, Yuen Long
Tel. 852-2477-0836
Open 07:00~22:00

르 카페 두 몽블랑 Le Cafe Du Mont Blanc 法國雪山咖啡
Add. GF, 56 Manhattan Plaza Shopping Arcade,
23 Sai Ching St, Yuen Long
Tel. 852-3482-7984
Open 화~토요일 12:00~14:00· 18:00~22:00,
일요일 18:00~22:00

Area 06
MONG KOK

몽콕
旺角

● 센트럴, 코즈웨이 베이, 침사추이는 취향이 제각 기인 대부분의 여행자를 만족시킬 만큼 다채로운 스펙트럼을 갖고 있다. 반면 몽콕은 여행자들에게 무척이나 불친절하다. 대형 쇼핑몰이라고는 달랑 하나만 있는 데다 그마저도 철저히 홍콩 사람들의 취향에 맞췄다.

그렇지만 이곳은 거리를 따라 천천히 걸으며 구경하는 거리시장들의 향연 속에서 잘 통하지도 않는 영어 중 "Korea! Korea!"라고 외쳐대면 "Oh~ Dai Chang Keum(대장금)"이라며 반겨 주는 인심 좋은 사람들을 만날 수 있다. 코를 자극하는 취두부 냄새를 꾹 참고 맛본 거리 간식은 인상을 찌푸리며 바라보던 외국인의 고개를 어느샌가 끄덕이게 한다. 홍콩의 마니아란 마니아가 모두 몰려드는 곳, 단돈 HK$20에 맛본 허름한 식당의 국수 한 그릇에 여행 중 최고의 기쁨을 온전히 내어 줄 수 있는 곳. 몽콕은 그런 곳이다. 그래서 이곳에서는 수많은 '시크릿'을 만날 수 있다.

Access
가는 방법

MTR 몽콕 Mong Kok역
방향 잡기 몽콕도 침사추이나 코즈웨이 베이 못지않게 출구가 복잡하다. 랭함 플레이스는 C3 출구, 레이디스 마켓이나 스니커즈 마켓을 가려면 D3 출구로 나와야 한다.

MTR 프린스 에드워드 Prince Edward역
방향 잡기 로컬들이 주로 몰리는 파윤 스트리트 마켓, 꽃 시장, 금붕어 시장, 새 시장을 구경하려면 B2 출구로 나와 남쪽으로 가야 한다.

몽콕 ···· 도보 15분 또는 MTR 3분 ···· 아우마테이

도보 10분 또는 MTR 3분

조던

도보 15분 또는 MTR 3분

침사추이 ···· 스타페리 7분 또는 MTR 5분 ···· 센트럴

Check Point

● 홍콩 여행 초행자는 레이디스 마켓이나 템플 스트리트 야시장으로, 두세 번째라면 파윤 스트리트 마켓이나 보세 쇼핑몰을 공략하는 게 훨씬 재미있다.

● 튼튼한 다리로 거리를 누빌 때는 거리 간식이 힘이다. 사람이 많이 몰리는 거리 간식을 맛보면서 거리와 보세 몰을 누비며 로컬 문화의 중심으로 들어가는 것. 진정한 홍콩 여행의 진수를 느껴 볼 수 있다.

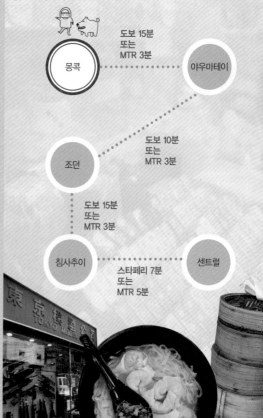

Plan
추천 루트
가장 홍콩다운 모습 찾기

딤딤섬 DimDimSum | **14:00**
저렴하고도 맛있는 | 도보 5분
얌차 타임!

15:00 | **파윤 스트리트 마켓**
도보 10분 | **Fa Yuen Street Market**
로컬 사람들이 찾는 거리
시장에서 작은 숍들,
노천 숍에서 보물 건지기

스타벅스 Starbucks | **16:30**
홍콩의 옛날 극장을 재현한 특별한 | 도보 5분
스타벅스에서 더위를 피해가자.

17:30 | **랭함 플레이스**
도보 5분 | **Langham Place**
초현실적인 랭함
플레이스에서 다채로운
쇼핑을 즐긴다.

밍 코트 Ming Court | **18:30**
캐주얼 광둥요리를 점심에 맛봤다면 | 도보 5분
저녁은 근사한 광둥요리를 제대로 맛보자.
몽콕에는 먹을거리가 많으니 간단하게 스타
셰프의 추천 메뉴로만 쏙쏙 즐긴다!

20:00 | **해피 레몬 Happy Lemon**
도보 5분 | 오랜 쇼핑으로 지쳤을 땐 달콤한 차로
에너지를 충전하자.

20:30 | **레이디스 마켓 Ladies Market**
저렴한 거리 쇼핑을 즐기기에 좋은 레이디스
마켓에서 기념품 구입 시간이 남으면 바로 옆에
있는 거리인 스니커즈 마켓도 들러 보자.

레이디스 마켓 Ladies Market

Map P.476-B

Add. Tung Choi St, Mong Kok
Open 12:00~24:00
Access MTR 몽콕역 D3 출구

★★★★

야시장의 묘미는 흥정!

홍콩을 대표하는 재래시장인 레이디스 마켓은 이름에서도 알 수 있듯 여성과 관련된 용품을 파는 거리시장이다. 여성과 관련된 용품으로 아동 용품, 주방 용품, 인테리어, 문구, 기념품 등 모두 이곳에 모두 몰려 있다. 에스닉한 치마와 블라우스, 가방, 글래디에이터 스타일의 샌들, 여성용 속옷과 잠옷 등은 레이디스 마켓에서 가장 많이 팔리는 동시에 만족도가 높은 아이템이다.

기억해야 할 것은 레이디스 마켓이 타깃으로 삼는 소비자는 대부분 외국인이므로 다른 재래시장에 비하면 바가지 요금이 판을 친다. 따라서 상인과 흥정을 거쳐야 만족스러운 쇼핑에 성공했다고 말할 수 있다. 상인이 부른 가격에서 40~50%를 깎아 흥정을 시도하자. 만약 제시한 가격이 터무니없다면 상인은 당신이 가게를 떠나도 뒤돌아보지 않겠지만 걱정하지 않아도 된다. 홍콩에는 똑같은 아이템이 차고 넘치기 때문이다.

1 기념품으로 구입할 물건이 산더미처럼 쌓여 있다. **2** 거리 표지판을 본떠 만든 냉장고 자석, 편지지, 벽걸이 장식품 등은 시대를 불문하고 인기 아이템 **3** 소품으로 활용하기에 좋은 선글라스 **4** 낮보다는 밤에 레이디스 마켓의 매력을 제대로 느낄 수 있다.

사이영초이 스트리트 Sai Yeung Choi Sreet South

Add. Sai Yeung Choi St South, Mong Kok
Open 10:30~23:00
Access MTR 몽콕역 D3 출구

★

애플 제품을 사려면 이곳으로!

홍콩에서 전자 기기를 사는 게 제품 구색, 가격 면에서 그다지 현명한 일은 아니다. 우리나라가 홍콩과 비교해 경쟁력 있다 할 만한 품목 중에 전자 제품군은 꼭 포함되기 때문이다. 하지만 애플 제품일 경우에는 이야기가 다르다. 국내 통신사의 3G를 사용해야 하는 아이폰이나 아이패드는 차치하고 아이팟, 맥북 에어, 맥북 프로 등의 제품은 국내에 비해 많이 저렴한 편이다. 전자 제품을 구입하려면 대형 쇼핑몰 안에 있는 전자 제품 상가도 좋지만 몽콕에 위치한 일명 '전자 제품 거리'로 불리는 사이영초이 스트리트로 향하는 것이 좋은 방법이다. 거리 전체에 카메라, 휴대전화, 노트북, PC 등 전자 제품과 관련된 모든 제품이 총망라되어 있다. 추후 환불이나 교환으로 어려움을 겪지 않으려면 포트리스Fotress, 브로드웨이Broadway 등 대형 전자 상점에서 구입하자.

1 전자 기기와 액세서리를 보기 좋게 전시한 매장 **2** 포트리스는 믿을 만한 대형 전자 상점이다. **3** 홍콩의 스마트폰 열풍은 한국 못지않다. **4** 아이패드는 홍콩에서도 베스트셀링 아이템

스니커즈 마켓 Sneakers Market

Map
P.476-B

Add. Fa Yuen St, Mong Kok
Open 12:00~23:00
Access MTR 몽콕역 D3 출구

★★★

운동화와 스포츠 용품의 모든 것

홍콩에서 가장 싸게 구입할 수 있는 아이템 중 하나는 스포츠 용품, 특히 운동화 종류다. 굳이 시장을 찾지 않더라도 백화점의 매대, 대형 쇼핑몰에 들어선 스포츠 의류 멀티 브랜드 숍 등에서도 우리나라보다 신제품은 10~20% 정도 저렴하게 구입할 수 있다.

스포츠 용품으로 가득한 파윤 스트리트에는 일명 스니커즈 마켓이라고 불리는 운동화 전문 판매 거리가 조성되어 있다. 나이키, 아디다스, 아식스, 반스 등의 단독 스포츠 브랜드 매장은 물론이고 멀티 브랜드 숍도 셀 수 없이 많다. 다른 곳에서는 구하기 어려운 희귀 스니커즈나 한정 판매 제품은 센트럴, 코즈웨이 베이 등 시내 멀티숍에서 구입하는 게 더 낫다. 하지만 베이식한 제품은 시내에서 판매되는 가격보다 10~20% 정도 저렴하게 팔고 있으니 알뜰 쇼핑에 참고할 것.

1 몽콕에 조성된 운동화 전문 판매 시장 2 온갖 스니커즈와 운동화는 물론 스포츠 용품을 구입하기에 좋다. 3 스니커즈 마켓에서는 신발과 관련된 기념품을 구입할 수도 있다. 한 개 HK$20 정도에 판매되는 휴대전화 액세서리

파윤 스트리트 마켓 Fa Yuen Street Market

Add. Fa Yuen St, Mong Kok
Open 월~금요일 11:00~18:00, 토·일요일 11:30~19:00
Access MTR 프린스 에드워드역 B3 출구

★★★

진정한 시장 쇼핑을 알려 주마

스니커즈 마켓이 들어선 파윤 스트리트에서 북쪽으로
올라가다 보면 또 다른 재래시장이 펼쳐진다. 레이디스
마켓이 동대문시장이라면 파윤 스트리트 마켓은 남대
문시장이라고 볼 수 있다. 깔끔하게 정돈된 맛은 없지만
저렴하고 다양한 아이템을 구매할 수 있어 홍콩 쇼핑 고
수들에게 추천할 만한 시장이다. 구성 아이템도 여행자
취향 위주의 레이디스 마켓과는 다르다. 의류와 잡화는
물론 홈인테리어 소품, 여행 용품에 이르기까지 다양한
아이템을 자랑한다. 일명 '샘플 아웃렛'이라고 불리는 매
장들이 시장의 메인 스트리트 양옆으로 꼭꼭 숨어 있어
보물찾기하는 것처럼 스릴 만점의 쇼핑을 즐길 수 있다.
영어가 통하지 않으며 가끔 무뚝뚝한 상인을 만날 수 있
다는 것은 감안해야 한다.

1 의류, 신발, 액세서리는 파윤 스트리트 마켓 최고의 추천 아이템 **2** 아이들 장난감을 사기에도 좋다. **3** 로컬 위주의 시장이기 때문에
여행자는 거의 눈에 띄지 않는다. **4** 아동복도 무척 저렴하다.

주문하자마자 바로
쪄서 내오는 팀호완
의 슈마이

팀호완 Tim Ho Wan

Add. Shop G72A&B, GF, Olympian City 2, 18 Hoi Ting Rd, Mong Kok
Tel. 852-2332-2896
Open 10:00~21:30
Access MTR 올림픽역 D 출구

두 시간을 기다려도 괜찮아!

〈미슐랭 가이드〉가 별 하나를 선사한 완전한 로컬 레스토랑 팀호완으로 향하는 길, 우리를 안내했던 홍콩 친구들은 말했다. "〈미슐랭 가이드〉가 홍콩 음식 문화를 이해했다면 팀호완은 분명 3스타 레스토랑이었을 걸.", "지금도 줄서기 힘들어 죽겠는데 더 이상 팀호완을 TV나 잡지에서 소개하지 않았으면 좋겠어."

희한한 볼멘소리의 진심은 로컬들만 몰리는 야우마테이의 좁은 골목, 뙤약볕에도 긴 줄을 선 사람들을 본 후에야 비로소 그 말을 이해할 수 있었다. 게다가 최근 〈미슐랭 가이드〉에서 별을 받고 난 뒤에는 외국인도 부쩍 늘었고, 심지어 새치기가 기승을 부려 싸움까지 날 정도라고 한다. 모든 메뉴는 주문을 받자마자 쪄 내고, 예약도 받지 않는다. 두 달에 한 번 메뉴를 교체해 단골들도 매번 새로운 딤섬을 맛보기 위해 줄을 서서 기다리는 수고로움을 마다하지 않는다.

현지 사람들이 하나같이 시켜 먹는 딤섬은 하가우Steamed Fresh Shrimp Dumpling(晶瑩鮮蝦餃)와 콩 줄기를 넣어 씹는 맛을 살린 가이초우가우Steamed Dumpling with Olive Vegetable Meat Bean(潮州蒸粉果), 오븐에 바삭하게 구운 차슈바오Baked Bun with BBQ Pork(酥皮焗叉燒包), 찹쌀 안에 돼지고기가 가득 든 함소이꺽 Deep Fried Dumpling Filled with Meat(家鄉咸水角), 이곳 딤섬의 가격은 호텔 딤섬의 3분의 1인 HK$10부터지만 맛에서는 우열을 가리기 어렵다.

1 영업시간 내내 손님으로 꽉꽉 찬다. **2** 한 시간에서 두 시간을 기다려야 하는 것은 기본 **3** 요리 종류의 딤섬도 많다. **4** 주문표를 달고 있는 딤섬 바구니

록윤 Lok Yuen 樂園

Map
P.477-D

Add. GF, Shop 2, 138-144 Sai Yeung Choi St South, Mong Kok
Tel. 852-2395-2882
Open 10:00~03:00
Access MTR 몽콕역 D2 출구
URL www.lokyuen.com.hk

원하는 대로 만들어 먹는 어묵 국수

홍콩을 여러 번 여행하다 보면 차오저우 스타일의 레스토랑이 차찬텡과 더불어 홍콩에서 가장 많은 수를 자랑하는 지역의 요리라는 걸 쉽게 눈치챌 수 있다. 수많은 차오저우 레스토랑이 있는데 가장 대중화한 차오저우 스타일의 캐주얼 국숫집을 꼽자면 단연 록윤이다. 현지인이 많이 몰리는 몽콕에 3개의 지점과 침사추이에 한 개의 지점을 두며 홍콩 사람들의 극진한 사랑을 증명하고 있다. 특히 이곳은 면의 종류와 면 위에 올리는 어묵이나 고명의 종류 등을 원하는 대로 선택할 수 있으며, 식사와 함께 음료를 주문하면 가격이 더 저렴해지는 등 다양한 프로모션으로도 좋은 반응을 얻고 있다.

보통 간수면이라고 불리는 달걀이 들어간 면Egg Noodle은 우리 입맛에 약간 느끼할 수 있다. 따라서 면은 넓적한 쌀국수Rice Noodle나 우동 면발처럼 만든 쌀국수Mai Sin가 담백하다. 모든 국수는 HK$24부터. 국수를 맛볼 때는 유초이Vegetable with Oyster Sauce라고 불리는 채소를 곁들여 먹으면 맛이나 영양 측면에서 더 좋다.

1 로컬 식당 특유의 어수선하지 않은 분위기도 인기 요인이다. **2, 3** 양증맞은 글씨체가 눈에 띄는 록윤의 간판 **4** 록윤의 어묵 국수, 고수를 따로 숟가락에 올려 줘 취향에 맞게 넣어 먹을 수 있다.

취와 콘셉트 Tsui Wah Concept

Add. GF, 36-38 Argyle St, Mong Kok
Tel. 852-2499-0099
Open 24시간
Access MTR 몽콕역 D3 출구
URL www.tsuiwahrestaurant.com

몽콕에만 있는 취와의 새로운 버전

홍콩에만 16개, 중국과 마카오에도 지점이 있는 프랜차
이즈 차찬텡이다. 다양한 차찬텡 메뉴를 아침, 점심, 저
녁 세트로 판매하는 것은 물론이고 양식, 동남아시아 요
리, 중국 요리를 취와만의 스타일로 낸다. 쉽게 홍콩판
김밥천국이라고 생각하면 된다. 취와 콘셉트는 젊은 감
각으로 분위기를 더욱 산뜻하게 꾸민 특화 매장이다. 지
루할 틈 없는 몽콕 거리를 바라보며 식사할 수 있는 2층
창가 자리가 좋다.

어묵 국수와 달콤한 칠리 새우 소스를 부어 먹는 튀긴 국수, 카레,
덮밥, 밀크티는 취와의 베스트셀러. 그에 더해 똠얌꿍 국수나 하이난
라이스, 완난 스타일의 매운 국수도 있어 선택의 폭이 넓다. 가격은
천차만별이지만 식사에 음료를 포함해 HK$30~40 정도 예상하면
된다. 늘 테이블에 프로모션 메뉴를 붙여 놓기 때문에 사진을 보고
선택하는 것도 요령.

1 번화한 몽콕의 중심부에 자리한 취와 콘셉트 **2** 아침 식사로 가장 인기 있는 마카로니 수프 **3** 산뜻하고 감각적인 인테리어로 차별
화를 꾀했다. **4** 깜찍한 컵에 담아 나오는 밀크티

딤딤섬 Dimdimsum Dim Sum Specialty Store

Map
P.477-D

secret

Add. GF, 112 Tung Choi St, Mong Kok
Tel. 852-2309-2300
Open 11:00~02:00
Access MTR 몽콕역 D2 출구

저렴하게 딤섬의 기본을 즐기고 싶다면!

홍콩에서는 최근 저렴한 가격과 산뜻한 분위기의 딤섬 집들이 호평을 얻고 있다. 딤딤섬도 그중 하나인데 최근 〈타임아웃 홍콩〉이 선정한 베스트 딤섬 집에 이름을 올리며 그 맛을 인정받았다. 외국인이 많이 찾는 까닭에 영어 메뉴도 준비되어 있다. 최근 무섭게 떠오르긴 하지만 딤딤섬은 팀호완처럼 음식에 까다로운 특급 호텔 출신 셰프도 없고 호화 식재료를 사용하는 고급 레스토랑이 아닌 프랜차이즈 딤섬 집이다. 그래서 일부 메뉴는 다소 짜고, 튀긴 딤섬은 기름을 많이 사용해 먹기 부담스러운 경우도 종종 있다. 하지만 혼자서 간단히 식사를 해결하고 싶거나 캐주얼하게 딤섬의 대표 메뉴만을 체험하기에는 이만한 식당은 드물다는 사실!

따라서 하가우Har Gou나 슈마이Siu Mai와 새우 장펀Rice Flour with Cutlet Shrimp과 같은 기본 메뉴를 주문하는 것이 포인트! 과육이 씹히는 파인애플 번Pineapple Bun은 〈타임아웃 홍콩〉이 딤딤섬을 베스트로 꼽은 이유 중 하나였다. 한 바구니당 HK$14~23.

1 유수의 매체로부터 극찬을 받았다. **2** 심플하고 깔끔한 내부 **3** 투명한 만두피, 한눈에도 탱글탱글한 질감이 군침 돌게 한다. **4** 〈타임아웃 홍콩〉이 선정한 베스트 딤섬 집 딤딤섬

이치방 Ichiban 金太郎

Add. GF, 36 Dundas St, Mong Kok
Tel. 852-2388-9008
Open 11:00~23:00
Access MTR 몽콕역 E1 출구

홍콩에서 가장 저렴한 일식집

홍콩의 많고 많은 일본 요리 전문점 중 가장 저렴한 곳을 찾는다면 이치방이 최고다. 대부분 스시는 2개가 든한 접시당 HK$10라는 놀라운 가격에 제공된다. 참치나 흰살 생선의 맛은 다소 떨어지지만 연어, 단 새우, 관자, 문어, 장어, 마키 등의 맛은 값비싼 스시집이 부럽지 않다. 이곳은 저렴한 가격을 취하는 대신 분위기나 서비스 같은 다른 것들은 포기해야 하는 단점이 있다. 기다리는 사람으로 장사진을 이루는 점심과 저녁 시간에는 여행자로서는 약간의 희생을 치러야 하므로 복잡한 시간은 피하는 게 좋다.

이치방 최고의 매력은 초특급으로 저렴한 메뉴다. 스시는 HK$10, 일본 라멘은 HK$27로 다른 일식집과 비교해 너무나도 저렴하다. 런치 메뉴도 있다. 메인 메뉴로 라멘, 모둠 스시, 모둠 사시미, 돈부리 중 하나를 선택하면 되는데 사이드 메뉴로 샐러드와 된장국 등이 포함된 가격 HK$38부터.

1 가장 저렴한 회전 초밥집 이치방에서는 늘 줄을 서서 기다리는 손님을 쉽게 볼 수 있다. **2** HK$35에 사이드 메뉴까지 나오는 장어 덮밥 **3** 프로모션으로 세 개에 HK$10에 파는 두툼하고 쫄깃한 연어 스시 **4** 캐주얼한 분위기의 단출한 내부

베이비 카페 Baby Café

Map
P.476-A

Add. Shop 30, 11F, Langham Place, 8 Argyle St, Mongkok
Tel. 852-2111-1169
Open 12:00~23:30
Access MTR 몽콕역 E1 출구, 랭함 플레이스 11층
URL www.babycafe.com.hk

secret

2015 New Spot

안젤라 베이비를 꼭 닮은 예쁜 카페

중국과 홍콩에서 폭넓게 활동하는 안젤라 베이비Angela Baby의 레스토랑. 이곳은 안젤라 베이비라는 걸출한 여배우를 전면에 내세우고는 있지만, 전체 레스토랑을 스시 원 그룹에서 운영하는 만큼 음식과 분위기 그리고 서비스도 정제된 것이 장점이다.

하지만 안젤라 카페를 찾는 이중 음식만을 즐기러 온 이는 몇 명이나 될까? 이곳은 안젤라 베이비의 대다수 팬층인 남자들보다는 여성들 혹은 커플들이 주로 눈에 띈다. 하나같이 그들은 안젤라 베이비의 성형수술 전후의 사진을 스마트폰으로 검색하면서 그녀의 대단한 변신을 논하며 현재 인형처럼 아름다워진 안젤라의 사진 갤러리를 감상한다. 하지만 이곳에서 식사하려면 10대와 20대가 주축인 웨이팅 라인에서 오래 기다려야 하고 음식 자체보다는 안젤라 베이비라는 홍콩을 대표하는 스타에 대한 호감을 갖고 들러야 후회가 없다는 것은 감안하고 들르시길.

실제 오픈 초기, 〈CNNGo〉와의 인터뷰에서도 안젤라는 음식을 만드는 것보다 먹는 게 좋아서 비즈니스를 시작했다고 말했다. 그리고 이곳에 안젤라 베이비 하나만 보고 온 대부분의 사람들은 음식에는 별 기대를 안하고 왔을 것이 분명하다. 하지만 솔직히 음식의 프레젠테이션과 맛, 그리고 가격까지도 꽤나 훌륭한 편이라는 생각이 든다. 이곳의 음식은 안젤라가 가장 좋아한다는 일본 스타일이 섞인 유러피안 요리를 메인으로 한다. 런치 세트(HK$88)나 디너 세트(HK$128)를 고르되 안젤라 베이비가 강추하는 베이비 테이스팅 플래터The Baby Tasting Platter만은 꼭 시켜보자.

1 중화권의 인기 여배우 안젤라 베이비의 레스토랑 2 카페 내부를 온통 안젤라 베이비의 사진으로 꾸몄다. 3 스타가 운영하는 레스토랑이라고 음식까지도 얕보면 큰 코 다친다.

유로 고고 Euro Gogo

Add. Shop 23, Level 9, Langham Place 8 Argyle St, Mongkok
Tel. 852-2626-0660
Open 12:00~22:30
Access MTR 몽콕역 E1 출구, 랭함 플레이스 9층
URL www.eurogogo.com

2015 New Spot

쇼핑 중 잠깐 휴식!

'홍콩 젊은이들의 맛집', '주말 홍콩 가족들이 외식하러
들르는 캐주얼한 공간'을 꼽는데 빼놓을 수 없는 곳 중
하나가 바로 유로 고고다. 음식의 퀄리티가 탄성을 자아
낼 정도로 훌륭하거나 맛있다기 보다는 밝고 활기찬 분
위기와 창의적인 피자와 파스타 음료, 게다가 가격대비
큰 만족감을 준다는 데에 한 번쯤 시도해볼 가치가 있는
곳이다. 하지만 먹을 것이 많은 홍콩에서 굳이 식사를
이곳에서 할 필요는 없다. 이곳만의 창의적인 티나 커피,
혹은 가벼운 디저트와 함께 쇼핑 후의 피로를 잠시 풀어
볼 것을 추천한다.

유로 고고는 유러피안 음식이 기본이다. 가장 인기 있는 메뉴는
피자(HK$36부터)와 파스타류(HK$38부터). 피자를 반만 주문할
수 있는 시스템도 홍콩 젊은이들에게 매력적으로 통했다. 음료와
디저트는 계절별 특별 메뉴를 선택하거나 이곳의 시그니처 커피인
구운 아몬드 라테Roasted Almond Latte(HK$24) 등을 맛보시길.

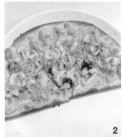

1, 4 캐주얼하고 밝은 분위기의 유로 고고는 가벼운 식사를 저렴하게 즐기기 좋은 곳 **2** 1/2 크기로 피자를 주문할 수 있어 더욱 다양한 메뉴를 맛볼 수 있다. **3** 스파게티의 가격도 HK$100 미만으로 저렴한 홍콩 맛집을 찾는 이들에게 추천!

밍 코트 Ming Court

Add. 6F, Langham Place Hotel, 555 Shanghai St, Mong Kok
Tel. 852-3552-3300
Open 점심 11:00~14:30, 저녁 18:00~22:30
Access MTR 몽콕역 E1 출구, 램함 플레이스 호텔 6층
URL hongkong.langhamplacehotels.com

Map
P.476-A

근사한 광둥식 다이닝 체험

〈미슐랭 가이드〉가 홍콩에 상륙한 이후 2015년까지 밍 코트는 단 한 해도 빠짐없이 별을 받으며 그 실력을 입 증받았다. 친형인 창 치우 킹Tsang Chiu King의 바통을 이어받아 2013년에 새롭게 밍 코트에 합류한 셰프 망고 창Mango Tsang Chiu Lit 역시 혁신적인 광둥요리를 내며 열렬한 마니아를 이끄는 스타다. 특히 그는 광둥요리와 절묘하게 어우러지는 와인 페어링에서는 타의 추종을 불허한다는 평을 받고 있다.

밍 코트의 인테리어도 인상적이다. 유려한 곡선미를 자 랑하는 원형의 벽과 수많은 중국 다기로 우아하게 꾸며 놓은 창과 선반, 중국의 아름다운 풍경을 그린 산수화 는 광둥요리의 품격을 더욱 높여 주는 특별한 장치다.

튀긴 랍스터Deep-fried Lobster with Cheese and Simmered Abalone with Vinegar accompanied with Angel Hair와 샥스핀 플라이트Shark's Fin Flight는 셰프의 추천 메뉴다. 딤섬을 이용하면 1인당 HK$250~300, 메인 요리는 1인당 HK$500 정도 든다.

1 최근에는 와인 셀러도 추가됐다. **2** 아름다운 플레이팅을 자랑하는 밍 코트의 딤섬 **3** 밍 코트의 인기 메뉴인 튀긴 랍스터 **4** 정통 방 식을 고수한 맛으로 이름 높은 밍 코트의 광둥 요리

포털 워크 & 플레이 **Portal-Work & Play**

Add. 5F, Langham Place Hotel, 555 Shanghai St, Mong Kok
Tel. 852-3552-3232
Open 08:00~01:30
Access MTR 몽콕역 E1 출구, 랭함 플레이스 호텔 5층
URL hongkong.langhamplacehotels.com

잘 놀고, 열심히 일하기 위해

창의적이고 예술적인 부티크 호텔로 몽콕에서 묵직한
존재감을 가진 랭함 플레이스 호텔에는 재미난 시설이
많아 눈길을 끈다. 특히 호텔 5층에 자리한 포털 워크 &
플레이는 바와 카페를 겸하는 놀이 공간과 작업 공간인
비즈니스 센터를 연결한 아주 독특한 장소다. 사실 인테
리어는 이곳을 꾸민 예술 작품 외에 그리 특별할 것이 없
어 보인다. 그렇지만 포털 워크 & 플레이의 애프터눈티
세트는 얘기가 다르다.

달콤한 디저트 위주로 구성된 신풀Sinful(2인 기준 평일 HK$189, 주
말 HK$209), 근사한 프랑스 식당의 요리가 부럽지 않은 오트 퀴진
을 모은 투모로우Tomorrow(2인 기준 평일 HK$249, 주말 HK$269)
가 있다. 또 고풍스러운 중국식 반합에 딤섬류가 가득 담겨 나오는
이스트East(2인 기준 평일 HK$229, 주말 HK$249)와 전통적인 애
프터눈티인 포에버Foever(2인 기준 평일 HK$199, 주말 HK$249)까
지. 이곳에서는 각각의 콘셉트를 달리하는 4가지의 티 세트를 매일
15:00~17:30에 판매한다.

1, 4 포털 워크 & 플레이는 카페, 바로 활용되는 엔터테인먼트 공간이다. **2** 포에버 애프터눈티 세트 **3** 먹고 나면 달콤한 맛이 오래도
록 입안에 감돈다.

바이 웨이 Bai Wei 百味

Map
P.476-B

secret

Add. Shop G10, CTMA Centre, 1 Sai Yeung Choi St South, Mong Kok
Open 12:00~22:00
Access MTR 몽콕역 E2 출구, CTMA 센터 G층

골라 먹고, 비벼 먹는 재미

디저트의 천국 몽콕에서 단연 돋보이는 간식 가게다. 작은 봉지에 색색의 국수와 실곤약, 소시지, 옥수수, 문어, 오징어, 미역 줄기, 주꾸미 등이 소량으로 들어 있다. 모든 봉지는 하나에 HK$2.50. 원하는 재료만을 골라 마늘, 데리야키, 스파이시 소스 등을 선택하면 아주머니들이 즉석에서 작은 봉지 속의 재료들을 큰 봉지에 넣어 현란한 솜씨로 섞어 준다. 완성된 국수는 꼬챙이 2개를 젓가락처럼 이용해 홍콩 사람들 틈바구니에서 후루룩 맛보면 된다. 바이 웨이는 마치 어린 시절 수많은 튀김 중 원하는 것을 골라 떡볶이 양념에 버무려 먹었던 우리의 정겨운 간식거리가 떠오르는 동시에 홍콩 사람들의 간식거리를 체험해 볼 수 있어 흥미롭다.

1 CTMA 센터 앞 길게 줄을 선 젊은 사람들 2 원하는 재료와 소스를 골라서 아주머니에게 말하면 된다. 3 고른 재료를 큰 봉지에 담아 신속하게 잘 섞어 준다. 4 몽콕 뉴 타운 쇼핑몰에도 백미 간식집이 있다.

동박푸 Tong Pak Fu 糖百府

Add. GF, 99 Hak Po St, Mong Kok
Tel. 852-2866-6380
Open 12:00~22:30
Access MTR 몽콕역 D3 출구

secret

홍콩 블로거들이 인정한 디저트 숍

한국 사람들은 홍콩에서 반드시 맛봐야 할 디저트로 허류산이나 허니문 디저트만을 최고로 꼽지만, 정작 홍콩 사람들에게 그 둘은 수많은 선택 중 하나일 뿐이다. 실제 홍콩에서 진정한 디저트 마니아가 사랑하는 디저트 숍 중 하나로 빠지지 않고 등장하는 곳은 동박 푸다. 각종 로컬 매거진과 블로그에서 극찬을 받은 동박푸 의 디저트는 다른 곳에 서도 맛볼 수 있는 것들 이다. 하지만 가장 신선한 과일을 사용하며 예쁜 모양과 한결같은 맛을 유지하며 사람을 끌어모으고 있다. 특히 홍콩 내 13개 동박푸 매장 가운데 학포 스트리트 매장은 미식 전문 사이트 오픈 라이스에서 최고의 디저트 숍으로 선정된 곳이다.

대만에서 온 아이스크림이지만 홍콩에서 더 화려하게 꽃이 핀 스노 아이스Snow Ice는 그 종류만도 13가지에 이른다. 특히 녹차 스노 아이스(HK\$35)가 달지 않아 우리 입맛에 잘 맞는다. 바질 씨가 씹히는 멜론 화채Hami Melon Basil Seed(HK\$25), 깨나 미숫가루에 묻혀 먹는 찹쌀 경단Sweet Rice Ball(HK\$15)도 색다르다.

1 좁지만 쾌적한 공간을 자랑하는 몽콕의 동박푸 매장 **2** 달콤하고 시원한 멜론 화채 **3** 최근 큰 인기를 끄는 스노 아이스크림도 모두 맛있다. **4** 찹쌀 경단을 깨에 찍어 먹는 것도 별미다.

해피 레몬 **Happy Lemon**

Add. Shop G23A, GF, New Town Mall, 65 Argyle St, Mong Kok
Tel. 852-3188-2057
Open 11:30~23:00
Access MTR 몽콕역 D2 출구, 뉴 타운 몰 G층
URL www.happy-lemon.com

사이렌보다 매력적인 윙크 걸

홍콩은 그야말로 버블티의 천국으로 원조인 대만 못지
않게 버블티 가게가 많다. 해피 레몬은 다른 버블티 가
게와는 차별된 테이크 아웃 찻집이다. 우선 종류가 셀
수 없이 많다. 다른 버블티 가게들이 버블티와 커피 일색
이라면 이곳에는 창의적인 별별 음료로 메뉴가 구성되
어 있다. 버블티와 밀크티, 맑은 차와 커피는 물론 오렌
지, 망고, 자두, 녹차, 오레오 쿠키, 초콜릿을 더해 만든
음료와 스무디가 매우 다양하다.

'즐겁게 마셔요'라는 캐치프레이즈에 맞게 컵에 예쁘게
그려진 앙증맞은 캐릭터와 독특한 음료의 맛에 절로 기
분이 좋아진다. 해피 레몬에 한 번 맛을 들이면 테이크
아웃 커피보다 윙크하는 캐릭터가 그려진 이곳을 더 선
호하게 될지 모를 일이다. 사이즈도 선택할 수 있다. 차
의 가격은 HK$16부터.

1, 2 깜찍한 윙크 걸의 매력에 빠진 홍콩 젊은이들 **3** 평범한 버블티보다 해피 레몬에서만 맛볼 수 있는 창의적인 음료를 선택해 보자.

페이체 문어 꼬치집 Fei Che 肥姐小食店

Add. Shop 4A, 55 Dundas St, Mong Kok
Open 12:00~23:00
Access MTR 몽콕역 E2 출구

secret

로컬 간식의 최고봉!

홍콩만큼 거리 간식이 발달한 여행지가 또 있을까. 하지만 거리 간식들은 한눈에도 위생적이지 않아 보이는 데다 그 꼬리꼬리한 냄새를 견디지 못해 여행자들은 쉽게 맛볼 엄두를 내지도 못하는 게 사실이다.

2009년 홍콩의 가장 권위 있는 미식 사이트인 오픈 라이스에서 톱 10으로 선정한 페이체 역시 마찬가지다. 좁은 숍 앞에는 문어, 내장, 소시지들이 위협적으로 전시되어 있고, 그 앞을 서서 기다리는 줄도 엄청나다. 다들 분홍색 문어와 돼지 곱창 꼬치에 소스를 발라 가며 맛있게 먹는다. 용기를 내어 시도해 보니 생각보다 비리지도 않고 꼬들꼬들한 질감이 썩 괜찮다. 페이체에서 로컬들이 격렬하게 좋아하는 음식도 맛봐야 홍콩 문화를 보다 잘 이해했다고 할 수 있을 것이다. 시도해 볼 엄두가 나지 않는다면 일단 문어 꼬치부터 도전해 보자. 가격은 HK$15부터.

1 그럴싸한 간판도 없지만 늘 긴 줄을 만드는 문어 꼬치집 **2** 보기엔 좋지 않지만 생각보다 훨씬 맛있다. **3** 문어 꼬치는 많은 사람이 즐겨먹는 간식이다. **4** 즉석에서 꼬치를 고르면 소스를 뿌려 바로 먹을 수 있다.

코코넛 킹 Coconut King 椰汁大王

Map P.477-D

Add. GF, 72 Bute St, Mong Kok
Open 11:00~22:30
Access MTR 몽콕역 B3 출구

달콤하고 고소한 코코넛 주스

다른 메뉴는 일절 없이 코코넛 밀크 음료 하나만으로 몽콕의 거리 간식계를 평정한 코코넛 킹. 이 간식집에는 직원들이 믹서기 하나를 앞에 놓고 코코넛 과육과 주스에 연유를 약간 섞어 갈아준다. 밍숭맹숭한 코코넛 주스를 떠올렸다면 큰 오산이다. 하얀 과육이 씹히는 부드럽고 우유 맛이 가득 나는 코코넛 주스는 웬만한 커피나 밀크티보다 훨씬 맛이 좋다는 사실.

이 음료를 맛보기 위해 가게를 들렀던 홍콩 연예인들의 사진과 로컬 매거진의 기사를 스크랩해 둬 유명세를 과시한 촌스러운 디스플레이도 정겹다. 신선한 코코넛 주스Fresh Coconut Juice는 작은 컵에 HK$10, 큰 컵은 HK$13다. 더운 여름날에는 HK$18에 판매하는 병째 구입해 물이나 커피 대신 틈틈이 마셔도 좋다.

1 이곳을 찾은 홍콩, 대만 스타들과 함께 촬영한 '인증샷'을 자랑스럽게 붙여 놓은 코코넛 킹 **2** 동그란 야자수 모양이 간판에 그려져 있다. **3** 주문하는 방법은 간단하다. 작은 것과 큰 것 중 고르면 그만. 즉석에서 바로 갈아 주기 때문에 신선도도 최고!

키추이 케이크 숍 Kee Tsui Cake Shop 奇趣餅家

secret

Add. GF, 135 Fa Yuen St, Mong Kok
Tel. 852-2394-1727
Open 07:30~19:00
Close 공휴일, 설 연휴
Access MTR 몽콕역 B3 출구

몽콕의 오래된 동네 빵집

이렇게 허름한 빵집까지 찾아가려면 적당한 이유가 있어야 한다. 그것도 센트럴이나 침사추이도 아닌 몽콕까지 말이다. 키추이 케이크 숍은 영어는 전혀 통하지 않고 계산도 직원이 동전을 하나하나 세어 가며 불편하게 한다. 하지만 이곳은 몰려드는 사람들로 영업시간에는 쉴 새 없이 가득 쌓아 둔 빵이 금세 팔려 나간다.

키추이 케이크 숍에서 잘 먹기 위해서는 눈치작전을 펼쳐야 한다. 홍콩 사람들은 물론이고 중국이나 대만 관광객으로 보이는 사람들이 너나없이 집어 드는 빵은 세 가지. 단팥 찹쌀 호떡을 연상시키는 빵紅豆煎餅과 병아리 과자雞仔餅라고도 불리는 쿠키. 그리고 에그타르트다. 1개에 HK$3인 단팥 찰떡은 기름기가 없고 쫄깃쫄깃한 식감이 좋은 강추 메뉴. 아쉽게도 병아리 과자는 낱개 판매는 하지 않고 한 근에 HK$40다. 대체로 빵의 가격은 HK$3부터이므로 구미가 당긴다면 갓 구워 낸 빵을 종류별로 구매해보자.

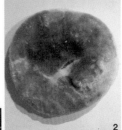

1 만드는 족족 팔려나가는 빵과 과자 **2** 달콤한 파인애플 잼이 든 빵 **3** 로컬 빵집이기에 종종 영문도 모르게 문을 닫을 때도 있다. **4** 담백한 맛이 일품인 이곳의 베스트셀러 찹쌀 호떡

옛날 홍콩 극장에서 데이트하는 기분이에요!

스타벅스 Starbucks

Add. 1~2F, Shop 89~91 Sai Yee St, Mongkok
Tel. 852-2789-8710
Open 월~목요일 08:00~23:00, 금·토요일 08:00~00:00, 일요일·공휴일 08:00~23:00
Access MTR 몽콕역 B2 출구

2015 New Spot

홍콩의 옛날 극장을 재현하다

스타의 거리에 위치한 스타벅스는 홍콩에서 가장 뷰가 좋은 자리에 위치해 있고 센트럴 더델 스트리트에 있는 스타벅스는 홍콩의 옛날 디저트 가게인 빙셧을 재현했다면, 몽콕의 위치한 스타벅스는 옛날 영화관을 메인 테마로 한 이색적인 공간이다. 로컬 문화의 상징인 몽콕 지역에 위치한 것도 의미가 있다. 또한 이곳은 홍콩의 유명 디자인 그룹인 지오디G.O.D와 스타벅스가 손을 잡고 인테리어를 장식했다.

입구부터 홍콩의 오랜 놀이인 마작을 응용해 장식했고 2개의 층을 모두 극장 상영관처럼 꾸민 것이 무척 흥미롭다. 옛날 홍콩 영화의 포스터와 극장 의자들, 체중계(예전 홍콩 사람들은 몸무게를 재러 극장에 갔다) 등의 각종 오브제는 구식이라는 느낌이 전혀 들지 않고 오히려 더욱 멋진 인테리어 도구 혹은 컨템포러리 아트라는 생각이 들 정도다.

또한 작은 상영관도 마련되어 있는데 이곳은 홍콩영화 아카이브Hong Kong Film Archive가 정기적인 세미나를 무료로 여는 공간이라 하니 이 스타벅스의 특별함을 더욱 명확하고 의미있게 만든다. 테라스에도 3개의 테이블이 마련되어 있어 복잡한 몽콕 거리를 내려다보며 티 타임을 갖기도 좋다.

1, 2 지오디와 합작해 빈티지하고도 유니크한 홍콩만의 감성이 잘 표현됐다. **3** 운치 있는 테라스 자리도 마련된 몽콕의 스타벅스

UML 하비관 **UML Hobby** 館

Add. 1~2F, 579 Nathan Rd, Mong Kok
Tel. 852-2771-1930
Open 12:30~22:00
Access MTR 몽콕역 C4 출구
URL www.universal-models.com

Map
P.476-B

구경만 해도 재미있는 미니어처 세상

미니어처를 모으는 홍콩 젊은이들이 주말마다 틈틈이 들르며 신상품을 구입하는 UML 하비관. 1974년부터 사업을 시작해 현재 홍콩에만도 5개의 매장이 있는 인기 상품이다. 최근에는 몽콕 네이던 로드에 메가 스토어까지 문을 열어 마니아의 취미 생활이 더욱 윤택해졌다. UML 기업은 일부 일본의 미니어처와 피규어, 모델들을 처음으로 홍콩 시장에 소개하며 화제를 불러일으키기도 했고 정기적으로 신상품 전시회 등을 개최하며 마니아들의 지속적인 관심을 유도하고 있다.

UML 하비관 1층에는 미니어처와 각종 장난감, 2층에는 취미 용품과 각종 미니어처 제품이 모여 있다. 프라모델이나 피규어를 모으지 않는 여행자에게도 이 스토어가 매력적인 까닭은 홍콩 라이프스타일을 재현해 놓은 다양한 미니어처 때문이다. 예스러운 시장 풍경, 가정식 상차림, 쇼핑몰, 기차역 등은 구경만 해도 흥미롭다.

1 관심을 갖고 보지 않으면 놓치기 쉬운 UML 하비관 2 홍콩식 라이프를 미니어처로 표현한 아이템을 구경하는 재미 3 장난감이나 피규어 상품도 다채롭다. 4 소소한 기념품이나 홍콩 스타일의 미니어처를 구입하기에 좋은 UML 하비관

콩와 스트리트(건숍 거리) Kwong Wa Street

Add. Kwong Wa St, Mong Kok
Open 11:00~20:30
Access MTR 몽콕역 E2 출구

마니아 쇼핑의 진수를 보여 준다

프라모델과 미니어처 마니아가 놓치면 서운한 거리가 있다. 일명 '건숍 거리'라고도 불리는 콩와 스트리트에는 각양각색의 모형 총, 탱크나 자동차, 헬리콥터 등의 미니어처를 비롯해 전문가용 카레이싱 장비, 오토바이 헬멧, 오토바이나 자동차의 튜닝 장비 등을 판다. 심지어는 밀리터리 룩Military Look을 연출할 다채로운 군대 관련 액세서리와 패션 아이템도 갖추고 있다.

아무리 단순 모형이라도 총기류는 국내 반입이 불가능하므로 구경만으로 만족해야 한다. 자칫 무모한 시도를 했다가는 검색대에서 망신을 당할 위험이 있다는 것을 잊어서는 안 된다. 하지만 패션 액세서리나 미니어처, 각종 부품류 등은 구입할 수 있다. 특히 영화, 일본 애니메이션과 게임 속 캐릭터를 그대로 본떠 만든 피규어들이 추천 아이템.

1, 2 미니어처, 피규어 마니아라면 정신이 혼미해질 정도로 많은 숍과 아이템을 갖춘 콩와 스트리트 **3** 자동차와 오토바이, 군대 관련 용품도 가득하다. **4** 할리우드와 일본의 영화나 애니메이션, 게임 캐릭터 미니어처도 많다.

CTMA 센터 CTMA Centre

Add. CTMA Centre, 1 Sai Yeung Choi St South, Mong Kok
Tel. 852-2854-2856
Open 12:00~23:00
Access MTR 몽콕역 E2 출구

secret

몽콕 보세 쇼핑몰의 강자

몽콕에는 수많은 보세 쇼핑몰이 있다. 그중 가장 현대적인 건물 안에 대형 쇼핑몰 못지않은 화려한 인테리어까지 더해 홍콩의 젊은 남녀들을 매혹시킨 쇼핑몰 중 하나로 CTMA 센터를 빼놓을 수 없다. 인근 시노 센터가 마니아적 성향이 강한 숍을 모아 놓고 킹와 센터나 뉴 타운 몰 등이 보세 패션에 집중한 몰이라면 CTMA 센터는 복합적인 성격을 가졌다.

대부분 작은 숍은 최신 유행의 중심에 있는 스타일의 패션 아이템을 모아 놓은 일종의 보세 컬렉션 숍이다. 상점마다 주인장이 가장 좋아하는 스타일, 아이템이 아기자기하게 모여 있어 구경하는 재미가 쏠쏠하다.

특히 눈에 띄는 숍은 2층 18호의 토이 헌터Toy Hunter. 이곳에서는 미니어처, 토이 등 장난감의 모든 것을 만날 수 있다. 〈다크 나이트〉, 〈아이언 맨〉, 〈에일리언〉, 〈프레데터스〉, 〈터미네이터〉, 〈스타워즈〉, 〈아스트로 보이〉 등 할리우드 영화와 일본 애니메이션 캐릭터의 공식 판매사로 각 영화나 애니메이션 속 캐릭터의 정교한 미니어처 등을 구입할 수 있다.

1 전형적인 보세 쇼핑몰 CTMA 센터 **2** 주카의 한정품 시계를 파는 멀티숍도 있다. **3** 홍콩 젊은이들이 좋아하는 모든 것을 판매한다.

갈라 쇼핑몰 Gala Shopping Mall

Add. 56 Dundas St, Mong Kok
Tel. 852-2770-3051
Open 12:00~23:00
Access MTR 몽콕역 E2 출구

여자들을 위한 보세 쇼핑몰

다른 보세 쇼핑몰과는 달리 갈라 쇼핑몰은 널찍하고 현대적인 느낌으로 사람이 붐벼도 공간이 충분해 불편함 없이 쇼핑을 즐기기에 좋은 곳이다. 특히 숍 자체의 크기도 대형 쇼핑몰의 브랜드 매장 못지않은 데다 인테리어도 특색 있고 고급스러워 보는 즐거움까지 톡톡히 챙겨 갈 수 있다.

전 층에 걸쳐 주로 갖추고 있는 아이템은 여성 의류와 잡화류다. 보세 상품이 대다수지만 홍콩 스트리트 패션 브랜드나 중국 브랜드도 눈에 띈다. 가격은 비슷한 물건이라도 현지인들이 주 고객이기 때문에 침사추이 스트리트 상점보다 10% 정도 저렴하다. 이곳에도 여러 레스토랑이 있어 쾌적한 환경에서 맛있는 식사를 즐길 수 있다. 특히 스타벅스와 세인트 알프 티하우스Saint's Alp Teahouse는 몽콕에서 쇼핑하다가 지쳤을 때 잠시 쉬었다 가기 가장 좋은 곳이므로 기억해 두자.

1, 2 다른 보세 쇼핑몰에 비해 널찍한 공간 구성이 돋보인다. **3, 4** 패션 아이템을 주로 판매한다. 미니어처나 피규어 용품 구성은 약한 편이다.

치밍 마작 상점 Chi Ming Majong Shop

Map
P.476-B

Add. GF, 67 Shantung St, Mong Kok
Tel. 852-2770-7839
Open 11:00~20:30
Access MTR 몽콕역 D2 출구

마작과 주사위, 점통을 팔아요!

홍콩 사람들을 비롯해 중국인들의 생활 속에는 소소한 내기 문화가 자연스럽게 깃들어 있다. 그것은 주말마다 펼쳐지는 자전거 경주, 경마는 물론이고 생활 속에 이웃, 친지, 친구들끼리 즐기는 마작과 주사위 놀이 문화에도 고스란히 드러난다. 그런 의미에서 중국 라이프스타일의 일부인 마작, 주사위, 점통은 흥미로운 기념품이 되기도 한다.

일반 고객이 아닌 도매상인을 대상으로 하는 치밍 마작 상점은 그래서 여행자들에게도 반가운 곳이다. 구입하기에 좋은 아이템으로는 별별 모양과 색으로 만든 주사위나 마작으로 만든 열쇠고리, 휴대전화 액세서리가 있다. 이름을 새긴 특별 주문 상품도 제작해 준다. 비싸긴 하지만 금이나 은, 옥으로 만든 특별 맞춤 마작 상품도 이곳의 대표적인 베스트셀러라고 한다.

1 몽콕에 비밀스럽게 자리하고 있는 마작 용품 가게 **2** 이렇게 다양한 주사위 보셨나요? **3** 술 먹을 때 애용한다는 주사위. 내용은 한 잔 마시기, 두 잔 마시기, 바로 옆사람이 대신 마시기, 통과 등 **4** 마작, 카지노 칩, 점통도 판매한다.

킹와 센터 King Wah Centre

Add. 628 Nathan Rd, Mong Kok
Tel. 852-2377-2263
Open 13:00~24:00
Access MTR 몽콕역 E2 출구

Map
P.476-B

아기자기 매력적인 쇼핑 천국

몽콕에서 가장 오래된 보세 쇼핑몰이자 전형적인 홍콩의 보세 숍을 보여 주는 킹와 센터. 홍콩에서 '잘나간다'는 스트리트 브랜드가 가장 성공을 거둔 쇼핑몰이자 홍콩의 젊은이들이 코즈웨이 베이의 아일랜드 베벌리와 더불어 가장 좋아하는 곳으로 꼽는 쇼핑몰이기도 하다. 오래된 건물은 오랫동안 개·보수를 충실히 해서 촌스러운 느낌이 들지 않지만 좁은 복도와 작은 규모의 숍들은 두세 명만 지나도 꽉 찰 정도라 사람이 붐비는 주말에는 쇼핑을 피하는 게 좋다. 하지만 오랜 전통과 홍콩 내에서도 인정받는 로컬 멀티숍이 가득해 홍콩에서 가장 핫한 쇼핑을 즐기는 데 이보다 더 좋은 곳은 없다. 남녀 의류와 액세서리, 휴대전화를 꾸밀 만한 캐릭터 제품, 희귀한 브랜드의 운동화나 한정 상품들을 구하기에 최적의 장소다.

1 젊은 여성들이 주 고객층이다. **2** 정찰제가 아니기 때문에 흥정을 통해 만족스러운 쇼핑을 즐길 수 있다. **3, 4** 좁지만 구성이 알차고 오래된 만큼 단골이 확보되어 있어 수많은 사람들의 발걸음이 끊이지 않는 인기 보세 숍

독특하면서도 귀여운 인테리어가 쇼핑을 더욱 즐겁게 만든다.

랭함 플레이스 Langham Place

Add. 8 Argyle St, Mong Kok
Tel. 852-3520-2800
Open 11:00~23:00
Access MTR 몽콕역 C3 출구
URL www.langhamplace.com.hk

트렌디, 로컬, 하이테크가 만난 쇼핑몰

로컬 문화의 천국인 몽콕 지역에서 가장 눈에 띄는 건물은 세계적인 건축가인 존 저디Jon Jerdi가 만든 랭함 플레이스다. 쇼핑몰은 건축가의 명성 그대로 초현실적이고 초현대적인 구조로 설계됐다. 그 안을 채우는 숍들이나 인테리어 디자인, 각 층의 콘셉트도 획기적이다.

4층의 그랜드 아트리움The Grand Atrium을 중심으로 8층까지 논스톱으로 연결된 아찔한 익스프레스컬레이터 The Xpresscalators가 나 있고 8층부터 13층까지는 스파이럴The Spiral이라고 불리는 별자리 콘셉트의 층이 나선형 계단으로 반복된다. 랭함 플레이스에 입점한 브랜드도 몽콕에 주로 몰리는 젊은 층의 전폭적인 지지를 얻는다. H&M을 비롯해 세이부 백화점, 슈퍼마켓인 마켓 플레이스, 스포츠 멀티숍, 홍콩 브랜드와 일본 브랜드가 총망라되어 있다. 그뿐 아니라 보세 브랜드도 입점해 있어 쇼핑의 즐거움을 더한다.

1 외관부터 심상치 않은 '포스'가 느껴지는 랭함 플레이스 쇼핑몰 **2** 8층부터 13층은 별자리를 테마로 꾸몄다. **3** 인터내셔널 브랜드와 보세 상점이 함께 있는 것도 특색 있다. **4** 랭함 플레이스와 잘 어울리게 들어선 H&M 매장

홍콩의 새로운 매력 트레킹에 빠지다

화려한 도시 이미지의 전형을 보여 주는 홍콩이라는 도시에서 자연과 생태의 매력을 찾기란 그리 쉬운 일이 아니다. 하지만 알고 보면 홍콩은 총면적 중 70%가 산으로 이뤄졌다. 게다가 그 다양한 산길을 주변 관광 명소와 절묘하게 엮어 만든 트레킹 코스는 워커홀릭Walkaholic의 마음을 사로잡기에 충분하다. 쇼핑과 미식, 도시의 매력을 뛰어넘는 아름다운 홍콩의 대자연을 만나려면 편한 운동화를 신고, 홍콩 트레킹 코스로 나들이를 떠나 보자.

홍콩에는 이미 오래전부터 산책과 하이킹을 즐기는 홍콩 사람들과 외국인 거주자들 사이에서 사랑받아 온 다양한 트레킹 코스가 있다. 대표적인 것이 홍콩섬을 동서로 잇는 약 50km에 이르는 홍콩 트레일Hong Kong Trail, 총 100km로 카오룽 반도를 동서로 연결하는 맥리호스 트레일MacLehose Trail, 홍콩에서 가장 큰 섬인 란타우섬의 란타우 트레일Lantau Trail, 홍콩섬과 카오룽 반도, 신계 지역을 잇는 윌슨 트레일Wilson Trail까지 네 곳이다. 그중에서도 트레킹만이 목적이 아닌 여행자도 쉽게 즐겨 볼 만한 코스는 홍콩 트레일. 초보자도 쉽게 도전할 수 있는 지형, 바다와 산의 조화가 이루는 장관, 우리나라와는 다른 열대 숲 속의 생태, 홍콩의 색다른 면모까지 모두 만끽할 수 있어 더욱 특별한 홍콩을 기억하게 될 색다른 여행지다.

1 울창한 나무 사이에서 즐기는 삼림욕
2 형형색색의 나비와 곤충을 관찰하는 재미도 특별하다.
3 드래건스 백은 한쪽으로는 초록의 숲,
다른 한쪽으로는 시원한 바다가 펼쳐져 장관을 연출한다.
4 섹오 피크에서 누리는 달콤한 휴식
5 볕이 좋은 날에는 홍콩의 숲 속에서 트레킹을 즐기자!
6 홍콩 트레일 중 가장 명성이 높고, 코스가 어렵지 않으면서 아름다운
경치가 펼쳐지는 드래건스 백

준비하는 자가 낭만을 누릴 수 있다. 코스의 백미인 섹오 피크에는 아담한 정자와 벤치가 마련되어 있다. 미리 보온병에 커피나 간단한 주전부리를 준비해 한 박자 쉬어 가는 여유를! 탈수를 방지하기 위해 충분한 물을 준비하는 것은 기본 센스.
Access MTR 샤우케이완Shau Kei Wan역 A3 출구로 나와 NWFB 회사의 9번 버스를 탄다. 혹은 센트럴의 익스체인지 스퀘어에서 309번 버스를 탄다. 하차할 정류장은 토테이완To Tei Wan역.
URL www.hkwalkers.net

Best 트레킹 코스

드래건스 백 Dragon's Back 홍콩 트레일은 홍콩섬의 피크에서부터 빅 웨이브 베이Big Wave Bay까지의 트레킹 코스다. 그중에서도 마지막 코스인 드래건스 백은 하이커에게 가장 사랑받는 코스이자 미국 〈타임〉지가 선정한 아시아 최고의 트레킹 코스로도 명성이 자자하다. 섹오 로드Shek O Rd에서 시작해 토테이완To Tei Wan을 따라 섹오 피크Sheck O Peak에 오른 뒤 내려가는 길로 총 두세 시간 정도 잡으면 넉넉하다.

섹오 컨트리 파크를 가로지르는 것이 그 유명한 드래건스 백으로 야트막하고 경사가 심하지 않은 산을 오르는 길의 모양이 마치 용의 등처럼 구불구불한 데서 코스 이름을 따왔다. 황토색 길을 기준으로 한쪽에는 윈드 서퍼들의 성지인 빅 웨이브 베이Big Wave Bay와 아기자기한 섹오 빌리지가 펼쳐지고, 다른 한쪽으로는 푸른 숲이 우거져 장관을 이룬다. 섹오 피크를 지나 갈대와 관목 수풀이 우거진 숲 속을 걸어 나오는 과정도 상쾌하다. 한 발 한 발 걸을 때마다 색과 모양을 달리하며 등장하는 나비, 신기한 곤충, 아담한 계곡도 드래건스 백을 더욱 특별하게 만드는 매력이다.

2

라마 섬 Lamma Island 라마 섬은 홍콩에서 세 번째로 큰 섬이자 주윤발의 고향으로 홍콩 사람들이 휴일을 이용해 해산물을 맛보러 가는 나들이 장소로도 잘 알려져 있다. 용슈완Yong Shue Wan, 소큐완Sok Kwu Wan까지 두 곳의 포구를 통해 라마섬으로 들어갈 수 있다. 용슈완에서 시작해 소큐완까지 트레킹 코스는 한 시간 정도가 소요된다. 가벼운 트레킹 전후로 소큐완 레인보 시푸드 레스토랑Rainbow Seafood Restaurant에서의 해산물 식사나 민속 어부 마을 탐방 등을 끼워 넣어 일정을 구성해도 좋다.

Access 센트럴 페리 선착장 4번 부두에서 라마 섬행 페리를 타면 된다. 레인보 시푸드 레스토랑을 예약하면 무료 셔틀 페리를 이용할 수 있다.

1 위급 상황 시 구조 헬기에 위치를 알려 줄 수 있는 표지판
2 홍콩에서 이런 경치 보셨나요? 드래건스 백의 탁 트인 전망
3 정겨운 어촌 마을인 라마섬
4, 5 라마 섬 여행의 백미, 해산물은 반드시 맛볼 것
6 마을 산책이 재미난 라마 섬은 영화배우 주윤발의 고향이기도 하다.

Area 07
MACAU

마카오
澳門

● 아직도 마카오를 홍콩 여행 중에 잠시 들르는 여행지로 생각하는 사람이 많다는 건 무척이나 안타까운 일이다. 이 작은 도시는 홍콩과는 다른 즐거움과 먹을거리로 여행자들을 놀라게 한다. 최근에는 드라마 〈꽃보다 남자〉를 필두로 영화 〈도둑들〉, 예능 프로그램 〈런닝맨〉의 주무대로 브라운관과 스크린에 비춰지며 그 매력을 한국 여행자에게도 더 깊숙이 보여줬다.

마카오 여행이 단순히 '홍콩을 들르는 김에', '매스컴에서 봤기 때문에'라는 이유라면 오히려 잘됐다. 큰 기대 없이 이 도시에 발을 들이면 꼭 다시 와야 하는 수백 가지 이유를 안고 떠나게 될 테니 말이다. 최근 10년 동안 세계에서 가장 큰 변화를 겪은 도시를 꼽으라면 나는 주저 없이 '마카오'라고 답할 것이다. 세계의 내로라하는 럭셔리 호텔 체인과 카지노, 쇼핑센터가 '리조트 시티'라는 화려한 모양새로 등장했다. 마카오 반도 역시도 이에 질 새라 끝없이 화려한 건물을 올리고 '세계 최초', '아시아 최초'라는 타이틀의 쇼핑몰과 호텔, 럭셔리 레스토랑을 유치했다. 그 변신은 현재 진행 중이다.

그렇지만 마카오에 진짜 반하게 되는 순간은 그런 화려함에서 시작되지 않는다. 중국 문화를 바탕으로 포르투갈의 영향을 아름답게 받은 마카오만의 퓨전 문화는 주거생활과 건축은 물론이고 사람들과 음식에서도 유니크하게 찾아볼 수 있다. 유네스코는 2005년 이 독특한 퓨전을 인정해 마카오를 세계문화유산에 '역사적 마카오'로 등재했다. 볼거리, 살거리, 먹을거리, 즐길거리가 풍성한 마카오, 다음에 꼭 다시 와야 할 곳이라는 확신이 들 것이다.

Access
가는 방법

Check Point

● 마카오에서 공짜로 이동하기
마카오에는 호텔 셔틀버스라는 훌
륭한 교통수단이 있어 여행을 더
편하게 만들어준다. 가령 페리 터
미널에서 타이파로 가려면 베네시
안 리조트행 셔틀버스를 타고, 세
나도 광장 방향으로 가려면 그랜
드 리스보아행 셔틀버스를 탑승해
서 가는 것도 방법이다.
마카오는 비교적 작은 편이라서
여행자들이 가는 대부분의 명소
들은 걸어서도 갈 수 있다. 거기에
각 호텔의 셔틀버스를 이용하면
알뜰 여행을 즐길 수 있다는 사실
을 명심하자!

● 짐 맡겨둘 곳을 찾아요!
마카오에서 쇼핑을 많이 했거나
호텔 체크아웃 후 마카오 여행을
즐긴다면 해당 호텔이 아니어도 마
카오에 카지노를 갖춘 대부분의
호텔에서 짐 보관을 해주므로 걱
정 말고 여행을 만끽하도록!

마카오 들어가기

한국▶마카오 인천↔마카오 간 항공편은 에어마카오Air Macau가
매일 07:50, 15:05 2회 직항을 운항한다. 마카오에서 인천으로 들어오는
비행편이 06:25, 14:05에 도착하므로 월차 없이 주말여행을 하기에
안성맞춤이다. 인천↔마카오 간 비행시간은 약 3시간 40분. 진에어Jin
Air와 에어부산Air Busan도 인천↔마카오, 부산↔마카오를 연결해
마카오로 가는 하늘 길이 더욱 다양해졌다. 한국과 마카오의 시차는
1시간이며, 마카오가 1시간 느리다.

홍콩▶마카오 홍콩에서 마카오로 이동할 때는 터보제트TurboJET와
퍼스트 페리First Ferry, 코타이 제트Cotai Jet 등 3가지 페리를 이용할
수 있다. 터보제트는 가장 빠르고 자주 운행하는 페리로 홈페이지에서
회원가입 후 온라인 예약도 가능하다. 홍콩국제공항, 홍콩 섬의 MTR
성완역 근처의 슌탁 센터Shun Tak Centre(홍콩 마카오 페리 터미널),
침사추이의 차이나 홍콩 센터China Hong Kong Centre에서 마카오로
갈 수 있다. 소요시간은 약 1시간.

터보제트 요금 및 운행시간

노선	요금	운행시간
홍콩국제공항 → 마카오	이코노미 HK$254부터	11:00, 13:15, 17:00, 20:00
마카오항 → 홍콩국제공항	이코노미 HK$254부터	07:30, 09:30, 11:30, 15:15, 19:45
카오룬 → 마카오	이코노미 HK$164부터	주간 07:30~15:30(30분 간격), 야간 18:30~22:30(1시간 간격)
성완 → 마카오	이코노미 HK$164부터	07:00~23:59(15분 간격, 성수기에는 5분 간격)

– 2016년 7월 기준

코타이 제트 요금 및 운행시간

노선	요금	운행시간
성완 → 타이파	월~금요일 HK$165부터, 토·일요일 HK$177부터, 야간 HK$201부터	주간 06:30~17:30(30분 간격) 야간 18:00~23:59(30분 간격),
타이파 → 성완	월~금요일 HK$154부터, 토·일요일 HK$167부터, 야간 HK$ 190부터	주간 07:00~17:30(30분 간격) 야간 18:00~23:00(30분 간격), 23:59, 01:00, 03:00
홍콩국제공항 → 타이파	성인 HK$254, 어린이 HK$196	11:45, 13:15, 16:45
타이파 → 홍콩국제공항		07:30, 10:30, 11:55, 13:55, 15:55

– 마카오에서 바로 홍콩국제공항으로 갈 때는 탑승수속을 밟아야 하므로 최소 출발 2시간 전에
마카오 페리 터미널에 도착하도록 한다.
– 2016년 7월 기준

Plan
추천 루트
하루만 머물기에는 아까운 곳

세나도 광장 Senado Square | **11:00**
유럽 스타일의 건물과 마카오만의
거리 풍경 즐기기 · 도보 5분

12:30 | **웡치케이 Wong Chi Kei**
도보 10분 · 담백한 맛의 완탕면으로
점심식사 즐기기

항우 Hang Au | **13:30**
마카오의 유명 아저씨
어묵집에서 간식 맛보기 · 도보 10분

14:00 | **그랜드 리스보아 Grand Lisboa**
도보 10분 · 스탠리 호의 대단한 수집품 감상하기

윈 마카오 Wynn Macau | **14:30**
분수쇼 및 번영의 나무쇼 감상하기 · 도보 5분

15:00 | **MGM 마카오**
셔틀버스 15분 · **MGM Macau**
화려한 볼거리가 많은
마카오 최대의
호텔 구경하기

16:00 | **윈도우 레스토랑**
도보 15분 · **Window Restaurant**
포시즌스 마카오 안에
있는 레스토랑에서
영국 정통 스타일에
포르투갈 터치가 가미된
애프터눈티 타임 즐기기

시티 오브 드림스 | **15:30**
City of Dreams
MOP200만큼의 쇼핑을
즐긴 후 드래건스 트레저를
무료로 감상하자 · 도보 15분

베네시안 마카오 | **17:30**
Venetian Macau
진짜 이탈리아의
베네치아에 온 것 같은
기분이 드는 곳! · 도보 10분

19:00 | **제이드 드래곤**
셔틀버스 15분 · **Jade Dragon**
프랑스 요리 같은
아름다운 광동요리로
저녁식사

21:00 | **마카오 페리 터미널**
Macau Ferry Terminal
다시 홍콩으로 이동하기

Senado Square

마카오의 하이라이트
문화 유적지

01 젊음이 넘치는 세나도 광장 Senado Square
부채꼴 모양의 광장의 양쪽 가장자리에는 동화책에 나올 법한 예쁜 건물들이 오밀조밀 들어서 있다. 바닥에 물결치는 타일 장식은 마카오의 중심부이자 각종 숍과 레스토랑이 들어선 활기찬 세나도 광장을 상징하는 아이콘이기도 하다. 하늘이 맑은 날에도 이 거리는 파스텔 톤의 여성적인 아름다움을 빛내고 어둠이 내리고 가로등이 밝혀지면 고혹적인 여신의 모습으로 변신한다. 세나도 광장을 한눈에 내려다보려면 건너편의 릴 세나도 빌딩 의회실로 올라가 볼 것.

02 우아한 성 도미니크 성당
St. Dominic's Church
성 도미니크 성당은 우아한 곡선 문양의 바닥이 파도처럼 일렁이는 활기찬 세나도 광장을 따라 올라가면 만나게 된다. 크림색과 파스텔의 노란색, 초록색이 어우러진 성당은 밤낮을 막론하고 언제나 아름답다. 17세기 바로크 양식의 건축물로 1997년에 복구되어 현재 모습을 갖춘 이 건물은 포르투갈 왕가의 문양으로 화려하게 장식된 제단과 웅장한 목조 천장, 우아한 성모마리아 상. 성인들의 미술품으로도 유명한데 그중 일부는 옛 종루 안에 만들어진 종교예술박물관에 전시되고 있다.
Access 릴 세나도 빌딩을 등지고 세나도 광장을 따라 올라간다.

03 마카오의 상징, 성 바울 성당의 유적
Ruins of St. Paul's
성 바울 성당은 1594년에 설립된 아시아 최초의 유럽 스타일 대학인 성 바울 대학의 일부였다. 그러나 1595년과 1601년에 순차적으로 훼손되었고, 1835년의 돌이킬 수 없는 화재로 대학과 교회는 정문과 정면계단, 건물의 앙상한 뼈대만을 남긴 채 모두 불타버렸다. 기묘한 판때기로만 여겨질지도 모르는 성당의 잔해는 건축물 자체에 담긴 종교적이고 복잡한 의미를 가졌다. 인근 건물은 물론 언덕 구조의 지형과도 절묘하게 어울리며 마카오 최고의 관광 포인트로 자리 잡았다.
Access 성 도미니크 성당 오른쪽 골목에서 왼쪽으로 나오는 첫 번째 골목을 따라 올라간다.

Ruins of St. Paul's

St. Dominic's Church

04 마카오의 시내 풍경을 한눈에! 몬테 요새
Monte Fortress

성 바울 성당의 유적 오른쪽에 위치한 몬테 요새는 1617년과 1626년 사이 도시를 방어하기 위한 요새로 지어졌다. 1622년 네덜란드가 마카오에 침입하려 했을 때 이곳에서 포탄을 발사해 네덜란드 배를 물리쳤다고 한다. 10여 대의 대포가 사방을 향해 배치된 요새 역할이었던 만큼 현재는 전망대로서 훌륭한 전망을 자랑한다.

Access 성 바울 성당의 유적 오른쪽 언덕으로 올라간다.

Monte Fortress

A-Má Temple

St. Augustine's Square

05 마카오라는 이름의 기원이 된 아마 사원
A-Má Temple

마카오라는 도시 이름의 기원이 된 사원으로 16세기 초 포르투갈인들이 마카오에 도착해서 이 지역의 이름을 물었을 때, 현지인들은 '오문'이라는 지명 대신 아마 사원이 있는 곳이라는 뜻의 '아마꼭'이라는 지명을 알려주었다. 그게 포르투갈 식으로 아마만이라는 의미의 '아마가오'로 변해 현재의 마카오라는 지명이 탄생했다. 아마 여신은 마카오를 비롯해 어업을 기반으로 하는 광둥 지역에서 숭상 받는다. 바라 언덕 밑에 위치한 아마 사원은 4층 높이의 신전으로 구성되어 있다. 3개의 층은 어부들의 수호신인 아마 여신을 기리기 위한 것이고 맨 위의 층은 관음보살에게 봉헌되었다.

Access 마카오 페리 터미널이나 세나도 광장에서 10번 혹은 10A번 버스를 타고 아마 사원에서 하차

06 금잔디가 헤매던 예쁜 길, 성 아우구스틴 광장
St. Augustine's Square

성 아우구스틴 광장은 성 요셉 성당과 수도원, 성 로렌스 교회, 돔 페드로 5세 극장이 오밀조밀하게 모여 있는 곳으로, 촘촘하게 밀집해 있는 유적들을 한 번에 관람하기 좋은 포인트다. 성 요셉 성당은 중국에서 바로크 양식이 적용된 대표적인 건축물이며 성 요셉 수도원은 중국과 동남아 각지에 많은 선교사를 파견했던 아시아의 명실상부한 가톨릭 교육의 근거지 역할을 수행해왔다.

Access 릴 세나도 빌딩을 등지고 세나도 광장 쪽으로 올라간다. 왼쪽 첫 번째 골목으로 들어가면 나온다.

Ruins of St. Pauls

Senado Square

나는 세계문화유산과 함께 걷는다!

마카오는 2005년부터 30곳의 문화 유적지들이 유네스코가 지정한 세계 문화유산에 등록이 되며 공식적으로 문화적 우수성을 입증 받았다. 걷기 좋은 도시 마카오에서는 트레킹이나 하이킹도 좋지만 보물찾기 하듯 도시 곳곳을 걸어 다니며 세계문화유산을 찾아보는 것도 좋은 여행 방법이다.

세계문화유산	개장시간
아마 사원 A-Ma Temple	7:00~18:00
까사 정원 Casa Garden	9:30~18:00(토 · 일요일 휴무)
대성당 Cathedral	7:30~18:30
돔 페드로 5세 극장 Dom Pedro V Theatre	현재 공사 중
기아 요새 Guia Fortress	요새 9:00~17:30, 성당 10:00~17:00
자비의 성채 Holy House of Mercy	박물관 10:00~13:00, 14:00~17:30(일요일 · 공휴일 휴무)
로우카우 맨션 Lou Kau Mansion	공사 중
릴 세나두 빌딩 Leal Senado Building	갤러리 화~일요일 9:00~21:00, 정원 9:00~21:00, 교회 · 의회실 월~금요일10:30~12:00 · 15:00~16:30, 도서관 월~토요일13:00~19:00
릴라우 광장 Lilau Square	24시간
만다린 하우스 Mandarin's House	현재 공사 중
무어리쉬 배럭 Moorish Barracks	비공개
나차 사원 Na Tcha Temple	08:00~17:00
신교도 묘지 Protestant Cemetery	10:00~17:00(일요일 아침은 일반인에게 비공개)
몬테 요새 Monte Fortress	7:00~19:00
성 안토니오 교회 St. Anthony's Church	7:30~17:30
구 시가지 벽 Section of the Old City Walls	24시간
성 도미니크 성당 St. Dominic's Church	10:00~18:00
성 바울 성당의 유적 Ruins of St. Pauls	성 바울 성당 유적 24시간, 종교 유적 박물관 9:00~18:00
세나두 광장 Senado Square	24시간
삼카이브쿤 사원 Sam Kai Vui Kun Temple	8:00~18:00
로버트 호퉁경의 도서관 Sir Robert Ho Tung Library	월~토요일 13:00~19:00
성 아우구스틴 성당 St. Augustine's Church	7:00~19:00
성 아우구스틴 광장 St. Augustine's Square	24시간
성 조셉 신학교 및 성당 St. Joseph's Seminary and Church	10:00~17:00
성 로렌스 성당 St. Lawrence's Church	10:00~16:00

마카오 박물관 Macao Museum

Map
P.480-A

Add. Monte Fortress, Praceta do Museu de Macau, No. 112, Macau
Tel. 853-2835-7911
Open 화~일요일 10:00~18:00 Close 월요일
Admission Fee 성인 MOP15, 어린이 MOP8
Access 성 바울 성당의 유적 왼쪽, 몬테 요새 방향
URL www.macaumuseum.gov.mo

★★★★

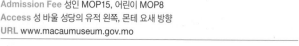

마카오의 과거와 현재를 만나다

17세기 예수회Jesuits가 몬테 요새 안에 지은 건물이 1998년 마카오의 역사, 문화, 전통과 예술까지 총망라해서 전시하는 박물관으로 변모했다. 이곳은 마카오가 독립된 도시 체계를 갖추기 이전부터 시작해 현대의 마카오까지 약 450년에 가까운 마카오의 역사를 가까이 들여다 볼 수 있는 곳이므로 시간이 넉넉하다면 꼭 들러볼 것을 추천한다. 중국의 특징과 기록과 수집의 박물관 문화가 발달한 서양의 특징이 합쳐진 이 흥미로운 퓨전 문화의 도시를 더욱 가깝게 느끼기엔 이보다 더 좋은 곳이 없을 정도다.

1층에는 중국 문화와 서양 문화가 만나 시작된 마카오, 2층에는 마카오 예술과 전통이란 테마로 중국과 포르투갈을 넘나드는 엄청난 수집품들을 구경할 수 있다. 마지막 3층은 현대의 마카오를 조명하는 등 총 3개의 테마로 흥미로운 전시가 이어진다. 다양한 시청각 자료와 체험 전시실을 운영하여 고루한 박물관의 선입견을 뒤집는다. 박물관의 외부에는 카페와 산책로도 조성이 잘 되어 있어 입장료가 아깝지 않은 귀한 시간을 보내기에 안성맞춤이다.

1, 2, 3 마카오의 과거와 현재, 동서양 문화의 조화를 만나기 가장 좋은 곳은 단연코 마카오 박물관이다.

펜하 성당 Chapel of Our Lady of Penha

Add. Penha Hill, Macau
Open 10:00~17:30
Access 아마 사원에서 도보 15분

★★★

손꼽히는 데이트 장소

코타이에서 마카오 반도로 넘어갈 때나 남반 호수 길을 산책하며 바라보는 언덕의 아름다움에 탄성을 자아내는 풍경에 포인트가 되는 건, 우아한 펜하 성당의 존재감 덕분이다. 멀리서 바라봐도 좋지만 실제로 이 언덕에 오르면 마카오 최고의 뷰 포인트임이 분명할 것이라는 확신이 든다. 최근 마카오 여행의 중심이 코타이에 집중되어 여행자들은 그리 많지는 않지만, 펜하 지구는 예나 지금이나 마카오 젊은이들의 데이트 장소로 가장 사랑받는 곳이다. 가는 길이 복잡한 편이라 택시를 이용하는 게 가장 편리하지만, 아마 사원부터 고즈넉한 언덕길을 천천히 오르며 마카오의 경치를 감상하는 것도 좋다.

펜하 언덕을 따라 정상에 오르면 1622년 네덜란드 함선으로부터 도망쳤던 배의 승객과 선원이 지었다는 펜하 성당과 1837년에 지어진 비숍 궁Bishop's Palace이 있다. 펜하 성당은 마카오 최초의 성당이다.

1 펜하 지구에서는 마카오 타워를 비롯해 아름다운 마카오 시내 경관을 감상하기 좋다. **2** 이곳은 마카오 신혼부부들의 웨딩 촬영 스폿으로도 인기가 많다. **3** 성당의 지붕 위에는 마카오 시내를 내려다보는 레이디 펜하의 자애로운 동상이 서 있다.

펠리시다데 거리 Rua de Felicidade

Map
P.481-E

Add. Rua de Felicidade, Macau
Open 12:00~22:00
Access 세나도 광장 입구 맞은편

★★★

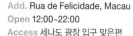

먹을거리, 살거리 가득한 차이나타운

행복의 거리라는 뜻의 펠리시다데 거리는 중국적 색채를 찾으러 온 서양 여행자와 마카오의 유명한 식당을 찾아온 홍콩, 대만, 중국의 자유여행자가 북적이는 곳이다. 마카오의 다른 지역과는 달리 이 동네의 나지막한 숍하우스 빌딩들은 모두 하얀색과 빨간색 페인트로 칠해졌다.

이 길에는 중국 특유의 색채와 패턴을 한 기념품과 샥스핀 수프, 해산물 등의 다채로운 중국 음식점이 많아 때때로 이 길은 차이나타운이라고도 불린다. 최근에는 이곳의 낡고 빈티지한 매력의 묘한 정취가 영화 〈도둑들〉에도 비춰지며 우리에게도 눈에 익은 장소가 되었다. 또한 서양 여행자에게는 〈인디아나 존스〉의 촬영지로 기억되는 곳이다.

이 거리에는 중국 문화권 여행자에게 잘 알려진 맛집이 많이 포진되어 있다. 전통 방식으로 요리하는 핫폿 전문점인 토우 토우 코이Tou Tou Koi, 마카오에서 가장 오래된 매케니즈 레스토랑인 팟 시우 라우Fat Siu Lau, 마카오 터치를 가미한 캐주얼 광동 레스토랑인 청키 누들Cheong Kei Noodle이 대표적이다. 특히, 이 거리에는 '시翅'라는 한자가 써진 식당을 많이 볼 수 있는데, 모두 샥스핀을 전문으로 하는 식당이다. 늘 줄을 서야 하는 곳은 첨발 완자시 미식添發碗仔翅美食으로 저렴한 가격에 맛있는 샥스핀 요리를 맛볼 수 있다. 미각적으로나 사회적으로 샥스핀에 대해 큰 반발심이 없다면 시도해 보도록 하자.

1, 2 유럽풍의 마카오에서도 가장 중국적 색채가 강한 펠리시다데 거리 3 이 거리에서는 중국 사람들에게 인기 있는 샥스핀 수프 맛집들을 쉽게 발견할 수 있다.

마카오 타워 Torre de Macau

Add. Largo da Torre de Macau, Macau
Tel. 853-2893-3339
Open 마카오 타워 월~금요일 10:00~21:00·토·일요일·공휴일 09:00~21:00, 번지점프 월~금요일 11:00~18:00·토·일요일 10:00~18:00, 엑스 스카이 워크 엑스 월~금요일 11:00~19:30·토·일요일 10:00~19:30
Access 마카오 페리 터미널에서 32번 버스를 타고 마카오 타워에서 하차

★★★

세계에서 가장 높은 번지점프!

수많은 TV 프로그램에서 마카오 타워에서의 각종 액티비티를 다뤄왔지만, 〈런닝맨〉만큼이나 모든 액티비티를 다룬 프로는 없었다. 다양한 종류의 액티비티를 즐길 수 있는 마카오 타워는 전 세계 액티비티 마니아들이 성지처럼 여기는 필수 코스다. 그 이유는 세계에서 가장 높은 위치에서 번지점프를 시도할 수 있기 때문. 다이빙대에 선 선수마냥 번지점프대에 올라 저 멀리 마카오 시내와 바다를 바라보며 뛰어내리는 기분이란, 경험해본 사람만이 알 것이다.

안전요원의 "5, 4, 3, 2, 1 Go!" 구호를 듣거나 구경만 해도 심장이 내려앉는 것 같은 사람들에게는 '엑스 스카이 워크 엑스X Sky Walk X'를 추천한다. 이것은 말 그대로 하늘 위를 둥실둥실 걷는 체험. 구름과 함께 마카오 도시 전체와 바다를 한눈에 바라보며 맞는 바람은 시원하기보다는 오싹함과 짜릿함을 선사한다. 안전장치를 단단하게 하고 가이드를 따라 타워 밖으로 나가 마카오 타워의 난간 없는 원판을 따라 걷는다. 바람이 세게 불면 덜컥 겁이 나지만 어느 정도 요령이 생기면 더 강력한 스릴을 원하게 될 지도 모를 일. 총 25~30분 정도가 소요된다.

Price 마카오 타워 전망대의 입장료는 MOP135, 번지점프(증명서, 멤버십 카드, 티셔츠 포함) MOP2888, 엑스 스카이 워크 엑스(증명서, 멤버십 카드, 티셔츠 포함) MOP788

1 마카오 타워에 오르면 마카오 시내가 한 눈에 보인다. **2** 엑스 스카이 워크 엑스는 익스트림 액티비티를 즐기지 않는 여행자라도 쉽게 도전할 수 있다. **3** 도전해본 자만이 세계 최고의 번지 점프의 짜릿함을 알 수 있다.

마카오관광청 진대리가 강추하는
성 라자러스 성당 지구 탐방

마카오에서의 하루는 너무 짧다. 그 탄식이 가장 자주 나오는 순간은 마카오 속의 유럽 분위기가 물씬 풍기는 성 라자러스 성당 지구 St. Lazarus Church District처럼 보석 같은 거리를 만났을 때가 아닐까? 자칭 '민간 마카오 홍보대사'라는 마카오관광청의 진나래 대리가 이 비밀스럽고 아름다운 공간으로 안내한다.

Open 12:00~19:00 **Access** 성 바울 성당의 유적 뒤 골목에서 도보 7분, 탑색 광장에서 도보 5분

진나래 Lena Jin
대학에서는 영어를 전공했고 대만으로 중국어 연수를 다녀오며 동서양의 문화를 어릴 때부터 체득했다. 운명적으로 입사한 마카오 관광청에서는 프로모션, 마케팅을 담당하게 되면서 이 매혹적인 도시와 깊은 사랑에 빠졌다. 마카오에서 가장 좋을 때는 작은 갤러리를 탐방할 때, 멋진 카페를 발견했을 때, 그리고 성 라자러스 성당 지구처럼 시크릿한 곳들로 가득한 멋진 공간을 만났을 때다.

01 - SEE

텐 판타지아 10 Fantasia
마카오 신진 아티스트의 꿈과 감각을 엿보기 좋은 곳이다.
Add. No.10, Calada da Igreja de S. Lazaro
Tel. 853-2835-4582
Open 화~일요일 11:00~18:00
Close 월요일
URL www.10fantasia.com

G32 갤러리 G32 Gallery
지하만 대중에게 공개하는 갤러리로 빈티지한 마카오의 옛 가옥을 둘러볼 수 있다.
Open 월~금요일 15:00~18:00, 토·일요일 14:00~18:00
URL www.cipa.org.mo/g32.php

마카오 패션 갤러리 Macao Fashion Gallery
패션이라는 테마보다는 마카오만의 퓨전 문화를 엿볼 수 있는 전시가 펼쳐진다.
Add. Rua de S. Roque, No. 47
Tel. 853-2835-3341
Open 화~일요일 10:00~20:00
Close 월요일
URL www.macaofashiongallery.com

02 - EAT

라이 케이 Lai Kei
수제 아이스크림 가게로 빈티지 느낌의 멋진
상자에 포장된 샌드위치 아이스크림이 독특하다.
Add. Rua Conselheiro Ferreira de Almeida, nr. 12-
12 A, Macau
Tel. 853-2837-5781
Open 12:00~19:00

싱글 오리진 Single Origin
커피 맛을 끝까지 진하게 유지할 수 있도록
커피를 커다란 볼로 얼린 아메리카노와 라테가
대표 메뉴인 멋진 카페.
Add. Rua de Abreu Nunes 19, Macau
Tel. 853-6698-7475
Open 월~토요일 12:00~20:00, 일요일 12:00~19:00

알베르게 1601 Albergue 1601
로맨틱 매케니즈 식사를 꿈꾼다면 들러보자. 눈과
입 모두 만족하는 디저트 플래터는 꼭 맛보도록
하자.
Add. 8 Calcada da Igreja de S. Lazaro, Macau
Tel. 853-2836-1601
Open 화~목·일요일 12:00~23:00, 금·토요일
12:00~23:30
URL www.albergue1601.com

마카오 소울 Macau Soul
마카오 와인 마니아들의 아지트. 서양인 부부가
불규칙하게 오픈을 하므로 사전 예약은 필수!
포르투갈 와인과 영국 치즈가 훌륭하다.
Add. 31A Rua de Sao. Paulo, Macau
Tel. 853-2836-5182
Open 월·목~일요일 15:00~22:00
Close 화·수요일
URL www.macausoul.com

03 - SHOP

메르세아리아 Mercearia Portuguesa
마돈나가 사랑한 포르투갈 천연 비누가 궁금
하다면? SCM 알베르게SCM Albergue의
메르세아리아가 정답. 포르투갈에서 직수입한
천연 비누와 핸드크림이 추천 상품.
Add. 8 Calcada da Igreja de S. Lazaro, Macau
Tel. 853-2856-2708
Open 12:00~20:00
URL www.merceariaportuguesa.com

콜로안 빌리지 Colloane Village

Map
P.482-C

Add. Colloane Village, Macau
Access 그랜드 리스보아 호텔에서 25번 버스 이용

★★★

마카오의 가장 사랑스러운 풍경

마카오에서 가장 사랑스러운 곳을 꼽으라면 콜로안 빌리지라고 답하고 싶다. 마카오 최남단에 위치한 콜로안 섬은 카지노와 고층 건물 건설 규제 지역으로 웨스틴 리조트, 고급 빌라촌, 포르투갈 스타일의 유럽풍 해변 마을로 복잡한 마카오 시내와는 사뭇 다른 낭만과 여유를 만끽할 수 있는 곳이다. 드라마 〈궁〉에 등장하며 한국 여행자들에게도 주목받기 시작한 콜로안 빌리지는 걸어서 1시간 정도면 전체를 둘러볼 수 있다. 마카오의 명물인 로드 스토우 베이커리나 에스파소 리스보아 레스토랑 방문하는 일정을 함께 잡아보면 좋다.

드라마 〈궁〉 따라가기

도서관Biblioteca – 에스파소 리스보아Espaco Lisboa – 로드 스토우스 베이커리Lord Stow's Bakery – 웨스틴 리조트Westin Resort Macau – 프란시스코 자비에르 성당Chapel of St. Francisco Xavier

1, 3 드라마 〈궁〉에서 결혼식의 배경이 되었던 프란시스코 자비에르 성당 2, 4 고즈넉한 거리의 정취를 만끽하며 마을 산책에 나서보자.

올드 타이파 빌리지 Old Taipa Village

Add. Taipa Village, Macau
Access 갤럭시 마카오 호텔에서 도보 5분 혹은 시티 오브 드림스에서 운행하는
셔틀버스 이용

★★★

먹을거리 살거리 풍성한 타이파 마을

마카오 반도에서 차를 타고 20분 거리인 올드 타이파 빌리지는 다양한 모습을 가진 장소다. 타이파와 콜로안을 잇는 코타이 스트립의 개발 열기 속에 초호화 호텔이 속속 모습을 드러내고 있는 반면 올드 타이파 빌리지 한쪽에서는 아직도 빛바랜 파스텔 톤의 아기자기한 집들이 세월의 흐름과 낡음의 미학을 보여주고 있으니 말이다. 게다가 마카오 사람들이나 가까운 홍콩 사람들은 다양한 마카오의 맛을 보기 위해, 소소한 기념품을 구입하기 위해, 특색 있는 쇼핑을 하기 위해 이곳을 들르곤 한다.
또한 드라마 〈꽃보다 남자〉를 통해 보여진 올드 타이파 빌리지의 매력에 이끌려 이곳을 찾는 여행자들이 더욱 많아지기도 했다. 먹을거리가 수두룩한 쿠냐 거리Rua de Cunha를 중심으로 올드 타이파 빌리지 구경과 금잔디와 F4도 반한 베네시안 마카오 리조트 구경을 겸하면 하루가 금세 지나가 버린다.

1 콜로안에 비해서는 볼거리, 먹을거리, 살거리가 보다 풍성한 올드 타이파 빌리지 2, 3, 4 마을 곳곳의 소박하고도 이국적인 풍경을 감상하며 거니는 산책이 즐겁다.

하우스 오브 댄싱 워터 The House of Dancing Water

Add. City of Dreams, Estrada do Istmo, Cotai, Macau
Tel. 853-8868-6767
Open 목~월요일 17:00, 20:00
Close 화·수요일
Access 마카오 페리 터미널 혹은 홍콩국제공항에서 시티 오브 드림즈 셔틀버스 이용
URL www.thehouseofdancingwater.com

★★★★★

비싸더라도 이건 꼭 봐야해!

라스베이거스 스타일의 초대형 스케일 멀티미디어 쇼로 단순히 시각만 자극하는 길고 지루한 다른 대형 리조트 공연과는 차별화된 하우스 오브 댄싱 워터는 5년간의 긴 기획 과정과 3000억이라는 천문학적인 비용을 들여 만든 시티 오브 드림스의 야심작이다.

스토리는 아주 단순하고 동화적이다. 콜로안 만에서 배를 타고 유유자적하던 어부가 거대한 바다의 소용돌이에 휩쓸리며 이상한 세계로 들어가게 된다. 이윽고 한 청년도 태풍으로부터 난파된 배에서 이 이상한 왕국으로 끌려 들어온다. 그리고 젊고 용기 있는 청년은 악마 같은 계모에 의해 갇힌 아름다운 공주와 사랑에 빠지게 된다. 이 둘의 사랑을 지켜보던 어부는 청년을 도와 어둠의 여왕인 계모를 물리치고 어부는 선물을 받게 된다는 스토리이다.

디즈니 파리의 디즈니 시네마 퍼레이드와 라스베이거스 쇼의 전설적인 감독인 프랑코 드래건Franco Dragone이 크리에이티브 디렉터를 맡았다. 전용 극장은 세계적인 건축회사인 페이 파트너십Pei Partnership과 마이클 크리트Michel Crete의 합작품이다. 무대 중앙의 거대한 수영장과 무대가 순식간에 교체되는 첨단 기술 그리고 수많은 아티스트들의 놀라운 아크로바틱 연기는 보는 이의 입을 다물지 못하게 만든다.

Price A석은 HK$980, B석은 HK$780, C석은 HK$580. VIP 티켓(HK$1480)에는 무료 음료 한 잔과 초콜릿이 포함되어 있다.

1 천문학적인 비용과 셀 수 없이 많은 인원이 투입된 마카오 최고의 쇼라 불러도 부족함이 없다. **2, 3** '용을 물리치고 공주를 구한다' 는 식의 동화적인 스토리라인이지만 관람 내내 보는 이들을 시청각적으로 완벽하게 사로잡는다.

호텔 순례하며
구경하는 공짜 쇼!

마카오나 라스베이거스처럼 '카지노 리조트 단지'는
저마다의 훌륭한 볼거리로 방문객을 유치한다. 굳
이 카지노를 하지 않더라도 유명 호텔을 돌며 호텔
에서 제공하는 무료 공연과 전시를 구경하는 것도
마카오 여행의 또 다른 재미다.

그랜드 리스보아 Grand Lisboa

마카오의 카지노 재벌 스탠리 호의 취미는 예술품
수집이다. 그래서인지 그랜드 리스보아는 마치
고급스러운 박물관처럼 꾸며졌다. 거대한 상아에
섬세하고 정교하게 새겨 넣은 조각품부터 마치
당장이라도 비상할 것만 같은 독수리와 고고한
자태의 백로는 호텔 한편의 인공 연못가에
장식되어 있다. 게다가 소더비 경매에서 스탠리
호가 US$8,840,000에 사들여 화제가 되었던
청동 말머리 상을 입구에 전시하고 있다.

윈 마카오 Wynn Macau

윈 마카오의 무료 공연과 쇼는 다양하지만 번영의
나무Tree of Prosperity와 분수 쇼Performance
Lake가 대표적이다. 번영의 나무는 24K 순금으로
만든 2000개의 가지와 98000개의 이파리가
음악 그리고 빛과 함께 4계절의 변화를 표현하는
멀티미디어 쇼를 선보인다. 카지노가 선보이는 쇼
중 가장 로맨틱한 분수 쇼는 30분에 한 차례씩
벌어진다.

베네시안 리조트 The Venetian

베네시안 리조트도 볼거리가 많은 호텔이다.
특히 18세기 베니스로 돌아간 것만 같은 복장의
공연자와 마이미스트들은 거대한 베네시안의 공연
동선에 맞춰 등장하며 방문객들을 즐겁게 만든다.
베네시안의 명물인 곤돌라이어Gondoliers도
운하를 오가며 라이브로 근사한 아리아를
선사한다.

Grand Lisboa

Wynn Macau

The Venetian

City of Dreams

City of Dreams

The Venetian

시티 오브 드림스 City of Dreams

무료 쇼로는 타의 추종을 불허하는 시티 오브 드림스. 여의주를 차지하기 위해 벌어지는 네 마리의 용의 여정을 거대한 돔형의 극장에서 스펙타클하게 펼치는 드래건스 트레저Dragon's Treasure는 원래는 유료이다. 하지만 시티 오브 드림스의 3개의 호텔의 투숙객이거나 시티 오브 드림스의 레스토랑이나 부티크에서 그날 MOP200 이상 구입한 영수증을 보여주면 무료로 관람할 수 있다. 쇼는 12:00~20:00 사이에 펼쳐지며 공연시간은 18분. 또한 물의 도시인 시티 오브 드림스의 대형 스크린을 유영하는 인어의 아름다운 몸짓을 감상할 수 있는 브이쿠아리움Vquarium은 24시간 연속으로 관람할 수 있다.

갤럭시 마카오 Galaxy Macau

춤추는 분수 속의 다이아몬드The Giant Diamond in Dancing Fountain 쇼는 오색찬란한 빛과 웅장한 음악으로 사람들의 이목을 집중시킨다. 매 30분마다 5분 동안의 멀티미디어 쇼를 펼친다. 다이아몬드 로비Diamond Lobby에서 벌어지는 피콕 퍼포먼스Peacock Performance도 챙겨 볼 것. 갤럭시 마카오의 상징인 공작의 화려한 퍼포먼스는 18:00~21:00에 관람 가능하다.

Galaxy Macau

학사 비치 Hac Sa Beach

Map
P.482-C

Add. Hac Sa Beach, Coloane, Macau
Open 대체로 12:00~21:00
Access 콜로안 빌리지에서 26A번 혹은 15번, 25번 버스 이용

★★

흑사장의 낭만, 누려~

콜로안과 타이파가 코타이로 매립되고 난 뒤 콜로안의 남동쪽에 위치한 학사 비치는 마카오 유일의 자연 해변가로 마카오 사람들 사이에서는 그 가치가 더욱 높아졌다. 검정색 모래를 나타내는 흑사黑沙, 그 이름에서 알 수 있듯 이곳은 백사장이 아닌 흑사장이 펼쳐져 있다. 이곳을 방문하는 대다수의 사람들은 마카오 사람들이다. 그들은 해변가에서 데이트를 즐기거나 가족끼리 외식을 하기 위해 학사 비치 인근을 찾는다. 느지막이 문을 열고 해산물과 각종 채소 바비큐를 파는 노점에 들러 좋아하는 해산물, 채소, 육류 등의 꼬치를 사먹어 보는 것도 여행 중 잊지 못할 묘미가 될 것이다. 학사 비치는 교통수단이 애매해 시간을 허비할 수 있으므로 마카오에서 오랜 시간을 보낼 계획이 있는 여행자들에게 추천한다.

1 학사 비치에는 날마다 바비큐 파티가 벌어진다. 2, 3 해산물과 고기, 옥수수까지 바비큐의 종류가 다양하다. 4 가볍게 한 두 꼬치 정도만 가볍게 즐겨 보자.

Map
P.480-C

항우 恒友

Add. 5-A Travessa da Se, Largo do Senado, Macau
Open 11:00~20:00
Access 세나도 광장에서 성 바울 성당 방향으로 가다가 크록스 매장 오른쪽

마카오 사람들이 가장 즐겨먹는 길거리 음식

우리나라에 할머니 떡볶이, 이모네 호떡집이 있다면 마카
오에는 아저씨 어묵집이 있다. 5~6년 전만 해도 이 거리
에는 항우를 비롯해 두 세 개의 어묵집이 전부였지만, 항
우가 큰 인기를 얻고 사람들이 이곳에 어묵을 먹기 위해
몰리자 거리 전체가 어묵 거리로 바뀌어버렸다. 최근에는
여행자든 마카오 사람들이든 삼삼오오 모여 어묵을 들
고 꼬치로 찍어 먹는 진풍경이 연출된다. 초반 고만고만
했던 어묵가게와는 달리 항우는 가게를 확장 이전을 하
여 찾기 쉽다.

홍콩과 완전히 다른 스타일의 재료가 가득하다. 마치 거리에서 만나는
핫폿 같다고나 할까. 우리의 호기심을 끄는 건 속에 치즈, 날치알 등이
든 어묵(보통 핑크나 노랑 줄무늬나 초록색을 띤 어묵에 치즈가 들어 있
다)이겠지만, 실제 마카오 사람들은 각종 채소, 곤약, 버섯, 곱창, 다시마
등의 해조류 등을 원하는 대로 골라 먹는다. 꼬치의 종류마다 가격이 다
다르며 보통 MOP5~15 정도다. 어묵 종류가 가장 비싼 편이다.

1, 3 항우는 마카오의 여느 미슐랭 레스토랑 못지않은 인기를 구가하는 곳이다. **2** 다양하고 신선한 재료로 만든 어묵이 이 집의 인기의 비결 **4** 이 거리에서는 어묵 꼬치를 먹는 마카오 사람들이나 여행자 천지다.

밍 케이 Ming Kei

Map P.481-E

Add. Largo do Senado, Macau
Open 11:00~20:30(일정하지 않다)
Access 세나도 광장 입구 건너편에 위치

secret

하드코어이지만 중독성 강한 간식

아저씨 어묵집이 관광객도 두루두루 즐길 수 있는 보통의 거리 간식이라면 밍 케이는 도전정신이 필요한 간식이다. 세나도 광장의 맞은편 골목 귀퉁이에서 부부가 서서 펄펄 끓는 솥에서 무언가를 쉴 새 없이 잘라 도시락 통에 포장을 해주는데 비주얼이 심상치 않다. 쉽게 용기가 나진 않겠지만 현지인들이 줄을 서 있는 맛집은 모두 정복해보자는 마음이 있다면 이곳을 그냥 지나쳐서는 안 된다.

펄펄 끓는 솥 안에서 익고 있는 것은 소의 힘줄, 선지, 위, 장, 도가니 등의 소의 온갖 부위다. 주인장 부부와는 영어 소통이 불가능하므로 근처의 젊은 마카오 사람들에게 도움을 청하거나 앞사람이 주문한 걸 잘 보고 따라서 주문하도록 하자. 소의 각종 부위와 주인 부부만 아는 다양한 한약 재료를 넣고 오랜 시간 푸욱 고아 만든 진한 육수는 우리에게는 향이 좀 강할 수 있으니 한 편에 마련된 3가지 소스도 곁들여 볼 것. 1인당 MOP30~50 정도.

1, 4 거리에 리어카 하나 달랑이지만 늘 중국 관광객과 마카오 사람으로 인산인해 2, 3 도전의식이 강한 사람이라면 주변 마카오 사람의 도움을 받아 주문하는 것이 가장 좋다.

에스카다 Restaurant Escada

Add. 8 Rua da Sé, Avenida de Almeida Ribeiro, Macau
Tel. 853-2896-6900
Open 12:00~15:00 · 18:00~22:30
Access 세나도 광장과 그랜드 리스보아 사잇길로 올라가 오른쪽 3층 건물

낭만적인 마카오의 밤

에스카다란 포르투갈어로 '계단'을 의미한다. 대부분의 여행자는 세나도 광장의 메인 거리로 향하지만 큰 길가에 난 오래된 계단 길을 오르면 에스카다를 비롯해 작고 어여쁜 식당과 카페가 가득한 세 거리Rua da Sé가 등장한다. 에스카다는 마카오의 수많은 포르투갈 식당 중에서 가장 낭만적인 분위기의 레스토랑 중 하나임이 분명하다. 온전하게 유럽식인 3층짜리의 연노란색 건물과 원목과 샹들리에로 우아하게 꾸며진 인테리어는 여성들의 마음을 훔치기에 부족함이 없다.

에스카다는 정통 포르투갈 요리와 매케니즈 요리를 모두 제공한다. 개인적으로 포르투갈 음식은 대체로 짜다고 생각하지만, 에스카다의 음식들은 자극적이지 않기 때문에 한국인 여행자들의 입맛에도 잘 맞는다. 애피타이저로는 문어 샐러드와 화이트 와인 소스에 익힌 조개 요리 등이 맛있다. 메인으로는 다소 자극적인 아프리칸 치킨African Chicken이나 각종 바칼라우Bacalhau(염장한 대구 요리), 해산물 밥 Seafood Rice 등이 무난하다. 1인당 MOP300 정도면 충분하다.

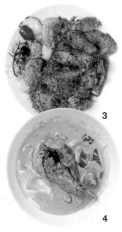

1, 2 유럽풍 건물에서 즐기는 낭만적인 포르투갈식 식사 3 에스카다의 아프리칸 치킨은 아주 자극적이지는 않다. 4 카레를 활용한 새우나 게 요리도 맛있다.

홍콩과 마카오에서 유일하게 탄 요리를 맛볼 수 있는 골든 플라워

골든 플라워 Golden Flower 京花軒

Add. GF, Wynn Macau, Rua Cidade de Sintra, Nage, Porto Exterior, Alameda
Dutor Carlos d'Assumpção, Macau Tel. 853-8986-3663
Open 화~일요일 11:30~14:30·18:00~22:30 Close 월요일
Access 마카오 페리 터미널에서 윈 마카오 셔틀버스 이용 혹은 세나도 광장에서 도보
10분, 윈 마카오 호텔 G층
URL www.wynnmacau.com

황제처럼, 여왕처럼

골든 플라워는 지금까지 소개한 광둥 레스토랑과는 또 다른 미식 체험을 선사해주는 곳으로 요리부터 인테리어, 차, 와인 그리고 그곳에서의 기억까지 보다 특별하게 만드는 장치들이 돋보이는 특급 레스토랑이다. 이곳은 청나라 때부터 전해 내려온 탄 요리Tan Cuisine를 메인으로 한다. 탄 요리란 광둥지역과 수도인 북경지역의 요리가 접목된 것으로 남쪽부터 북쪽까지 중국을 대표하는 수많은 진귀하고 특색 있는 미식여행이 가능하다. 탄 요리의 마지막 계승자로 일컬어지는 리우과주Liu Guo Zhu 셰프는 엘리자베스 여왕, 등소평 등의 특급 게스트를 위해 요리해온 중국의 대표적인 요리사이자 탄요리의 대가다. 지금도 그의 요리를 먹기 위해 중국 본토에서는 수많은 VIP가 이 골든 플라워를 찾아 황제와 여왕이 즐겼던 탄 요리를 음미한다.

제비집, 해삼, 전복, 샥스핀 등의 값비싼 재료를 사용하므로 한 끼 식사의 예산을 다소 높게 잡아야 한다. 특히 부드럽게 익혀낸 해삼 요리 Braised Sea Cucumber with Shandong Leeks와 치킨 수프에 게 다리 살과 함께 요리한 생선의 부레Stewed Fish Maw with Crab Claw in Supreme Chicken Soup는 대부분의 테이블에서 주문할 정도로 인기 있는 셰프의 시그니처 메뉴다. 골든 플라워는 와인 마스터는 물론이고 티 소믈리에까지 두어 각각의 음식마다 적당한 차와 와인을 매칭해준다. 식사 후에는 골든 플라워의 캘리그래퍼Calligrapher가 게스트들에게 그날 즐긴 메뉴와 각기 다른 중국 시나 산문에서 따온 글귀를 마치 증명서처럼 제공해주는 아주 특별한 서비스로 이 화려한 미식 체험의 정점을 찍는다. 예산은 1인당 MOP1000 이상이 필요하다.

1 소믈리에는 물론이고 티 소믈리에까지 둔 세심함이 돋보인다. 2 해삼, 전복 등 호화스러운 식재료를 이용한 고급 요리가 많다.
3 사적인 공간이 확보되는 널찍하고 고급스러운 인테리어

윙레이 **Wing Lei** 永利軒

Map
P.481-H

Add. GF, Wynn Macau, Rua Cidade de Sintra, Nape, Porto Exterior,
Alameda Dutor Carlos d'Assumpção, Macau
Tel. 853-8986-3663 Open 월~토요일 11:30~15:00 · 18:00~23:00 일요일 · 공휴일
10:30~15:30 · 18:00~23:00
Access 마카오 페리 터미널에서 윈 마카오 셔틀버스 이용 혹은 세나도 광장에서 도보 10분,
윈 마카오 호텔 G층 URL www.wynnmacau.com

승천하는 크리스털 용을 바라보며 식사를

대중에게 잘 알려져 있고 정통 광둥요리 레스토랑으로
이름이 높은 윙레이는 화려한 셰프의 이력과 인테리어가
이목을 집중시킨다. 중국 문화에서 가장 중요한 색인 붉
은색이 메인 컬러로 꾸며진 다이닝 홀 중앙에는 황금빛
과 영롱한 크리스털로 휘황찬란한 승천하는 용이 이곳
의 럭셔리한 분위기를 한껏 고조시킨다. 마카오에서 혁
신적인 광둥요리로 유명한 챈탁쾅Chef Chan Tak Kwong
셰프는 몇 년 동안이나 변함없이 미슐랭 스타를 지켜낸
윙레이의 자랑이다. 저녁식사 때에는 골든 플라워와 윙
레이를 함께 오가며 활동하는 소믈리에가 매칭해 주는
와인 페어링 메뉴도 즐겨볼 것.

카지노 안에 레스토랑이 있다. 대중적인 콘셉트를 지향하는 만큼 단
품 메뉴의 가격은 퀄리티에 비해 저렴한 편이다. 상시 진행되지는 않
지만 런치 세트를 공략하면 1인당 MOP200~300 정도면 훌륭한 광
둥요리를 즐길 수 있다.

1, 4 골든 플라워에 비하면 가격대가 합리적이지만, 윙레이 역시도 럭셔리 광둥 레스토랑이다. 2, 3 가격대가 부담스럽다면 점심 시간의 딤섬을 이용할 것

디 에이트 The Eight 8餐廳

Add. 2F, Grand Lisboa Hotel, Avenida de Lisboa, Macau
Tel. 853-8803-7788
Open 월~토요일 11:30~14:30 · 18:30~22:30, 일요일 10:00~15:00 · 18:30~22:30
Access 마카오 페리 터미널에서 그랜드 리스보아 셔틀버스 이용 혹은 세나도 광장에서
도보 5분, 그랜드 리스보아 호텔 2층
URL www.grandlisboaho.com

중국인이 사랑하는 모든 코드

그랜드 리스보아는 마카오 카지노 호텔의 1세대이자 마카오 최고의 거부인 스탠리 호의 미적 감각과 취향을 반영한 수많은 레스토랑으로도 이름이 높은 곳이다. 그중에서도 디 에이트는 중국 문화의 모든 코드를 극도로 럭셔리한 소재를 활용해 표현했다. 식당의 이름인 8은 중국인이 가장 사랑하는 숫자로 부를 상징한다. 역시 돈과 행운을 나타내는 물고기와 물, 그리고 붉은색은 디 에이트를 꾸미는 가장 중요한 키워드로 활용되었다. 레스토랑을 들어설 때부터 이곳의 특별함은 시작된다. 비단 잉어가 노니는 수조의 영상 프로젝션을 바닥에 비추고, 그 영상 위에 사람들의 움직임에 따라 물고기들이 움직인다. 사람이 밟으면 잉어가 떼로 도망가고 사람이 멀어지면 다시 나타나는 식이다. 8자 형태로 조성된 크리스털이나 아낌없이 사용한 각종 옥장식의 인테리어만으로도 눈이 휘둥그레지는 이 모든 인테리어는 홍콩 아티스트인 앨런 챈Alan Chan의 작품이다.

스탠리 호의 대단한 스케일 덕분일까. 딤섬의 종류만도 50여 가지, 와인 종류는 무려 9000여 종에 달한다. 비주얼과 규모로 압도하는 레스토랑일 거라는 판단은 성급하다. 이곳 역시나 매년 미슐랭 스타를 빼놓지 않고 받을 정도로 미식가들에게도 인정받는 요리를 제공한다. 정통 광동요리는 물론이고 포르투갈 소스를 넣거나 요리법에 매케니즈 터치가 가미된 이곳만의 창작 메뉴까지도 두루두루 즐길 수 있다. 딤섬은 1인당 MOP300~400 정도. 저녁식사나 광동요리를 단품으로 즐길 경우 1인당 MOP600~800 정도를 예산으로 잡으면 된다.

---

1 샹들리에와 크리스털, 금과 옥을 호화롭게 활용해 극도로 화려한 인테리어를 완성한 디 에이트 **2, 3** 모양도 예쁘고 맛도 좋은 딤섬을 다양하게 맛보자. **4** 디 에이트의 인기 디저트인 에그타르트

모우이 Mou I Wei 武二

Add. E~D, Avn. Dr. Sun Yat Sen, Vista Magnifica Court, Macau
Tel. 853-2875-1675
Open 11:30~23:00
Access 마카오 페리 터미널에서 MGM 그랜드 마카오 셔틀버스 이용, MGM 그랜드
마카오의 맞은편 리틀 란콰이퐁에 위치

개운한 굴국수, 한 그릇 더!

마카오는 분명 미식천국이지만 누군가에게는 광둥요리
는 느끼하고 포르투갈 요리나 매케니즈 요리는 짠맛 밖
에 모르겠다는 생각이 들 수 있다. '한식이 최고다'라는
입맛을 가진 사람, 여행 중 만나는 새로운 음식이 두려
운 사람들에게는 마카오 사람들이 아침식사나 야식으로
즐겨먹는 국숫집을 추천한다. 늘 마카오 사람들과
마카오에 거주하는 한국 사람들로 장사진을 이루는 집
으로 원하는 재료를 넣어 자신만의 취향대로 국수를 먹
을 수 있다.

맑고 시원하게 맛을 낸 육수에 원하는 토핑의 재료를 넣어주는 여러
종류의 국수가 이 집의 대표 음식. 가장 인기 있는 것은 굴국수 仔
麵. 커다란 굴이 아닌 작은 굴을 듬뿍 넣어주는데 여기에 이 집의 특제
고추소스와 함께 곁들이면 전날의 숙취가 싹 사라진듯 개운하다. 굴
이외에도 돼지고기, 어묵, 쇠고기 등의 다채로운 고명을 곁들일 수
있다. 국수의 가격은 MOP28부터. 보통은 고수를 조금 넣어주는데
원치 않는다면 '모우 임싸이無芫茜'라고 말하면 빼준다.

1 대부분의 손님이 마카오 사람들로 이루어진 로컬들의 맛집 **2** 마카오 안에 여러 지점이 있다. **3, 4** 어떤 스타일의 고명과 면을 올릴
지에 따라 다양한 국수가 뚝딱 만들어진다.

리토랄 Litoral 海灣餐廳

Add. R/C, 261-A Rua do Almirante Sergio, Macau
Tel. 853-2896-7878
Open 12:00~15:00 · 18:00~22:30
Access 아마 사원을 등지고 오른쪽 방향
URL www.restaurant-litoral.com

제대로 즐기는 매케니즈 식사

마카오에서는 마카오 방식으로 재해석한 포르투갈 요리인 매케니즈 푸드Macanese Food를 맛봐야 한다. 대부분의 포르투갈 식당이나 매케니즈 식당이 호텔이 아닌 경우 아주 작은 규모로 운영되는데 반해 리토랄은 오랜 역사와 명성을 지켜온 덕에 단체 손님을 받아도 끄떡없을 정도의 규모와 직원 수를 자랑한다. 리토랄이 변함없는 인기를 구가하는 데에는 실제 주인장이 매케니즈인데다 '후대에도 매케니즈 요리를 전하자'는 철학으로 식당을 운영하고 있으며, 마카오 사람들은 물론이고 이곳에 거주하는 포르투갈 셰프들에게도 인정받고 있는 요리의 퀄리티 때문일 터. 전형적인 매케니즈 가정처럼 꾸민 인테리어도 매케니즈 문화에 다가가기 좋은 장치가 된다. 올드 타이파 빌리지에도 카페 리토랄 Cafe Litoral(Rua do Regedor, BL.4 Wai Chin Kok, No.53/57 Taipa, Macau)이라는 이름의 분점이 있다.

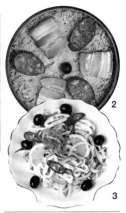

대개의 매케니즈 레스토랑과 마찬가지로 포르투갈 요리와 매케니즈 메뉴가 동시에 메뉴판에 올라 있다. 특히 리토랄 버전의 다양한 바칼라우Bacalhau와 대표적인 매케니즈 요리인 아프리칸 치킨African Chicken, 덕 라이스Baked Duck Rice 등이 맛있다. 날씨가 싸늘할 때 마카오 사람들이 꼭 챙겨먹는다는 각종 스튜 요리로 보양을 해보자. 특히 타초Tacho는 돼지의 도가니, 포르투갈 소시지, 각종 채소가 든 매케니즈의 대표 스튜다. 1인당 MOP300~400 정도를 예산으로 잡으면 충분하다.

1 여느 매케니즈 식당과는 달리 규모가 상당히 큰 편이라서 여러 사람들이 함께 여행을 할 때라면 주저 없이 선택할 수 있는 곳이다.
2 매케니즈 요리의 대표인 덕 라이스가 맛있다. **3** 포르투갈 요리나 매케니즈 요리가 입에 맞지 않는다면 무난한 샐러드를 주문할 것

응아 헝 카페 Nga Heong Café 雅馨緬甸餐廳

Map
P.481-E

Add. Rua do Almirante Sergio, 277-A, EDF Man Kam r/c, Macau
Tel. 853-2896-2616
Open 11:30~23:00
Access 아마 사원을 등지고 오른쪽 방향

에스닉 푸드에 열광하는 당신이라면

마카오는 홍콩만큼 다채로운 문화권의 에스닉 푸드를 갖추진 않았다. 그런 의미에서 버마 푸드Burma Food를 메인으로 판매하는 응아 헝 카페의 존재가 더욱 반갑다. 카레와 각종 향신료와 동남아시아 특유의 요리법을 만나보려면 이곳에 주목해보자.

1980년대 마카오에는 미얀마에서 살던 화교들이 이주해 15개의 중국식 미얀마 요리점을 냈다. 하지만 지금은 대부분의 레스토랑은 문을 닫고 이 응아 헝 카페만이 남아 독특한 맛을 찾는 사람들에게 사랑받고 있다.

응아 헝 카페의 메뉴는 버마에서 흔히 볼 수 있는 캐주얼한 음식이 주가 된다. 생선육수로 만든 국수, 버마 스타일의 비빔국수 등 국수 종류가 많다. 미얀마 스타일의 요리의 특이한 점은 코코넛 밀크와 카레, 강황Tumeric 등을 아낌없이 사용한다는 점. 여기에 레몬그라스 잎과 고수, 바삭하게 튀긴 생선 껍데기 등을 올려서 내온다. 생선의 맛이 지나치게 강하다면 버마식 치킨 카레도 밥과 함께 맛보기 좋다. 이 집만의 특제 검정콩 두유도 인기 메뉴! 영어로 된 사진 메뉴도 있어 주문하기도 쉽다. 1인당 MOP50 정도면 충분하다.

1 마카오 안에서도 마니아층이 탄탄한 응아 헝 카페 **2, 3** 카레나 향신료가 듬뿍 든 요리가 다양하다. **4** 총 2층 규모지만 점심시간이나 저녁 무렵에는 많은 사람으로 붐빈다.

베이징 키친 Beijing Kitchen

Add. Level 1, Grand Hyatt Macau, City of Dreams, Estrada do Istmo, Cotai, Macau Tel. 853-8868-1930
Open 11:30~24:00
Access 마카오 페리 터미널에서 시티 오브 드림스 셔틀버스 이용, 그랜드 하얏트 호텔 G층
URL www.cityofdreamsmacau.com

마치 북경여행을 온 것처럼

베이징으로 대표되는 정통 중국 북부지방의 요리를 맛볼 수 있는 곳이다. 마카오의 여느 레스토랑과 마찬가지로 규모가 대단하다. 입구부터 베이징의 오래된 차 아틀리에를 본떠 만들었고 짙은 색상의 나무와 붉은 색의 벽, 천장에 장식된 커다란 용 모양의 조명과 새장 장식을 각 구역마다 오픈 키친을 두어 마치 중국 요리라는 하나의 테마를 공유한 푸드코트에서 식사하는 듯한 느낌을 들게 한다. 웍Wok으로 요리하는 섹션, 딤섬 섹션, 베이징 덕 등의 요리는 화덕 등으로 각 섹션별 구역이 정확하게 나뉜다.

중국 본토에서 스카웃된 셰프들은 그랜드 하얏트만의 정통 중국 요리를 만든다. 대추나무를 연료로 하는 화덕에서 구워내는 정통 베이징 덕Peking Duck과 수타면, 딤섬, 중국 디저트 등 선택할 수 있는 음식의 가짓수도 많다. 베이징의 명물인 구운 만두Pan-fried Minced Pork Dumplings도 꼭 맛볼 것. 베이징 키친의 베스트셀러인 베이징 덕은 미리 예약하는 것이 안전하다. 2인 기준 MOP1000.

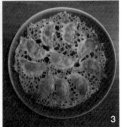

1 규모도 상당히 크고 내부 인테리어가 화려하다. 2 베이징 요리를 비롯해 각양각색 중국 요리를 맛볼 수 있는 곳 3, 4 바싹하게 구워낸 만두와 베이징 덕은 꼭 먹어봐야 할 요리

옥을 테마로 럭셔리
함을 표현해낸 제이!
드 드래곤

제이드 드래곤 Jade Dragon

Add. Level 2, Crown Towers, City of Dreams, Estrada do Istmo, Cotai, Macau
Tel. 853-8868-2822
Open 11:00~15:00 · 18:00~23:00
Access 마카오 페리 터미널에서 시티 오브 드림스 셔틀버스 이용, 크라운 타워 2층
URL www.cityofdreamsmacau.com

섬세하고 아름다운 광둥요리

홍콩, 중국, 방콕 등의 특급 호텔에서 경력을 쌓고 알티라 호텔Altira Hotel(현재 크라운 타워 Crown Tower)의 광둥 레스토랑인 잉Ying의 주방을 진두지휘했던 마카오의 스타 셰프인 탐꿕펑Tam Kwok Fung이 주방을 책임지고 있는 고급 레스토랑이다. 시티 오브 드림스라는 리조트 시티를 대표하는 레스토랑인 만큼 규모와 인테리어, 각종 식기류 모두 입이 떡 벌어질 정도로 호화롭다. 거대한 샹들리에가 화려하게 장식된 메인 다이닝 홀은 오픈 키친과 와인셀러, 직접 손으로 그림을 그려 넣은 벽화, 코타이의 이국적이고도 화려한 뷰와 함께 황홀한 분위기를 연출한다.

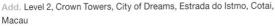

가장 신선한 제철 재료를 사용해야 한다는 셰프 탐의 철학대로 만들어진 요리는 섬세하고 아름다운 프리젠테이션으로 테이블에 나온다. 혁신적인 비주얼과 식재료에 있어서도 김치, 이나니와 우동, 이베리코 돼지고기 등 국가를 넘나드는 다양한 시도를 한다. 그러나 제이드 드래곤의 가장 유명한 요리는 광둥요리의 기본 메뉴이다. 특히 바비큐에 사용되는 라이치 나무는 고기에 특별한 맛을 더해주고 대추나무는 고기의 색을 더욱 아름답게 표현해 준다. 1인당 MOP600~800 정도.

1 직원의 의상도 온통 옥 장식으로 꾸몄다. **2** 라이치 나무로 구운 차슈는 제이드 드래곤의 내공을 짐작할 수 있게 하는 훌륭한 광둥요리 **3** 마치 프렌치 같은 광둥요리를 낸다는 평을 받고 있는 탐꿕펑 셰프

테라자 Terrazza Italian Restaurant

Add. Location 201, 2F, Galaxy Hotel, Estrada da Baia de Nossa Senhora da Esperença, Cotai, Macau
Tel. 853-8883-2221
Open 월~토요일 18:00~23:00 **Close** 일요일
Access 마카오 페리 터미널에서 갤럭시 마카오 셔틀버스 이용, 갤럭시 마카오 호텔 2층
URL www.galaxymacau.com/en/dining

정통 토스카나의 맛

제대로 된 이탈리안 요리를 구현하기 위해 레스토랑이 시도하는 노력이 특별하다. 토스카나 지방의 이탈리안 요리를 토스카나 출신 알피오 롱고Alfio Longo 셰프가 정성껏 요리한다. 이곳에서 사용하는 모든 식재료는 적절한 온도의 보관고가 따로 있을 뿐만 아니라 빵이나 바질, 로즈마리 화분 같은 건 레스토랑의 장식으로도 활용된다. 와인 테이스팅 룸이 마련되어 자판기를 통해 와인을 맛볼 수 있고 저렴한 가격에 구입도 가능하며 포르투갈 와인은 물론이고 이탈리아 와인도 폭넓게 준비되어 있다.

다양한 메뉴를 테이블 앞으로 카트를 끌고 와서 직접 썰어주고, 담아주며, 먹기 좋게 배분해 준다. 알피오 롱고 셰프의 시그니처는 토스카나 지방의 대표적인 요리이기도 한 토스카나 해산물 스튜Caccciucco Alla Livornese Per Due, 이탈리아식 어린 돼지 바비큐Maialino di Latte in Porchetta al Giro Arrosto다. 이탈리아 전통 방식으로 만드는 티라미수 Classica Ricetta del Tiramisu와 디저트 피자Chocolate Pizza with Fruits and Nuts도 훌륭하다. 1인당 MOP600~700 정도.

1 테라자의 퀄리티를 책임지는 알피오 롱고 셰프 **2** 테이블 위에 장식된 바질은 실제 요리에 좋은 재료로 사용된다. **3** 샐러드를 비롯해 여러 종류의 요리는 즉석에서 서버가 만들어 준다. **4** 테라자의 모든 움직임은 비주얼부터 시선을 끈다.

고스토 Gosto

Map
P.482-A

Add. G21, GF East Promenade, Galaxy Macau, Estrada da Baia de Nossa Senhora da Esperença, Cotai, Macau Tel. 853-8883-2221
Open 월~금요일 12:00~15:00 · 18:00~23:00, 토 · 일요일 · 공휴일 12:00~23:00
Access 마카오 페리 터미널에서 갤럭시 마카오 셔틀버스 이용, 갤럭시 마카오 호텔 이스트 프롬나드 G 층
URL www.galaxymacau.com/en/dining

예쁘게 즐기는 포르투갈 요리

포르투갈어로 돼지를 뜻하는 이 레스토랑은 포르투갈 음식과 매케니즈 음식을 동시에 판매한다. 음식도 음식 이지만 이곳은 예쁘고 아기자기한 인테리어도 빼놓을 수 없는 매력 포인트다. 높은 천장에 샹들리에와 포르투 갈 타일, 포르투갈 곳곳의 사진, 포르투갈을 상징하는 닭 갈로Galo로 꾸몄다. 음식이 담겨 나오는 그릇들도 하나같이 여자들의 마음을 사로잡는다. 그리고 저녁 무 렵에는 포르투갈의 전통 음악인 파도Fado가 흘러나오 면 낭만적인 포르투갈 무드가 완성된다.

전식으로는 포르투갈 생 햄을 허니듀 멜론에 싸먹는 간편한 애피타 이저Portuguese Cured Black Ham with Honeydew Melon와 대 구 크로킷Deep-fried Cod Fish Ball 정도가 좋다. 즉석에서 불을 붙 여 살짝 익히는 초리소Flambéed Premium Chouriço도 짭조름하 니 맛있다. 다양한 바칼라우와 해산물밥도 고스토의 시그니처. 1인당 MOP300~400 정도.

1 마치 포르투갈 여행을 하는 것 같은 착각이 드는 고스토 **2, 3** 정통 포르투갈 요리를 맛볼 수 있다. **4** 식기까지 포르투갈의 분위기를 담아내는 곳

다이너스티 8 Dynasty 8

Add. 1F, Conrad Hotel, Cotai Central, Estrada da Baía de N. Senhora da Esperança, s/n, Coloane-Taipa, Macau
Tel. 853-8113-8920
Open 11:00~15:00·18:00~23:00
Access 마카오 페리 터미널에서 코타이 센트럴 셔틀버스 이용, 콘래드 마카오 호텔 1층
URL www.sandscotaicentral.com

고대 중국을 여행하는 기분

다른 도시의 모던하고 현대적인 콘래드 호텔과는 달리 마카오의 콘래드 호텔은 히말라얀 디자인 스타일로 꾸며졌으며, 이 호텔의 중국 식당 역시 보다 특별한 콘셉트로 완성되었다. 중국 절의 입구 같은 문을 지나 홍등과 나무 바닥 장식, 꽃무양으로 조각된 의자와 테이블, 중국 그림과 도자기 등으로 꾸며진 다이너스티 8에 들르는 것은 마치 고대의 중국으로 타임 슬립하는 기분을 느끼게 한다. 이 레스토랑은 고대 중국의 태평성대를 누렸던 여덟 왕조의 이름을 땄다. 그리고 진나라, 청나라, 한나라, 수나라, 당나라, 송나라, 원나라, 명나라까지, 그 각각의 왕조의 이름으로 8개의 프라이빗 룸을 구성해 특별함을 더했다.

다이너스티 8의 모든 음식 퀄리티를 책임지는 웡만Wong Man 셰프는 홍콩의 미슐랭 2스타 레스토랑인 팀스 키친Tim's Kitchen에서 스카우트되었다. 이전의 그의 명성에 걸맞게 다이너스티 8은 광동식의 딤섬은 물론이고 상하이, 쓰촨, 베이징 등 중국 각지의 주요 요리를 훌륭한 퀄리티와 합리적인 가격에 선보인다. 자두 소스로 맛을 낸 오리 구이Barbecue Duck Served with Plum Sauce, 버섯과 고둥을 넣은 치킨 수프Double-boiled Chicken Soup with Mushrooms and Conch Meat, 5가지 향신료와 마늘, 후추로 양념하여 바삭하게 튀긴 게 다리 Crispy-fried Crab Claw with Five Spices and Garlic Pepper는 셰프의 추천 메뉴. 잘 구성된 차 종류와 2013년 와인 스펙테이터Wine Spectator로부터 수상한 와인 셀러에 가득한 와인도 다이너스티 8의 자랑거리. 1인당 MOP500~800 정도.

1, 2 플레이팅 자체부터 예술적인 다이너스티 8 **3** 중국의 왕조를 콘셉트로 하는 만큼 고급스러운 인테리어와 서비스가 단연 돋보이는 곳

플레이팅, 인테리어
모두 여성적인 공간

지얏힌 Zi Yat Heen

Add. Level 1, Four Seasons Hotel Macao, Estr. da Baia de Ns. da Esperanca, Co-Tai, Macau
Tel. 853-2881-8888
Open 월~토요일 12:00~14:30·18:30~22:30, 일요일 11:30~15:00·18:30~22:30
Access 마카오 페리 터미널에서 베네시안 마카오 셔틀버스 이용, 포시즌스 마카오 호텔 1층 **URL** www.fourseasons.com/macau/dining

차분하게 오래 음미하고 싶은 공간과 요리

마카오의 특급 호텔들이 '더 크고 더 럭셔리하게'를 모토로 다이닝 시설의 몸을 불릴 때 포시즌스 마카오의 지얏힌은 비교적 작은 규모의 광둥 식당을 '우아하고 조용히 식사를 즐길 수 있는 공간'으로 차별화하여 성공했다. 그 결과, 지얏힌은 〈홍콩·마카오 미슐랭 가이드〉가 이 땅에 소개된 이후, 자매 호텔이자 자매 레스토랑인 포시즌스 홍콩의 룽킹힌이 꾸준히 3스타를 유지한 것과 마찬가지로 2스타를 유지하며 그 퀄리티를 변함없이 인정받고 있다. 보라색과 금빛으로 장식된 인테리어, 커다란 통유리로 쏟아지는 햇살, 중앙에 유기적으로 배치된 거대한 와인 셀러가 만들어 내는 몽환적이고 우아한 분위기 덕택에 연인들의 데이트 코스, 여성들의 모임 장소로 각광받는다.

지얏힌은 홍콩의 유명 광둥요리 전문점인 푹람문Fook Lam Moon에서 잔뼈가 굵은 막킵푸Mak Kip Fu 셰프가 주방을 책임진다. 룽킹힌보다 음식의 프리젠테이션에 있어 더욱 섬세한 디테일을 자랑한다. 광둥 레스토랑의 퀄리티를 좌우한다는 바비큐 콤비네이션만 봐도 이곳의 실력을 짐작할 수 있다. 꿀과 함께 요리한 돼지고기 바비큐Barbecued Pork with Honey, 어린 돼지고기 바비큐Barbecued Suckling Pig, 해파리까지, 여러 종류의 맛의 향연으로 입맛을 돋운다. 특히 여성들의 전폭적인 지지를 얻는 디저트류는 배가 부르더라도 꼭 맛보길 권한다. 가장 기본적인 망고와 자몽, 사고를 넣은 영지감로Chilled Sago Cream with Mango and Pomelo가 베스트셀러. 점심식사 때에는 1인당 MOP400, 저녁식사 때에는 1인당 MOP600~800 정도로 예산으로 잡으면 된다.

1 포시즌스 홍콩에는 뷰가 있다면 자매 식당인 지얏힌에는 여성들이 탄성을 자아낼 우아하고 아름다운 인테리어가 있다.
2, 3 모든 요리가 비주얼뿐만 아니라 맛도 훌륭하다.

찬셍케이| Chan Seng Kei Restaurant

Map
P.482-C

Add. Rua Caetano, No. 21, Coloane, Macau
Tel. 853-2888-2021
Open 11:00~23:00
Access 콜로안 섬 프란시스 자비에르 성당 앞

어촌마을을 바라보며 즐기는 국수 한 그릇

콜로안 섬의 프란시스 자비에르 성당São Francisco Xavier Church 앞에는 이색적이게도 식당가가 조성되어 있다. 그중 하나가 바로 찬셍케이로 광둥요리 레스토랑이다. 이곳을 찾는 대부분의 손님이 콜로안에 거주하는 주민이지만, 2013년에는 〈홍콩·마카오 미슐랭 가이드〉에서 빕 구르망Bib Gourmand으로 추천을 받은 뒤 이곳을 찾는 여행자들이 늘어나고 있다. 평화로운 어촌마을을 감상하며 조용한 시간을 갖기 좋다.

이곳에서는 마카오 사람들이 간편하게 즐기는 국수나 볶음밥, 덮밥 등의 저렴한 메뉴도 주문할 수 있고, 광둥식 탕수육이나 생선찜, 각종 해산물과 채소볶음 등의 요리도 맛있다. 간단히 요기만 하자면 MOP50~60 정도, 조금 무거운 요리와 함께 주문하면 MOP150 정도면 정찬을 누린다는 것만으로도 경쟁력 있는 곳.

1 찬셍케이는 프란시스 자비에르 성당과 바다를 끼고 있다는 위치적인 강점이 있다. **2, 3** 전형적인 동네 식당의 분위기 **4** 달콤한 맛의 광둥식 돼지갈비와 감자튀김은 저렴해서 더 맛있다.

403

Map
P.482-C

카페 응아팀 Café Nga Tim

Add. 8 Rua do Caetano Coloane, Macau
Tel. 853-2888-2086
Open 12:00~01:00
Access 콜로안 섬 프란시스 자비에르 성당 앞

왁자지껄 푸짐하게 즐기는 매케니즈

콜로안 섬의 프란시스 자비에르 성당의 앞에 자리한 노천 식당으로 이곳은 셀 수 없이 많은 매케니즈 음식을 준비하고 있는 곳이다. 마카오 사람들의 외식 장소로 애용되는 만큼 순수 포르투갈 스타일이 아니라 각종 매케니즈 푸드와 다양한 해산물 요리까지 주문할 수 있는 캐주얼한 식당이다. 조용한 콜로안 마을에서 어쩌면 가장 활기찬 분위기를 만끽할 수 있는 곳으로 해가 뉘엿뉘엿 지는 저녁 무렵에는 앉을 자리가 없을 정도로 인기가 높은 곳이다.

대체로 가격이 저렴하고 무려 100가지가 넘는 음식이 메뉴판에 올라 있다. 찬셍케이와 구별되는 메뉴로 매케니즈 요리가 있지만, 퀄리티는 그리 만족스럽지 않은 편이다. 고로 카페 응아팀에 들른다면 신선한 해산물 요리와 돼지갈비, 드렁큰 새우Drunken Shrimp 등을 주문해 보자. 포르투갈 와인이나 샹그리아를 곁들일 수 있어 더 좋다. 2인 기준으로 1인당 MOP150~200 정도로 예산으로 잡으면 된다.

1, 2 전형적인 로컬 레스토랑으로 떠들썩한 분위기와 함께 호수의 낭만을 즐기며 식사할 수 있어 좋다. **3, 4** 일반적인 매케니즈보다도 더욱 현지화된 요리가 많은 것이 특징

윙치케이 Wong Chi Kei 黃枝記

Map
P.481-E

Add. 17 Largo do Senado, Avenida de Almeida Ribeiro, Macau
Tel. 853-2833-1313
Open 08:00~23:00
Access 세나도 광장에 위치

마카오 완탕면의 달인

마카오의 세나도 광장에 들른다면 결코
지나칠 수 없는 스폿이다. 세나도 광장 중앙에
위치한 이 작은 식당은 언제나 차례를 기다리는 사람들
의 행렬이 끊이지 않는다. 1946년에 문을 연 이래 마카
오에서 가장 유명한 국숫집이라고 표현해도 과언이 아
닐 정도로 홍콩에서도 이 집에 완탕면을 먹기 위해 들른
다. 혹시라도 빠듯한 일정에 윙치케이를 놓쳤더라도 홍
콩 국제공항과 홍콩 센트럴에도 그 분점이 있으므로 너
무 아쉬워할 필요는 없다.

대표 메뉴인 완탕면Wonton Noodle을 포함해 면 요리와 수프, 죽,
밥 요리, 주빠빠오(일명 돈가스 빵이라고 불리는 마카오 스낵)도
판매한다. 그중에서도 탱글탱글한 새우와 고소한 육즙의 돼지고기가
통째로 얇은 피에 가득 든 윙치케이 특제 완탕으로 요리한 음식은
모두 맛있다. 완탕면과 완탕수프, 완탕튀김 등 선호하는 요리를
맛보면 된다. 예산은 1인당 MOP50~70 정도.

1, 2 영업시간 내내 손님으로 가득한 마카오의 인기 식당 3 완탕면도 맛있지만, 매콤한 맛이 일품인 면이나 볶음면, 볶음밥도 잘한다.
4 이 집의 기본인 완탕이 맛있는 만큼 튀긴 완탕과 완탕 수프도 추천 메뉴다.

오문 카페 Ou Mun Café 澳門咖啡

Add. 12 Travessa de São Domingos, Macau
Tel. 853-2837-2207
Open 10:00~21:00
Access 세나도 광장 맥도날드 옆 골목

포르투갈 카페 스토리

마카오의 한자 이름인 오문澳門을 그대로 카페 이름으로 한 마카오 최초의 정통 포르투갈 스타일 카페. 외관은 물론이고 내부도 포르투갈 타일로 장식했으며 포르투갈 식의 패스트리로 디저트 쇼케이스 안을 가득 채웠다. 뿐만 아니라 주인도 포르투갈 사람인데다, 이곳을 찾는 대다수의 여행자가 마카오에 거주하는 포르투갈 사람이나 서양인 여행자라서 흡사 유럽의 한 카페에 들어온 것만 같은 기분이 드는 곳이다. 마카오 반도에서의 일정이 애매하다면 타이파 빌리지(50A Rua dos Mercadores, Vila de Taipa, Macau)에도 체인점이 있으니 동선을 잘 계획해보자.

커피와 에그타르트를 비롯한 다양한 포르투갈 스낵이 중요한 메뉴지만 가벼운 포르투갈 식사도 가능하다. 에그타르트의 경우는 리스본 스타일의 에그타르트를 만든다. 리스본 스타일의 에그타르트는 마카오 스타일의 에그타르트보다 덜 달고 카라멜을 따로 제공한다.

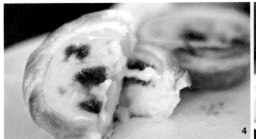

1, 2 포르투갈의 작은 카페를 연상시키는 오문 카페 **3** 커피는 물론이고 포르투갈을 대표하는 스낵류를 만날 수 있다. **4** 리스본 스타일의 에그타르트도 맛볼 수 있다.

라 팔로마 La Paloma

Map
P.481-G

Add. Avenida de Republica, Macau
Tel. 853-2837-8111
Open 07:00~20:00(애프터눈티는 15:00~18:00)
Access 아마 사원을 왼쪽에 두고 도보 5분
URL www.saotiago.com.mo

요새였던 카페에서 즐기는 티타임

마카오에 휘황찬란한 호텔 단지가 들어서기 전, 이 도시의 유일한 부티크 호텔로 이름을 날렸던 곳은 요새를 호텔로 개조한 산티아고 호텔Pousada de Sao Tiago이었다. 건축물의 원래 목적이 요새였던 까닭에 이곳은 사람들로 북적이지 않고 조용한 시간을 갖기에 좋다. 나이를 알 수 없을 정도로 오래된 열대 나무가 호텔 전체를 둘러싸고 있어 특유의 낭만적인 분위기를 자아내며, 호텔 그 자체로서만이 아니라 카페나 레스토랑만을 이용하기 위해 들르는 단골도 많은 곳이다.

특히나 라운지 역할을 하는 라 팔로마는 마카오 사람들이 즐겨 찾는 애프터눈티의 명소다. 이곳을 자주 들르는 사람들 열에 여덟은 애프터눈티 세트 자체보다, 산티아고 호텔의 고즈넉한 분위기에 더욱 마음이 끌린다고 한다. 그 정도로 과거에 요새로 사용되었던 호텔의 특별한 역사와, 포르투갈 스타일로 장식된 인테리어, 울창한 나무와 흰색과 파랑색의 줄무늬 파라솔이 놓인 테라스 카페는 마카오에서 둘도 없는 독특한 풍광과 여유로운 경험을 선사한다.

티 세트는 1인용인 클래식(MOP118)과 2인용의 디럭스(MOP228) 2가지 타입이 있다. 배가 고플 경우에는 샌드위치류가 다양한 2인용 세트를, 티 타임의 낭만을 즐기려거든 예쁜 패스트리가 가득 나오는 1인용 세트만으로도 충분하다. 분위기에 비해 애프터눈티 자체의 퀄리티는 다소 떨어지는 것이 흠이다.

1 분위기와 역사에 비해서 애프터눈티는 평범하다. **2, 3** 포르투갈의 요새로 사용되었던 역사와 포르투갈 정통 인테리어, 커다란 나무 아래 드리워진 그늘에서 즐기는 여유는 마치 천국 같다.

P.482-A

카페 타이 레이 로이 케이 Cafe Tai Lei Loi Kei

Add. No.18, Largo Gov. Tamagnini Barbosa, Vila de Taipa, Macau
Tel. 853-2882-7150
Open 08:00~18:00
Access 올드 타이파 빌리지의 관야가, 맥도날드 건너편에 위치

두툼한 갈빗살을 품은 바게트 샌드위치

마카오 첫 여행의 공식이 있다. 마카오 반도 세나도 광장
에서는 아몬드 쿠키와 육포를, 콜로안 빌리지에서는 로
드 스토우스 베이커리의 에그타르트를, 그리고 올드 타
이파 빌리지에서는 돈가스 빵Pork Chop Bun이라고 불리
는 '주빠빠오猪排包'를 바로 이곳 카페 타이 레이 로이 케
이에서 맛보는 것. 실제 주빠빠오는 우리나라로 치면 김
밥처럼 수없이 많은 식당에서 이 간식을 판매하는, 마카
오를 대표하는 음식 중의 하나다. 카페 타이 레이 로이 케
이의 주빠빠오는 빵과 고기의 밸런스가 아주 잘 어울러
진다는 평을 받는다. 고소하고 육즙이 가득 밴 돼지고기
의 갈빗살이 바삭바삭하고 고소한 바게트와 함께 먹으
면 양념도 잘 맞고 한 끼 든든한 식사로도 손색이 없다.
특히 홍콩이나 대만의 여행자들은 마카오 사람들과 함
께 매일 오후 3시가 되면 긴 줄을 서는데 이때 빵이 갓 구
워져 나오기 때문이라고 한다.

주빠빠오의 가격은 MOP30. 함께
마시면 좋을 달콤 쌉싸래한 밀크
티와 커피는 MOP18, 각종 국수류
MOP30 정도. 베네시안 리조트의
푸드코트에서도 만날 수 있지만 가
격은 올드 타이파 빌리지의 본점에
비해 아주 비싼 편이다.

1 돈가스 빵이라고도 불리는 주빠빠오가 유명하지만, 구운 돼지갈비를 올린 국수도 간식으로 그만이다. 2 빵에 들어가는 돼지 갈비
를 올린 국수도 인기가 있다. 3 특히 빵이 나오는 3시가 되면 긴 줄이 자연스럽게 만들어진다.

산 호우 레이 San Hou Lei 新好利咖啡店

Add. 13-14 Rua do Cunha, Vila de Taipa, Macau
Tel. 853-2882-7373
Open 07:30~18:00
Access 갤럭시 마카오 호텔에서 올드 타이파 빌리지 방향으로 도보 10분

제비집 에그타르트 먹어봤나요?

산 호우 레이는 엄밀히 말하면 광둥식 디저트 가게다. 일명 돈가스 빵인 주빠빠오도 팔고 여러 종류의 에그타르트도 판매하지만, 이 집의 슈퍼스타는 단연 제비집을 넣은 에그타르트다. 이 집은 마카오 사람들이 특히나 좋아하는 곳으로 널찍한 안으로 들어가 보면 남녀노소 가리지 않고 삼삼오오 모여 디저트와 스낵을 즐긴다. 굳이 로드 스토우스 베이커리의 에그타르트와 비교하자면 이 집은 타르트지가 더욱 바삭한 느낌이다. 필링은 겉면에 카라멜을 아주 살짝만 입혀서 덜 달고 보드랍다. 제비집 에그타르트의 경우는 아주 미량의 제비집을 넣었지만 겉면에 투명하게 반짝이는 제비집이 예사 타르트와는 다른 포스를 풍긴다.

일반 광둥식 에그타르트Flaky Egg Tart, 포르투갈식 에그타르트 Portuguese Egg Tart, 우유와 흰자 에그타르트Milk and Egg White Tart 코코넛 타르트Coconut Tart는 모두 MOP8. 가장 럭셔리한 제비집 에그타르트Bird's Nest Tart는 MOP110이다. 그 외에 돈가스 빵Pork Chop Bun은 MOP220이고 샌드위치를 비롯해 국수류도 판매한다.

1, 3 옛날 마카오 식당을 분위기가 그대로인 산 호우 레이 2 다채로운 타르트가 이 집의 자랑거리다. 4 단맛이 덜한 포르투갈식 에그타르트 5 부자들의 식재료를 제비집으로 만든 제비집 에그타르트

푸이 케이 | Pui Kei 沛記

Add. 25 Rua da Cunha, Taipa, Macau
Tel. 853 2882 7462
Open 08:00~18:00
Access 쿠냐 거리의 중간 지점에 위치

secret

마카오를 대표하는 차찬텡

찾아가기 어렵고 영어 메뉴가 없어서 불편하지만 진짜 마카오의 맛을 만나려면 허름하지만 내공 있는 차찬텡인 푸이 케이를 기억해둘 필요가 있다. 마카오에서는 포르투갈, 매케니즈, 광둥요리, 거리 간식에 몰두하다 보면 차찬텡이라는 홍콩과 마카오만의 식당을 등한시하기 쉽다. 푸이 케이는 마카오의 대표적인 차찬텡 맛집으로 인근 직장인들이 점심이나 저녁을 차와 함께 먹기 위해 들르는 전천후 밥집이다.

그런데 이 집의 유명한 메뉴들의 수준이 가격대비 참으로 근사하다는 것이 매력 포인트. 대부분의 홍콩 차찬텡에서는 마카로니 수프를 치킨 수프 베이스에 햄이나 달걀을 곁들여 먹는다면 푸이 케이는 마카로니 수프의 베이스를 집에서 오랜 시간 직접 고아서 우려낸 쇠고기 육수에 토마토 등을 넣어 아주 진하게 즐긴다. 수프에 들어 있는 고기 덩어리와 채소의 상태로 얼마나 오랫동안 육수를 우려냈는지 짐작할 수 있다. 그날 우린 육수는 한정된 양만 만들기 때문에 품절이 되면 더 이상 판매하지 않는 것도 이 집의 고집이다. 이 마카로니 수프는 단돈 MOP23으로 맛볼 수 있다.

이 집의 컵케이크도 명물이다. 오리지널과 건포도가 든 것까지 오직 2가지 종류인데 이런 허름한 식당에서 먹을 거라고는 생각지 못한 훌륭한 컵케이크를 MOP8이면 즐길 수 있다.

1 마카오에서 가장 유명한 차찬텡 중에 하나 2 컵케이크가 널리 사랑받고 있다. 3 이곳의 마카로니 수프는 인근 직장인이 가장 사랑하는 점심 메뉴

윈도우 레스토랑 Window Restaurant

Map
P.482-C

Add. Level 1, Four Seasons Hotel Macao, Estr. da Baia de Ns. da
Esperanca, Cotai, Macau Tel. 853-2881-8888
Open 월~토요일 12:00~14:30 · 18:30~22:30, 일요일 11:30~15:00 · 18:30~22:30
Access 마카오 페리 터미널에서 베네시안 마카오 셔틀버스 이용, 포시즌스 마카오 호텔
1층
URL www.fourseasons.com/macau/dining

애프터눈티 세트의 정석

감히 단언하건대, 마카오에서 즐기는 애프터눈티 중에서 가장 훌륭한 패스트리의 맛과 질, 그리고 고즈넉한 분위기를 보장하는 곳은 포시즌스 마카오의 윈도우 레스토랑이라고 말할 수 있다. 조용하고도 우아한 내부도 좋고 날씨가 맑으면 테라스 자리를 차지하고 오후의 망중한을 즐기는 것도 좋다. 화려한 맛은 없지만 윈도우 레스토랑의 티 세트는 스콘, 쁘띠 케이크, 미니 샌드위치 등으로 구성된 3단 트레이와 커피 또는 티 리브스Tea Leaves 제품의 차를 선택할 수 있다. 대부분이 영국식 애프터눈티의 정석에 맞게 구성되는데 포르투갈식 에그타르트 등의 지역 색이 가미된 스위츠도 올라간다. 제대로 만든 차가운 클로티드 크림Clotted Cream과 과일 잼까지도 만족도를 높이는 요소다.

애프터눈티의 가격은 1인 MOP198. 차 대신 샴페인이나 다른 음료를 바꿀 경우에는 1인 MOP2980이다.

1 포르투갈의 간식거리까지 추가된 티 세트가 인상적이다. 2 클로티드 크림이나 스콘 등 애프터눈티의 정석도 잊지 않았다. 3 조용한 내부도 좋지만 날이 좋을 때에는 테라스에 자리를 잡아보자. 4 티 리브스 제품을 사용한다.

더 라운지 The Lounge

Add. Conrad Lobby, Conrad Macao, Cotai Central, Macau
Tel. 853-8113-8970
Open 07:00~01:00(애프터눈티는 15:00~18:00)
Access 마카오 페리 터미널에서 코타이 센트럴 셔틀버스 이용, 콘래드 마카오 호텔 로비

정통 티 세트? 아니면 스페인식 티 세트?

포시즌스나 라 팔로마의 애프터눈티가 조용한 분위기 속에서 즐기는 것이 포인트라면 코타이에 새롭게 들어선 콘래드 호텔의 라운지는 3개의 호텔이 연결된 복도 중앙에 위치해 꽤나 시끌벅적하고 사람도 많다. 하지만 때로는 오가는 사람들을 구경하며 티 타임을 갖고 싶을 때는 이곳을 추천한다. 무엇보다 매력적인 것은 가격이다. 1인에 MOP168이라는 가격에 아주 괜찮은 티 세트를 받을 수 있으니 말이다.

라운지의 애프터눈티 세트는 2가지. 정통 영국식 세트English Afternoon Tea와 스페인 식재료가 접목되었거나 스페인의 간식거리를 올린 스패니시 세트Spanish Afternoon Tea까지 모두 1인 MOP168이다. 가장 기본이 되는 스콘을 비롯해 5가지의 미니 샌드위치 등의 세이보리 Savory와 5~6종류의 스위츠Sweets가 트레이 위에 오른다. 애프터눈티 세트 이외에도 영업시간 내내 판매되는 대다수의 음료와 스낵이 특급 호텔이라는 장소가 무색할 정도로 저렴하다. 칵테일은 MOP65부터, 차 종류도 MOP30부터.

1, 2 비교적 저렴한 가격의 티 세트가 인기다. **3** 떠들썩한 로비에 위치해 있어 오가는 사람들을 구경하며 차나 커피를 즐기기 좋다.

로드 스토우스 가든 카페 Lord Stow's Garden Cafe

Map
P.482-C

Add. 105 Rua da Cordoaria, Coloane, Macau
Tel. 853-2888-2174
Open 10:00~19:00
Access 세나도 광장 혹은 베네시안 리조트에서 26A 버스 이용

우리가 콜로안에 가고 싶은 이유

콜로안의 명물을 넘어서 어느새 마카오의 자랑이 되어 버린 로드 스토우스 베이커리Lord Stow's Bakery. 오로지 이곳의 에그타르트를 맛보기 위해 콜로안을 찾게 할 만큼 마카오 여행에서는 치명적인 매력을 가진 장소다. 게다가 그 인기 덕에 마을의 조용한 골목에는 로드 스토우스 가든 카페까지 있어 콜로안 섬에서 조금 더 머무를 수 있게 되었다. 지금은 로드 스토우스 베이커리가 베네시안에도 생겨 군이 콜로안까지 올 필요가 없어졌지만 이 마을과 온전히 하나의 짝꿍처럼 뗄 수 없는 존재감의 로드 스토우스의 본점 혹은 그 카페에서 보내는 마카오의 시간은 특별하기 이를 데 없다.

가든 카페에서는 예쁘고 아기자기하게 꾸며진 작은 정원에 마련된 공간에서 에그타르트는 물론 간단한 스낵과 샐러드, 비교적 다양한 음료까지도 이용할 수 있다. 카페에서 즐기더라도 에그타르트 하나의 가격은 MOP9로 동일하다.

1 콜로안에 위치한 로드 스토우스 가든 카페에는 조촐한 가든 테라스가 마련되어 있다. **2** 기념품으로 사갈 에그타르트는 카페 혹은 베이커리에서 구입하도록 하자. **3, 4** 우리나라보다 저렴하고 맛있는 에그타르트와 커피 한 잔을 여유롭게 즐겨보자.

이슌 밀크 컴퍼니 Yee Shun Milk Company

Add. 7 Senado Square, Macau
Tel. 853-2857-3638
Open 09:30~23:00
Access 세나도 광장에서 그랜드 리스보아 호텔 방향으로 도보 2분

마카오 대표 디저트

마카오 여행에서 먹어봐야 하는 디저트 중 하나는 바로 우유 푸딩이다. 일부 차찬텡에서도 맛볼 수 있지만 마카오를 본점으로 홍콩 지점에서도 인기를 끄는 이슌 밀크 컴퍼니의 우유 푸딩이 가장 유명하다. 이곳에는 다채로운 마카오식 디저트가 있지만, 어느 테이블이나 다 똑같이 먹고 있는 것은 바로 우유 푸딩 아니면 달걀 푸딩이다. 2가지 모두 취향에 따라 차가운 것과 뜨거운 것으로 시킬 수 있는데, 우유 특유의 향이 너무 강하지 않은 찬 것이 훌훌 먹기 더 좋다.

우유 푸딩과 달걀 푸딩의 가격은 각각 MOP28. 신제품으로 출시된 팥을 곁들인 우유 푸딩Double-skinned Milk Pudding with Red Bean이나 생강을 넣은 따뜻한 우유Steamed Milk with Ginger도 마카오 사람들에게 늘 사랑받는 스테디셀러.

1, 2 우유에 관한한 마카오에서 가장 유명한 이슌 밀크 컴퍼니 **3** 취향에 따라 뜨거운 것, 차가운 것, 각종 토핑을 올린 다양한 푸딩을 맛볼 수 있다. **4** 마카오와 홍콩에도 분점이 많다.

출구의류 숍을 찾아라!

출구의류(出口衣類) 숍이란 수출용, OEM(생산자 주문 제작 방식)으로 홍콩, 마카오, 중국 등에서 제작된 옷 중 하자가 있어 최종 검수에서 탈락한 옷을 헐값에 파는 숍을 일컫는다. 이런 곳에서는 굳이 물건이 진짜인지 가짜인지 묻고 따질 필요가 없다. 실용성 있고 디자인이 마음에 드는 물건을 골라잡으면 그만! 의류의 경우 잘만 고르면 MOP20부터 옷을 살 수 있다!

출구의류를 찾는다면 세나도 광장이 적소다. 세나도 광장을 오른쪽에 두고 소피텔 마카오 호텔 방향으로 직진하는 길에 무수히 들어선 출구의류 전문점과 광장 안의 시장에 셀 수 없는 출구의류 숍이 있다. 세나도 광장의 맥도널드 쪽으로 난 골목길에 위치한 세쿠얼SEQUAL, 차차CHA CHA 등의 출구의류 숍은 의류는 물론이고 신발과 가방 등의 액세서리도 다양하게 갖춘 곳이다.

가장 잘 알려진 출구의류 숍은 폴로 팩토리 아웃렛으로 알려진 가멘트 숍Garment Shop(Trav. Praia Grande No.2, 1 Andar, Macau)이다. OEM방식으로 만들어진 폴로Polo, 아베크롬비Abecrombie, 제이크루j.crew 등의 브랜드 중 약간의 하자가 있는 제품들을 아주 저렴하게 판매하는 숍. 하지만 관광객에게 잘 알려져 있고 패키지 여행자들도 드나드는 곳이기에 일반적인 출구의류 숍에 비해 가격이 비싼 편이다. 폴로 기본 티셔츠가 MOP200~400, 셔츠의 경우도 MOP250~400 정도. 아동 의류와 남성 의류를 구입하기 좋고 폴로 이외에도 마카오와 중국 등지에서 OEM 방식으로 생산되는 DKNY, 캘빈 클라인 등의 브랜드가 많다. 구입 후에는 환불과 반품의 절차가 까다로우니 사전에 꼼꼼히 체크하는 센스가 필요하다. 가멘트 숍은 일반적인 출구의류 숍과는 달리 카드 결제도 가능하다.

엠오디 디자인 스토어 **MOD Design Store**

Add. 853-2835-7821
Open 10:00~20:00
Access 성 바울 성당의 유적 앞
URL www.facebook.com/moddesignstore

secret

Must Visit! 마카오의 감각을 만나다!

메이드 인 마카오 상품으로 대부분의 자리를 채운 디자인 상점으로 다국적 예술가들이 마카오를 주제로 디자인한 상품들을 선보이는 숍이다. 머그컵과 엽서, 마그네틱 등 마카오와 관련된 다양한 제품과 일러스트 티셔츠, 포르투갈 비누, 디자인 문구류 등 탐나는 상품들로 가득하다. 수첩을 구매하면 개수에 상관없이 스탬프를 마음껏 찍을 수 있어 나만의 특별한 수첩을 완성하는 재미도 쏠쏠하다. 마카오를 테마로 한 열쇠고리, 엽서, 휴대폰 케이스, 노트, 익살맞은 판다 캐릭터로 만든 아이템 등을 합리적인 가격에 만나보자. 디자이너의 감각이 돋보이는 독특한 티셔츠 및 에코백, 액세서리도 인기 만점이다. 성 바울 성당 유적 앞에 자리 잡고 있어 찾아가기도 매우 쉽다.

1, 4 마카오 쇼핑의 새로운 핫스폿으로 꼽히는 엠오디 디자인 스토어 **2, 3** 마카오의 개성과 문화를 잘 나타내는 다양한 디자인 용품은 기념품으로도 안성맞춤이다.

산미우 슈퍼마켓 Sanmiu Supermarket

Map
P.481-E

Add. Avenida 1 De Maio, Macau
Open 09:00~22:30
Access 성 도미니크 성당을 등지고 보시니 매장 방향으로 오른쪽
URL www.sanmiu.com

의외의 쇼핑천국 슈퍼마켓

곳곳이 슈퍼마켓 천지인 홍콩과는 달리 마카오에서는 대형 슈퍼마켓을 찾기가 다소 어렵다. 따라서 맥주와 와인, 각종 마카오의 먹을거리, 기념품까지도 두루 구입하기 좋은 슈퍼마켓을 알아둘 필요가 있다.

가장 접근이 쉬운 곳은 세나도 광장에 위치한 산미우 슈퍼마켓. 마카오 사람들의 생활에 필요한 모든 물건들을 판매할 뿐만 아니라 주변사람들에게 선물로 줄 아몬드 쿠키, 육포, 피닉스 롤 쿠키 등의 기념품을 구입하기도 좋다. 또한 한국 여행자들이 홍콩과 마카오에 방문하면 무조건 구입하는 달리 치약이나 소소한 생활용품을 구경하는 재미까지 놓치지 말자.

특히 포르투갈 와인을 위주로 판매하는 코너를 주목할 것. 작은 병부터 매그넘 와인까지 다양한 사이즈의 포르투갈 와인을 다채로운 품종과 레이블로 취급한다. 한국으로 가져가거나 선물용으로 구입하는 와인은 MOP200대의 가격을 중심으로 선택하면 무난하다. 그 외에도 포르투갈 탄산 음료인 수몰Sumol과 포르투갈 맥주 사그라스Sagras 등도 아주 저렴한 가격에 구입할 수 있다. 마카오도 홍콩과 같이 약한 도수의 술에는 주류세가 없기 때문에 웬만한 맥주는 우리 돈으로 1000원도 하지 않는다.

1, 2 마카오 사람들이 식료품 쇼핑을 하는 슈퍼마켓은 여행자에게 흥미로운 공간이다. 3, 4 주류세가 없는 마카오 슈퍼마켓에서 포르투갈 와인과 맥주를 구입해보자.

원 센트럴 One Central

Add. Avenida Dr. Sun Yat Heen Nape, Macau
Tel. 853-2882-2345
Open 월~목·일요일 10:30~23:00, 금·토요일 10:30~24:00(가게마다 다름)
Access MGM 그랜드 마카오·만다린 오리엔탈 홍콩과 연결
URL www.onecentral.com.mo

남성 용품 쇼핑도 막강하다

원 센트럴이 들어서기 전에도 마카오에서의 럭셔리 쇼핑
은 가능했다. 인터내셔널 카지노 호텔의 아케이드 안에
도 웬만한 럭셔리 브랜드들이 VIP 고객들을 대상으로 면
세라는 달콤한 유혹으로 명품 브랜드 아이템들을 판매
해 왔다. 신상품의 유입이나 매장의 규모 면에서는 인근
홍콩과는 비교하기조차 어려울 정도였지만 원 센트럴의
등장과 함께 그 판세는 완전 바뀌게 됐다. 마카오 중심부
에 위치한 원 & 온리One & Only 플래그십 스토어라는 콘
셉트로 문을 연 이곳은 오픈과 동시에 '아시아 태평양 최
대 규모의 플래그십 스토어'라는 타이틀로 쇼퍼홀릭들
의 관심을 끌었다. 루이비통을 비롯해 총 3층에 가득 입
점한 약 25개의 인터내셔널 럭셔리 브랜드 역시 대부분이
플래그십 스토어의 형태로 입점해 브랜드의 위용을 높이
고 고객들에게 총체적 라이프스타일을 제안한다. 특히
카지노 고객이 많은 특성 때문인지 원 센트럴 매장에는
여성 패션과 비등한 수준의 남성 패션 및 잡화 코너가 있
으니 쇼핑에 관심 많은 또는 사랑하는 이의 선물을 구입
할 여성들이라면 주목해볼 것.
MGM 그랜드 마카오와 만다린 오리엔탈 호텔까지 2개
의 특급 호텔을 끼고 있으며 타이파와 공항과 페리 터미
널 등으로 운행하는 각 호텔들의 셔틀버스가 지척에 있
다는 위치적 장점도 갖는다. 남반 호숫가에 자리해 원 센
트럴 근처는 아침이면 조붓한 산책길로, 밤이면 환상적
인 야경과 함께 연인들의 데이트 코스로도 인기가 높다.

1, 2 마카오에 상륙한 럭셔리 브랜드의 플래그십 스토어가 빼곡한 원 센트럴 **3** 원 센트럴이 들어서며 마카오의 스카이라인도 더욱 화
려하게 변모했다.

뉴 야오한 New Yaohan

Map
P.481-E

secret

Add. Av. Comerical de Macau, Macau
Tel. 853-2872-5338
Open 10:30~22:00
Access 세나도 광장에서 그랜드 리스보아 방향으로 도보 5분
URL www.newyaohan.com

마카오의 유일한 백화점

마카오에 대규모의 쇼핑단지가 들어서기 이전만 해도 뉴 야오한은 마카오에 단 하나밖에 없는 백화점으로 존재감이 대단했다. 지금은 많은 쇼핑몰이 생겼지만, 백화점은 여전히 뉴 야오한이 유일하다. 지금은 초창기에 열광했던 중국 사람들이 코타이의 대형 쇼핑센터로 발길을 돌렸지만, 마카오 사람들에게는 여전히 가장 친숙하고 편안한 쇼핑 장소로 사랑받고 있다.

총 9개의 층에 다양한 브랜드의 아이템이 빼곡하게 차 있다. 아주 특별한 브랜드 구성력을 자랑하지는 않지만, 12월과 설날 전의 세일은 할인 폭이 크므로 그 즈음에 마카오를 들른 여행자라면 한 번쯤 들러볼만하다. G층에는 라 메르La Mer, 클레 드 포Cle de Peau 등의 코스메틱 브랜드와 남녀 디자이너 부티크, VIP 카운터 등이 위치해 있다. 1층에는 향수와 화장품 코너, 남녀 패션 잡화, 시계, 주얼리 코너가 준비되어 있다.

주목할 만한 곳은 7층과 8층이다. 포르투갈 식재료를 비롯해 중국, 일본 식재료가 다양한 슈퍼마켓과 저향원, 라파에트 베이커리가 있다. 특히 주류세가 없는 마카오에서 와인이나 맥주 등을 구입하려면 이곳에서 다양한 주류 코너를 구경하는 것도 즐거운 일. 8층은 푸드 코트로 쾌적한 분위기 속에서 한식, 일식, 태국요리와 가벼운 광둥요리 등을 저렴하게 맛볼 수 있다.

---

1 마카오의 단 하나밖에 없는 백화점 뉴 야오한 **2, 3** 쇼핑 자체의 메리트는 그리 없으니 푸드 코트나 식료품 쇼핑에 주목할 것

파빌리온 슈퍼마켓 Pavilions Supermercado

Add. Avenida Praia Grande 417-425 Cave Subeave Centro Commercial
Praia Grande, Macau
Tel. 853-2833-3636
Open 월~토요일 10:00~21:00, 일요일 11:00~20:00
Close 설 연휴
Access 세나도 광장에서 그랜드 리스보아 방향으로 도보 5분, 뉴 야오한 백화점 맞은편

와인 마니아의 핫 플레이스

와인 슈퍼마켓으로 통하는 곳으로 마카오의 여러 레스
토랑에서도 이곳에서 와인을 구입해 갈 정도로 보유한
와인의 종류와 가격 경쟁력이 뛰어나다. 판매하는 대부
분의 와인은 포르투갈 와인으로, 포르투갈 북부의 도
우루Douro, 다옹Dao, 미뉴Minho, 베이라다Bairrada에
서 생산되는 다채로운 와인 구입이 가능하다. 식전주로
그만인 드라이하지만 상큼함이 느껴지는 비뉴 베르드
Vinho Verde나 와인에 브랜디를 첨가해 만드는 주정강
화 와인의 일종인 디저트 와인 포트Porto는 종류가 다양
하니 선물용으로 구입해도 좋다. 이곳에서 와인을 구입
하기 전에는 매케니즈 요리와 잘 어울리는 포르투갈 와
인이나 집으로 사갈 유명한 포르투갈 와인을 미리 알아
두면 와인 쇼핑에 도움이 된다.

파빌리온 슈퍼마켓에서는 MOP49의 저렴한 와인부터 약 MOP1000 이
상의 고급 와인까지 두루 판매한다. 어떤 것을 선택해야 할지 모르겠다
면 직원의 도움을 받도록 하자. 가장 많이 팔리는 와인을 묻거나 원하는
가격대, 원하는 단맛의 정도 등을 말하면 직원이 친절하게 추천해 준다.
또한 포시즌스 호텔이나 MGM 그랜드 마카오, 윈 마카오 등에 공급하는
와인 섹션을 두어 색다른 선택의 즐거움을 제공한다.

1 마카오 안의 여러 레스토랑에서도 와인을 대량으로 구입해 가는 곳이다. **2, 3** 특급 호텔에 들어가는 와인 섹션이 있어 쇼핑에 도움
이 된다.

타이파 디자인 Taipa Design

Map P.482-A

Add. 15 Rua Correia da Silva, Taipa, Macau
Tel. 853-2882-5430
Open 10:00~19:00
Access 봄베이로스 광장에서 쿠냐 거리를 따라 막다른 길 끝

마카오의, 마카오를 위한 디자인들

마카오 전역을 돌았어도 지인에게 선물할 마카오만의 기념품을 찾지 못했다면 타이파 디자인을 방문해 보자. 이곳은 언더그라운드에서 활동하는 제품 디자이너와 아티스트들의 작품을 저렴한 가격으로 판매한다. 이곳에서 판매하는 아이템은 마카오의 라이프스타일이 반영된 패브릭Fabric과 포르투갈 타일, 에코백, 다기 조명 등으로 다양하다. 또한 대다수의 제품에는 그 속에 숨은 예술적 의도와 아티스트의 소개, 마카오 문화가 어떻게 반영되었는지를 소개하는 문구를 적어 놓았다. 아쉬운 점이 있다면 중국인을 상대로 하는 상점이라서 영어 표기를 병기하지 않았다는 것. 일반적으로 관광지마다 판매하는 기념품도 있지만 가격 경쟁력은 없으니 디자인 제품에 초점을 맞춰 다른 곳에서는 찾기 어려운 나만의 마카오 기념품을 구입해 보자.

1 중국인 위주의 상점이어서 중국어로 상품 설명이 되어 있다. **2** 마카오 느낌을 만끽할 수 있는 상품이 많다. **3, 4** 규모는 그리 크지 않지만 무명의 디자이너들에게는 쇼케이스 상점 역할을 하는 타이파 디자인

타이파 일요시장 Taipa Sunday Market

Add. Bombeiros Square, Old Taipa Village, Macau
Open 11:00~20:00
Access 갤럭시 마카오 호텔에서 도보 10분, 봄베이로스 광장에 위치

일주일에 딱 한 번 열리는 장터

마카오에서의 일정을 이틀 이상 잡는다면, 반드시 일요일이 끼어 있길 바란다. 바로 타이파의 일요시장을 구경할 수 있기 때문이다. 올드 타이파 빌리지의 관야가에 레스토랑과 간식 등의 먹을거리들이 모여 있다면 쿠냐 거리Rua do Cunha에는 주로 사람들이 집으로 사가는 육포, 아몬드 쿠키, 계피 젤리, 세라듀라, 열대 과일 주스 등 먹을거리를 판매하는 상점과 기념품 가게들이 밀집되어 있다. 쇼핑 성공 비결은 가장 사람이 붐비는 곳에서 구입하는 것. 쿠냐 거리의 끝자락에 마련된 작은 광장에 가판대에 기념품이나 장난감, DIY 제품들을 늘어놓고 판매한다. 주중에는 회사에 다니고 아르바이트 삼아 가판을 벌이는 상인과 학생, 주부들까지, 마카오의 현지 사람들을 만나볼 수 있는 기회이기도 하다. 마카오의 공휴일에도 문을 열며 보통 가판대들은 오전 11시에 문을 열고 오후 8시에 철수한다.

1, 2 일요일마다 열리는 선데이 마켓은 여행자들에게도 좋은 볼거리 **3, 4** 먹자골목인 쿠냐 거리 초입의 광장에서 펼쳐진다.

마카오에서 럭셔리 쇼핑 즐기기!

마카오는 홍콩만큼이나 럭셔리 브랜드 쇼핑에 있어서도 막강한 구성력을 가진다.
그 중심에는 숍스 앳 OOO Shoppes at OOO이 있다! 샌즈 그룹이 운영하는 리조
트마다 숍스 앳 OOO이라는 쇼핑몰이 조성되어 있는데 대체적으로 고가의 브랜드,
우리나라에는 없는 브랜드가 많다.

숍스 앳 코타이 센트럴
Shoppes at Cotai Central

가장 최근에 오픈한 새로운 쇼핑몰인 만큼 규모와 브
랜드 구성력에 있어서 포시즌스와 베네시안을 압도한
다. 100여개의 부티크와 갤러리가 이곳에 입점했는데
최근 중국인들에게 열광적인 사랑을 받는 프랑스 브랜
드가 탄탄하게 갖춰져 있다. 셀린느, 샤넬, 지방시, 발
맹, 생로랑 등의 부티크는 규모와 제품 구성력이 홍콩
에 뒤지지 않을 정도.

Add. Estrada da Baia de N. Senhora da Esperanca,
Taipa, Macau **Tel.** 853-8113-9630

숍스 앳 포시즌스 Shoppes at Four Seasons

마카오 럭셔리 쇼핑몰의 1세대라고 표현해도 과언이
아니다. 포시즌스의 숍은 선택의 폭이 넓다. 3층 규모
의 쇼핑몰에는 하이엔드 럭셔리 브랜드를 비롯해 DFS
숍이 정갈하게 입점해 있다. 연결된 호텔로 들어서면
포시즌스만의 기념품이나 스파 제품 구입도 가능하다.
브랜드 구성력도 홍콩의 메가 쇼핑몰에 뒤지지 않는
다. 루이비통, 샤넬, 클로에, 에르메스, 프라다, 페라가
모, 구찌, 펜디, 버버리, 상하이 탕 등의 명품 브랜드는
물론이고 아르마니 콜레지오니Armani Collezione, 콴
펜, 쥬세페 자노티, 지미 추, 보테가 베네타, 다이안 폰
퍼스텐버그 등의 디자이너 제품도 두루 갖췄다. 좀 더

특별한 포시즌스만의 쇼핑 혜택을 누려 보려면 M층에 위치한 몰 컨시어지 서비스Mall Concierge Service를 이용해 보자. 프라이빗 쇼퍼 서비스는 물론 리무진 서비스와 상품 포장까지 제공한다.

Add. Estrada da Baia de N. Senhora da Esperanca, s/n Four Seasons Macao, Cotai Strip, Taipa, Macau Tel. 853-8117-7992

숍스 앳 베네시안 Shoppes at Venetian

포시즌스에서의 쇼핑으로 만족스럽지 않다면 쇼핑몰과 바로 연결된 베네시안 리조트에서의 쇼핑을 즐겨보다. 베네시안에 도착한 다음 로비에서 에스컬레이터를 타고 올라가면 실내에 조성된 베네치아을 만나게 된다. 운하 양쪽을 가득 채운 베네치아 스타일의 건물과 무수히 많은 숍, 레스토랑, 카페까지. 이곳은 진정 이탈리아의 베네치아를 그대로 마카오로 옮겨다 놓은 것 같다. 그랜드 캐널 숍에는 350여 개의 숍과 30여 개의 레스토랑이 있다. 브랜드의 종류도 홍콩의 웬만한 쇼핑몰 못지않은 구색을 갖추고 있다. 아네스 베, 아르마니, 베르사체 등의 디자이너 부티크와 자라, 망고, 프렌치 커넥션 등의 패스트 패션 브랜드, 액세서리와 시계, 주얼리 브랜드, 다양한 홍콩 로컬 브랜드가 총망라되어 있다. 특히 홍콩의 멀티 패션 브랜드 기업인 아이티i.t나 타이파에서는 좀처럼 찾기 어려운 서점인 타임즈Times 등의 숍들이 만족도를 더욱 높여준다.

Add. Level 3, Estrada da Baia de N. Senhora da Esperanca, Taipa, Macau Tel. 853-8117-7840

마카오에서의 명품 쇼핑은 블러바드에서 즐기자.

블러바드 The Boulevard

Add. Estrada do Istmo, Cotai, Macau
Tel. 853-8868-6688
Open 숍 월~금요일 10:30~23:00 · 토·일요일·공휴일 10:30~24:00, 레스토랑 11:30~22:30
Access 마카오 페리 터미널에서 시티 오브 드림스 셔틀버스 이용
URL www.cityofdreamsmacau.com

남성용품, 시계, 주얼리에 특화된 쇼핑

시티 오브 드림스에서는 쇼핑도 매머드급이다. 블러바드라고 불리는 거대한 쇼핑 아케이드가 시티 오브 드림스의 주요 건물들을 이어주고 있다. 마크 제이콥스, 비비안 웨스트우드, 페라가모, 랑방, 코치 등의 인터내셔널 브랜드와 DFS 갤러리아가 운영하는 하이엔드 시계 브랜드 멀티숍, 코스메틱, 아이웨어, 초콜릿 숍 등 마카오 시내까지 나가지 않아도 이곳에서 모든 쇼핑을 한 번에 끝낼 수 있다.

곡선 구조와 시시각각 변하는 빛으로 잘 꾸며진 블러바드에는 DFS가 운영하는 수많은 브랜드 숍이 총 2개 층에 거쳐 성업 중이다. 버버리, 마크 바이 마크 제이콥스, 랄프 로렌, 휴고 보스, 페라가모, 스와로브스키, 투미, 발렌티노, 비비안 웨스트우드 등 디자이너 브랜드가 주축이 되는 1층의 숍들은 보다 트렌디한 패션 아이템을 원하는 쇼퍼들에게 베네시안이나 더 숍스 앳 포시즌스와는 다른 선택의 기쁨을 안겨준다.

1층에 위치한 뷰티월드에는 비오템, 클라란스, 디올, 에스티 로더, 랑콤, 록시탕, 입 생 로랑 등의 세계적인 화장품 브랜드가 모여 있다. 좀 더 특색 있는 시티 오브 드림스의 쇼핑 세상은 2층에 펼쳐져 있다. 이곳에는 오직 최고급 시계와 주얼리 브랜드만이 입점해 있다. 카르티에, 샤넬, 롤렉스, 태그 호이어, 쇼메, 쇼파드, IWC, 제니스 등 수천만 원을 호가하는 시계 브랜드를 구경하고 싶다면 이곳을 반드시 들러보자.

1 홍콩 못지않은 럭셔리 쇼핑이 가능한 시티 오브 드림즈의 블러바드 2 다른 호텔이나 쇼핑몰과는 비교도 안될 정도로 시계와 주얼리 매장의 라인업이 막강하다. 3 화장품과 선글라스 멀티숍도 인기 매장

매케니즈 음식
알고 먹으면 더 맛있다!

포르투갈 사람들이 마카오에 살기 시작한 이래, 그들은 고향 음식을 마카오로 가져오기 시작했다. 하지만 열악한 운송 여건 탓에 음식 재료들은 마카오에 도착하기도 전에 썩어 버렸다. 그래서 변질되기 쉬운 재료들을 마카오에서 구하기 쉬운 것들로 대체하기 시작했다. 거기에 더해, 포르투갈의 조리법에 세계 여러 나라와 무역을 하며 여러 기항지의 음식 재료나 양념 그리고 조리법까지 섞여 마카오만의 독특한 음식인 매케니즈 요리가 만들어 졌다. 두 스타일의 요리는 둘로 확실히 가르기 어려울 정도로 공통 메뉴가 많은 것도 사실이다. 우리에게 낯선 포르투갈 & 매케니즈 요리. 요리를 알면 주문이 더 쉬워진다.

01 - 애피타이저 Appetizer

조개요리 Stuffed Clams
애피타이저로 조개와 관련된 메뉴는 거의 95%는 성공하는 강추 메뉴로 국물이 적은 조개탕을 연상하면 된다. 보통 속살이 실한 조개와 마늘, 레몬 등을 이용해 만들며, 맑은 국물을 내서 시원하고 고소한 맛이 난다.

츄리소 Chourico
돼지고기를 훈제해 만든 소시지 요리. 딱딱하고 짠 맛이 나는 소시지 전용 세라믹 그릇에 담아 즉석에서 불을 붙여 익혀 먹거나 샌드위치에 넣어 먹는다. 맛이 밍밍한 포르투갈 수프에 잘게 썬 츄리소를 넣어 간을 맞춰 먹어도 맛있다.

02
-
메인 요리
Main Dish

바칼라우 Bacalhau

"포르투갈 사람들은 꿈을 먹고 살고, 바칼라우를 먹고 생존한다." 는 말이 있을 정도로 포르투갈과 떼놓을 수 없는 요리. 바칼라우는 대구를 소금에 절여 2~3일 동안 물에 담가 소금기를 뺀 후 요리하는 모든 음식을 말한다. 감자와 양파, 완숙으로 삶은 달걀, 검은 올리브로 고명을 곁들여 찜 냄비에 요리한 바칼라우Bacalhau a Gomes de Sa, 대구살을 넣어 튀긴 바칼라우Pesteis de Bacalhau 등이 추천 메뉴.

커리 크랩 Caril de Crab

커리소스에 마늘과 양파를 섞고 후추로 간을 한 게 요리. 커리 크랩은 소스 특유의 향에 매콤한 맛이 가미된 요리로 매운 맛에 도전하고 싶다면 주문해볼 것. 3인 이상 여행자들에게 추천하며 흰밥과 함께 먹으면 좋다.

아프리칸 치킨 Galinha a Cafreal

포르투갈 식당은 물론이고 매케니즈 요리 전문점이라면 대부분 공통 메뉴로 갖추고 있다. 아프리카로부터 수입한 향신료를 음식에 사용했다든지, 매워서 이것을 먹으면 마치 아프리카에 있는 것처럼 더워진다든지, 아니면 이 요리를 만든 사람이 모잠비크 사람이라서 아프리칸 치킨으로 이름 붙였다는 등 이름에 관한 여러 가지 설이 있다. 10여 종의 향신료를 넣어 구운 아프리칸 치킨은 맵싸한 향과 달콤 쌉싸래한 맛이 치킨의 담백한 질감과 잘 어울러진다.

덕 라이스 Arroz de Pato

오븐에 바짝 구운 포르투갈 스타일의 소시지와 맛있게 구운 쌀밥 아래에 오리고기가 가득 숨어 있다. 올리브 유와 향신료가 더해져 향긋하고 고소한 풍미가 일품인 덕 라이스는 마카오에서 반드시 맛봐야 하는 매케니즈 요리의 대표주자.

해물밥 Arroz de Marisco

토마토 퓨레와 서양의 고춧가루, 새우, 게, 홍합 등의 해물을 넣어 만든 해물밥은 포르투갈식 별미로 손꼽힌다. 치즈가 아닌 고춧가루와 토마토 소스로 맛을 냈기 때문에 전혀 느끼하지 않고 상큼하다.

03
-
디저트
Dessert

세라듀라 Serradura

쿠키 가루와 얼린 생크림을 번갈아서 층층이 쌓은 독특한 케이크. 달지 않고 뒷맛이 깔끔해 식후의 느끼함을 싹 없애 주며 간식으로도 그만이다.

사진작가 안토니오가 보여주는
당신이 몰랐던 마카오

일견 즐거움의 도시로만 인식되었을지도 모르는 마카오는 실제로는 감성적이고 낭만적인 면을 가득 품은 곳이다. 마카오의 모든 순간을 시시각각 기록하고 퓨전 문화의 산실인 마카오에서 나고 자란 것을 자랑스럽게 여기는 사진작가 안토니오 렁의 뷰 파인더를 엿보았다.

PHOTOSCRIPT

Secret >> **당신이 마카오에서 가장 사랑하는 '그 순간', '그 장면'을 꼽으라면 무엇이 있을까요?**

Antonio >> 저는 마카오에서 나를 매혹시키는 아름다운 석양에서부터 골목길 어귀에서 만난 노신사의 따뜻한 미소를 만나며 축복받은 사람이란 걸 자주 느낍니다. 딱 하나 내 최고의 순간을 말해야만 한다면 그것은 '행복한 미소'일 거예요. 하지만 하나의 답만 대는 건 공평하지 않아요. 마카오는 카지노나 휘황찬란한 호텔들로 명성이 높지만 실제 유네스코가 지정한 세계 문화유산, 마카오 사람들의 친근한 미소, 마카오만의 독특한 문화, 골목에서 마주친 빈티지의 아름다움까지, 마카오에서는 매 순간이 무척이나 아름답습니다.

Secret >> **그렇다면 여행자들이 마카오에서 어떤 점을 느끼길 바라시나요?**

Michelle >> 최근의 여행 트렌드가 코타이 스트립으로 대표되는 신시가지에 집중되고 있지만 반드시 마카오의 구시가지 탐험을 즐겨 보시길 권합니다. 카지노, 대규모 호텔, 그리고 유네스코 사이트도 매력적이죠. 하지만 가이드 북에도 등장하지 않은 옛 거리도 잘 보존되어 있고 사람들도 아주 친절합니다. 골목골목 흐르는 마카오만의 색과 감성과 따뜻함을 느끼며 진짜 마카오 찾기에 성공하길 기원합니다.

▼ 할아버지와 손자의 눈에 비친 마카오는 어떤 모습일까. 두 세대에 거쳐 바라보는 각기 다른 성 바울 성당의 유적의 감상이 궁금했다.

안토니오 렁 Antonio Leong
2010년부터 본격적으로 전문 사진작가로 활동 중이다. 2013년에는 마카오 정부 관광청의 초청으로 서울에서 '당신이 몰랐던 마카오Vibrant colors of Macau' 사진전을 열었다. 캔버스 인화지를 사용한 사진이지만 마치 그림 같은 독특한 느낌의 연출기법을 작품에 적용해 독특한 그만의 작품 세계를 선보였다. 안토니오는 마카오에서의 일상생활을 찍는 걸 좋아한다.
URL www.facebook.com/AntoniusPhotoscript

▲ 일명 매직 아워Magic Hour라고 불리는 때의 마카오의 파노라믹 뷰를 즐기며

▲ 술 취한 용 축제The drunken dragon festival는 마카오가 전통 문화와 축제가 얼마나 잘 지켜내고 있는지를 상징한다. 마카오의 전통 축제는 늘 수많은 인파로 붐빈다.

▲ 내가 가장 좋아하는 석양은 펜하 성당을 저 멀리서 조망하는 장면이다. 이곳에서는 저절로 로맨티시스트가 된다.

BASIC
INFO

Outro

01

Entrance
홍콩 입·출국하기

관광 목적으로 홍콩을 방문하는 한국인은 비자 없이 90일간 체류할 수 있다. 하지만 여권 유효 기간이 최소한 6개월 이상이 되어야 안전하게 입국할 수 있다. 이 밖에 입국과 출국 시 필요한 사전 정보를 간단히 알아보자.

비자
비자 면제 사유에 해당하지 않는 경우(관광 목적이 아닌 취업, 학업 목적으로 방문하거나 체류 기간이 90일 이상일 때) 비자를 발급받아야 한다. 한국 내 중국대사관에서 신청한다.
중국을 통해 홍콩으로 입국할 경우 홍콩 외교부와 중국 여행 서비스 China Travel Service, 중국 국제 여행 서비스China International Travel Service를 통해 신청하면 되고 발급까지 사흘 정도 걸린다.

홍콩을 자주 방문하는 이들이라면
홍콩 여행 패스 TP(Travel Pass)와 FVC(Frequent Visitor Card)를 기억해 두자. 홍콩 여행 패스는 아무 문제없이 일 년간 홍콩을 세 번 이상 방문한 사실을 입증하면 발급받을 수 있다. 이 패스를 소지한 이들은 홍콩에서 거주자 카운터를 이용해 빠르게 입국할 수 있다. FVC도 마찬가지이며 누구나 신청 가능하다.

홍콩 세관
까다롭지는 않지만 제한 범위를 넘어선 물품을 불법 반입 시 물품 압수는 물론 벌금까지 물 수 있으니 주의해야 한다. 주류는 1ℓ, HK$400이하 담배는 19개비까지 허용되며, 향수는 60㎖까지 약 종류나 동식물, 가금류, 육류 등은 반입이 금지될 수 있다. 미리 면허나 허가증을 발급받아 소지한 경우는 예외다.

출국 시
기내에 가지고 타는 짐 안에 칼, 가위, 면도날 등 날카로운 품목은 가지고 탈 수 없다. 대신 부치는 짐 속에 넣어 보내면 된다. 기내 반입이 가능한 품목 범위는 액체류일 경우 지퍼백 한 개만 허용되며 100㎖ 이상은 가지고 탈 수 없다.

TIP

마카오 입·출국
마카오를 방문할 때는 여권을 꼭 소지해야 한다. 전자여권을 소지한 여행객은 자동으로 출입국 카드가 발행되므로 출입국 카드를 쓸 필요가 없다.

환전 정보
마카오의 주요 통화는 MOP 파타카로 홍콩달러와는 환율이 거의 1:1로 비슷하다. 따라서 적은 현금을 사용할 요량이라면 마카오에서도 홍콩달러를 사용하는 게 낫다. 또한 마카오 파타카는 국내에서는 환전이 불가하므로 마카오 안에서 모두 사용하도록 하자!

공항 고속철도
시내로 가는 가장 쉬운 길은 공항 고속철도를 이용하는 방법이다. 공항에서 출발해 칭이, 카오룽, 홍콩역에 차례로 정차한다. 역마다 주요 호텔까지 무료 셔틀버스를 운행한다. 요금은 편도 HK$80~100 정도. 홍콩역까지 24분이 소요된다.

버스+MTR
공항에서 S1 버스를 이용해 퉁청역까지 간 뒤 MTR로 갈아타는 방법도 있다. 전철 탑승 후 목적지에 맞춰 내리면 된다. 시내까지 보통 40~50분 소요되며 요금은 HK$13.50~18로 저렴한 편이다.

택시
비용이 가장 고가인 택시는 짐이 많거나 일행이 많은 경우 이용하면 편리하다. 공항에서 침사추이까지는 HK$250, 코즈웨이 베이까지는 HK$280 안팎이며 트렁크에 짐을 실을 경우 개당 HK$5씩 별도로 지급해야 한다. 택시 탑승 시에는 요금 과다 청구나 만약의 사고에 대비해 운전 자격증과 미터기를 확인하도록 한다.

리무진 버스
가격은 조금 비싸지만 리무진 버스를 이용하면 호텔 바로 앞에서 내릴 수 있어 편리하다. 카오룽 반도에 있는 호텔은 HK$130, 홍콩 섬의 경우 HK$140~150 정도. 입국장 A, B 사이에 위치한 여행사 부스에서 버스 티켓을 구입하면 된다. 에어포트 호텔 링크Airport Hotel Link와 에어포트 셔틀버스Airport Shuttle Bus 등 2개 리무진 버스가 운행되고 있다.

Outro
02
Airport Transportation
공항에서 시내 이동하기

홍콩 국제공항에서 시내로 들어가려면 공항 고속철도나 MTR, 리무진 버스, 택시를 이용하는 방법이 있다. 공항 고속철도를 이용해 시내에 진입한 후 호텔까지 무료 셔틀버스를 타고 가는 방법을 가장 많이 선택한다.

Outro

03

Getting Around

홍콩 대중교통 이용 노하우

여행의 재미 중 하나는 현지 교통수단을 이용하는 것. 동선만 잘 파악하면 가장 빠르고 저렴하게 알뜰 여행을 할 수 있고, 현지인과 친근하게 어울릴 수 있으니 일석이조. 홍콩은 전철, 버스, 페리, 트램 등 다양하고 특색 있는 교통수단을 갖추고 있어 여행자의 발걸음을 즐겁게 만든다.

전철 MTR

빠르고 효율적인 이동을 원한다면 MTR를 이용하자. MTR은 홍콩 섬, 추엔완, 콴통, 청콴오, 통청, 웨스트 레일, 이스트 레일, 마온산, 디즈니랜드 리조트, 공항 고속철도 등 10개의 라인이 운행 중이고, 신

계에 위치한 윈롱과 추엔문 등에도 노선이 있다. 홍콩 대부분의 지역은 물론 중국 본토와의 경계인 로우Lo Wu, 록마차우 Lok Ma Chau역에도 정차해 편리하다. 운영 시간은 06:00~00:50, 요금은 이용 거리에 따라 HK\$5~23.50다.

버스 Bus

홍콩 섬과 카오룬, 신계 구석구석 거의 모든 지역이 운행되는 버스. 특히 스탠리 지역과 압레이차우 지역을 가려면 꼭 버스를 타야 한다. 저렴한 가격과 쾌적한 에어컨 냉방 시스템이 특징으로, 2층 버스를 타면 홍콩의 화려한 도시 경관을 편히 앉아 구경할 수 있다. 최종 행선지가 영어와 중국어로 버스 앞쪽 전광판에 표기되어 편리하다. 요금은 이동 거리에 따라 다르며 옥토퍼스 카드도 사용 가능하다.

트램 Tram

홍콩의 역사와도 같은 트램은 1904년부터 현재까지 홍콩의 화려한 도심을 가로지르고 있다. 이른 아침부터 자정까지 운행되는 트램은 2층 형태로 그 자체가 광고판 역할을 하며, 다양한 컬러와 디자인으로 눈길을 끈다. 가장 좋은 위치는 위층 창가 자리. 완차이, 코즈웨이 베이, 노스 포인트 등을 여유롭게 앉아 둘러볼 수 있다. 뒤에서 승차해 앞으로 내릴 때 요금을 치르고, 요금은 HK\$2.30(65세 이상 연장자는 HK\$1.10와 12세 이하 어린이는 HK\$1.20), 거스름돈은 지급되지 않는다. 옥토퍼스 카드도 사용 가능하다.

스타페리 Star Ferry

홍콩은 정규 페리 노선을 운행해 홍콩 섬과 카오룬, 외곽 섬은 물론 마카오나 중국 본토 인근 도시들까지 연결한다. 그중 홍콩 섬과 카오룬을 연결하는 스타페리는 홍콩 섬의 센트럴과 완차이, 카오룬 반도의 침사추이와 홍함에서 출발한다. 세계 최고로 꼽히는 항구를 가로지르기 때문에 저렴한 가격으로 유람선 여행의 재미까지 살짝 느낄 수 있다. 요금은 HK$2.50~3.40 옥토퍼스 카드나 선착장에서 파는 토큰을 이용할 수 있다.

택시 Taxi

붉은색, 녹색, 청색 세 가지로 구분되는 홍콩의 택시. 붉은색 택시는 란타우섬 남부를 제외한 홍콩 전역, 녹색 택시는 신계, 청색 택시는 란타우섬에서만 운행된다. 이 중 노란선으로 표시된 금지 구역을 제외하면 거리 어디서나 택시를 잡을 수 있고 전화로도 택시를 부를 수 있다. 단 러시아워에는 호텔 대기 택시를 이용하는 것이 좋다. 요금은 미터로 책정되는데, 기본요금이 HK$20, 200m당 HK$1.50가 추가된다. 트렁크에 짐을 싣는 경우에는 개당 HK$5씩 더 내야 한다.

옥토퍼스 카드 Octopus Card

옥토퍼스 카드는 대부분의 대중교통과 음식점, 상점 등에서 자유롭게 사용할 수 있는 일종의 전자 화폐다. 리더기에 갖다 대면 사용 요금만 빠져나가니 시간도 절약되고 잔돈 처리도 깔끔하다. 최대 HK$1000까지 충전할 수 있고, HK$50의 보증금은 3개월 이내에 환불받을 수 있다. 단 카드의 마이크로칩이 손상된 경우 보증금을 못 받을 수 있으니 주의한다.

공항 고속철도 옥토퍼스 패스 Airport Express Tourist Octopus

정액제로 공항 고속철도와 MTR를 이용할 수 있다. HK$300 패스는 공항 고속철도 왕복 + 3일 무제한 MTR 탑승, HK$200 패스는 공항 고속철도 편도 + 3일 무제한 MTR 탑승 조건. MTR는 홍콩 섬, 추엔완, 콴통, 청콴오, 퉁청, 디즈니랜드 리조트 라인에만 해당되는데, 처음 탑승 후 사흘간 지속되고, 구입한 후 180일 이내에 사용해야 한다. HK$50의 보증금은 카드 반환 시 돌려준다. 사흘이 지난 후에는 현금을 충전해 일반 옥토퍼스 카드처럼 사용할 수 있다.

Outro

04

Hong Kong Travel A to Z

홍콩 여행 A to Z

지불 수단

현금

홍콩 공식 화폐는 홍콩달러 HK$다. 지폐의 경우 HSBC, 스탠다드 차타드 은행, 중국은행 세 곳에서 발행되며 발행 은행에 따라 색깔과 디자인이 각각 다르다. 동전은 정부에서 일괄적으로 발행한다. 지폐는 HK$10, 20, 50, 100, 500, 1000가 있으며 동전은 HK$10, 5, 2, 1, 50센트, 20센트, 10센트가 통용된다.

신용카드 & 여행자 수표

홍콩에서 신용카드 사용은 어렵지 않다. 호텔이나 레스토랑, 일반 숍 등지에서 신용카드가 널리 통용되고 있으며 보통 입구 쪽에 사용 가능한 카드 스티커가 부착되어 있다. 여행자 수표는 주요 은행과 호텔에서 이용 가능하다.

전화하기

홍콩 내에서

지역 번호나 별도 번호 없이 전화번호 그대로 걸면 된다. 홍콩은 대부분 번호가 0000-0000식으로 총 여덟 자리로 이루어져 있으며 이는 휴대전화도 동일하다.

홍콩에서 한국으로

국제전화 서비스 번호를 누른다 → 82(국가번호) → 0을 제외한 지역 번호 및 전화번호(휴대전화 번호일 때도 마찬가지로 앞자리 0은 제외한다)

인터넷 카페

홍콩은 한국처럼 인터넷 카페가 많지는 않다. 하지만 한국과 마찬가지로 스타벅스, 일부 카페, 호텔 로비, 쇼핑몰 등에서는 무료로 인터넷을 사용할 수 있다. 일부 카페나 호텔은 이용객에게만 와이파이 Wi-Fi 서비스를 제공하니 담당자에게 문의할 것.

전압과 플러그

홍콩 전압은 220V, 50Hz이며 3핀 코드인 영국식 플러그를 사용한다. 이 때문에 한국에서 쓰는 전자 제품을 가져갈 경우 어댑터를 따로 가져가야 한다. 미처 준비하지 못했다면 호텔에 문의해 빌릴 수 있다.

세금과 팁

홍콩은 면세 지역이므로 관광객에게는 별도의 세금이 부과되지 않는다. 대신 팁 문화가 발달해 있기 때문에 레스토랑을 이용할 때나 호텔 벨보이, 포터, 택시 운전사, 화장실 관리인 등에게 서비스를 제공받은 후에는 보통 10% 정도 팁을 치르는 게 예의다.

화장실

홍콩에서는 화장실 때문에 걱정할 일이 드물다. 도처에 쇼핑몰이 널려 있기 때문이다. 여행 중 급히 화장실을 찾을 때는 쇼핑몰, 맥도널드, 상업 건물이나 호텔로 들어가자. 단 MTR에는 화장실이 없다는 것을 꼭 기억하자. 우리나라나 일본처럼 지하철 화장실을 이용하려다 가는 낭패를 불러올 수 있다.

치안

홍콩은 세계적인 관광 도시인 만큼 치안이 잘되어 있다. 밤늦은 시간이라도 사람이 많은 곳은 안심하고 야간 관광을 즐길 수 있다. 다만 늦은 시간에 인적이 드문 센트럴 쇼핑몰 지역과 완차이, 침사추이 지역은 조심할 것. 몽콕이나 란콰이퐁은 밤 12시가 넘는 늦은 시간까지 사람들로 북적인다.

유용한 전화번호

홍콩 여행 정보 및 현지 긴급 연락처
홍콩관광진흥청 한국 지사 02-778-4403
홍콩관광진흥청 현지 다국어 관광 안내 전화 02-2508-1234
홍콩 주재 한국 총영사관 02-2529-4141

주요 항공사 ※모두 서울
캐세이퍼시픽항공 02-311-2700, 대한항공 1588-2001, 아시아나항공 1588-8000, 타이항공 02-3707-0114, 인도항공 02-752-6310

카드사
아메리칸 익스프레스 2811-6122, 마스터 카드 800-966-677,
비자 카드 800-900-782

긴급 상황 시
경찰·화재 999
구급차 852-2576-6555(홍콩 섬), 852-2713-5555(카오룬)

Outro
05
Movie
추억 속 홍콩 영화

치파오를 입은 여인과 구식 양복을 입은 사내가 아슬아슬하게 스쳐 지나가던 뒷골목, 흠모하는 남자의 아파트를 몰래 엿보던 에스컬레이터, 삶이 고달파도 자전거 페달을 밟으며 노래를 부르던 도심 속 남녀. 이처럼 홍콩 영화 속에는 홍콩의 매력이 담겨 있다. 여행 전, 챙겨 보면 좋을 홍콩 영화 BEST 4.

중경삼림 重慶森林
왕가위 감독, 임청하, 양조위, 금성무, 왕정문 주연, 1995년작

홍콩은 물론 세계 영화제에서 호평을 받으며 개봉 당시 센세이션을 불러일으켰던 작품으로 '홍콩'이라는 도시를 현실적이면서 생동감 넘치게 소개하고 있다. 영화는 실연당한 두 명의 경찰과 마약 밀매업자, 패스트푸드 점원을 주축으로 이루어지는데, 왕가위 특유의 몽환적인 시나리오와 감각적인 카메라 기법이 더해져 훨씬 매력적이다. 특히 왕정문이 양조위의 아파트를 몰래 훔쳐보던 센트럴의 힐사이드 에스컬레이터는 이후 관광 명소로 급부상했

다. 〈중경삼림〉 외에도 〈라벤더〉, 〈소친친〉, 〈심동〉 등 다양한 영화에 등장했으며, 홍콩에서 가장 긴 옥외 에스컬레이터로 꼽힌다.

첨밀밀 甛蜜蜜
진가신 감독, 여명, 장만옥 주연, 1997년작

성공하겠다는 부푼 꿈을 안고 홍콩으로 건너온 소군과 이요. 격동의 1980년대를 배경으로 풋풋한 두 남녀의 러브 스토리를 담은 영화 〈첨밀밀〉은 등려군의 음악과 함께 큰 인기를 누렸다. 만남과 사랑, 이별을 반복하다 결국 운명처럼 재회하게 된다는 내용으로 섬세한 심리 묘사가 압권이다. 영화 속 명장면을 찾아가 보는 건 어떨까? 여명과 장만옥이 처음 만난 맥도널드는 침사추이 역 근처 페킹 로드와 한커우 로드가 교차하는 모퉁이에 있고, 여명이 장만옥을 자전거에 태우고 등려군의 노래를 부르며 달리던 그곳은 하버시티 캔턴 로드다.

화양연화 花樣年華
왕가위 감독, 양조위, 장만옥 주연, 2000년작

인생에서 가장 아름답고 행복한 순간이라는 의미를 가진 영화 〈화양연화〉. 때는 바야흐로 1960년대, 신문사 편집장인 차우와 리춘은 각각 그의 아내와 남편이 불륜 관계라는 사실을 알게 되면서 혼란에 빠진다. 하지만 서로를 위로하며 사랑에 빠져 버린 두 사람. '사랑'이라는 복잡한 감정을 느릿한 카메라 슬로 모션과 스톱 모션의 반복 사용, 과장된 클로즈업 샷으로 섬세하고 감각적으로 풀어냈다. 장만옥과 양조위, 두 사람만의 아지트로 자주 등장한 복고풍의 레스토랑은 홍콩 코즈웨이 베이에 있는 골드핀치 레스토랑으로, 왕가위의 2004년 영화 〈2046〉의 촬영지로도 유명하다.

라벤더 薰衣草
엽금홍 감독, 금성무, 진혜림 주연, 2001년작

사랑하는 사람을 잃은 여인과 날개가 부러져 하늘에서 떨어져 버린 천사의 만남, 그 자체부터 신선하고 사랑스러운 영화 〈라벤더〉. 천사의 날개가 다 나을 때까지 한 지붕 아래 살게 되면서 알콩달콩 그들만의 로맨스가 시작된다. 무엇보다 스크린 가득 펼쳐지는 보랏빛 라벤더 밭과 빨강, 초록, 파랑 등 원색의 매력을 잘 살린 영상이 소녀들의 감성을 자극한다. 영화의 주 무대인 진혜림의 집이 바로 홍콩 성완 지역. 덕분에 영화 속 그녀는 매일 힐사이드에 스컬레이터를 타고 출퇴근하고, 남녀 주인공을 따라 구석구석 성완의 거리 풍경이 펼쳐진다.

Outro

06

Hong Kong Hotels

블링블링한 홍콩의 호텔 열전

디자인과 예술에 대한 홍콩 사람들의 열망은 빅토리아 하버를 따라 조형미를 반짝이는 휘황찬란한 건물부터 도시의 골목골목까지 뻗어 있다. 그것은 세계적인 디자이너의 작품으로 지구 상에서 가장 비싼 땅에 건축물을 빛나게 하거나 골목 어귀에서 이름 모를 아티스트의 그래피티로, 감각 좋은 패션 디자이너의 부티크 숍의 디스플레이로도 발견된다. 하지만 무엇보다 홍콩에서 총체적 라이프스타일로서의 아트 & 디자인을 만끽하려면 이 도시에서 가장 핫한 호텔에 묵는 것이 가장 좋은 방법이다.

※ 숙박료는 각 호텔 홈페이지 및 돌핀스트래블 www.dolphinstravel.com의 2014년 8월 가격 기준.

The Luxe Manor

East Hong Kong

도셋 몽콕 Dorsett Mongkok

Area 몽콕
Add. 88 Tai Kok Tsui Rd, Kowloon
Tel. 852-3987-2288
Price HK$1000부터
Access MTR 몽콕역 A2 출구
URL www.monkok.dorsetthotels.com.hk

2010년 몽콕 인근 카이콕추이에 문을 연 부티크 호텔로 인근 몽콕역, 프린스 에드워드역, 올림픽역 등의 MTR가 도보 5~10분 거리에 있어 이동도 편리하다. 뿐만 아니라 공항 고속철도를 타는 카오룬역, 침사추이로 셔틀버스도 매 시간 운행되어 편의를 돕는다. 규모는 작지만 단정하고 예쁜 객실도 좋은 평을 얻고 있다.

Cosmo Kowloon Hotel

밍글 플레이스 Mingle Place

Area 완차이
Add. 143 Wan Chai Rd, Wan Chai
Tel. 852-2736-0922
Price HK$400부터
Access MTR 완차이역 A3 출구
URL www.mingleplace.com

홍콩은 호텔 비용이 어마 무시한 도시다. 특히 각종 국제회의와 컨벤션이 벌어지는 때에는 시내는 물론 홍콩 전체의 호텔 방을 구하기가 하늘의 별따기. 그런 경우라면 한 번쯤 객실이 비었는지를 체크해보면 좋은 호텔이 바로 이 밍글 플레이스 체인이다. 성완, 센트럴, 완차이 등에 모두 5개의 호텔이 있는데 비수기의 가격이 HK$400부터로 호텔 중 가장 저렴하고 시설도 말끔하다. 가장 눈에 띄는 시설은 통로 건물을 개조한 밍글 바이 더 파크Mingle by the Park와 밍글 위드 더 스

타Mingle with the Star. 두 호텔이 나란히 붙어 있으며 밍글 바이 더 파크는 엘리베이터가 없으니 짐이 많다면 다시 한번 고려할 것.

Mingle Place

코스모 호텔 Cosmo Hotel

Area 코즈웨이 베이
Add. 375-377 Queen's Rd East, Wan Chai
Tel. 852-3552-8388
Price HK$800부터
Access MTR 코즈웨이 베이역 A 출구.
셔틀버스도 운행된다.
URL www.cosmohotel.com.hk

로컬 문화가 생생하게 살아 있는 완차이와 코즈웨이 베이 지역 중간 정도에 위치한 홍콩 부티크 호텔의 1세대. 객실은 오렌지, 그린, 옐로룸으로 구별된다. 무선 인터넷을 무료로 사용할 수 있는 라운지를 두고 있어 투숙객들의 평이 좋다. MTR 역까지 거리가 애매하지만 코즈웨이 베이역, 완차이 컨벤션 센터, 성완까지 가는 셔틀버스가 있어 이동하기에 크게 불편하지 않다.

Cosmo Hotel

밍글 온 더 윙 Mingle on the Wing
Area 성완
Add. 105-107 Wing Lok St, Sheung Wan
Tel. 852-2581-2329
Price HK$550부터
Access MTR 성완역 A2 출구
URL www.mingleplace.com
호텔이라는 이름으로 가장 저렴한 가격에 예약할 수 있는 숙소. 성완 MTR 근처에 위치해 있어 이동하기에 편리하지만 입구가 작아서 밤에는 찾기 어려울 수 있다. 전자동 시스템이 완비된 깔끔한 호텔로 배낭여행자는 물론이고 비즈니스 여행자들도 즐겨 찾는 시크릿 부티크 호텔.

Butterfly on Hollywood

버터플라이 온 할리우드
Butterfly on Hollywood
Area 성완
Add. 263 Hollywood Rd, Central
Tel. 852-2850-8899
Price HK$780부터
Access MTR 성완역 A2 출구, 셔틀버스도 운행된다.
URL www.butterflyhk.com
홍콩의 역사와 문화, 예술이 녹아든 할리우드 로드에 위치한 부티크 호텔. 규모는 작은 편이지만 한쪽 벽면을 스크린 삼아 레이저빔으로 새장과 어항을 표현하거나 아기자기한 의자와 크리스털 샹들리에로 장식한 로비의 디자인 감각이 인상적이다.

소 호텔 So Hotel
Area 성완
Add. 139 Bonham Strand, Sheung Wan
Tel. 852-2851-8818
Price HK$700부터
Access MTR 성완역 A2 출구
URL www.sohotel.com.hk
성완 지역에 위치해 MTR과 트램을 이용하기 편리하다. 특히 슌탁 페리 터미널까지 도보로 5분 이내에 닿아 마카오 여행을 계획한다면 이 호텔을 이용해 보는 것도 좋겠다. 인터넷 사용과 로컬 전화 사용이 무료다.

란콰이퐁 호텔 Lan Kwai Fong Hotel
Area 성완
Add. 3 Kau U Fong, Sheung Wan
Tel. 852-3650-0000
Price HK$1700부터
Access MTR 성완역 A2 출구
URL www.lankwaifonghotel.com.hk
서양 여행자에게 전폭적인 지지를 받고 있는 모던 차이니즈풍의 부티크 호텔. 슌원이 활동했던 노호 지역 중심인 카우유퐁 거리에 있는 것도 매력 포인트! 주변에 걸어서 갈 만한 멋진 여행지가 가득하다. 중국풍으로 꾸민 매혹적인 객실과 친절한 직원들의 서비스도 칭찬받아 마땅한 곳.

Lan Kwai Fong Hotel

The Luxe Manor

럭스 매너 The Luxe Manor
Area 침사추이
Add. 39 Kimberly Rd, Tsim Sha Tsui
Tel. 852-3763-8888
Price HK$1300부터
Access MTR 침사추이역 B2 출구
URL www.theluxemanor.com

초현실주의를 기본 테마로 꾸민 멋진 부티크
호텔이다. 마치 안토니오 가우디의 작품을
연상시키는 바닥 타일과 거울, 샹들리에, 각각
다른 의자로 꾸며진 로비는 부티크 호텔의 표본을
보여 준다. 전위적인 디자인에 과감한 컬러를
사용한 객실 역시 특별한 머무름을 도와주는 장치.

Fleming Hotel

플레밍 호텔 Fleming Hotel
Area 완차이
Add. 41 Fleming Rd, Wan Chai
Tel. 852-3607-2288
Price HK$1000부터
Access MTR 완차이역 A1 출구
URL www.thefleming.com.hk

부티크 호텔은 여성만 편애하는 것이 아님을
보여 주는 좋은 예. 여성을 위한 객실뿐만 아니라
남성을 위한 테마 객실도 마련되어 있다. 방마다
비즈니스 공간을 완비해 출장차 홍콩을 방문한
이들에게 특히 인기가 높다.

Lanson Place

랑송 플레이스 Lanson Place
Area 코즈웨이 베이
Add. 133 Leighton Rd, Causeway Bay
Tel. 852-3477-6888
Price HK$1700부터
Access MTR 코즈웨이 베이역 F 출구
URL www.lansonplace.com

단아한 갤러리 호텔을 지향하는 여성스러운
분위기의 부티크 호텔. 지상의 컨시어지, 1층
로비를 비롯해 복도와 객실 등을 아름다운 회화
작품으로 수놓았다. 객실 안의 공간도 부티크
호텔치고는 넉넉한 편이고 세탁실, 무료 DVD
대여 등은 장기 투숙객에게 사랑받는 서비스.

J 플러스 J Plus
Area 코즈웨이 베이
Add. 1-5 Irving St, Causeway Bay
Tel. 852-3196-9000
Price HK$2500부터
Access MTR 코즈웨이 베이역 F 출구
URL www.jplushongkong.com

세계적인 디자이너 필립 스탁Philippe Starck이
만든 부티크 호텔로, 호텔 안의 모든 아이템은
그가 직접 고르고 디자인한 것이다. 로비에는
아침, 점심, 저녁 시간마다 간단한 음료와 스낵,
케이크가 마련된다. 레지던스 호텔로 장기
투숙객이 많은 편이다.

The Mercer

더 머서 **The Mercer**
Area 성완
Add. 29 Jervois St, Sheung Wan
Tel. 852-2922-9988
Price HK$1340부터
Access MTR 성완역 A2 출구
URL www.themercer.com.hk

'Be connected, Be like home, Be healthy, Be central'이라는 콘셉트로 인터넷과 로컬 전화, 미니바, 아침 식사, 셔틀버스 등을 무료 제공한다. 인테리어도 화려하거나 자극적이지 않고 아이보리와 베이지, 그린, 퍼플 등을 조화롭게 사용해 편안하고 따뜻한 느낌을 배가시켰다. 모든 객실은 DVD 플레이어, 아이팟 도킹 시스템을 갖추고 있으며 프리미어 룸과 스위트룸에는 전자레인지와 네스프레소 캡슐 머신 등을 포함한 주방 시설을 설치해 객실에서 간단한 요리를 하거나 소규모의 모임을 즐길 수 있다.

The Mercer

이스트 홍콩 **East Hong Kong**
Area 타이쿠
Add. 29 Taikoo Shing Rd, Island East
Tel. 852-3968-3968
Price HK$1400부터
Access MTR 타이쿠역 D1 출구
URL www.east-hongkong.com

이스트 홍콩은 캐세이퍼시픽 항공, 어퍼 하우스The Upper House 등을 소유한 스와이어Swire그룹의 디자인 부티크 호텔이다. 시내 중심이 아닌 일명 '스와이어 랜드Swire Land'라고 불리는 타이쿠Taikoo 지역에 있다. 위치가 애매하지만 가격 대비 이스트 홍콩은 기술적, 디자인적, 그리고 다이닝에 있어 무척 훌륭한 호텔 체험을 선사한다. 이스트 호텔은 아이패드 터치iPod-Touch를 비치해 두어 인터넷, 룸 서비스 등 호텔 안에서의 모든 활동에 활용할 수 있다. 또한 스와이어 그룹의 아티스 트리Artis Tree의 일환으로 호텔 전체를 갤러리로 꾸몄으며 메인 다이닝인 피스트Feast나 32층의 루프탑 바인 슈거Sugar는 홍콩에서도 늘 화제에 오르는 수준 높은 다이닝 공간이다.

East Hong Kong

East Hong Kong

The Upper House

어퍼 하우스 The Upper House
Area 애드미럴티
Add. The Upper House, Pacific Place,
88 Queensway, Admiralty
Tel. 852-3968-1111
Price HK$4300부터
Access MTR 애드미럴티역 F 출구
URL www.upperhouse.com

디자인과 건축, 이름이 서사적이면서 서정적인 머무름을 선사하는 어퍼 하우스는 예술과 디자인, 건축면에서 한 치의 오류도 허용하지 않는다. 가든 라운지인 론Lawn과 메인 리프트, 38층의 아트리움을 따라 오르다 보면 어퍼 하우스 디자인의 하이라이트인 49층의 스카이 브리지The Sky Bridge에 이른다. 호텔이 거대한 박물관이라면 객실은 럭셔리하고 섬세한 아트 갤러리 같다. 가장 눈여겨 보아야 할 것은 욕실. 파노라믹 창을 양면에 끼고 욕실 중앙에 배치된 욕조는 마치 거대한 조각 작품을 연상시킬 정도로 아름답다.

The Upper House

Langham Place Hotel

랭함 플레이스 호텔 Langham Place Hotel

Area 몽콕
Add. 555 Shanghai St, Mongkok
Tel. 852-3552-3388
Price HK$2000부터
Access MTR 몽콕역 C3 출구
URL hongkong.langhamplacehotels.
com

몽콕의 허름한 건물들 사이에서 유독 돋보이는 미래적 건물인 랭함 플레이스 쇼핑센터와도 연결되어 있는 아트 & 디자인 호텔로 가는 발걸음이 더욱 즐겁다. 랭함 플레이스 호텔은 홍콩과 중국을 통틀어 가장 많은 모던 차이니즈 아티스트의 작품을 보유한 호텔이다. 로컬 문화와 예술작품에 대한 호텔의 열정은 투숙객을 위한 서비스로 반영된다. 매일 오후 6시에는 무료로 제공하는 몽콕 시장 가이드 투어나 호텔 안의 주요 작품 무료 가이드가 바로 그것. 깊이 있는 해설을 원한다면 안내 카드 혹은 아이팟 터치를 빌리도록 하자.

Langham Place Hotel

랜드마크 만다린 오리엔탈

Landmark Mandarin Oriental
Area 센트럴
Add. 15 Queen's Rd Central, Central
Tel. 852-2132-0188
Price HK$4300부터
Access MTR 센트럴역 G 출구
URL www.mandarinoriental.com

홍콩에서 시작해 전설의 호텔로 입지를 다진 만다린 오리엔탈의 새로운 버전인 랜드마크 만다린 오리엔탈 호텔. 세계적인 인테리어 디자이너인 피터 레메디오스Peter Remedios가 객실 디자인을 맡았고, 로비와 레스토랑, 바, 스파는 애덤 티하니Adam Tihany의 철학적인 디자인이 더해져 오픈 직후부터 큰 이슈를 몰고 왔다. 그에 더해 랜드마크 만다린 오리엔탈에서 내오는 모든 요리의 디자인을 맡은 커리너리 디렉터Culinary Director 리처드 에키부스Richard Ekkibus까지 이 호텔을 더욱 아름답게 빛나게 하는 일등공신이다.

Landmark Mandarin Oriental

Landmark Mandarin Oriental

Hotel Icon

호텔 아이콘 Hotel Icon
Area 카오룬
Add. 17 Science Museum Rd, Kowloon
Tel. 852-3400-1000
Price HK$2300부터
Access MTR 침사추이역 N1 출구 혹은 MTR
이스트 침사추이역 P1 출구
URL www.hotel-icon.com
홍콩의 창의적인 에너지와 활력 넘치는 예술계
를 대변하는 이 호텔은 수많은 홍콩 아티스트의
합작품이다. 건축은 로코 임Rocco Yim이, 인테
리어 디자인은 윌리암 림William Lim이 담당했
으며, 홍콩을 대표하는 패션 디자이너 비비안 탐
Vivienne Tam이 가세해 비비안탐 스위트룸을
두어 트렌디한 호텔로서의 입지에 방점을 찍었다.
거기에 바니 쳉Barney Cheng이 직접 유니폼을
디자인해 직원들이 런웨이를 걷는 듯한 모습도 인
상적이다. 프랑스의 식물학자이자 화가인 패트릭
블랑Patrick Blanc이 호텔 로비에 제작한 18m의
수직 정원까지 더해져 인터내셔널 아티스트와의
합작도 잊지 않았다.

W 홍콩 W Hong Kong

Area 카오룬
Add. 1 Austin Rd West, Kowloon Station, Kowloon
Tel. 852-3717-2222
Price HK$2800부터
Access MTR 카오룬역과 연결
URL www.w-hongkong.com

W 홍콩이 표방하는 디자인 콘셉트는 도심 속 정글Urban Jungle로 모든 디자인 요소들은 자연에서 받은 영감에서 시작되었다. 도시 속 오아시스인 W로의 여행은 객실에도 적용된다. 책의 한 페이지로 표시된 객실 넘버링 표시에서부터 객실 안의 모든 것이 볼거리고 발견이며, 기쁨이다. 친환경 소재의 수공예 가구들과 시그니처 W 베드Signature W Bed를 인테리어의 중심으로 나무의 나이테나 날아다니는 나비를 벽지에 사용했다. 필기구부터 객실마다 마련된 만화경과 독특하게 구성된 미니바, 욕실, 최첨단 시스템들은 투숙객들을 객실에 오래도록 머무르고 싶게 만든다.

W Hong Kong

W Hong Kong

오볼로 호텔 Ovolo Hotel

Area 센트럴
Add. 286 Queen's Rd Central, Central
Tel. 852-2165-1000
Price HK$1400부터
Access MTR 성완역 A2 출구
URL www.ovolohotels.com

호텔 안을 꾸민 모든 가구와 소품이 오볼로만을 위해 특수 제작되었다. 소규모의 비즈니스 호텔이지만, 젠 스타일을 호텔 인테리어의 메인 테마로 활용하고 브랜드의 심벌인 'O'를 호텔 곳곳에 디자인 요소로 스타일리시하게 녹인 것도 볼거리가 된다. 호텔 안에 들어서면 한순간도 돈을 낼 필요가 없다는 것도 오볼로 호텔의 스마트한 배려. 모든 투숙객에게 제공되는 스낵팩과 미니바, 각종 기념품은 '작아서 불편하다'는 단점을 불식시키는 또 다른 이유가 된다.

Ovolo Hote

Ovolo Hote

Mandarin Oriental Hong Kong

Mandarin Oriental Hong Kong

Mandarin Oriental Hong Kong

만다린 오리엔탈 홍콩
Mandarin Oriental Hong Kong
Area 센트럴
Add. 5 Connaught Rd, Central
Tel. 852-2522-0111
Price HK$3900부터
Access MTR 센트럴역 F 출구
URL www.mandarinoriental.com

1963년 오직 아시아에서만 누릴 수 있는 보다 섬세하고 개별화된 서비스에 포커스를 맞추며 대대적으로 오픈한 만다린 오리엔탈 홍콩. 개장한 이후 몇 해 지나지 않아 세계적으로 손꼽히는 호텔 반열에 들며 전설적인 홍콩 호텔로서 입지를 굳혔다. 홍콩에서의 재도약을 위해 2006년 1억 5000만 달러를 투자해 혁신적인 호텔로 변신했다. 모든 층마다 전용 버틀러Butler를 두어 고객의 필요를 즉각적으로 반영한다. 첨단 시스템 사용을 보다 편리하게 하기 위해 IT 버틀러IT Butler까지 두는 호텔의 섬세한 배려에 서비스를 넘어 역사적인 호텔에서 느낄 수 있는 아주 특별한 위엄을 느낄 수 있다.

The Peninsula Hong Kong

페닌슐라 홍콩 The Peninsula Hong Kong

Area 카오룬
Add. Salisbury Rd, Kowloon
Tel. 852-2920-2888
Price HK$3900부터
Access MTR 침사추이역 E 출구
URL www.peninsula.com

1928년 지어진 페닌슐라 홍콩은 빼어난 아름다움
으로 '동양의 귀부인'이라고 불렸다. 또 20세기 페
닌슐라는 홍콩의 번영과 대영제국 국력의 상징이
다. 따라서 홍콩을 여행할 때 페닌슐라 홍콩은 단
순한 호텔이 아니라 홍콩에서 빼놓을 수 없는 명
소다. 홍콩 호텔 업계의 치열한 경쟁 속에서 전통
만으로는 부족하다는 판단 아래 1994년 고풍스러
운 구관을 둘러싼 30층의 신관 건물을 증축했다.
2012년에는 고풍스러운 인테리어의 객실까지도
최신 기술로 중무장해 대대적인 변신을 꾀했다.
9개의 레스토랑과 에스파ESPA가 운영하는 스파,
페닌슐라만의 롤스로이스 팬텀 등 품격과 전통이
호텔 전체에 느껴진다.

The Peninsula Hong Kong

인터컨티넨탈 홍콩
InterContinental Hong Kong
Area 침사추이
Add. InterContinental Hong Kong, 18
Salisbury Rd, Tsim Sha Tsui
Tel. 852-2721-1211
Price HK$3200부터
Access MTR 침사추이역 A1 출구 혹은
침사추이 스타페리 터미널에서 도보 5분
URL www.hongkong-ic.intercontinental.
com

호텔을 선택할 때 전망을 최고의 기준으로 삼는
다면 주저할 필요 없이 인터컨티넨탈 홍콩을 선택
하자. 이곳은 스타 셰프의 레스토랑과 애프터눈티
세트, 최고의 수영장까지 고루 갖춘 곳으로 허니
문으로도 손색이 없는 리조트 스타일의 로맨틱한
호텔이다. 전체 객실 중 2/3에서는 홍콩의 아름다
운 전망이 보인다. 객실 디자인은 수묵화에 색을
더한 그림 작품과 실크와 중국식 매듭, 골드와 레
드를 톤 다운시켜 고급스럽게 사용하는 등 전체적
으로 시크하고 모던한 감각의 중국 스타일을 기본
으로 꾸몄다.

InterContinental Hong Kong

InterContinental Hong Kong

The Ritz-Carlton, Hong Kong

The Ritz-Carlton, Hong Kong

리츠칼튼 홍콩
The Ritz-Carlton Hong Kong
Area 카오룬
Add. International Commerce Centre,
1 Austin Rd West, Kowloon
Tel. 852-2263-2263
Price HK$3500부터
Access MTR 카오룬역과 연결
URL www.ritzcarlton.com/en/Properties/
HongKong

'세계에서 가장 높은 곳에 위치한 호텔'이라는 수
식어가 따라붙는 리츠칼튼 홍콩. 세계에서 4번째
로 높은 빌딩인 ICC International Commerce
Center의 102층부터 118층까지 객실과 레스토랑,
스파, 바, 수영장 등의 시설이 알차게 들어서 있는
특급 호텔로 홍콩 섬을 비롯해 외곽에 위치한 홍
콩의 섬들을 환상적인 파노라마로 감상할 수 있
다. 전망과 그레이드에 따라 분류된 13가지 타입
의 객실에는 전자동 컨트럴 시스템과 아이팟 도킹,
DVD 시설, 무료 WiFi 등 기술적인 부분은 물론이
고 세련된 고급스러움이 물씬 느껴지는 디자인으
로 꾸며졌다.

그랜드 하얏트 홍콩 Grand Hyatt Hong Kong
Area 완차이
Add. Grand Hyatt Hong Kong, 1 Harbour Rd, Wan Chai
Tel. 852-2588-1234
Price HK$2500부터
Access MTR 완차이역 A1 출구
URL www.hongkong.grand.hyatt.com

그랜드 하얏트 홍콩의 가장 큰 특징은 오랜 역사와 잘 어울리는 클래식함을 지키면서도 모던한 디자인 감각을 더한 고급스러운 객실이다. 컨벤션센터를 지척에 둔 고급 비즈니스 호텔답게 모든 객실에는 작업 공간과 시설이 확보되어 있다. 대리석으로 화려하게 치장한 욕실은 하얀색과 검은색, 금색이 어우러져 우아한 분위기를 연출한다. 홍콩섬에 위치한 고급 호텔들의 취약점인 드라마틱한 뷰도 그랜드 하얏트라면 굳이 포기할 이유가 없다. 총 객실의 70%는 하버뷰 룸으로 주변에 시야를 어지럽히는 건물이 아닌 유려한 곡선미를 자랑하는 컨벤션 센터와 함께 빅토리아 하버의 시원한 절경이 펼쳐진다.

Island Shangri-la

Island Shangri-la

아일랜드 샹그릴라 홍콩 Island Shangri-la Hong Kong
Area 센트럴
Add. Pacific Place, Supreme Court Rd, Central
Tel. 852-2877-3838
Price HK$3500부터
Access MTR 애드미럴티역 F 출구
URL www.shangri-la.com

미지의 파라다이스를 뜻하는 샹그릴라의 의미 그대로 이 호텔은 샹그릴라의 엄격한 기준으로 구성된 다양한 부대시설과 최상의 서비스, 디테일까지 섬세하게 고려한 인테리어로 고급 호텔의 품격을 자랑한다. 총 771개의 크리스털 샹들리에 등의 럭셔리한 장식물들은 아일랜드 샹그릴라의 품격을 높여준다. 기네스북에 오른 세계 최대 크기의 중국 산수화 The Great Motherland of China가 이 호텔의 자랑. 40명의 화가가 6개월 동안 그려낸 높이 51m의 작품으로 16층 빌딩의 높이와 맞먹는다. 하버 뷰 외에도 피크 뷰 Peak View가 잘 보여서 선택의 폭이 더 넓다.

Grand Hyatt Hong Kong

Grand Hyatt Hong Kong

Four Seasons Hong Kong

포시즌스 홍콩 Four Seasons Hong Kong
Area 센트럴
Add. 8 Finance St, Central
Tel. 852-3196-8888
Price HK$4900부터
Access MTR 센트럴역 A 출구
URL www.fourseasons.com/hongkong

Four Seasons Hong Kong

포시즌스 홍콩은 허니문 여행객과 가족 여행객에게 최고의 선택이 될 수 있다. 리조트 콘셉트의 수영장과 아찔한 전망을 가진 객실, 최고급의 스파와 욕실 시설은 로맨틱한 여행에 제격이다. 객실 디자인은 웨스턴 스타일의 깔끔한 디자인에 실크와 대리석을 사용해 모던하다. 대형 플라스마 스크린 TV, DVD 플레이어, 포시즌스 특유의 깔끔한 자수가 놓인 침구류, 비즈니스 여행자들도 불편 없이 사용할 수 있는 유니버설 어댑터 시설과 고급스러운 가죽 의자, 널찍한 책상이 마련된 작업 공간도 다양한 목적의 투숙객을 배려한 섬세한 시설이 눈에 띈다 수영장의 끝과 저 멀리 바다가 맞닿아 더욱 운치 만점인 인피니티 풀Infinity-Edge Pool은 포시즌스 홍콩 호텔의 상징이다.

Four Seasons Hong Kong

Four Seasons Macao

Four Seasons Macao,

Outro
07
Macau Hotels

더 이상 럭셔리할 수 없다! 마카오의 호텔 열전

마카오는 늘 변화한다. 특히나 그 변화의 중심에는 거대한 리조트 시티와 세계적인 호텔이 있다. 해를 거듭해 나갈수록 마카오에 하나 둘 이슈를 몰고 오는 새로운 호텔의 등장에 여행자들은 마카오 여행이 더욱 즐겁다. 다음에는 어느 호텔에서 머물까?

포시즌스 마카오 Four Seasons Macao, Cotai Strip
Area 타이파
Add. Estrada da Baia de N. Senhora da Esperanca, s/n, Taipa
Tel. 853-2881-8888
Price MOP4800부터
Access 마카오 페리 터미널에서 베네시안 마카오행 셔틀버스 이용
URL www.fourseasons.com/macau
단언컨대, 포시즌스 마카오는 마카오의 여느 호텔과는 다른 무언가가 있다. 조용한 분위기 속에서 휴식을 즐기기에는 포시즌스 마카오가 최적의 조건을 가졌다. 독특한 디자인 콘셉트도 볼거리 중 하나. 호텔 전체는 포르투갈풍의 건축 양식을 기본으로 중국의 풍수와 색채를 튀지 않게 가미했다. 객실에는 황금색 톤의 실크와 벨벳 등 동양적인 장식을 고급스럽게 사용했으며, 동남아시아의 리조트 분위기가 물씬 풍기는 수영장 디자인도 인상적이다.

알티라 마카오 Altira Macau

Area 타이파
Add. Avenida de Kwong Tung, Taipa
Tel. 853-2886-8888
Price MOP2600부터
Access 셔틀버스가 없으므로 택시를 이용할 것
URL www.altiramacau.com

본래 크라운 타워로 운영되던 이곳은 시티 오브 드림스의 등장과 함께 알티라 마카오라는 이름으로 새롭게 변신했다. 이곳은 모든 고객에게 열려 있는 마카오의 다른 호텔과는 달리 투숙객만을 위한 VIP 서비스가 특별하다. 38층에 위치한 로비와 리셉션, 체크인부터 객실까지 전담 직원의 에스코트를 받으며 묵는 동안 미니바(와인 제외)와 특별 턴 다운 서비스를 제공하며 체크아웃 시 자신만의 러기지 태그를 제작해 준다. 모든 객실은 마카오 반도와 바다가 보이는 하버 뷰이며 세계적인 디자이너 피터 레메디오스Peter Remedios의 터치로 각 객실은 갤러리처럼 디자인되었다. 세계 유수의 매거진으로부터 극찬을 받는 16층의 스파와 수영장도 알티라 마카오의 자랑이다.

Crown Towers

크라운 타워 Crown Towers

Area 코타이
Add. Crown Towers, Estrada do Istmo, Cotai
Tel. 853-8868-6688
Price MOP2600부터
Access 마카오 페리 터미널에서 시티 오브 드림스행 셔틀버스 이용
URL www.altiramacau.com

시티 오브 드림스에서 럭셔리 마켓을 타깃으로 하는 크라운 타워. 압도적인 공간 활용, 골드와 아쿠아 블루, 크리스털 샹들리에를 곳곳에 배치해 고급스러움을 뽐낸다. 호주의 아티스트 베이츠 스마트Bates Smart는 중국 특유의 분위기를 고스란히 살려낸 최고의 하이엔드 럭셔리를 크라운 타워 곳곳에 근사한 인테리어 디자인으로 표현했다. 또한 150여 점에 이르는 아시아와 호주 아티스트들의 현대 예술작품들이 호텔 전체에 전시되어 있다. 따라서 로비에서부터 시작되는 예술 산책을 크라운 타워에서 놓치지 말 것.

Altira Macau

Altira Macau

Crown Towers

그랜드 하얏트 마카오 Grand Hyatt Macau
Area 코타이
Add. Grand Hyatt Macau, Estrada do
Istmo, Cotai
Tel. 853-8868-1234
Price MOP2400부터
Access 마카오 페리 터미널에서 시티 오브
드림스행 셔틀버스 이용
URL www.macau.grand.hyatt.com

그랜드 하얏트 마카오의 자랑은 객실 스타일을 고를 수 있다는 것이다. 두 개의 건물 중 그랜드 타워Grand Tower에는 424개의 그랜드 스위트가 있는데 거실이 딸린 스위트룸 형태로 가족 여행객에게 좋으며, 영국의 유명 사진작가인 윌리엄 퍼니스William Furniss의 작품이 방마다 전시되어 있다. 다른 한 건물인 프리미엄 그랜드 클럽 타워 Premium Grand Club Tower에는 367개의 객실이 있다. 객실은 그랜드 스위트에 비해 작지만 원형 욕조가 준비되어 있고 분위기가 한결 여성스럽고 우아하다. 이곳에는 마카오의 자연에 영감을 얻은 호주 아티스트 데니스 머렐Denis Murrell의 작품으로 꾸며져 있다.

Hotel Okura Macau

Hotel Okura Macau

Grand Hyatt Macau

Grand Hyatt Macau

호텔 오쿠라 마카오 Hotel Okura Macau
Area 코타이
Add. Galaxy Macau, Cotai
Tel. 853-8883-8883
Price MOP2300부터
Access 마카오 페리 터미널에서 갤럭시
마카오행 셔틀버스 이용
URL www.hotelokuramacau.com

일본 스타일의 호스피탤리티Hospitality와 모던한 일본 디자인인 젠 스타일을 선보이는 오쿠라 마카오. 객실마다 베란다가 딸려 있고 보다 감성적인 디자인을 선보인다. 또한 오쿠라 마카오를 상징하는 종이학과 은행 패턴의 디자인 요소 등 일본 문화를 인테리어와 데커레이션뿐만 아니라 서비스에도 적용한 것이 이색적이다. 녹차 향이 솔솔 풍기는 오쿠라 특유의 욕실 비품을 활용하는 것도 이곳에 묵는 또 다른 재미! 헤어 에센스와 스킨, 로션, 애프터 쉐이브까지 갖춰놓은 세심함에 혀를 내두를 정도다.

반얀트리 마카오 **Banyan Tree Macau**
Area 코타이
Add. Avenida Marginal Flor De Lotus, Cotai
Tel. 853-8883-8833
Price MOP3300부터
Access 마카오 페리 터미널에서 갤럭시 마카오행 셔틀버스 이용
URL www.banyantree.com/en/macau

도시형 럭셔리 호텔과 리조트가 대부분인 마카오에서 휴양형 풀 빌라인 반얀트리 마카오의 등장은 마카오를 허니문 목적지로 다시 보게 만들었다. 반얀트리 마카오의 객실 246개는 모두 스위트룸으로 그 안에 프레지덴셜 스위트와 풀 빌라 10채가 포함되어 있다. 반얀트리 마카오는 오리엔탈 터치를 디자인과 건축의 기본 콘셉트로 차용했는데, 가장 눈에 띄는 것은 호텔 곳곳에 가구와 식기에 반영된 새장이다. 무엇보다 객실에 수온이 27°로 유지되는 실내 풀이 마련되어 있어 더욱 편안하게 머물수 있다. 통나무 욕조와 더불어 다른 호텔에서는 누릴 수 없는 특별한 장치다.

Banyan Tree Macau

Banyan Tree Macau

Banyan Tree Macau

원 마카오 Wynn Macau
Area 네이프
Add. Rua Cidade de Sintra, Nape
Tel. 853-2888-9966
Price MOP3500부터
Access 마카오 페리 터미널에서 윈 마카오행 셔틀버스 이용
URL www.wynnmacau.com

베네시안이나 시티 오브 드림스가 마카오에 들어오기 전에 가장 먼저 마카오 반도에 들어서 럭셔리함을 번쩍이던 윈 마카오. 여전히 라스베이거스 카지노 스타일과 대륙의 거대하고 럭셔리한 특성을 잘 조화해 많은 남성들에게 각광받는 호텔이다. 이곳을 선호하는 상류층의 니즈에 걸맞은 시설과 디자인, 어메니티, 다이닝 시설 등을 선보이며 언제나 매진 행렬을 기록한다. 굳이 숙박이 아니더라도 호텔에서 제공하는 무료 엔터테인먼트와 쇼핑시설, 그리고 중국에서도 희귀한 탄 요리Tan Cuisine를 내는 골든 플라워는 체험해 볼만하다.

Wynn Macau

Wynn Macau

Wynn Macau

Conrad Macao

Conrad Macao

Conrad Macao

콘래드 마카오 Conrad Macao
Area 코타이
Add. Sands, Cotai Central, Cotai
Tel. 853-8113-6800
Price MOP1700부터
Access 마카오 페리 터미널에서 코타이
센트럴행 셔틀 탑승
URL www.conradhotels3.hilton.com/
enhotels/macao

힐튼 호텔의 상위 버전인 콘래드 호텔이 마카오
에서는 에스닉한 히말라야 디자인Himalayan
Design 터치가 반영된 럭셔리 호텔로 들어섰다.
총 40층 높이에 636개의 객실이 준비되어 있으며,
이중 무려 206개가 스위트룸이다. 객실 역시 보라
색과 베이지색을 메인 컬러로 사용해 고급스러운
느낌을 극대화했다. 코타이 센트럴과 연결되어 있
고 베네시안 리조트와도 스카이 브릿지로 연결되
어 있어 쇼핑과 다이닝, 엔터테인먼트에 있어서 타
의 추종을 불허한다. 야외에 마련된 4종류의 수영
장과 카바나도 투숙의 만족을 높인다.

TRAVEL
MAP

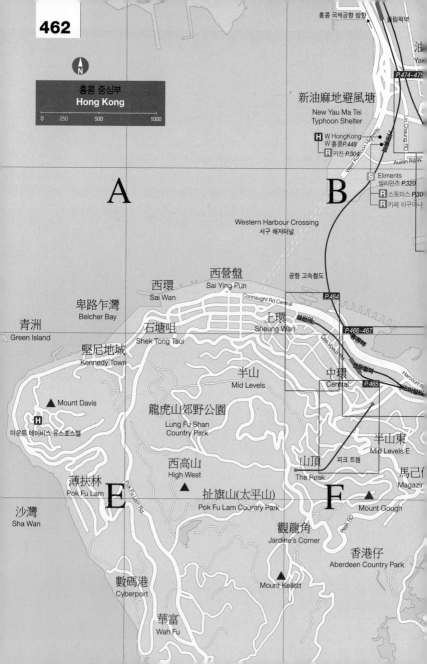

홍콩 중심부
Hong Kong

0   250   500   1000

A

B

新油麻地避風塘
New Yau Ma Tei
Typhoon Shelter

홍콩 국제공항 방향

올림픽역

H W HongKong
   W 홍콩 *P.448*
R 키친 *P.30*

Austin Rd W

S Eliments
   엘리먼츠 *P.320*
R 스토미스 *P.30*
R 카페 이구아나

West Kowloon Highway

Western Harbour Crossing
서구 해저터널

공항 고속철도

西環
Sai Wan

西營盤
Sai Ying Pun

P.464

Connaught Rd Central

卑路乍灣
Belcher Bay

石塘咀
Shek Tong Tsui

上環
Sheung Wan

P.466~467

青洲
Green Island

堅尼地城
Kennedy Town

中環
Central

P.465

半山
Mid Levels

龍虎山郊野公園
Lung Fu Shan
Country Park

半山東
Mid Levels E

Mount Davis

馬己仙
Magazin

H
마운트 데이비스 유스호스텔

西高山
High West

扯旗山(太平山)
Pok Fu Lam Country Park

山頂
The Peak

F

薄扶林
Pok Fu Lam

E

Pok Fu Lam Rd

沙灣
Sha Wan

觀龍角
Jardine's Corner

Mount Gough

香港仔
Aberdeen Country Park

Peak Rd

數碼港
Cyberport

Mount Kellett

華富
Wah Fu

何文田
Ho Man Tin

土瓜灣
To Kwa Wan

九龍灣
Kowloon Bay

己-477

蔬菜 Margaret Rd

京士柏
ing's Park

九龍
KOWLOON

Gascoigne Rd

紅磡
Hung Hom

HK Polytechnic University

P.472~473

홍함역

紅磡灣
Hung Hom Wan

C

尖沙咀 尖沙咀東
Tsim Sha Tsui East

尖 Tsim Sha Tsui

Salisbury Rd

침사추이역

D

H Harbour Grand Hong Kong

R 관측힌 P.185

Cross Harbour Tunnel
해저터널

Island Eastern Corridor

北角
North Point

King's Rd

Java Rd

鰂魚涌
Quarry Bay

利亞港
a Harbour

炮台山
Fortress Hill

七姊妹
Tsat Tsz Mui

寶馬山
Braemar Hill

타이쿠역 사이완호역

西灣河
Sai Wan Ho

P.468~469

灣仔
Wan Chai

ter Rd

nessy Rd

銅鑼灣
Causeway Bay

코즈웨이 베이역

Causeway Rd

P.470~471

Lin Fa Kung Hill

香港島
HONG KONG ISLAND

Queen's Rd E

Hou

禮頓山
Leighton Hill

加路連山
Caroline Hill

大坑
Tai Hang

灣仔南
Wan Chai South

跑馬地
Happy Valley

掃捍埔
So Kon Po

Siu Ma Shan

G

H

仔峽
Chai Gap

渣甸山
Jardine's Lookout

Mount Butler

Mount Cameron

Mount Nicholson

黃泥涌峽
Wong Nai Chung Gap

大潭郊野公園
Tai Tam Country Park

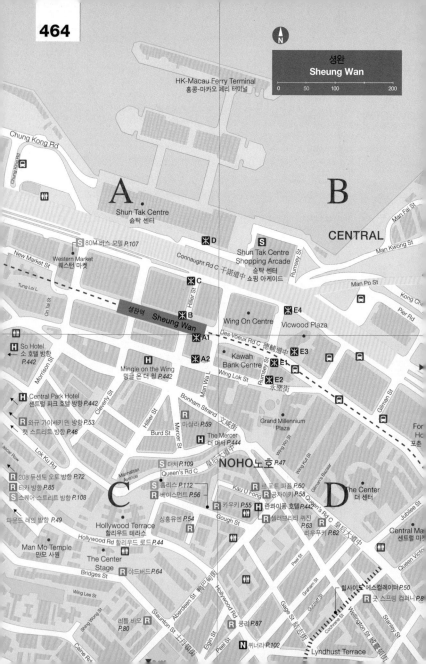

N

성완
Sheung Wan
0   50   100   200

HK-Macau Ferry Terminal
홍콩-마카오 페리 터미널

Chung Kong Rd

A.

Shun Tak Centre
슌탁 센터

B

CENTRAL

S 80M 버스 모델 P.107

New Market St

Western Market
웨스턴 마켓

Man Fai St

Man Kwong St

Connaught Rd C 干諾道中

Shun Tak Centre
Shopping Arcade
슌탁 센터
쇼핑 아케이드

S

Rumsey St

Man Po St

Kong Chi

Pier Rd

Tung Loi L

성완역 Sheung Wan

Hiller St

C

B

A1

Wing On Centre

Des Voeux Rd C 德輔道中

E4

Vicwood Plaza

E3

H So Hotel
소 호텔 방향
P.442

On Tai St

Morrison St

A2

Kawah
Bank Centre

Wing Lok St

Rumsey St

E1

E2

永樂街

Gilman St

For
Ho
포촌

H Mingle on the Wing
밍글 온 더 윙 P.442

Cleverly St

Man Wa L

Bonham Strand 文咸街

Wing Wo St

H Central Park Hotel
센트럴 파크 호텔 방향 P.442

R 외규 가이세키 멘 방향 P.53

R 캣 스트리트 방향 P.46

Hiller St

Mercer St

Burd St

마살라 P.59

The Mercer
더 머서 P.444

Grand Millennium
Plaza

R 208 듀센토 오토 방향 P.72

R 티카 방향 P.85

S 스퀘어 스트리트 방향 P.108

Lok Ku Rd

Jervois Row

Manhattan
Avenue

S 더치 P.109
Queen's Rd C 皇后大道中

C

NOHO노호 P.47

Weng Kut St

Glenea's Bazaar

Queen's Rd C 皇后大道中

D The Center
더 센터

파운드 레인 방향 P.49

S 홀리스 P.112

R 베이스먼트 P.56

Kau U Fong

르프트 퍼퓸 P.60
공차이키 P.58

Jubilee St

R 카우키 P.55

H 란콰이퐁 호텔 P.442

R 셀러브리티 퀴진
P.63

리우 푸키 P.62

Central Ma
센트럴 마

Man Mo Temple
만모 사원

Hollywood Terrace
할리우드 테라스

심흥유엔 P.54

Gough St

Peel St

Queen Victor

Hollywood Rd 할리우드 로드 P.44

The Center
Stage

R 아드버드 P.64

Bridges St

Graham St

힐사이드 에스컬레이터 P.50

R 굿 스프링 컴퍼니 P.8

Wing Lee St

Staunton St

Hollywood Rd

Aberdeen St

Peel St

Gage St

Cochrane St

Wellington St 威靈頓

Stanley St

Sing Wong St

리틀 바오
P.80

Cane Rd

Elgin St

R 쿨리 P.87

N 퀴너리 P.102

Lyndhust Terrace

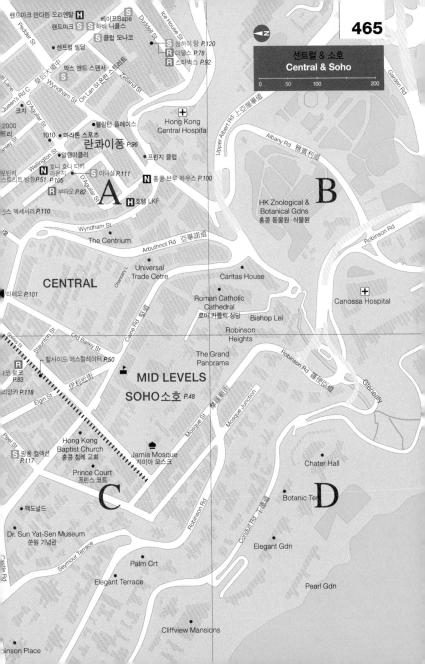

센트럴 & 소호
Central & Soho

0   50   100   200

랜드마크 만다린 오리엔탈 **H**
랜드마크 **S** **S** 하비 니콜스
베이프Bape
S 클럽 모나코
센트럴 빌딩
상하이 탕 *P.120*
S R 더델스 *P.78*
R 스타벅스 *P.92*

막스 앤드 스펜서
S

코치
2000
프리

1010 ◆마라톤 스포츠
Hong Kong
Central Hospital

란콰이퐁 *P.96*
웰링턴 플레이스
프린지 클럽
알렘미클리
N 호니 티키
라운지
N 홍콩 브루 하우스 *P.100*
S 이니셜 *P.111*
R 부타오 *P.82*
A
H 호텔 LKF

Wyndham St

The Centrium

Arbuthnot Rd 亞畢諾道

Universal
Trade Cetre
Caritas House

CENTRAL
Roman Catholic
Cathedral
로마 카톨릭 성당
Bishop Lei

Old Bailey St
Robinson
Heights

Canossa Hospital

The Grand
Panorama

힐사이드 에스컬레이터 *P.50*

R
MID LEVELS
리앙카 *P.118*

Elgin St
SOHO 소호 *P.48*

Hong Kong
Baptist Church
홍콩 침례 교회
Jamia Mosque
자미아 모스크

Chater Hall

S 핑퐁 컬렉션
P.117
Prince Court
프린스 코트
C
Botanic Ter
D

맥도널드
Elegant Gdn

Dr. Sun Yat-Sen Museum
쑨원 기념관

Seymour Terrace
Palm Crt

Elegant Terrace
Pearl Gdn

Cliffview Mansions

binson Place

HK Zoological &
Botanical Gdns
홍콩 동물원·식물원
B

Albany Rd 雅賓利道

Robinson Rd

Garden Rd

Glenealy

Robinson Rd
Conduit Rd

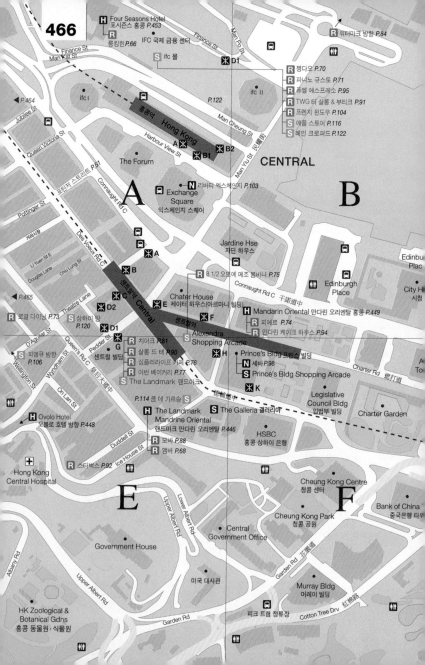

466

H Four Seasons Hotel
포시즌스 홍콩 *P.453*
R 롱킹린 *P.66*

IFC 국제 금융 센터

Man Kat St

Finance St

Man Po St

R 워터마크 방향 *P.84*

S ifc 몰

Finance St

✕ D1

R 젱다오 *P.70*
R 파니노 규스토 *P.71*
R 퓨엘 에스프레소 *P.95*
R TWG 티 살롱 & 부티크 *P.91*
R 프렌치 윈도우 *P.104*
S 애플 스토어 *P.116*
S 레인 크로퍼드 *P.122*

P.464

Jubilee St

ifc I

ifc II

Man Cheung St

民耀街

홍콩역 Hong Kong

P.122

Harbour View St

✕ B2

✕ B1

CENTRAL

Queen Victoria St

Pottinger St

The Forum

Exchange
Square
익스체인지 스퀘어

N 리버티 익스체인지 *P.103*

A

B

거리시장

Connaught Rd C 干諾道中

Des Voeux Rd C 德輔道中

Jardine Hse
자딘 하우스

Man Yiu St 民耀街

Li Yuen St E

✕ A

Connaught Rd C 干諾道中

Edinbur
Plac

Douglas Lane

Chiu Lung St

R 8 1/2 오토에 메조 봄비나 *P.75*

Edinburgh
Place

City Hi
시청

✕ B

센트럴역 Central

Chater House
체이터 하우스(아르마니 빌딩)

H Mandarin Oriental 만다린 오리엔탈 홍콩 *P.449*
R 피에르 *P.74*
R 만다린 케이크 하우스 *P.94*

P.465

Theatre Lane

✕ C

✕ E

센트럴역

✕ F

R 로열 다이닝 *P.73*

D'Aguilar St

S 상하이 탕
P.120

✕ D2

✕ D1

Alexandra
Shopping Arcade

Charter Rd 遮打道

Pedder St 畢打大道中

✕ G

R 치아크 *P.81*
R 살롱 드 테 *P.90*
R 심플리라이프 카페 *P.76*
R 어번 베이커리 *P.77*
S The Landmark 랜드마크

✕ H

• Prince's Bldg 프린스 빌딩
N 세바 *P.98*
S Prince's Bldg Shopping Arcade

Queen's Rd C 皇后大道中

피엠큐 방향
P.106

Wellington St

On Lan St

센트럴 빌딩

✕ K

Legislative
Council Bldg
입법부 빌딩

Charter Garden

Ovolo Hotel
오볼로 호텔 방향 *P.448*

P.114 콤 데 가르송

H The Landmark
Mandrine Oriental
랜드마크 만다린 오리엔탈 *P.446*

S The Galleria 겔러리아

HSBC
홍콩 상하이 은행

Hong Kong
Central Hospital

R 모바 *P.88*
R 엠버 *P.68*

E

Duddell St

Ice House St

R 스타벅스 *P.92*

Upper Albert Rd

Lower Albert Rd

Cheung Kong Centre
청콩 센터

F

Bank of China
중국은행 타워

Cheung Kong Park
청콩 공원

Central
Government Office

Albany Rd

Government House

Upper Albert Rd

미국 대사관

Garden Rd 花園道

Murray Bldg
머레이 빌딩

HK Zoological &
Botanical Gdns
홍콩 동물원·식물원

Garden Rd

피크 트램 정류장

Cotton Tree Drv 紅棉路

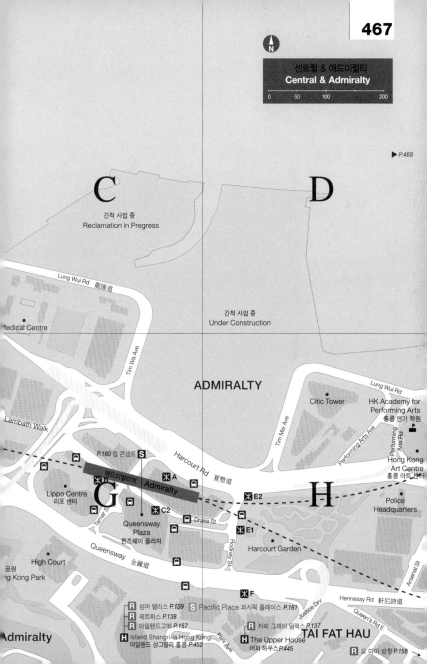

센트럴 & 애드미럴티
Central & Admiralty

| 0 | 50 | 100 | 200 |

▶ *P.468*

C

D

간척 사업 중
Reclamation in Pregress

간척 사업 중
Under Construction

Lung Wui Rd 館滙道

Medical Centre

Tim Wa Ave

ADMIRALTY

Citic Tower

HK Academy for
Performing Arts
홍콩 연기 학원

Lung Wui Rd

Lambath Walk

Harcourt Rd 夏慤道

Tim Mei Ave

Performing Arts Ave

Hong Kong
Art Centre
홍콩 아트 센터

P.160 랩 콘셉트 S

애드미럴티역 ✖B
Admiralty

✖A

Lippo Centre
리포 센터

G

Tamar St

S

✖C2

E2

H

Police
Headquarters

Queensway Plaza
퀸즈웨이 플라자

Drake St

E1

Harcourt Garden

Queensway 金鐘道

Rodney St

High Court
Hong Kong Park
공원

✖F

Arsenal St

Hennessy Rd 軒尼詩道

Justice Dry

Park Ave

Queen's Rd E

TAI FAT HAU

Admiralty

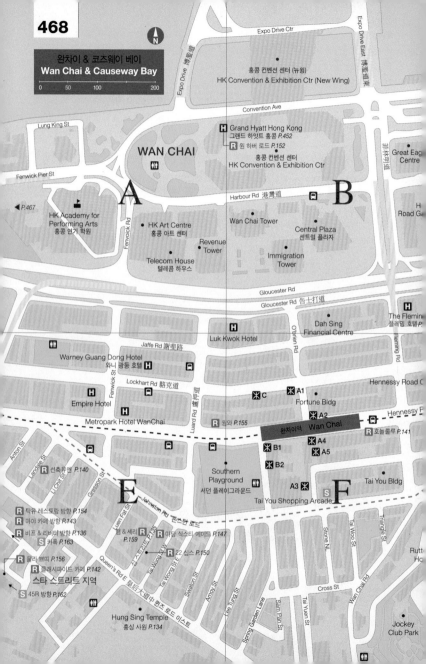

완차이 & 코즈웨이 베이
Wan Chai & Causeway Bay

0   50   100   200

Expo Drive Ctr

Expo Drive 博覽道

Expo Drive East 博覽道東

홍콩 컨벤션 센터 (뉴윙)
HK Convention & Exhibition Ctr (New Wing)

Convention Ave

Lung King St

WAN CHAI

H Grand Hyatt Hong Kong
그랜드 하얏트 홍콩 P.452
R 원 하버 로드 P.152

홍콩 컨벤션 센터
HK Convention & Exhibition Ctr

Great Eag
Centre

菲林明道

Fenwick Pier St

A

Harbour Rd 港灣道

B

Road Ga

P.467

HK Academy for
Performing Arts
홍콩 연기 학원

Fenwick Rd

HK Art Centre
홍콩 아트 센터

Wan Chai Tower

Central Plaza
센트럴 플라자

H

Revenue
Tower

Telecom House
텔레콤 하우스

Immigration
Tower

Gloucester Rd

Gloucester Rd 告士打道

The Flemin
플레밍 호텔 P.

Fleming Rd

Dah Sing
Financial Centre

O'Brien Rd

Jaffe Rd 謝斐道

Luk Kwok Hotel

Warney Guang Dong Hotel
와니 광동 호텔 H

Hennessy Road C

Lockhart Rd 駱克道

Fenwick Rd

Empire Hotel

Luard Rd 盧押道

X C

X A1
Fortune Bldg

Metropark Hotel WanChai

R 원와 P.155

X A2

완차이역 Wan Chai

Hennessy R

R 호놀룰루 P.141

X B1

X A4

Anton St

Lanstar St

선축유엔 P.140

Li Chit St

Gresson St

X B2

X A5

Southern
Playground
서던 플레이그라운드

A3 X

Tai You Bldg

E

Johnston Rd 莊士敦道

Tai You Shopping Arcade

F

Stone Nl.

Tai Woo St

Triangle St

R 탁큐 레스토랑 방향 P.154
R 마아 카페 방향 P.143
R 비프 & 리버티 방향 P.136
S 카루 P.163

Wan Chai Rd

Queen's Rd E

Tai Wong St E

Tai Wong St W

샘 & 세리
P.159

마담 식스티 에이트 P.147

R 22 십스 P.150

Swatow St

Amoy St

Lee Tung St

Spring Garden Lane

Sam Pan St

Tai Yuen St

Cross St

Rutt
Ho

R 훌리 쁘띠 P.156
R 클래시파이드 카페 P.142
스타 스트리트 지역

S 45R 방향 P.162

Queen's Rd E 皇后大道中 현즈 로드 이스트

Hung Sing Temple
홍싱 사원 P.134

Jockey
Club Park

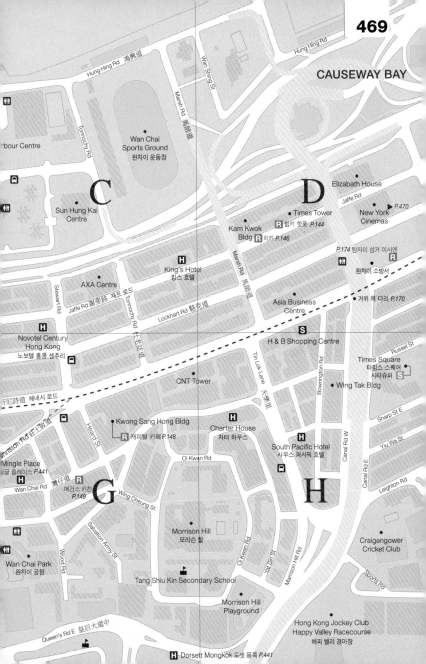

C

Wan Chai
Sports Ground
완차이 운동장

Harbour Centre

Sun Hung Kai
Centre

D

Elizabath House

Jaffe Rd

Times Tower

New York
Cinemas *P.470*

Kam Kwok
Bldg

힘키 핫팟 *P.144*

히카 *P.146*

P.174 탐자이 삼거 미시엔

완차이 소방서

King's Hotel
킹스 호텔

AXA Centre

Asia Business
Centre

거위 목 다리 *P.170*

Novotel Century
Hong Kong
노보텔 홍콩 센추리

H & B Shopping Centre

Times Square
타임스 스퀘어
시티슈퍼

CNT Tower

Wing Tak Bldg

Kwong Sang Hong Bldg

캐피탈 카페 *P.148*

Charter House
차터 하우스

South Pacific Hotel
사우스 퍼시픽 호텔

Mingle Place
밍글 플레이스 *P.441*

Wan Chai Rd
메건스 키친 *P.149*

G

Oi Kwan Rd

Wing Cheung St

Morrison Hill
모리슨 힐

Craigengower
Cricket Club

Wan Chai Park
완차이 공원

Tang Shiu Kin Secondary School

Morrison Hill
Playground

Hong Kong Jockey Club
Happy Valley Racecourse
해피 밸리 경마장

Queen's Rd E 皇后大道中

Dorsett Mongkok 도셋 몽콕 *P.441*

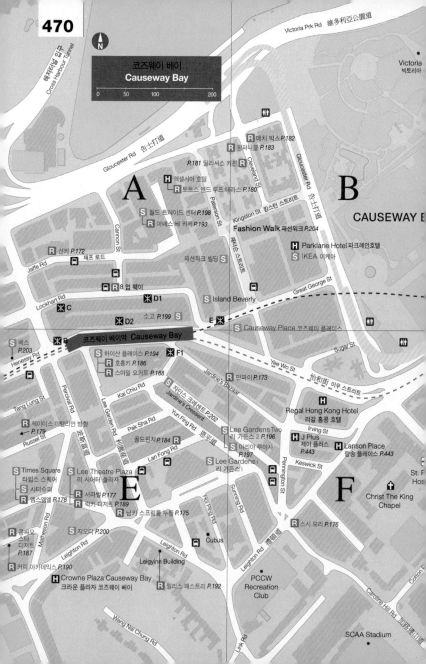

N

코즈웨이 베이
Causeway Bay

0   50   100   200

Victoria Prk Rd 維多利亞公園道

Victoria
빅토리아

해저터널 입구
Cross Harbour Tunnel

Gloucester Rd 告士打道

A

B

CAUSEWAY B

매치 박스 P.182
펌퍼니클 P.183

P.181 딜리서스 키친

엑셀시어 호텔
토트스 앤드 루프 테라스 P.180

Cleveland St

Gloucester Rd 告士打道

월드 트레이드 센터 P.198
아네스 베 카페 P.193

Paterson St

Kingston St 킹스턴 스트리트

Fashion Walk 패션워크 P.204

패션워크 스트리트

Parklane Hotel 파크레인호텔
IKEA 이케아

선키 P.172
재프 로드

Jaffe Rd

Cannon St

패션워크 빌딩

Island Beverly

Great George St

8 업 웨이

Lockhart Rd

D1

D2   소고 P.199

C

Causeway Place 코즈웨이 플레이스

E

Sugar St

Yee Wo St

코즈웨이 베이역 Causeway Bay

베스
P.203

Henessy Rd

B

F1

하이산 플레이스 P.194
호흥키 P.186
스마일 요거트 P.188

만페이 P.173

怡和街 이우 스트리트

자딘스 크레센트 P.202

Jardine's Bazaar

Kai Chiu Rd

Percival St

Jardine's Crescent

Tang Lung St

제이미스 이탈리안 방향
←P.179

Russel St

Lee Garden Rd 波斯富道

Pak Sha Rd

Yun Fing Rd 恩平道

골드핀치 P.184

Lan Fong Rd

Regal Hong Kong Hotel
리갈 홍콩 호텔

Irving St

Lee Gardens Two
리 가든스 2 P.196
아리아 루이사 P.197

J Plus
제이 플러스
P.443

Lanson Place
랑송 플레이스 P.443

Lee Gardens I
리 가든스 I

Keswick St

St. P
Hos

Times Square
타임스 스케어
시티슈퍼
엠스엔에 P.178

Lee Theatre Plaza
리 시어터 플라자
서라벌 P.177
럭키 디저트 P.189
남키 스프링물 누들 P.175

Pennington St

Christ The King
Chapel

F

지오다 P.200

콩씨오
스타
디저트
P.187

Matheson Rd

커피 아카데믹스 P.190

Crowne Plaza Causeway Bay
크라운 플라자 코즈웨이 베이

Leighton Rd

Sunning Rd

Cubus

Hoi Ping Rd

스시 모리 P.176

Leighyinn Building

Leighton Rd

Leighton Rd

릴리스 패스트리 P.192

Link Rd

PCCW
Recreation
Club

Caroline Hill Rd 加路連山道

Cotton P

Wang Nai Chung Rd

SCAA Stadium

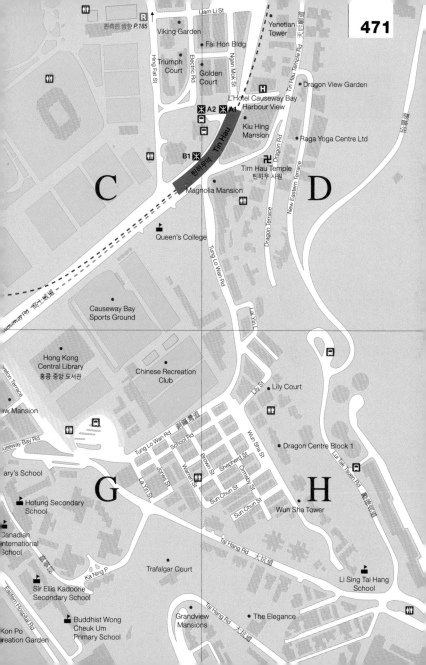

472

N

침사추이
Tsim Sha Tsui

0   50   100   200

▲ P.474

Kowloon Park
Sports Centre

Kowloon Park
카오룽 공원

P.238 가이아 베지숍

미라마 쇼핑센터

Canton Road
Playground

Nathan Rd 彌敦道

S 에스프리 아웃렛

차이나 홍콩 시티 P.287

A.

B

The Royal Pacific
Hotel & Towers H

Gateway Tower 2

Hong Kong Heritage
Discovery Centre
홍콩 헤리티지 디스커버리 센터

Kowloon Mosque
카오룽 모스크

China Hong kong Harbour Ferry
차이나 홍콩사의 페리 터미널

Gateway Tower 3
Prudential Tower

A1 ❌

P.266 라이브러리 카페

Gateway Boulevard

Canton Rd 廣東道

Kowloon Park Drv

Haiphong Rd

Kowloon Centre

P.239 난하이 넘버 원

P.234 부다오웽 핫폿

Gateway Tower 5

P.268 파나시

Harbour City
하버시티

Gateway
Hong Kong

S 실버코드 P.288

R 푸드 리퍼블릭 P.255

P.258 치키 R

i Square
아이 스퀘어

C2 ❌

M&C 덕 P.232 R

Gateway Tower 6

九龍公園徑

Ashley Rd

Haukow Rd 漢口道

스윈던 북
P.286

C1 ❌

R 세라비 P.264

R 르 카페 드 조엘 로부숑 P.240

S 지라 홈 P.278

S 코스 P.279

H Langham Hotel
랭함 호텔

Peking Rd

E ❌

R 파나시 P.268

R 알 물로 P.228

R 스위트 바질 타이 퀴진 P.230

R 루크스 태번 P.231

R 벵키 P.267

E

DFS Galleria

Ocean Centre
오션 센터

J 아웃렛

❌ L5

Middle Rd 中間道

The Penins
Hong Kong

R 카페 그레코 P.265

R 레인 크로퍼드 P.122

S 1881 Heritage
1881 헤리티지 P.284

F

H YMCA 호텔

페닌슐라 홍콩

페닌슐라 헬기장 P.218

Lane Crawford

R 팔러 P.256

H

R 개디스 P.

R 스프링 문

Ocean Terminal
오션 터미널

The Marco Polo
Hong Kong Hotel
마르코폴로 홍콩 호텔

R 체사 P.

N 샬롱 드 능

N 펠릭스 P.

Starhouse Plaza

Salisbury Rd 梳士巴利道

Hong Kong Space Mus
홍콩 우주 박물관

Victoria Harbour
維多利亞港
빅토리아 하버

홍콩관광청 안내 센터

Clock Tower
카오룽 시계탑

Hong Kong Cultural Centre
홍콩 문화 센터

Star ferry pier
스타페리 선착장

R 왕로 P.270

이쿠아 루나 선착장 P.217

Hong Kong Museum of Art
홍콩 예술관

심포니 오브 라이트 P.

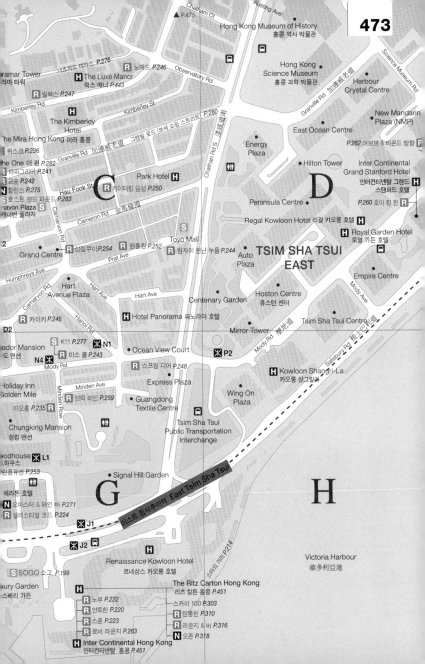

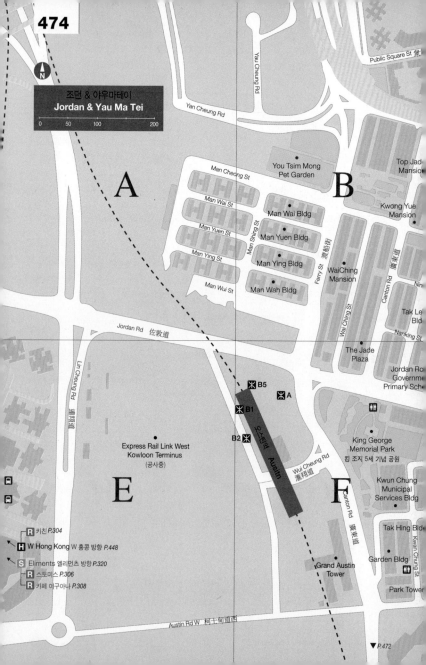

조던 & 야우마테이
Jordan & Yau Ma Tei

0   50   100   200

N

Public Square St 聚

Yau Cheung Rd

Yan Cheung Rd

A

You Tsim Mong
Pet Garden

Man Cheong St

B

Top Jad
Mansion

Man Wai St

Man Wai Bldg

Kwong Yue
Mansion

Man Yuen St

Man Yuen Bldg

渡船街

Man Shing St

Ferry St

Man Ying St

Man Ying Bldg

WaiChing
Mansion

廣東道

Canton Rd

Man Wui St

Man Wah Bldg

Wai Ching St

Nin

Tak Le
Bld

Nanking St

Jordan Rd 佐敦道

The Jade
Plaza

Jordan Ro
Governme
Primary Sch

Lin Cheung Rd

連翔道

B5

A

B1

Express Rail Link West
Kowloon Terminus
(공사중)

E

B2

오스틴

Austin

Wui Cheung Rd
渡翔道

F

King George
Memorial Park
킹 조지 5세 기념 공원

Kwun Chung
Municipal
Services Bldg

Canton Rd

廣東道

Kwun Chung Rd

Tak Hing Bld

R 키친 P.304
H W Hong Kong W 홍콩 방향 P.448
S Eliments 엘리먼츠 방향 P.320
R 스토믹스 P.306
R 카페 이구아나 P.308

Grand Austin
Tower

Garden Bldg

Park Tower

Austin Rd W 柯士甸道西

▼P.472

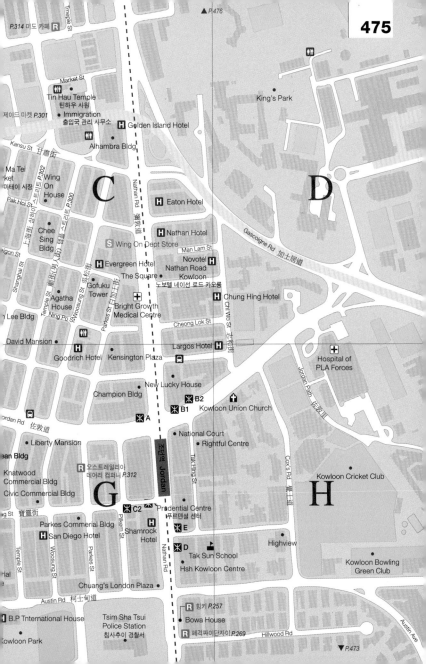

476

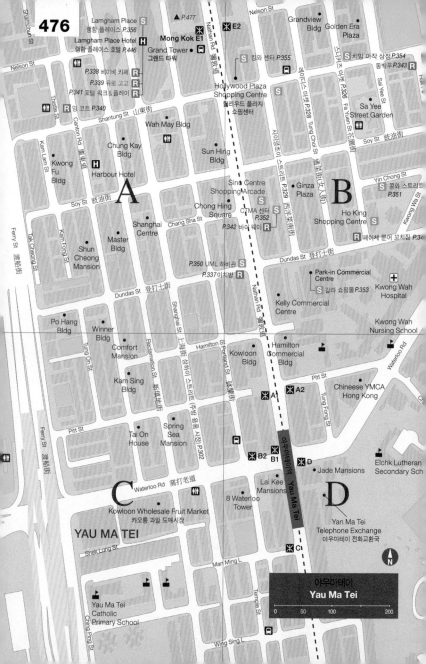

A

B

C

D

Lamgham Place 람함 플레이스 *P.356*
Lamgham Place Hotel 랑함 플레이스 호텔 *P.446*
Grand Tower • 그랜드 타워

▲ *P.477*

Nelson St

Mong Kok E1
E2

Grandview Bldg
Golden Era Plaza

킹와 센터 *P.355*
치밍 마작 상점 *P.354*
동화푸 *P.343*

P.338 베이베 카페
P.339 유로 고고
P.341 포털 워크 & 플레이
밍 코트 *P.340*

Nelson St

Thistle St

Shantung St 山東街

Hollywood Plaza Shopping Centre
헐리우드 플라자 쇼핑센터

페이예스 마켓 *P.326*
Sai Yee St 洗衣街
Sa Yee Street Garden

Wah May Bldg

Fa Yuen St 花園街

Soy St 豉油街

Yin Chong St
콩와 스트리트 *P.351*

Kwong Fu Bldg

Chung Kay Bldg

Sun Hing Bldg

시아로리 *P.328*
Tung Choi St 通菜街

Kam Lam St

Harbour Hotel

Sino Centre Shopping Arcade

Ginza Plaza

Ho King Shopping Centre

Kwong Wa Wa St 廣華街

Soy St 豉油街

Shanghai Centre

Chong Hing Square

시티스 츠우가 *P.329* 西洋菜南街

Chang Sha St 長沙街

CTMA 센터 *P.352*
P.342 바이 웨이

페이채 문어 꼬치집 *P.34*

Kam Fong St

Master Bldg

Lak Cheong St

Shun Cheong Mansion

P.350 UML 하비관
P.337 이치방

Dundas St 登打士街

Ferry St 渡船街

Po Hang Bldg

Dundas St 登打士街

Winner Bldg

Park-in Commercial Centre
갈라 쇼핑몰 *P.353*

Kwong Wah Hospital

Comfort Mansion

Kelly Commercial Centre

Kwong Wah Nursing School

Reclamation St 新填地街

Kam Sing Bldg

Shanghai St 上海街

Hamilton St

Kowloon Bldg

Hamilton Commercial Bldg

Waterloo Rd

Lung On St

Portland St 砵蘭街

Nathan Rd 彌敦道

Pitt St

Tung Fong St

Chineese YMCA Hong Kong

Pitt St

Tai On House

Spring Sea Mansion

주방 용품 시장 *P.302*

A1
A2

Ferry St 渡船街

B2
B1

D

Elchk Lutheran Secondary Sch

Jade Mansions

C

Waterloo Rd 窩打老道

Lai Kee Mansions

Yau Ma Tei 야우마테이

D

Kowloon Wholesale Fruit Market
카오룽 과일 도매시장

8 Waterloo Tower

Yan Ma Tei Telephone Exchange
야우마테이 전화교환국

YAU MA TEI

Shek Lung St

C1

Man Ming L

N

Yau Ma Tei Catholic Primary School

Ching Ping St

Temple St

야우마테이
Yau Ma Tei

0   50   100   200

Wing Sing L

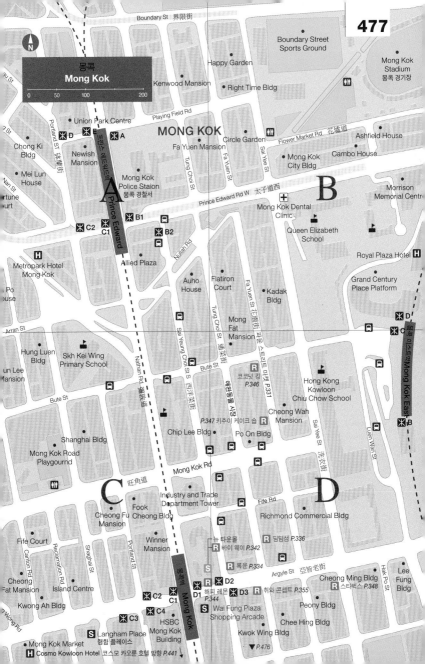

Boundary St 界限街

Boundary Street
Sports Ground

Mong Kok
Stadium
몽콕 경기장

Happy Garden

Kenwood Mansion

Right Time Bldg

몽콕
Mong Kok

0   50   100   200

Union Park Centre

Playing Field Rd

MONG KOK

Circle Garden

Flower Market Rd 花墟道

Ashfield House

Chong Ki
Bldg

Newish
Mansion

D   E   A

Fa Yuen Mansion

Cambo House

Mong Kok
City Bldg

Mei Lun
House

Mong Kok
Police Staion
몽콕 경찰서

Tung Choi St

Fa Yuen St

Sai Yee St

Morrison
Memorial Centr

Nan St

Fortune
Court

A

Prince Edward

B1

Prince Edward Rd W 太子道西

B

Mong Kok Dental
Clinic

Queen Elizabeth
School

C2   C1

B2

Nullah Rd

Royal Plaza Hotel   H

Metropark Hotel
Mong Kok

Allied Plaza

Auho
House

Flatiron
Court

Kadak
Bldg

Grand Century
Place Platform

Po
House

Arran St

Mong
Fat Mansion

D

C

Hung Luen
Bldg

Skh Kei Wing
Primary School

Tung Choi St 花園街

Fa Yuen St 花園街

파크 ←트리오 미상

B

un Lee
Mansion

Sai Yeung Choi St S 西洋菜街

Nathan Rd 彌敦道

Bute St

코코넛 킹
P.346

P.331

Hong Kong
Kowloon
Chiu Chow School

Sai Yee St 洗衣街

Lien Wan St

Shanghai Bldg

Chip Lee Bldg

P.347 키추이 케이크 숍

Po On Bldg

Cheong Wah
Mansion   R

Mong Kok Road
Playgournd

Mong Kok Rd

C   旺角道   D

Industry and Trade
Department Tower

Fife Rd

Cheong Fu
Mansion

Fook
Cheong Bldg

Richmond Commercial Bldg

Fife Court

Winner
Mansion

뉴 타운몰
R 바이 웨이 P.342

D1

R 딤딤섬 P.336

Canton Rd

Reclamation Rd

Shanghai St

Portland St

Cheong
at Mansion

Island Centre

R 록윤 P.334

S

Argyle St 亞皆老街

Cheong Ming Bldg
R 스타벅스 P.348

Lee
Fung
Bldg

Kwong Ah Bldg

C2   C1

Mong Kok

해피 레몬
P.344

D2

D1   D3   R 취와 콘셉트 P.355

Peony Bldg

C3   C4

HSBC
Mong Kok
Building

S Wai Fung Plaza
Shopping Arcade

Chee Hing Bldg

S Langham Place
랭함 플레이스

Kwok Wing Bldg

Mong Kok Market

▼ P.476

H Cosmo Kowloon Hotel 코스모 카오룬 호텔 방향 P.441 ↓

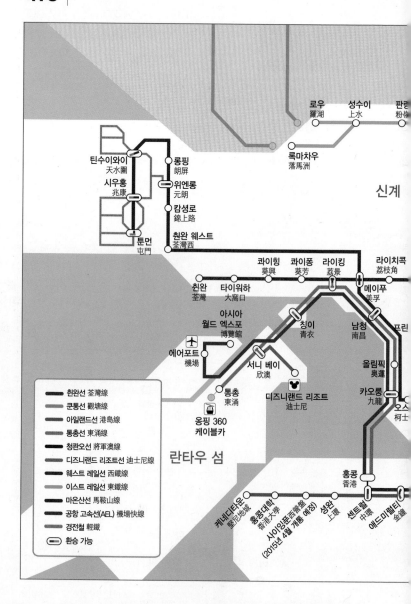

로우 羅湖
성수이 上水
판렝 粉嶺

롱핑 朗屏
위엔롱 元朗
캄성로 錦上路
췬완 웨스트 荃灣西

틴수이와이 天水圍
시우훙 兆康
툰먼 屯門

록마차우 落馬洲

신계

콰이힝 葵興
콰이퐁 葵芳
라이킹 荔景
라이치콕 荔枝角

췬완 荃灣
타이워하 大窩口
메이푸 美孚

아시아 월드 엑스포 博覽館
칭이 青衣
남청 南昌
프린

에어포트 機場
서니 베이 欣澳
올림픽 奧運

통총 東涌
디즈니랜드 리조트 迪士尼
카오룽 九龍
오스

옹핑 360 케이블카

란타우 섬

홍콩 香港
에드미럴티 金鐘

케네디타운 堅尼地城
홍콩대학 香港大學
사이잉푼 西營盤 (2015년 4월 가통 예정)
성완 上環
센트럴 中環

췬완선 荃灣線
쿤통선 觀塘線
아일랜드선 港島線
통총선 東涌線
청관오선 將軍澳線
디즈니랜드 리조트선 迪士尼線
웨스트 레일선 西鐵線
이스트 레일선 東鐵線
마온산선 馬鞍山線
공항 고속선(AEL) 機場快線
경전철 輕鐵
환승 가능

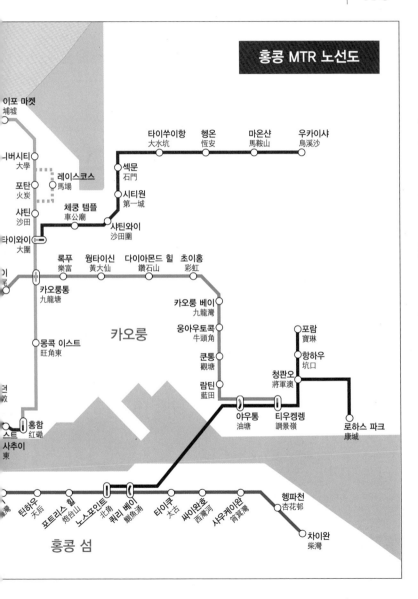

홍콩 MTR 노선도

B

D

A
氹仔
Ilha Verde

C

마카오
Macau

0   50   100   400

N

Avenida da Ponte da Amizade

Avenida Norte do Hipódromo

Avenida Leste do Hipódromo

Est. Marginal do Hipódromo

Avenida da Longevidade

Avenida de Artur
Tamagnini Barbosa

Rua de Leu Chin

Rua das Hortas do Cerco

Rua da Corda

Avenida do Conselheiro Borja

Corridas de Galgos

Lin Fong Miu

卍

莲峰庙
Lin Fong Miu

Est. da Arela Preta

Forte de Mong-Há

望厦炮台
Forte de Mong-Ha

莲峰球场
몽하 유적지

Avenida de Venceslau de Morais

Rua dos Pescadores

卍 Templo Kun Iam

관음당
Templo Kun Iam

Avenida de Sidónio Pais

水塘
Reseveration de Agua

Museu das Comunicações
우정박물관

관음상 승강장
카이몰카 승강장

Avenida do Coronel Mesquita

Mansão Evocativa Sun Yat-Sen
쑨원 기념관

Avenida do Conselheiro Ferreira de Almeida

Banyan Tree Macau
반얀트리 마카오 *P.457*

관음상
Avenida do Ouvidor Arriaga

Avenida de Horta e Costa

루이스 공원

S 마카오 만자

라파엘소
S 마카오 만자

관광안내소

R 룡주슈

Est. do Repouso

루이스 데 카몽이스 스퀘어 *P.145* R 용주로 *P.383*

낙차 사원

성 미카엘 성당 *P.145*

카모에스 공원

성 앤서니 성당

Rua da Ribeira do Patane

Bacia Norte do Patane

루이스 공원
카모에스 공원

카모에스 광장

성 바울 성당 스퀘어 *P.146*

나차 사원 卍

Rua do Visconde
Rua do Visconde Façode Arcos

Est. Marginal da Ilha Verde

內港
Porto Interior

MJ 카페 & MJ 갤러리

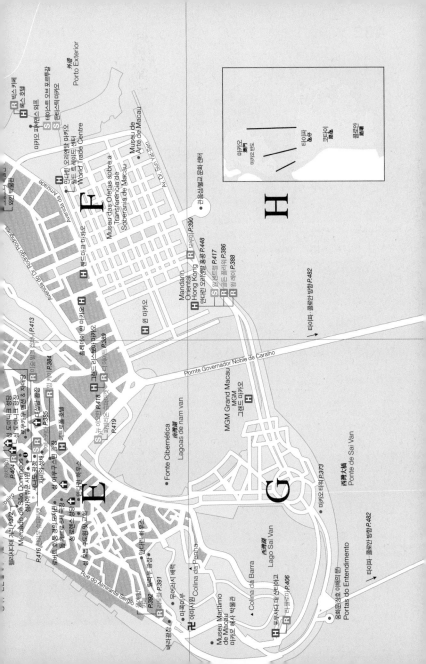

外港
Porto Exterior

소노 카페 R

H 록스 호텔

마카오 피셔맨스 워프

마카오 오른트 포르투갈 S
S 데이지스 오브 포르투갈
팬더시티 마카오

마카오 오리엔탈 마카오 H
월드 트레이드 센터 H
World Trade Centre

Museu de
Arte de Macau

Museu das Ofertas sobre a
Transferência de
Soberania de Macau

마카오 오리엔탈 호텔 H

Mandarin
Oriental
Hong Kong H 도우아 P.390
한드라 오리엔탈 호텔 P.448

웡 마카오 H

S 웰컴센터 P.417
R 골드 팔라듀 P.386
R 웡 체이 P.388

Avenida da Amizade

Avenida do Infante Dom Henrique

외관 박물관

F

Pomte Governador Nobre de Caralho

Fonte Cibernética

洗滌湖
Lagoas de nam van

관음상/관교 문화센터 ○

H

MGM Grand Macau
그랜드 마카오 H

G

Ponte de Sai Van
西望洋橋

마카오 타워 P.373

타이파·콜로안 방향 P.482

타이파·콜로안 방향 P.482

H

타이파 澳仔
마카오 澳門

H
타이파이 氹仔
콜로안 路環

마카오 澳門
마카오 반도

세나 박물관

성 도미니크 성당
Mercado de São Domingos
S R 성 도미니크 광장 ◎
로우카우 맨션 & 저택
聖約瑟 R P.404
R 로우킴이우 리버 P.413
Fellici다교 거리 P.972
P.416 세나두 광장

R 로킹 P.384
○ 대삼파 골목
성 아우구스투 광장
H 베트로폴 호텔 H
R 칭 카페 P.385
R 립 케이 P.389
R 더웨스트 P.419

S 뉴 아마노 R P.418 H 그란드리스보아 마카오
L 파페네드 레스토랑 R
R 더웨이드 P.389

Rue do Almirante Sergio

몬테포르트 광장 ○
컬러리 P.391
R 리옹델 P.392

마카오우

○ 아마사원 Collina de Penha

이바사원 베이락

Museu Maritimo
de Macau
마카오 해사 박물관 H

R 리틀불라 P.406

Lago Sai Van
南灣湖

마카오 타워 P.373

○ Colina da Barra

Portas do Entendimento
통림성호 이해의 문

H

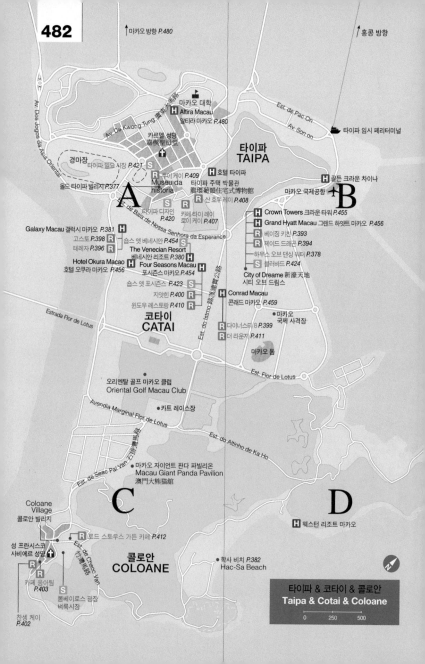

↑ 마카오 방향 P.480

↑ 홍콩 방향

Av. Dos Jogos da Asia Oriental

Est. de Pac On

Av. Son on

■ 타이파 임시 페리터미널

마카오 대학

H 알티라 마카오
Altira Macau
알티라마카오 P.480

Av. De Kwong Tung

카르멜 성당
嘉模聖母堂

경마장

타이파 일요 시장 P.421

타이파
TAIPA

H 골든 크라운 차이나

마카오 국제공항

올드 타이파 빌리지 P.377

Museu da historia

쿠이 케이 P.409

H 호텔 타이파

타이파 주택 박물관
龍環葡韻住宅式博物館

R 산 호우 레이 P.408

H Crown Towers 크라운 타워 P.455

타이파 디자인
P.420

H Grand Hyatt Macau 그랜드 하얏트 마카오 P.456

R 베이징 키친 P.393

카페 타이 레이
로이 케이 P.407

R 제이드 드래곤 P.394

Est. de Baia de Nossa Senhora da Esperance

R 하우스 오브 댄싱 워터 P.378

S 블러바드 P.424

Galaxy Macau 갤럭시 마카오 P.381

City of Dreame 新濠天地
시티 오브 드림스

R 고스토 P.398
R 테레자 P.396

R 슙스 앳 베네시안 P.454

The Venecian Resort
베네시안 리조트 P.380

H Four Seasons Macau

Hotel Okura Macao
호텔 오쿠라 마카오 P.456

포시즌스 마카오 P.454

슙스 앳 포시즌스 P.423

S 지야힌 P.400

H Conrad Macau
콘래드 마카오 P.459

R 윈도우 레스토랑 P.410

코타이
CATAI

마카오
국제 사격장

Estrada Flor de Lotus

R 다이너스티 8 P.399

마카오
국제 사격장

R 더 라운지 P.411

마카오 돔

Est. Flor de Lotus

오리엔탈 골프 마카오 클럽
Oriental Golf Macau Club

Avendia Marginal Flor de Lotus

카트 레이스장

Est. do Attinho de Ka Ho

마카오 자이언트 판다 파빌리온
Macau Giant Panda Pavilion
澳門大熊猫館

Est. de Seac Pai Van

Coloane
Village
콜로안 빌리지

R 로드 스토우스 가든 카페 P.412

H 웨스턴 리조트 마카오

성 프란시스코
사비에르 성당

콜로안
COLOANE

학사 비치 P.382
Hac-Sa Beach

Est. de Cheoc Van

R 카페 웅아팀
P.403

S 봄베이로스 광장
벼룩시장

찬셍 케이
P.402

N

타이파 & 코타이 & 콜로안
Taipa & Cotai & Coloane

0   250   500

index

카페 & 레스토랑 & 바

HKexpress

홍콩의 저비용 항공사

홍콩 매일 운항

홍콩 익스프레스는 아시아 주요 관광지로 양질의 서비스와 저렴한 항공 운임을 제공하고 있습니다. 서울(인천)에서 홍콩까지 매일 운항서비스를 이용하여 환상적인 쇼핑의 천국인 홍콩으로 여행을 떠나시기 바랍니다.

또한, 홍콩 익스프레스가 취항하는 푸켓, 치앙마이와 같은 휴양도시로의 여정을 결합할 수 있어 휴양과 쇼핑을 한번에 즐기실 수 있습니다.

항공권 예약 및 기타 문의는 홈페이지 hkexpress.com을 방문하시거나, 콜센터로 연락주시기 바랍니다.(007-988-523-8014)

※ 홍콩 익스프레스는 인천에서 홍콩까지 매일 2회 운항하며,
부산에서 홍콩까지 주 6회 운항하고 있습니다.

hkexpress.com

시크릿
HONG KONG

2011년 1월 12일 초판 1쇄 발행
2012년 5월 31일 개정판 1쇄 발행
2014년 11월 28일 개정2판 1쇄 발행
2016년 7월 20일 개정2판 3쇄 발행

지은이 | 신중숙
발행인 | 이원주
책임편집 | 성다영
책임마케팅 | 이재성 조아라

발행처 | (주)시공사
출판등록 | 1989년 5월 10일(제3-248호)

주소 | 서울시 서초구 사임당로 82(우편번호 06641)
전화 | 편집 (02)2046-2897 · 영업 (02)2046-2883
팩스 | 편집 (02)585-1755 · 영업 (02)588-0835
홈페이지 | www.sigongsa.com

ISBN 978-89-527-7229-9 14980